サゴヤシ

Metroxylon sagu

サゴヤシ学会 編

21世紀の資源植物

京都大学学術出版会

口絵1 サゴヤシ属植物の成木

上左：サゴヤシ，上右：タイヘイヨウゾウゲヤシ，中左：ソロモンサゴヤシ，中右：フィジーゾウゲヤシ，下左：*M. warburgii*，下右：*M. paulcoxii*.

口絵2　サゴヤシの葉のバリエーション

上左：葉軸にバンドなし（kanduan）；上中：葉軸に弱黒色のバンドあり（kunangu）；上右：葉軸に褐色のバンドあり（kosogu）（PNG・東セピック），中左：葉柄の刺―左から無刺（roe）・刺が短く疎ら（rui）・刺が長く密に着生（runggamanu）；中右：比較的若いステージから葉柄に刺の痕跡刺がみられる（roe me eto）（インドネシア・南東スラウェシ），下左：葉柄の刺がなくスムース；下右：幹立後に葉柄基部と葉鞘に刺の痕跡があり葉軸には刺がない（kanduan）（PNG・東セピック）．（写真中の矢印は葉軸のバンドを示す）．

口絵3　コエロコッカス節植物の葉のバリエーション
左上：タイヘイヨウゾウゲヤシ，左中：*M. warburgii* の葉向軸面，左下：*M. warburgii* の葉背軸面，右上：ソロモンサゴヤシ，右下：フィジーゾウゲヤシ．

口絵4　サゴヤシ属植物の花序
上左：サゴヤシ，上右：タイヘイヨウゾウゲヤシ，中左：ソロモンサゴヤシ，中右：フィジーゾウゲヤシ，下左：*M. warburgii*，下右：*M. paulcoxii*.

口絵5　サゴヤシ属植物の花序の枝梗
上左：サゴヤシ，上右：タイヘイヨウゾウゲヤシ，中左：ソロモンサゴヤシ，中右：フィジーゾウゲヤシ，下左：*M. warburgii*，下右：*M. paulcoxii*.

サゴヤシ（*M. sagu*）

タイヘイヨウゾウゲヤシ（*M. amicarum*）

ソロモンサゴヤシ（*M. salomonense*）

フィジーゾウゲヤシ（*M. vitiense*）

M. warburgii

口絵6　サゴヤシ属植物の果実

口絵7 熱帯泥炭土壌（セランゴール州，マレーシア）

口絵8 酸性硫酸塩土壌（セランゴール州，マレーシア）

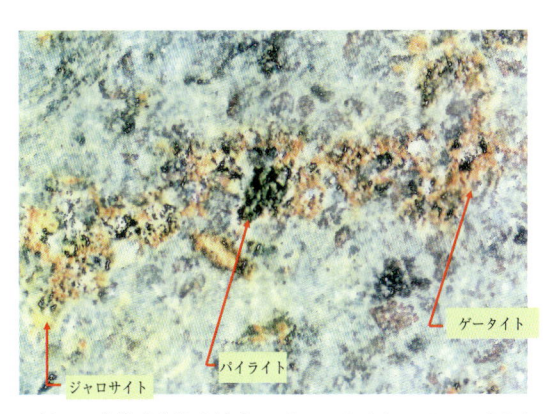

口絵9 酸性硫酸塩土壌中のジャロサイト，ゲータイトおよびパイライト

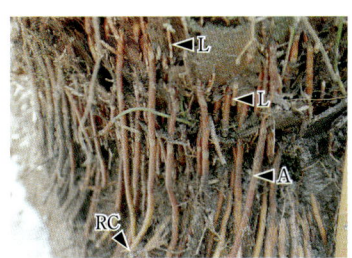

口絵10 地面に近い茎の表面
A：不定根，L：側根，RC：根冠．

口絵11 沿岸域に分布するサゴヤシ

口絵12 地面から出現して上方向に伸長する側根（L）

口絵 13　サゴヤシの葉

口絵 14　生葉を剥ぎ取った後にみられる生葉の痕跡

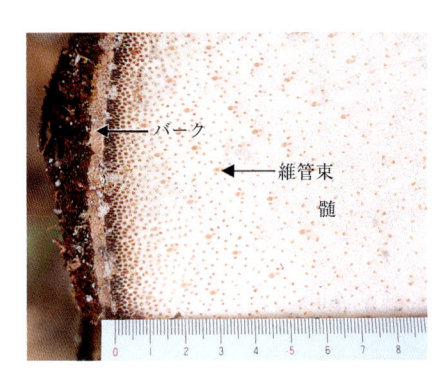

口絵 15　幹立ち後約 8 年の地表高約 1m の幹横断面

口絵 16　サゴヤシの花序

口絵 17　葉から髄部への維管束の走向

口絵 18　果実の着生状態

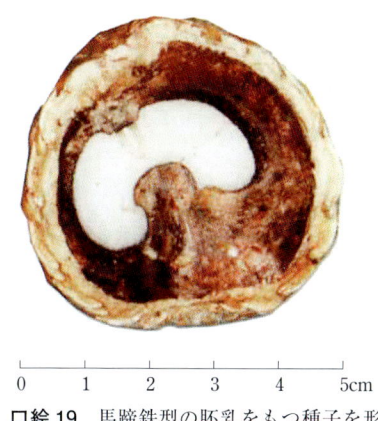

口絵 19　馬蹄鉄型の胚乳をもつ種子を形成した果実横断面

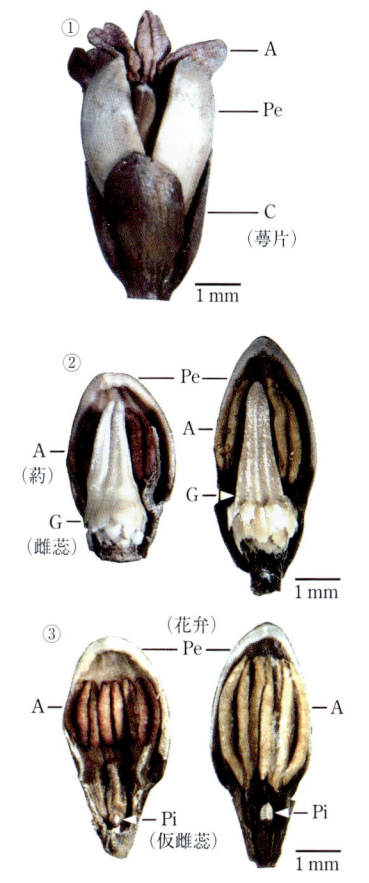

口絵 20　花の外観①と両性花および雄花の内部（②，③）

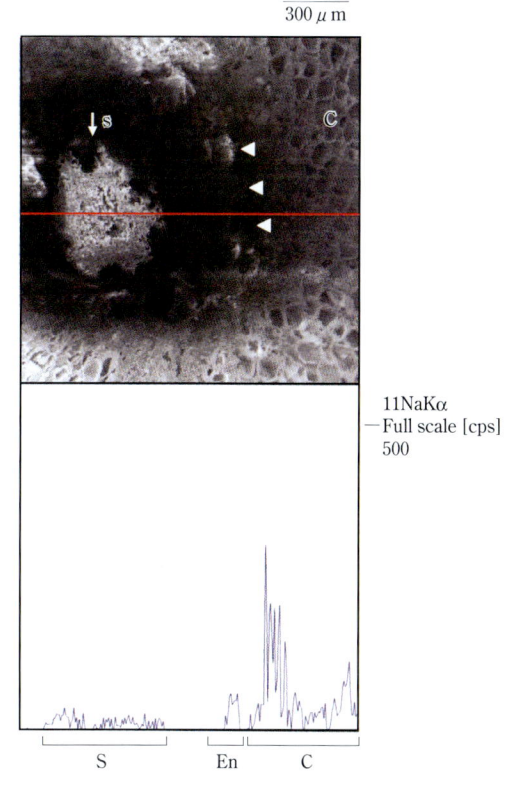

口絵 21　塩処理したサゴヤシの根の横断面切片とエネルギー分散型 X 線分光分析によるナトリウムの分布．

上図の赤いラインにおけるナトリウムの分布が下図に示されている．C：皮層，S：中心柱，En：内皮，△：内皮の外側の端をそれぞれ示す．

口絵22　整形されたサッカー

口絵23　採集したサッカーの小川での養成

口絵24　定植後活着したサッカー

口絵25　よく管理されたサゴヤシ園（マレーシア，サラワク州ムカ）

口絵 26 サゴ髄の削斧による粉砕作業

口絵 27 削斧による粉砕作業

口絵 28 おろし器型の髄粉砕作業

口絵 29 抽出作業：手によるサゴ髄の水洗い

口絵 30 抽出作業：手による水洗いと抽出装置

口絵 31 抽出作業：足による髄の水洗い

口絵 32　パペーダ

口絵 33　サゴレンペン

口絵 34　サゴパール

口絵 35　サゴ麺

口絵 36　サゴ菓子（生菓子）

口絵 37　サゴ菓子（焼き菓子）

口絵 38　アタップ（屋根材）

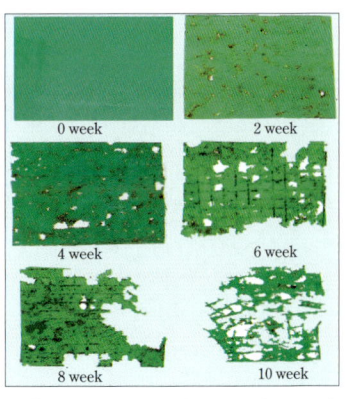

口絵 39　デンプンをベースとした生分解性プラスチックの土壌内での分解の様子

（写真提供：Pranamuda Hardaning 氏）

はじめに —— 21世紀の食糧問題・環境問題とサゴヤシ

　21世紀は人口—食糧—環境—資源の世紀といわれる。本書のタイトルである「サゴヤシ」は，この四つのキーワードを解決する，文字通り鍵となる植物である。

　ヤシ科に属する植物は世界で200属，2600種にのぼる。これらヤシ類の大部分は，熱帯，亜熱帯地方を中心に分布している。熱帯を代表するヤシといえば，熱帯をイメージするシンボル的存在であるココヤシであろう。ココヤシの分布域は，気候学的な熱帯の分布域とほぼ一致する。ココヤシはシンボル的存在であるばかりではなく，農業的，産業的には，その果実の胚乳部から油をとる油料作物として，熱帯域において重要な役割を担っている。

　油料作物としては，近年，森林伐採による過度のプランテーション開発の例として，時にはマスコミの批判にさらされるアブラヤシも，ココヤシと双璧をなしている。これら2種の著名なヤシに比べて，他のヤシ類は，それを利用している一部の人々を除くと，その名前さえ知られていない場合が多い。しかし，熱帯地方には食糧や資源・原料作物として潜在力に富んだ多くのヤシ類が存在する。「サゴヤシ」もまた，そのような"その他大勢"のヤシの1種である。

　サゴヤシはニューギニア島に起源し，その幹に多量のデンプンを蓄積する。古くより人々は，その幹の髄部を"おがくず"状に粉砕し，水をかけながら手でデンプンを揉み出し，採集したデンプンを食糧として利用してきた。サゴデンプンは，バナナ，パンノキ，タロイモなどとともに最も古くから人類に主食的に利用されてきたものであり，このことはサゴ（Sago）とはパプア語でパンを意味し，またサグ（Sagu）とはマライ語で食糧粉を意味することにも示されている。サゴヤシは現在，起源地を中心に南北緯10°以内のメラネシア，東南アジアの標高700m以下の地帯に分布している。おもな分布国は，インドネシア，パプアニューギニア，マレーシア，タイ，フィリピン，ソロモン諸島等である。サゴデンプンは，現在においてもその分布域の一部の地域では，主食や菓子用の原料として利用されており，さらに近年では，その高いデンプン生産性から工業原料としての利用にも注目が集まっている。

　学術の世界では，サゴヤシは，地域研究を主体とする民俗学的あるいは人類学的研究の中で取り上げられ，報告されてきた。しかし，その植物として基本となる遺伝学，生理・生態学的な研究や農学的研究，さらにはデンプンの特性や利用に関する研究については，ほとんど行われてこなかった。

　このような中で，マレーシア，サラワク州農業局は，サゴヤシを同州のデンプン資源作物と位置づけ，1970年代よりサゴヤシの生育面積や生育環境，デンプン

の生産性等についての研究を開始した。そして，1980年始めに同州ダラトにSg. Talau Deep Peat Research Station (Sago Research Center)が設置され，本格的なサゴヤシ研究が開始された。この研究所は，厚い泥炭質土壌に立地したが，その背景には，ムカーオヤーダラト地区に広がる深い泥炭質土壌の利用開発という目的があり，サゴヤシは泥炭質土壌の特性である湿地性，貧栄養，低pH等の条件下でも，ほとんど土壌改良なしに経済栽培が可能な唯一の作物であるという植物学的特性があったものと考えられる。

　このマレーシア，サラワク州の動きとほぼ時を同じくして，1977年に，我が国では熱帯植物資源研究センターを主宰する故・長戸公氏が委員長を務める日本熱帯農業学会熱帯植物資源研究委員会内に「サゴヤシ並びにサゴデンプンの利用・開発に関する研究部会」が設置された。この研究部会の主催で，1979年の日本熱帯農業学会第45回講演会において，「サゴヤシの開発とその生産物の利用」についてのシンポジウムが開催された。そして，その内容は同学会の会誌である熱帯農業第23巻第3号（1979年9月発行）に掲載され，サゴヤシに関する国内初の貴重な情報源となった。その後，この研究会では，諸外国のサゴヤシに関する内外の情報収集活動やサゴヤシの研究集会を開催した。

　一方，長戸公氏は，21世紀に予想される発展途上国の人口増加に伴う食糧危機や熱帯低湿地域の経済開発に関して，サゴヤシがこれらを解決する唯一の作物であるとの信念を貫かれ，このような植物の存在を広く日本の大学生に知らしめ，サゴヤシの研究を奨励したいとの強い意図から，1979年に私財による「日本サゴヤシ研究奨励基金」を創設され，全国の大学および短期大学の学生に「大学サゴヤシ研究クラブ」設置を呼びかけられた。この結果，全国の多くの大学に「○○大学サゴヤシ研究クラブ」が設置され，サゴヤシについて学習を行うとともに，現地調査によりサゴヤシの何たるかを体験することができた。著者もサゴヤシ研究の契機をこの「サゴヤシ研究クラブ」から得た一人である。このサゴヤシ研究奨励金は，その後，1986年に日本学術振興会に委嘱され，「熱帯生物資源研究助成事業」として2008年度まで助成が行われた。

　その後さらに，長戸公氏の強い意志により，1992年，サゴヤシ・サゴ文化研究会（平成12年にサゴヤシ学会と名称変更）が設立された。熱帯作物であるサゴヤシを単独に取り上げた学会はわが国では極めてユニークであり，同氏の趣旨に賛同する約200名の会員が設立に参加した。本会は毎年，総会，講演会を開催するとともに，会誌「SAGO PALM」を発刊し，さらには内外のサゴヤシ関連学会やサゴヤシ研究者との交流を密にしている。この「SAGO PALM」誌への投稿論文は，先にふれた日本学術振興会「熱帯生物資源研究助成事業」の援助によって行われた成果が多く発表されている。

　このようなわが国でのサゴヤシ学会の設立や会誌「SAGO PALM」の発行等の諸

活動は，国内のサゴヤシ研究を刺激し，わが国はサゴヤシ研究の最先端を走ることになった．また，これらの動きと同調して，サゴヤシの生育する熱帯諸国，とりわけマレーシア，インドネシア，フィリピン等でのサゴヤシ研究も活発に行われるようになり，近年では2～3年に一度，国際シンポジウムが開催されている．国際学会の開催は，開催国をはじめとする熱帯諸国の研究者のみならず，行政サイドの人々のサゴヤシへの関心を高めつつある．

冒頭に述べたように，今世紀は人口―食糧―環境―資源の世紀といわれるが，言うまでもなく，これらの四つのキーワードはそれぞれ独立したものではなく，相互に密接に関連している．サゴヤシは，上述してきたように，他の作物の経済栽培が困難である深い泥炭質土壌においても，経済栽培が可能な唯一の作物であるとされ，栽培への資源投資がほとんど不要であり，さらにその高いデンプン生産性から「21世紀の環境保全型デンプン資源作物」として位置づけることができる．折しも，最近の石油価格の高騰に伴い，バイオ燃料の生産に世界の関心が向けられており，トウモロコシ，コムギ，サトウキビ等，人類の主要な食糧がバイオエタノール生産に振り向けられ，これらの食糧の価格高騰とそれに伴う途上国の食糧不足が多くの国で報道されている．サゴヤシは，一部の人々に食糧として利用されているとはいえ，その広大な未利用野生林のリハビリテーションにより，食糧と競合することなく，デンプン資源の供給が可能であると考えられる．また，サゴヤシは，そのデンプンを栄養器官である幹に蓄積することから，種実作物に比べて気象災害の被害を受けにくいという利点があり，今世紀に人口増加による食糧不足が予想される熱帯の途上国へ導入することにより，食糧作物としての貢献も期待できる．現に，京都大学のサゴヤシ研究グループは，アフリカ・タンザニアへのサゴヤシの導入に成功しており，導入されたサゴヤシはすでに幹を形成しつつある．

本書はサゴヤシを「21世紀の資源植物」としてとらえ，わが国のサゴヤシ学会員を中心に，今までのサゴヤシ研究の集大成化を試みたものである．本書の内容は，サゴヤシの遺伝，形態，生理・生態，生育環境，栽培，デンプンの生産性，デンプンの特性と利用，民俗学・人類学等，多岐にわたっている．本書が読者の皆様のサゴヤシへの関心を喚起する一端となれば，執筆者一同，これにすぎる喜びはない．

最後に，本書刊行にご理解をいただいた日本学術振興会，熱帯生物資源研究基金運営委員会の委員の皆様に感謝いたします．また，本書の刊行に際しては，京都大学学術出版会編集部に大変なご苦労をおかけしました．記して執筆者一同，お礼申し上げます．筆を置くに当たり，サゴヤシ研究の発展を切望され，その目的達成のために資金援助を惜しまれなかった故・長戸公先生に衷心よりお礼申し上げます．

▶『サゴヤシ ― 21世紀の資源植物』編集委員長・山本由徳

刊行によせて

　サゴヤシは，世界中で最もデンプンを集積する植物ですが，残念なことに，これまで，サゴヤシのことは，あまり知られていません。サゴヤシのことをもっともっと知ってもらおうと，私たちは，学会をつくり，ホームページでサゴヤシを紹介したり，講演会やシンポジウムを国内外で開催したりして，世界中でサゴヤシが市民権を持つような活動を続けてきました。

　21世紀も急ぎ足で進み，すでに十分の一が過ぎつつあります。世界の人口増加に見合う食糧を確保するためには，作物そのものの食糧生産能力を高めるとともに，生産能力を十分に発揮できるように作物の生育環境を保障する必要があります。また，これまで気がつかなかった未利用植物資源を見出すことも重要な課題です。しかし，無計画な食糧増産は，大きな環境負荷を与える可能性があり，子供たちに負の遺産をまるごと押し付けることになっては困ります。将来を見通し，的確な行動が求められています。さらに，私たちはデンプン集積を司る遺伝子を突き止めようとしています。地道な研究によって，しだいに，デンプン集積に関与する遺伝子の標的は絞られてきています。こうしたいくつもの人類の要望に答えられる植物がサゴヤシなのです。20 mを超える樹高となるサゴヤシは，東南アジアの熱帯低湿地に生育し，樹幹にデンプンを集積します。生育条件のよい場所では，8年程度で成熟し，開花・結実します。開花・結実すると樹幹のデンプンは，子実を充実させるために，減少します。そこで，開花直前の時期に伐採・収穫して，デンプンを抽出してきました。もちろん抽出したデンプンは食糧あるいはエネルギー資源として利用しますが，サゴヤシバイオマスは，捨てるところはありません。デンプンをはじめ，バイオマスの全てを利用することができますが，そのことを知っている人は，ほんの一握りです。大いに注目して欲しいのです。いろいろな分野の方に「サゴヤシ」を是非読んで欲しいと思います。

　ようやく，長い間，待ち望んでいた「サゴヤシ」の著書を発刊することができますこと，大変嬉しく，感謝の気持ちでいっぱいです。皆様の期待をたがえることのない著書となっております。

　サゴヤシ研究者は，サゴ・ファンといってもよいほど，サゴヤシを気に入っています。サゴヤシを最もよく知っているサゴヤシ学会のメンバーが一丸となって，わかり易く，この「サゴヤシ」を執筆しました。日本学術振興会熱帯生物資源研究基金から助成をいただき，京都大学学術出版会より出版する運びとなりましたことを故・長戸公氏に報告させていただきたいと思います。それは，氏のサゴヤシに対す

る情熱と経済的支援がなければ,「サゴヤシ」は決して発刊されなかったであろうと思うからです。「サゴヤシ」の中にサゴヤシ研究の成果が開花していることを氏と世界に示すことができたのではないかと考えています。

　今後,サゴヤシの栽培と利用が人類の健康で豊かな生活を支える重要な鍵となるためのマイルストーンが「サゴヤシ」であると確信しています。

　2010年6月

サゴヤシ学会
会長　岡崎正規

目　次

はじめに　　i

刊行によせて　　iv

第1章　起源・伝播・分布　1

1 ▶ 分　　類　1
（1）デンプンを蓄積するヤシ　1
（2）サゴヤシ属の分類　3

2 ▶ サゴヤシの起源地，伝播と分布　18

3 ▶ 主要生産国におけるサゴヤシ林の現状　24
（1）インドネシアおよびマレーシア　24
（2）パプアニューギニア　32

第2章　生育環境　41

1 ▶ 温度・日射量　43
2 ▶ 降水量・湿度　46
3 ▶ 土壌の種類　48
（1）泥炭土壌　48
（2）酸性硫酸塩土壌　50
（3）その他のエンティソル・インセプティソル　55

4 ▶ 地下水位　56
5 ▶ 汽水・海水　59

第 3 章　形態的特性　63

1 ▶ 根　63
　(1)　根の種類　63
　(2)　茎における不定根原基の太さと密度　65
　(3)　根の内部構造　65

2 ▶ 葉　68
　(1)　葉序　71
　(2)　葉のつき方と小葉の着生　72
　(3)　気孔の分布　73
　(4)　葉の内部形態　74

3 ▶ 茎（幹）　75
　(1)　幹の形状　76
　(2)　サッカー　78
　(3)　幹横断面における維管束の分布　80
　(4)　維管束の走向　83
　(5)　幹の柔組織　85

4 ▶ 花・果実・種子　89
　(1)　花　89
　(2)　果実　90
　(3)　種子　91

第 4 章　生育特性　93

1 ▶ サゴヤシの一生　93
　(1)　ロゼット期　95
　(2)　幹立ち期　95
　(3)　開花・結実期　98

2 ▶ 発芽　98
　(1)　発芽の規定要因　99
　(2)　発芽の過程　101

3 ▶ 葉の形成と展開　103
　(1)　葉の展開　103

(2)　葉の形成　106

4 ▶ 幹の形成と伸長肥大　　109
5 ▶ 根の形成と伸長　　114
　　　(1)　サッカーからの根の発生と伸長　114
　　　(2)　根系の形成　114
　　　(3)　土壌環境の影響　117
6 ▶ 生殖生長　　117
　　　(1)　栄養生長から生殖生長への移行　117
　　　(2)　茎頂での花芽の発達　118
　　　(3)　花芽の数　118
　　　(4)　花のタイプ　120
　　　(5)　開花　120
　　　(6)　開花の行程と受粉の方式　121
　　　(7)　受粉と受粉媒介者　123
　　　(8)　受粉と結実　124

第5章　生理的特性　127

1 ▶ 吸水・蒸散速度　　127
2 ▶ 光合成　　129
3 ▶ 物質生産　　133
　　　(1)　葉面積　133
　　　(2)　全地上部生重と乾物重　134
　　　(3)　地上部の部位別乾物重　135
　　　(4)　地上部各部位の乾物重割合　136
　　　(5)　デンプン収量と物質生産特性　138
4 ▶ 汽水域への適応機構　　138
　　　(1)　水ストレスに対する適応機構　138
　　　(2)　塩ストレスに対する適応機構　140
5 ▶ 低 pH への適応機構　　143
　　　(1)　水素イオンストレスに対する適応機構　143
　　　(2)　アルミニウムストレスに対する適応機構　144
6 ▶ 海水への適応機構　　147

7 ▶窒素固定菌　150

第6章　栽培・管理　157

1 ▶サゴヤシの収穫と栽培方法の現状　157
　　(1)　小規模農家での栽培　157
　　(2)　インドネシア，リアウ州の小規模農家の例　159
　　(3)　プランテーションでの集約的なサゴヤシ栽培　160

2 ▶繁殖方法　165
　　(1)　サッカーによる繁殖　165
　　(2)　種子による繁殖　166

3 ▶植えつけと活着　169
　　(1)　サッカーの養成　169
　　(2)　サッカーの定植と活着　176

4 ▶植えつけ後の管理　178
　　(1)　サッカーの調整　178
　　(2)　施肥　180
　　(3)　水管理　183
　　(4)　除草　184
　　(5)　病害虫の管理　185

5 ▶サゴヤシの収穫と運搬　187

6 ▶栽培管理と環境保全　191
　　(1)　栽培管理が温室効果ガス（メタン，CO_2）発生量に与える影響　193
　　(2)　栽培管理が土壌および排水の化学的性質に与える影響　196

第7章　デンプンの生産性　201

1 ▶樹幹髄部におけるデンプンの蓄積過程　201
　　(1)　デンプン収量の測定方法　201
　　(2)　デンプン含量の表示方法　202
　　(3)　デンプンの蓄積過程　202
　　(4)　糖の種類と消長　208

(5)　柔細胞におけるデンプン粒の発達　212

2 ▶ サゴヤシのデンプン生産性　218

　　(1)　個体当たりのデンプン収量　218

　　(2)　面積当たりのデンプン収量　225

3 ▶ 他のデンプン作物との生産性の比較　232

4 ▶ サゴヤシの潜在収量　235

第8章　デンプンの抽出と製造　237

1 ▶ 伝統的抽出方法　237

　　(1)　伝統的デンプン抽出方法の基本形態　237

　　(2)　抽出手法の形態の相違　237

　　(3)　髄粉砕作業　238

　　(4)　デンプン濾し（髄屑の水洗い）　238

　　(5)　デンプンの容器詰め　239

　　(6)　抽出手法の地域的相違と分類　239

　　(7)　技術，手法の違いの背景と考察　241

2 ▶ デンプン工場における抽出方法とデンプンの製造工程　242

　　(1)　デンプンの精製プロセス　242

　　(2)　今後に残された課題　246

3 ▶ 世界におけるサゴデンプンの生産量　247

　　(1)　サゴヤシの生育・栽培面積　247

　　(2)　デンプン生産量　250

第9章　デンプンの特性と利用　255

1 ▶ サゴデンプンの特性　255

　　(1)　サゴデンプンの理化学的性質　256

　　(2)　「属」および「変種」の違いとデンプンの性質　260

　　(3)　サゴヤシの生育段階および部位におけるデンプンの理化学的性質の変化　260

2 ▶ サゴデンプンの利用　262

　　(1)　サゴデンプンの利用の現状　262

    (2) 食料としての利用　266
    (3) 工業原料としての利用　275
    (4) 飼料としての利用　287

3 ▶ サゴデンプンの潜在的利用性　292

    (1) サゴヤシ研究における長戸公先生の貢献　292
    (2) 日本におけるサゴヤシおよびサゴデンプン研究　292
    (3) サゴデンプンの特徴と利用特性　293
    (4) サゴデンプンの将来像　297

第10章　多面的利用　301

1 ▶ 葉の利用　301

    (1) サゴヤシの葉の部分ごとのメラナウによる名称　301
    (2) サゴヤシの葉の具体的な用途　302

2 ▶ 樹皮の利用　306

3 ▶ 樹幹頂部の利用　307

4 ▶ 果実の利用　309

5 ▶ デンプン抽出残渣の利用　311

    (1) サゴヤシからのデンプン抽出工程とサゴ残渣の生成　311
    (2) サゴ残渣の化学的特徴と物理的特性　315
    (3) 化学修飾による熱可塑化　317
    (4) サゴ残渣からのウレタンフォームの調製とその物性　318
    (5) サゴ残渣利用の今後の展開　319

6 ▶ サゴムシの利用　319

    (1) サゴムシとは　319
    (2) 生活環　320
    (3) 採集法　321
    (4) 調理法　322
    (5) 商品としてのサゴムシ　323
    (6) 栄養価　323
    (7) 祭りとサゴムシ　323

第 11 章　文化人類学的側面　325

1 ▶根栽文化　325

　（1）　根栽農耕とは　325
　（2）　根栽農耕文化の特徴　327

2 ▶「サゴヤシ文化圏」の社会構造　328

3 ▶サゴヤシの社会的役割　330

　（1）　贈与財としてのサゴ　331
　（2）　食料の象徴としてのサゴ　332
　（3）　大規模な交易　333
　（4）　サゴのジェンダー　334
　（5）　サゴデンプン抽出作業の性別役割　335
　（6）　しつけとしてのサゴ料理法　336

4 ▶サゴヤシにまつわる神話　336

　（1）　サゴヤシにまつわる神話の特異性　336
　（2）　イェンゼンの栽培植物起源神話の二類型　338
　（3）　殺害と生殖，死と生，あるいは殺害されることと新たな生の産出　339
　（4）　月，女，そして栽培植物　343
　（5）　結論　346

第 12 章　21 世紀におけるサゴヤシの将来　347

1 ▶デンプン原料としてのサゴヤシ　347

2 ▶バイオ燃料として期待されるサゴヤシ　351

3 ▶バイオマスを資源として利用できるサゴヤシ　354

4 ▶サゴヤシへの期待　357

資料　国際サゴシンポジウム開催及びプロシーディング一覧　359

引用文献　361

索　引　385

第1章

起源・伝播・分布

1 ▶ 分　類

(1) デンプンを蓄積するヤシ

　ヤシ科は6亜科，約200属2600種からなるが，幹からデンプンが採れるのは，トウ亜科のサゴヤシ属（*Metroxylon*），チリメンウロコヤシ属（*Eugeissona*），ラフィアヤシ属（*Raphia*），テングヤシ属（*Maurutia*），コウリバヤシ亜科のコウリバヤシ属（*Corypha*），ナツメヤシ属（*Phoenix*），オウギヤシ属（*Borassus*），ビンロウ亜科のクロツグ属（*Arenga*），クジャクヤシ属（*Caryota*），アッサムヤシ属（*Wallichia*），ダイオウヤシ属（*Roystonea*），*Butia*，*Syagrus*，*Bactris* であるが（表1-1）[1]，中でもデンプンの収量性からみて生産力が高いのはサゴヤシ属であり，その中でもサゴヤシ節［*Metroxylon*（*Eumetroxylon*）］のサゴヤシ（*M. sagu* Rottb.）が最も有望である。サゴヤシのデンプンは，東南アジアやメラネシアではバナナやタロイモあるいはパ

---

1) チリメンウロコヤシ属：*Eugeissona*，*E. utilis* Becc. の英名は wild Borneo sago palm でサゴ（幹からのデンプン）がブナン族の主食，*E. insignis* Becc. も同様に利用される。テングヤシ属：*Maurutia*, mauritia palms, moriche palms, buriti；*M. flexuosa* L. f. の英名は miriti palm, moriche palm, ita, 和名はミリチーヤシでアマゾンではサゴからパン（ipurana）を作る。コウリバヤシ属：*Corypha*, *C. utan* Lamarck (gebang, タラバヤシ)，*C. umbraculifea* L. (talipoto, タリポットヤシ)。ナツメヤシ属：*Phoenix*, *P. paludosa* Roxb. (mangrove date palm, マライソテツジュロ)。クロツグ属：*Arenga*, *A. pinnata* (Wurmb) Merr. (サトウヤシ)，*A. microcarpa* Becc.。クジャクヤシ属：*Caryota*, *C. urens* L. (fishtail palm, toddy palm, kittool palm, bastard sago, wine palm, solitary fishtail palm, jaggery palm, クジャクヤシ)。アッサムヤシ属：*Wallichia*, *W. disticha* T. Anderson (ワリチーヤシ)。

表 1-1　幹にデンプンを貯めるヤシ科植物

亜　科	連	亜　連	属	種
Coryphoideae コウリバヤシ亜科	Corypheae コウリバヤシ連	Coryphinae コウリバヤシ亜連	*Corypha* コウリバヤシ属	*C. utan* Lamarck Gebang，タラパヤシ *C. umbraculifea* L. Talipoto，タリポットヤシ，コウリバヤシ
		Phoeniceae ナツメヤシ連	*Phoenix* ナツメヤシ属	*P. paludosa* Roxb. Mangrove date palm，マライソテツジュロ
		Borasseae オウギヤシ連	Lataniinae	*Borassus* オウギヤシ属	
Calamoideae トウ亜科	Calameae トウ連	Eugeissoninae チリメンウロコヤシ亜連	*Eugeissona* チリメンウロコヤシ属	*E. utilis* Becc. Wild Borneo sago palm，チリメンウロコヤシ *E. insignis* Becc.
		Metroxylinae サゴヤシ亜連	*Metroxylon* サゴヤシ属	*M. sagu* Rottb. サゴヤシ
		Raphiinae ラフィアヤシ亜連	*Raphia* ラフィアヤシ属	
	Lepidocaryeae	Lepidocaryum	*Mauritia* テングヤシ属	*M. flexuosa* L. f. Miriti palm，moriche palm，ita，ミリチーヤシ
Arecoideae ビンロウ亜科	Caryoteae クジャクヤシ連		*Arenga* クロツグ属	*A. pinnata* (Wurmb) Merr. サトウヤシ *A. microcarpa* Becc.
			Caryota クジャクヤシ属 Fishtail palms	*C. urens* L. Fishtail palm, toddy or kittool palm, bastard sago, wine palm, solitary fishtail palm, jaggery palm，クジャクヤシ
			Wallichia アッサムヤシ属 Wallich palms	*W. disticha* T. Anderson ワリチーヤシ
	Areceae	Roystoneinae	*Roystonea* ダイオウヤシ属 Royal palms	
	Cocoeae	Butiinae	*Butia*	*B. yatay* Becc. Yatay palm，jelly palms，butia palms，ジャタイヤシ
			Syagrus	Syagrus palm，ヒメヤシ
		Bactridinae	*Bactris*	Peach palm，モモヤシ

ノキと同様に古くから食用として利用されており（高村 1990)，地域的には現在もなお重要なデンプン資源である。クロツグ属のサトウヤシ（*A. pinnata*）およびその近縁種（*A. microcarpa*）の幹から得られるデンプンもサゴと呼ばれ（サゴとは本来サゴヤシデンプンという意味の語であるが，他のヤシの幹から採れるもの，転じてヤシ以外の植物のデンプンにもしばしば当てられる），インドネシアの一部の地域，すなわちジャワ島やスラウェシ島ではサトウヤシ，サンギへ諸島およびタラウド諸島では *A. microcarpa* のデンプンが，フィリピンのミンダナオ島ではタラパヤシのデンプンが，サゴとしてローカルマーケットで販売されている。他にも，ジャタイヤシ（ヤタイヤシ）のジャタイ粉が市販されているが，その量はサゴヤシに比べると少ない。

サゴヤシは我が国では「まさごやし」や「せいごやし」とも呼ばれ，漢字表記には沙穀椰子，西穀椰子が当てられ，英名は sago palm である。前述のごとく，トウ亜科サゴヤシ属のサゴヤシ節に分類される常緑高木であるが，サゴヤシ節はこの1種のみである（詳細は後述）。染色体数は n = 16。日本では貝原益軒の「大和草本」(1709年)に沙菰米（さごべい）として紹介されている。ニューギニア島，マルク（モルッカ）諸島，スラウェシ島，ボルネオ（カリマンタン），スマトラ西方に位置するムンタワイ諸島のシブルート島などの住民にとっては，主食としての重要性は今でも変わっていない。

サゴ（sago）という語は，元々はジャワ語で，ヤシの髄から得るデンプンの意味であったが，東南アジアの多くの言語でデンプンの総称となっている。前述のように他のヤシやソテツの幹，あるいはキャッサバやクズウコンから得るデンプンを sago と呼ぶことは多い。

(2) サゴヤシ属の分類

サゴヤシ属はサゴヤシ節［section *Metroxylon*（*Eumetroxylon*）］とコエロコッカス節（section *Coelococccus*）とに分類される。表1-2，表1-3に Beccari (1918) による分類を，図1-1には両節の植物の成木を示す。本属植物の果実は鱗片で被われているが，その縦に並ぶ鱗片の列が18列あるものがサゴヤシ節，それに対して鱗片が24～28列であるものがコエロコッカス節と分類されている。Beccari はサゴヤシ節を，果実の形状とサイズ，葉鞘，葉柄，花序の枝梗に着生するトゲの有無，長さ，密度などの形態的特徴と分布地域から，無刺のホンサゴ（*M. sagus* Rottb.）と有刺のトゲサゴ（*M. rumphii* Mart.）の他，*M. squarrosum* Becc.（無刺）の3種に分類し，*M. sagus* の下に2変種，*M. rumphii* の下に7変種，6亜変種をおいた。コエロコッカス節については，分布地域，果実と花の形状とサイズを基に，6種2変種を分類している。しかしながら，Beccari による分類は標本とした果実の数が少なく，分類の基準が必ずしも十分でなかったことが，後年指摘された。その後，Whitemore

表1-2 Beccari (1918) によるサゴヤシ節 [section *Metroxylon* (*Eumetroxylon*)] の分類

種・変種	分布・地方名等[1]	特徴
1. *M. sagus* Rottb. (forma typica).	[マレー諸島*]	葉鞘，葉柄，包葉，1次・2次枝梗とも無刺
1a. var. *molat* Becc.	[セラム島] sagu molat, sagu malat：西セラム，ハルマヘラ	果実は球形，基部に窪み，forma typica より小型（直径2.8 cm）
1b. var. *peekelianum* Becc.	[ジャーマンニューギニア] bia tun：Salsai に近い Namatani	果実は小型で球形，長さ2～2.3 cm，直径2～2.2 cm，鱗片の縁（1/2 mm）が変色
2. *M. rumphii* Mart. (forma typica)	[マレー諸島*]	葉鞘，葉柄，花序の1次枝梗に刺あり，果実は大型で球形，直径2.5 cm より僅かに長さが大きく，小葉中肋に小さいトゲあり
2a. var. *rotang* Becc.	[西セラム] sagu rotang, Rumph's sagu duri rotang：var. *micracanthum* に対応	果実は2よりも僅かに小さく，葉柄に短いトゲを備えている
2b. var. *longispinum* Becc.	[アンボンイナ（アンボン島）] lapia macanaru, leytiomor, macanalo, macanalum: Hitoe, var. *micracanthum* sub-var. *makanaro* に対応	果実は2よりも大きく，葉柄に極長い刺が密度低く着生
2c. var. *sylvestre* Becc.	[西セラム] lapia ihur, ihul sagu ihor：セラム島（アンボン島では少ない）	果実はややつぶれた球形，長さ3～3.5 cm，直径3.5～3.8 cm，小葉中肋に刺毛あり
2d. var. *ceramense* Becc.	[セラム島] sagu ceram, sagu merah, sagu putih, sagu hitam（4種類あり）	果実サイズは中型，球形ないし楕円形，*M. sagus* よりも小型，var. *micracanthum* よりは大型，小葉は大きく幅広
2d'. var. *ceramense* sub-var. *platyphyllum* Becc.	[アマハイ（セラム島）] sagu ceram：セラム中部南海岸のアマハイ	果実は卵形で楕円，長さ3.7 cm，直径2.6 cm，小葉は極大型で幅広く12 cm幅
2d". var. *ceramense* sub-var. *rubrum* Becc.	[アマハイ（セラム島）] sagu merah	果実は楕円形，長さ3 cm，直径2.2 cm
2d'''. var. *ceramense* sub-var. *album* Becc.	[アマハイ（セラム島）] sagu hitam	果実は球形，上部に丸みがあり，基部は窪みがあり，直径3.2 cm
2d''''. var. *ceramense* sub-var. *nigrum* Becc.	[アマハイ（セラム島）]	果実は球形，上部に丸みがあり，2d''' より小型，直径3 cm
2e. var. *micracanthum* Becc.	[セラム島] Rumphius による sago duri rottang, lapia luli-uwe：アンボン名（セラムの Humohela に多い）	果実は極小さく，倒卵形，上部がつぶれておらず，細くなっており，果皮は上部が薄く，基部は厚くて多孔性で硬質
2e'. var. *micracanthum* sub-var. *tuni* Becc.	[西セラム]	果実の直径2.3 cm
2e". var. *micracanthum* subvar. *makanaro* Becc.	[西セラム] var. *ceramense* と関連する．Rumphius の lapia macanaru は異なる．Martius の *M. longispinum* (var. *longispinum* Becc.) に対応	果実2.7～2.8 cm
2f. var. *buruense* Becc.	[ブル島]	果実は極小さく，球形，1.8～2 cm
2g. var. *flyriverense* Becc.	[ニューギニア・フライ川]	
3. *M. squarrosum* Becc.	[東セラム]	花序と包葉とも無刺，花梗は平坦で，葉縁も刺がない．

1) [ ] 内は分布地域，続くイタリックで記した語はその地域でのサゴヤシの名称もしくは民俗変種名，コロンの後は具体的な分布地名．

*：原文では Malay Islands. 一部著者により補足．

表 1-3 Beccari (1918) によるコエロコッカス節 (section *Coelococcus*) の分類

種・変種	分布	特徴
1. *M. warburgii* Heim.	ニューヘブリディーズ（現ヴァヌアツ）	果実長 10〜12 cm，直径 7〜9 cm，鱗片 24 列，小葉は裏面が淡い青緑色（白い粉で覆われたよう）*
2. *M. upoluense* Becc.	サモア・ウポル島	果実は小型で基部に向けて細く，長さ 3.3 cm，直径 2.5 cm，鱗片 24 列
3. *M. vitiense* Benth. et Hook.	フィジー諸島	果実は球形，基部は円形で上部は幅広な円錐形，長さ 5.5〜6.5 cm，直径 4.5〜7 cm
4. *M. amicarum* Becc.	カロリン諸島	果実は球形で大型，直径 8 cm，上部はやや平坦，基部に窪みなし
4a. var. *commune* Becc.		花の長さ 8〜8.5 mm，直径 3.5〜4 mm，果実は長さより直径がやや大きく，直径 8〜9 cm
4b. var. *maius* Becc.		花の長さ 12 mm，直径 5〜6 mm，果実直径 11〜13 cm
5. *M. salomonense* Becc.	ソロモン諸島，ジャーマンニューギニア，ニューブリテン島	果実直径 7 cm，ややつぶれた球形で基部に窪みなし，種子直径 4 cm，果皮厚 5〜6 mm，先の尖った鱗片
6. *M. bouganvillense* Becc.	ブーゲンヴィル島	果実直径 5.5 cm，ややつぶれた球形で基部に窪みあり，果皮厚 10〜12 mm，種子直径 2.5 cm，先の尖った鱗片

*：小葉背軸面（裏面）は向軸面（表面）に比べて光沢がなく，やや白っぽいが，クチクラの蓄積程度の違いによると考えられる（Ehara el al. 2003b）．この特徴は他の種と異なる．

(1973) は *M. salomonense* と *M. bougainvillense* は同一であることを確認している．さらに，Rauwerdink (1986) は *M. sagus* と *M. rumphii* の交雑が可能なこと，その結果生じる実生ではトゲの有無と果実の色が一定の比率で分離することなどから，*M. sagus* と *M. rumphii* には本質的な違いはないとし，サゴヤシ属を *M. sagu*，*M. amicarum*，*M. vitiense*，*M. salomonense*，*M. warburgii* の 5 種に分類することを提唱した．また，サゴヤシ（*M. sagu*）をさらに葉鞘，葉柄などのトゲの有無と出現時期（消長），長さなどによって，*M. sagu* forma *sagu*，f. *tuberosum*，f. *micracanthum*，f. *longispinum* の四つの品種に分類している（表 1-4）．トゲの長さは一般に若齢時には長く，樹齢が進むと短くなる（Sastrapradja 1986）ことを考慮して，Rauwerdink (1986) も無刺品種，葉柄の基部（葉鞘）にトゲの痕跡がある品種，葉鞘と葉柄に 4 cm 未満の短いトゲがある品種，4〜20 cm の長いトゲがある品種としている．図 1-2 に特徴が異なる葉の例を挙げる．後述するように，トゲの有無だけでなく，無刺タイプにも葉柄の色に変異がみられる．

図 1-1 サゴヤシ属植物の成木

上左：サゴヤシ (*M. sagu*)；パプアニューギニア・東セピック，上右：タイヘイヨウゾウゲヤシ (*M. amicarum*) 中位葉腋の花序が結実；ミクロネシア・チューク，中左：ソロモンサゴヤシ (*M. salomonense*) 結実期；シンガポール植物園，中右：フィジーゾウゲヤシ (*M. vitiense*)；フィジー・ビチレブ，下左：*M. warburgii*；サモア・ウポル，下右：*M. paulcoxii* (*M. upoluense*)；サモア・ウポル．

表1-4 サゴヤシ種内の分類基準

	形態的特長	Rauwerdinkによる品種（地方名）
1	生育ステージにかかわらず葉鞘，葉柄とも全く刺が無い	forma *sagu*（PNG: ambutrum, kaparang, awirkoma）
1	葉鞘や葉柄が全く滑らかというわけではないか，刺に覆われている	2
2	全ての生育ステージにおいて葉柄の基部（葉鞘）に刺が退化した塊状構造がみられる	forma *tuberatum*（PNG: koma, oliatagoe）
2	葉鞘と葉柄に刺がある	3
3	葉鞘と葉柄に4cm未満の刺がある	forma *micracanthum*（PNG: makapun, waipi, kangrum, mandam）
3	葉鞘と葉柄に4〜20cmの刺がある	forma *longispinum*（PNG: wakar, ketro, anum, ninginamé, nago, tring, passin, kangrum, wombarang, moiap）

Rauwerdink（1986），著者が原文に一部補足．

　ところで，同一母樹から発生した実生のトゲの形質については異質性が見られ，有刺の母樹から得た種子から無刺固体も発生することが報告されている（Jong 1995）。Ehara et al.（1998）は無刺の母樹から得た種子から発生した実生の28％が有刺であったことを報告している。このような事実を考え合わせると，Rauwerdink（1986）によるサゴヤシ品種の分類も問題を含んでいるといわざるを得ない。また，次項で示すように，マレーシア，インドネシア，フィリピン，パプアニューギニアにおけるサゴヤシの形態的特長と遺伝的距離に明瞭な関係はみられないことが，近年の報告で明らかになってきている。

　しかしながら，サゴヤシへの依存度が高い地域では，形態的特徴や髄部の色，あるいは収量などにより様々なタイプが認識されている。Yoshida（1980）の調査したインドネシア・マルク州ハルマヘラ島のガレラ族による民俗分類（folk classification）の例を挙げれば，サゴヤシは8タイプに分類されている（図1-3）。若齢の個体ではすべてのタイプでトゲがあり生長に伴い消失するが，分類にはトゲの形質が重要となる。すなわち，①葉柄・葉軸のトゲの有無，②トゲと小葉の長短，③葉柄・葉軸の背軸側の色（緑色；バンドなし，黒色のバンド，褐色のバンド），④小葉の基部の赤色，⑤小葉のトゲ（厚・薄），⑥小葉の幅（大・小）が基準となる。トゲや葉柄・葉軸のバンド色など若齢時の特徴は生長と伴に消失し，成木では小葉の特徴は分類に有効でないので，葉の色，長さ，葉柄の色，デンプンの色が基準となる。①葉柄・葉軸のトゲの痕跡，②葉の長短，③葉色（深緑色，淡緑色），④葉柄基部（葉鞘）の白っぽさの有無，⑤葉柄基部（葉鞘）の白っぽさの強弱（Yoshidaの報告に一部補足），である。Yoshida（1980）は葉柄・葉軸の背軸側のバンドの色は生長と伴に消失すると

図 1-2a　サゴヤシの葉のバリエーション

上左：葉軸にバンドなし (kanduan)；上中：葉軸に弱黒色のバンドあり (kunangu)；上右：葉軸に褐色のバンドあり (kosogu)（PNG・東セピック），中左：葉柄の刺—左から無刺 (roe)・刺が短く疎ら (rui)・刺が長く密に着生 (runggamanu)；中右：比較的若いステージから葉柄に刺の痕跡刺がみられる (roe me eto)（インドネシア・南東スラウェシ），下左：葉柄の刺がなくスムース；下右：幹立後に葉柄基部と葉鞘に刺の痕跡があり葉軸には刺がない (kanduan)（PNG・東セピック）．写真中の矢印は葉軸のバンドを示す．

第1章 起源・伝播・分布 | 9

図 1-2b コエロコッカス節植物の葉のバリエーション
左上：タイヘイヨウゾウゲヤシ (*M. amicarum*, ミクロネシア・チューク), 左中：*M. warburgii* の葉向軸面,
左下：*M. warburgii* の葉背軸面 (サモア・ウポル), 右上：ソロモンサゴヤシ (*M. salomonense*, シンガポール植物園),
右下：フィジーゾウゲヤシ (*M. vitiense*, フィジー・ヴァヌアレヴ).

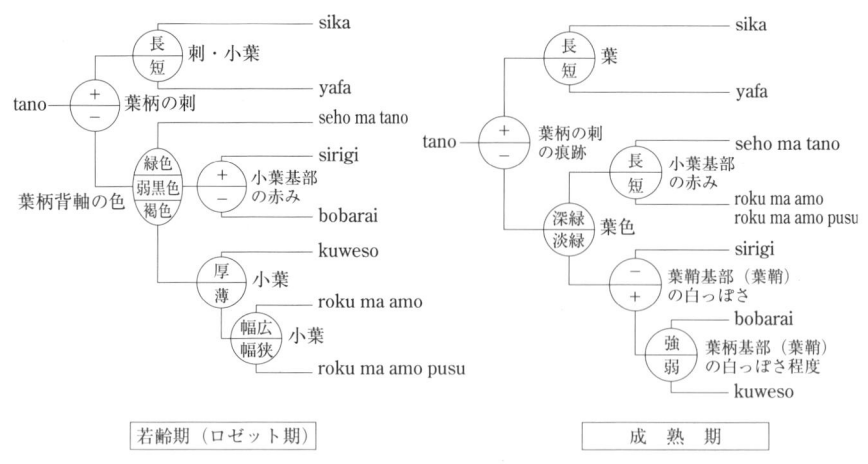

図 1-3 インドネシア・ハルマヘラ島ガレラ族によるサゴヤシの分類基準
Yoshida (1980).

報告しているが，収穫適期と判断される樹でも特徴を残しているのが見受けられる（図 1-2）。

他の地域でも，インドネシア東部島嶼部においては sagu molat, sagu tuni, sagu ihur, sagu makanaro, sagu ikau という地方名 (vernacular name) で 5 タイプが認識されており (Flach 1980)，イリアンジャヤ州（現パプア州）では 8 タイプが（国際協力事業団 1981b），パプアニューギニアの東セピック州ではさらに多く，13 タイプに分けられている（下田・パワー 1992a）。一方で，パプア州（旧イリアンジャヤ州）の各地から採取した個体を，クロロプラスト DNA の単純塩基配列の繰り返しを基準にグルーピングしたところ，約 77% が同一のグループとなり，全部で三つのグループに分けられたとの報告がある (Abbas 2006)。以上のように，各地域の民俗分類にみられる多様なサゴヤシのタイプが，遺伝的にはどの程度の差異をもっているのかは未だ明確になっていない。こうした状況を踏まえ，2005 年にインドネシア・パプア州のジャヤプラで開催された第 8 回サゴシンポジウムにおいて，各地域でそれぞれの民族の基準によって形態的特長や生育特性を基に分類されているサゴヤシの様々なタイプを，当面は民俗変種 (folk variety) として取り扱うことが同意されている（江原 2005）。

前述のように Rauwerdink (1986) はコエロコッカス節を 4 種に分類することを提唱しているが，現在は 5 種に分類されている。すなわち，ソロモン諸島とバヌアツ北・中部に分布するソロモンサゴヤシ [*M. salomonense* (Warb.) Becc.]，バヌアツとフィジーおよびサモアに分布する *M. warburgii* (Heim) Becc.，フィジーのフィジーゾウゲヤシ [*M. vitiense* (H. Wendl.) H. Wendl. ex Hook.]，サモアの *M. paulocoxii*

McClatchey，ミクロネシアのタイヘイヨウゾウゲヤシ［*M. amicarum* (H. Wendl.) Becc.］である（Barrau 1959，Beccari 1918，Dowe 1989，Ehara et al. 2003b，McClatchey 1999，Rauwerdink 1986）。Beccari (1918) は西サモア（現サモア）のサゴヤシ属種として，ウポル島からの標本に基づき，*M. upoluense* と分類しており，英王立キュー植物園にも花序と葉の標本が保管されている。しかし，McClatchey (1998) は Beccari によるサモア産サゴヤシ属植物に関する記述は詳細でなく，種の同定に帰するには十分でないとして，サモアに分布するコエロコッカス節植物は *M. warburgii* と別にもう1種あり，*M. paulcoxii* が本節植物の新種であると報告している。*M. warburgii* が西サモアにも分布することは，Rauwerdink (1986) も報告している。

　表1-5にサゴヤシ属の各種の形態的特長を示したが，コエロコッカス節植物がサゴヤシと大きく異なるのはサッカーを発生しないこと，ソロモンサゴヤシ，*M. warburgii*，フィジーゾウゲヤシ，*M. paulcoxii* はサゴヤシと同様に頂生の総状花序を生ずるが，タイヘイヨウゾウゲヤシは葉腋に側生の花序を生じることである（図1-4）。側生花序のタイヘイヨウゾウゲヤシは多回結実性［pleonanthic (polycarpic)］であるが，頂生花序の他のコエロコッカス節植物はサゴヤシと同じように一回結実性［hapaxanthic (monocarpic)］である。また，総状花序を生じる種も，枝梗の分枝システムや着生の様相，果実の形状，あるいは葉柄・葉軸に着生するトゲの色や剛性が異なる。フィジーソウゲヤシは花序の2次枝梗が垂れ下がる。Rauwerdink (1986) はソロモンサゴヤシと *M. warburgii*，*M. paulcoxii* の2次枝梗は垂れ下がらないとしている。しかし，Dowe (1989) はソロモンサゴヤシの花序の分枝システムが2～3次と変異があることを報告している。実際には，2次枝梗に3次分枝として花梗が着生する場合には2次枝梗は1次枝梗に立った形で着生するが，枝梗の2次分枝として花梗が1次枝梗に着生するものもあり，この場合，2次分枝（花梗）は垂れ下がって着生する（図1-5）。ソロモンサゴヤシの2次分枝の様相の変異は同一の1次枝梗に混在する（Ehata el al. 2003b）。葉柄・葉軸に着生するトゲについてみると，フィジーゾウゲヤシではトゲが黒色であるのが特徴的で，ソロモンサゴヤシではトゲが軟質で柔らかいヒゲ状であることが他の種と大きく異なる（図1-2）。

　サゴヤシは一般に種子の発芽率が低いが（果実・種子について，および発芽についての詳細はそれぞれ3章と4章参照），*M. warburgii*，フィジーゾウゲヤシ，タイヘイヨウゾウゲヤシの種子は高い発芽力をもっており，特に *M. warburgii* は胎生種子（viviparous seed）を生じることが特徴である（Ehara et al. 2003b）。サゴヤシ属は最外層が鱗片に被われた果実を生じるが，鱗片列数は種によって異なり，21～32列があり，種内変異がみられるものもある。いずれの種もサゴヤシより大きな果実を着け，特にタイヘイヨウゾウゲヤシでは極直径が10 cmを越えるものもある（図1-6）。

　M. warburgii はサゴヤシよりも幹長が短く，幹直径が細いが，ソロモンサゴヤシ，フィジーソウゲヤシおよびタイヘイヨウゾウゲヤシはサゴヤシと同程度もしくはそ

表1-5 サゴヤシ属各種の形態的特長

形態的特長，分布	種名（地方名）
1 果実を覆っている縦に並ぶ鱗片が18列・直径5.2～5.6 cm（デンプンを採取しないタイプでは3 cm程度），株を形成，無刺もしく有刺，刺の長さや着生密度は様々（サゴヤシ節：section *Metroxylon*），ニューギニア，インドネシア，ミンダナオ，マレーシア	1. *M. sagu*
1 果実を覆う鱗片が24～28列，単生でサッカーを生じず株を形成しない（コエロコッカス節：section *Coelococcus*）	2
2 側生花序，1次枝梗が冠部の葉の腋*に着生．グアム，カロリン諸島，フィリピンで栽培 果実は球形・鱗片26～29列・直径7～10.3 cm（ミクロネシア），24～25列（シンガポール植物園**），26列［フレンドリー諸島（トンガ諸島**），28列（フィリピン**）[1]	3. タイヘイヨウゾウゲヤシ *M. amicarum*（モエン島とウマン島：rwung, foun rupwung, ポンペイ島：oahs, ohs）[1]
2 頂生花序，1次枝梗，包状となった冠部の葉の腋に着生	3
3 花序の2次枝梗が垂れ下がり，極短い（20 cm），フィジー諸島葉柄・葉軸の刺が黒色，果実は球形・鱗片27～32列・直径5.5 cm[1]	3. フィジーソウゲヤシ *M. vitiense*（songa, sago, seko）[1]
3 花序の2次枝梗が垂れ下がらない	4
4 花序の3次枝梗が垂れ下がり，極長い（20 cm），全ての包の小花梗向軸部分に軟毛あり．ソロモン諸島，ブーゲンヴィル島，サンタクルーズ諸島 花序は2次もしくは3次に分枝，果実は球形，ヴァヌアツ[2] 葉柄・葉軸の刺は軟質，花序の1次枝梗上に2次分枝として着生する花梗と，2次枝梗が分枝した後に3次分枝として着生する花梗が混在する（ヴァヌアツ）[3] 果実の鱗片27～28列（ヴァヌアツ），27～28列・直径7 cm（シンガポール植物園），24～27列（パプアニューギニア・ショートランド諸島**）[1]．	4. ソロモンサゴヤシ *M. salomonense*
4 花序の全ての枝梗が立って着生．全ての包の小花梗向軸部分に軟毛なし．ニューヘブリディーズ（ヴァヌアツ），西サモア（サモア） 果実は洋ナシ形[2] ヴァヌアツ，フィジー・ロトゥマ島，ヴァヌアレブ島，小葉背軸面のクチクラの発達が顕著，果実の鱗片26列・直径6～7.3 cm（ヴァヌアツ），24～25列・7.3～8.1 cm（ロトゥマ島），24列・7.9 cm（サモア），24～25列（ニューヘブリディーズ・マラクラ島**）[1]	5. *M. warburgii*（サモア：niu o lotuma「ロトゥマからのヤシ」の意）[1]
4 花序の枝梗は2次～3次に分枝，花梗の着生状態は様々（垂れ下がるもの，立って着生するもの）[4] 1次枝梗の中央部分より先の方では2次分枝が花梗となり垂れ下がり，中央部分より基の方では2次枝梗から3次分枝が発生し，これが花梗となり立って着生する（中央部分は2タイプの分枝様式が混在）[1]	6. *M. paulcoxii*

Rauwerdink (1986) を基に作成．1) 著者の調査・観察による，2) Dowe (1989), 3) Ehara et al. (2003b), 4) McClatchey (1998).

*：頂生の総状花序を生じる種では，花序の下に位置する数枚の葉は長さが徐々に短くなが，タイヘイヨウゾウゲヤシでは花序の1次枝梗が腋に着生する冠部の葉のサイズはそれよりも下位のものに比べて短くはない．

**：英王立キュー植物園の標本．

図 1-4　サゴヤシ属植物の花序

上左：サゴヤシ（*M. sagu*）；パプアニューギニア・東セピック，上右：タイヘイヨウゾウゲヤシ（*M. amicarum*）結実期；ミクロネシア・チューク，中左：ソロモンサゴヤシ（*M. salomonense*）結実期；シンガポール植物園，中右：フィジーゾウゲヤシ（*M. vitiense*）結実期；フィジー・ビチレブ，下左：*M. warburgii* 開花期；サモア・ウポル，下右：*M. paulcoxii*（*M. upoluense*）開花期；サモア・ウポル．

図1-5 サゴヤシ属植物の花序の枝梗

上左：サゴヤシ (*M. sagu*)；パプアニューギニア・東セピック，上右：タイヘイヨウゾウゲヤシ (*M. amicarum*)；ミクロネシア・チューク，中左：ソロモンサゴヤシ (*M. salomonense*)；ヴァヌアツ・ガウア，中右：フィジーゾウゲヤシ (*M. vitiense*)；フィジー・ビチレブ，下左：*M. warburgii* 開花期；ヴァヌアツ・エスプリットサント，下右：*M. paulcoxii* (*M. upoluense*)；サモア・ウポル．

第 1 章 起源・伝播・分布 | 15

M. sagu

M. salomonense

M. amicarum

M. vitiense

M. warburgii

図 1-6 サゴヤシ属植物の果実
サゴヤシ (*M. sagu*)：マレーシア・バトゥパハト，タイヘイヨウゾウゲヤシ (*M. amicarum*)：ミクロネシア・チューク，ソロモンサゴヤシ (*M. salomonense*)：シンガポール植物園，フィジーゾウゲヤシ (*M. vitiense*)：フィジー・ビチレブ，*M. warburgii*：ヴァヌアツ・マラクラ．

表1-6 サゴヤシ属植物の収量および収量構成要素の比較

種 名 (調査地)	幹長 (m)	幹直径 (cm)	髄密度 (g/cm^3)	髄乾物率 (%)	髄乾物重 (kg)	髄デンプン含有率 (%)	髄全糖含有率 (%)	デンプン収量 (kg)
M. sagu (インドネシア)	8.6	45.2	0.770	41.1	413.9	77.1	4.9*	309.8
M. salomonense (ヴァヌアツ)	8.5	58.0	0.850	18.5	326.0	48.9	15.3	159.4
M. warburgii (ヴァヌアツ)	5.3	32.6	0.937	33.2	131.4	36.4	13.1	35.9
M. amicarum (ミクロネシア)	10.7	43.8	0.794	16.0	179.4	38.8	10.0	71.8
M. vitiense (フィジー)	8.3	39.0	0.903	25.0	190.5	27.2	7.9	60.6

*：パプアニューギニアで食用とする2民俗変種の平均値．
江原 (2006a)．

れ以上に幹が長くなる (Ehara et al. 2003c；江原 2006a)。いずれも葉は建材や生活用品として重要であるだけでなく，タイヘイヨウゾウゲヤシや M. warburgii の種子の堅い胚乳部分は工芸品原料として利用される。また，フィジーゾウゲヤシでは生長点付近の未抽出葉が野菜のように食用として利用される。デンプン収量については，ソロモンサゴ，M. warburgii，フィジーゾウゲヤシ，タイヘイヨウゾウゲヤシともにサゴヤシに比べて髄乾物率と髄デンプン含有率が低い (表1-6)。そのため，ソロモンサゴヤシとタイヘイヨウゾウゲヤシは樹体が大形であるにもかかわらず収量は低い。その一方で，ソロモンサゴヤシ，M. warburgii，タイヘイヨウゾウゲヤシでは花序を抽出した後であっても髄全糖含有率が比較的高い。ミクロネシア，メラネシア，ポリネシアにおいて，コエロコッカス節植物は救荒作物的な存在であり，1950～60年代までは主要作物が気象災害にあった場合に利用されてきた (Ehara et al. 2003b)。1940年代，バヌアツでは葉を燃やした灰から塩分を得ていたとの報告があり，PNGでも同様の例がみられる (Cabalion 1989)。現在は屋根葺き材としての利用が最も多く，バヌアツやサモアでは M. warburgii の栽培化が進んでいる。

　サゴヤシとコエロコッカス節に属する種との系統関係について，Baker et al. (2000) に従って nrDNA の5Sスペーサー領域の塩基配列解析より検討した結果として，ソロモンサゴヤシがバヌアツの M. warburgii やミクロネシアのタイヘイヨウゾウゲヤシに比べてサゴヤシと遺伝的に近いことが報告されている (江原 2006a)。

フィジー・ビチレブ島ナブア近郊のフィジーゾウゲヤシ群落

フィジーゾウゲヤシ群落(林内は乾季でも所々で滞水がみられる湿地)

2 ▶ サゴヤシの起源地，伝播と分布

　サゴヤシはマレー半島のタイ南部から西・東マレーシア，ブルネイ，インドネシアのスマトラとその周辺，ジャワ，カリマンタン，スラウェシ，マルク諸島，パプア（イリアンジャヤ），フィリピン中・南部，パプアニューギニア（PNG），ソロモン諸島など，赤道を中心とする南北緯10度以内の地域に分布している。他の作物が生育できないような低湿地や酸性土壌，汽水域でも生育でき，環境適応力が高い。北スラウェシのトンダノ湖周辺のように標高700 m程度まで，PNGでは標高1000 mくらいまでは，湖沼や河川の近くに自生する。現在，サゴヤシの自生がみられる土地が，水田開発が困難な湿地であったり泥炭地であったりするために，そのような場所が生育地と一般に認識されているが，排水の良い土地でも生育し，むしろ生長は湛水状態や滞水するような場合よりも良好である。農地開発から取り残された所にサゴヤシが残っているというのが実情であり，サゴヤシの生育適地が低湿地ということではない。

　サゴヤシのデンプン収量には，生育地域および民俗変種（folk variety）によって大きな変異がみられ，収量構成要素の中でも収量変異に影響の大きい幹直径は生育環境，特に土壌の自然肥沃度の指標となるパラメータと密接に係わっている（Ehara et al. 2000, 2005；Yamamoto et al. 2005）。また，髄部デンプン含有率は地理的距離が比較的近い地域内においては，小葉背軸側の気孔密度と正の相関関係がみられ，さらに小葉形態の差異には生育地の環境条件が反映していることを示す調査結果が得られている（Ehara et al. 2005）。これらのことから，生育環境の違いが樹体のサイズや小葉の形態形成を通じてサゴヤシ樹のデンプン生産量に大きな影響を及ぼしているものと考えられる。しかしながら，デンプン生産量の規定要因を決定するためには，サゴヤシの遺伝的多様性と，異なる地域に生育する民俗変種間の遺伝的対応関係を明確にした上で，遺伝的背景が生育と収量の成立に及ぼす影響を検討しておく必要がある。また，サゴ（ヤシデンプン）資源の開発とその利活用には安定的に生産量を確保することが大切であり，そのための優良系統の選抜と育成に向けてもサゴヤシ属植物の種分化に関する知見を蓄積していくことが重要である。このような背景から，サゴヤシの地理的分布と遺伝的距離の関係について検討が行われてきている（Ehara et al. 2002, 2003a, 2005）。ここでは，マレー諸島の22地点とパプアニューギニア（PNG）の1地点から採取した合計38個体群（採取地点と地方名および形態的特長はそれぞれ図1-7と表1-7参照）を供試した任意増幅DNA多型（RAPD）分析の例をあげる。供試した38個体群の内，16個体群は無刺，22個体群は有刺であり，また，葉柄・葉軸の背側に弱黒色あるいは褐色のバンドを有するもの，バンドの無

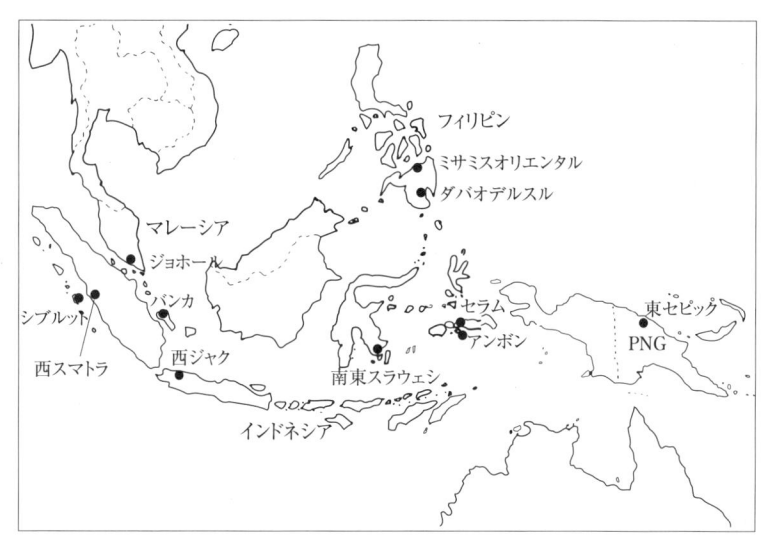

図1-7　供試材料の採取場所

いもの，髄部が白色のものと赤みを帯びたものなど形態的特徴は様々であった[2]。RAPD-PCRの結果，77の増幅産物が得られ，その内5産物は全個体群で認められたが，72産物は38個体群で多型を示した。図1-8にUPGMA法による系統樹を示したが，供試個体群は二つのメイングループに分かれた。グループAは，西マレーシアの9個体群，スマトラおよびその周辺地域の8個体群，西ジャワの1個体群，南東スラウェシの2個体群から成るサブグループA1と，南東スラウェシの3個体群およびミンダナオの2個体群から成るサブグループA2に分かれた。サブグループA1はおもにマレー諸島西部に分布する個体群によって構成されていた。他方，グループBはマレー諸島東部から採取した12個体群で構成されたが，セラムの6個体群から成るサブグループB1と，セラムの2個体群およびアンボンの4個体群から成るサブグループB2に分かれた。これらの結果から，サゴヤシの遺伝的距離は地理的分布と関わっていること，マレー諸島の西部地域では東部地域に比べて遺伝的な変異が小さいことが明らかになるとともに，遺伝的変異が大きい東部地域に分布する個体群は概ね四つのグループに分類できるものと考えられた。

　植物のある分類群の発生地は，その分類群の示す変異性の最も高い点であるとす

---

2)　RAPD-PCRには9種類の10塩基プライマーを用いた（反応液の組成，増幅方法はEhara et al. 1997, 2003aを参照）。PCRは各試料とも2回ずつ行い，再現性のある増幅産物を解析の対象とした。増幅産物の有無を基に，Nei and Li (1979) の方法に従って全試料間の遺伝的相似度 (S) を求め，相違度 $[D = -\ln(S)]$ に変換した。平均距離法 (UPGMA) によりクラスター解析を行い，PHYLIP (ver. 3.6: Felsentein 2001) を用いて有根系統樹を作成した。また，Nei et al. (1985) の方法に従って系統樹の分岐点における標準誤差を求めた。

表1-7 供試材料の地方名と形態的特長

No.	地方名	採取場所*	形態的特長		
			トゲ	バンド†	髄‡
1	Ambtrung 1	Batu Pahat, Johor (Jh1)	−	WB	W
2	Ambtrung 2	Batu Pahat, Johor (Jh1)	−	WB	W
3	Ambtrung 3	Batu Pahat, Johor (Jh1)	−	WB	W
4	Ambtrung 4	Batu Pahat, Johor (Jh1)	+	−	W
5	Ambtrung 5	Batu Pahat, Johor (Jh1)	+	−	W
6	Ambtrung 6	Batu Pahat, Johor (Jh1)	+	−	W
7	Ambtrung 7	Batu Pahat, Johor (Jh1)	+	−	W
8	Ambtrung 8	Batu Pahat, Johor (Jh2)	−	WB	W
9	Ambtrung 9	Batu Pahat, Johor (Jh2)	+	−	W
10	Rumbio 1	Padang, W. Sumatra (WS1)	−	WB	W
11	Rumbio 2	Padang, W. Sumatra (WS2)	−	WB	W
12	Rumbio 3	Padang, W. Sumatra (WS2)	−	WB	W
13	Sagu 1	Siberut, W. Sumatra (Sb1)	−	Br	W
14	Sagu 2	Siberut, W. Sumatra (Sb3)	−	Br	W
15	Gobia	Siberut, W. Sumatra (Sb2)	+	−	W
16	Marui	Siberut, W. Sumatra (Sb4)	+	−	W
17	Sagu 3	Bangka, S. Sumatra (Bn)	−	WB	W
18	Kiray	Bogor, W. Java (WJ)	−	WB	W
19	Roe 1	Konda, S. E. Sulawesi (SeS1)	−	WB	W
20	Roe 2	Totombe, S. E. Sulawesi (SeS2)	−	WB	W
21	Runggumanu 1	Totombe, S. E Sulawesi (SeS3)	+	−	W
22	Runggumanu 2	Lakomea, S. E. Sulawesi (SeS2)	+	−	W
23	Rui	Lakomea, S. E. Sulawesi (SeS3)	+	−	R
24	Molat 1	Seram, Maluku (Sr1)	−	WB	W
25	Tuni 1	Seram, Maluku (Sr2)	+	−	W
26	Ihur	Seram, Maluku (Sr3)	+	−	R[1]
27	Tuni 2	Seram, Maluku (Sr3)	+	−	W
28	Tuni 3	Seram, Maluku (Sr3)	+	−	W
29	Molat 2	Seram, Maluku (Sr3)	−	WB	W
30	Makanaru 1	Seram, Maluku (Sr4)	+	−	W
31	Makanaru 2	Seram, Maluku (Sr4)	+	−	W
32	Tuni 4	Ambon, Maluku (Am1)	+	−	W
33	Tuni 5	Ambon, Maluku (Am2)	+	−	W
34	Makanaru 3	Ambon, Maluku (Am3)	+	−	W
35	Makanaru 4	Ambon, Maluku (Am3)	+	−	W
36	Saksak	Misamis Oriental, Mindanao (MO)	−	WB	W
37	Lumbio	Davao del Sur, Mindanao (DdS)	+	−	W
38	Wakar	East Sepik (ESp)	+	−	R[2]

* Jh：ジョホール，WS：西スマトラ，Sb：シブルット，Bn：バンカ，WJ：西ジャワ，SeS：南東スラウェシ，Sr：セラム，Am：アンボン，MO：ミサミスオリエンタル，DdS：ダバオデルスル，ESp：東セピック．
† 葉柄・葉軸上のバンドパターン（WB：弱黒バンド色，Br：褐色バンド，−：バンド無）．
‡ 髄の色（W：白みの淡褐色，R：赤みを帯びた褐色）．
1) Soerjono (1980). 2) Flach (1997).

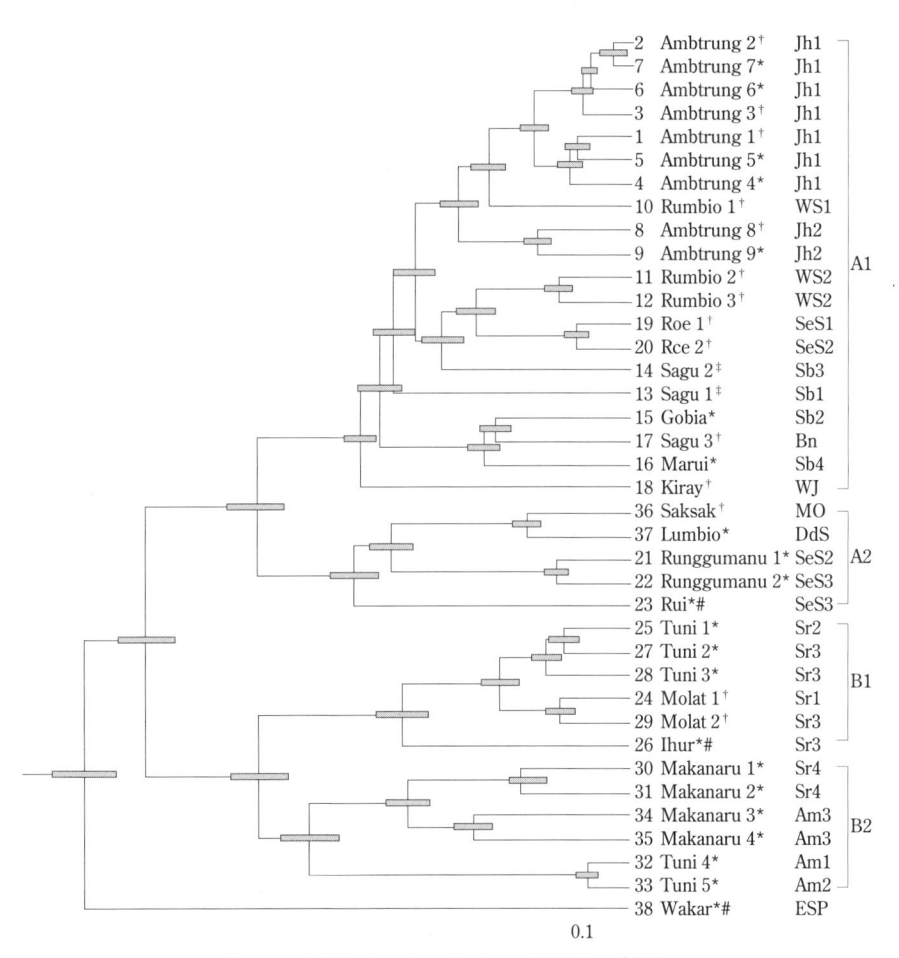

図 1-8　RAPD データに基づいた UPGMA 系統樹

*：有刺個体群，†：弱黒色バンド個体群，‡：褐色バンド個体群，#：赤みを帯びた髄の個体群，▭：標準誤差．Ehara et al. (2003a).

　るバビロフの栽培植物起源中心地の考え方に基づけば，ある一つの種については，その種の変種，その他の変異が最も多くみられるところが分類群の発生中心と考えることができる．したがって，遺伝的変異がマルク諸島を含むマレー諸島東部で大きかったことは，マルク諸島からニューギニア島にかけた地域がサゴヤシの起源地であるとの従来の推論が正しいことを証明する結果といえる．

　マルク諸島からニューギニア島が起源地であるならば，これらの地域に分布する個体群との遺伝的距離からみて，図 1-9 に示すようなルートで現在のマレーシアやスマトラの地域，あるいはフィリピン方面へ伝播していったものと考えられる．

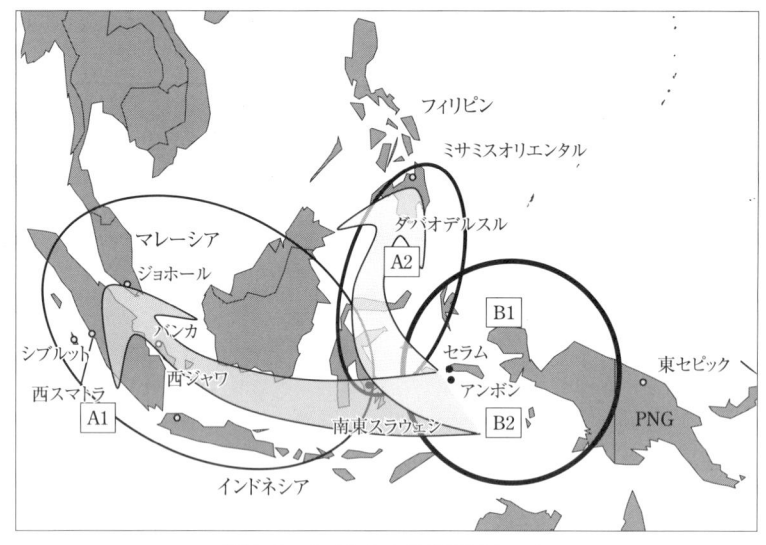

図 1-9　サゴヤシの推定伝播ルート

なおここで示した解析結果では，南東スラウェシの2個体群がサブグループA1に含まれており，その理由は明確ではないが，南東スラヴェシなど地域によってはサゴヤシのサッカーは結婚や子供の誕生の祝いとして贈られて移植される例もあることから，サゴヤシの分布はそのような人為的な影響を大きく受けていることを考慮する必要があろう。

　ところで，先に示したクラスターの内A1，A2，B1では無刺，有刺個体群を含んでおり，無刺個体群と有刺個体群との間の遺伝的距離が必ずしも無刺個体群同士あるいは有刺個体群同士の遺伝的距離より遠いということはなかった。したがって，葉柄・葉軸上のトゲの有無は遺伝的距離と係わらないと判断される。この結果は，従来別種とされてきた無刺サゴヤシと有刺サゴヤシを一括して *M. sagu* とすべきとの Rauwerdink (1986) の提案を支持する明確な根拠を示すものといえる。また，無刺のサゴヤシの種子から発芽した実生にトゲの発生が認められたり (Ehara et al. 1998)，その逆のケースもみられたりすること (Jong 1995) も考え合わせても，トゲの有無にかかわらずサゴヤシは1種として扱うことが妥当である。なお，サブグループA1には葉柄・葉軸の背側に褐色のバンドを有する2個体群が含まれ，赤みを帯びた髄部を有する3個体群はサブグループA2とB1および二つのメイングループの外側に位置した。しかしながら，葉柄・葉軸上のバンドパターンおよび髄部の色といった形質は個体群の遺伝的距離と一定の関係はみられなかった。これらの結果から，形態的特徴と遺伝的距離には対応関係が認められないことが明らかになった。Kjær et al. (2004) はパプアニューギニアに生育するサゴヤシ個体群を対象として，

形態的特長を示す様々な形質と AFLP 分析による遺伝的距離との関係について検討したが，形態形質の差異と遺伝的距離には対応関係がみいだせないことを報告している。前項でも述べたとおり，サゴヤシへの依存度が高い地域では形態的特長や収量性によって，いわゆる民俗分類が行われ，多くのタイプが認識されている。臨地調査では，様々なタイプのサゴヤシは地方名 (vernacular name) とそれぞれの地域での民俗分類の基準によって仕分けられるが，現在では，当面のあいだこれらを民俗変種として取り扱うこととなっている。Ehara et al. (2003a)，Kjær et al. (2004)，Abbas et al. (2006, 2008) によるこれまでの遺伝的多様性に関する解析からは，サゴヤシの遺伝的多様性はそれほど大きくないものと考えられる。サゴヤシは資源植物のカテゴリーとしては，未開発経済植物であり (江原 2006b)，栽培品種 (cultivar) は未だないわけであるが，サゴヤシ種内の変異は分類階級的には異なる変種 (variety) として扱えるのか，品種 (forma) として取り扱うべきなのかは現時点では結論を出すにはいたっていない。デンプン合成遺伝子をコードする塩基配列を基に設計した Wx ジーンマーカーを用いて，インドネシア全域から採取したサゴヤシの多様性を解析した結果では，スマトラ，ジャワ，カリマンタン，スラウェシ，アンボン，パプア（旧イリアンジャヤ：ニューギニア島の西半分）の 4 ヶ所の 9 地域から集めた合計 100 個体は四つにグルーピングされている (Abbas 2008)。それも，約 90％の個体が二つのグループにまとめられた。このことは，地域によって民俗変種の多様性にも差異があるとしても，各地に生育するサゴヤシを個体群レベルで扱うと遺伝的にはかなり近いものが多く，特異的に異なるものが僅かに存在するとみるべきかもしれない。いずれにしても，遺伝的背景をベースに考えると，サゴヤシには大きくは 4 タイプが存在するといえるであろう。

　これまでに，スラウェシと北マルク，あるいはスマトラ周辺地域などといった限られた地域においては，小葉形態と生育環境のあいだに一定の関係が認められている (Ehara et al. 2005)。地理的に近い地域内には遺伝的距離の比較的近い個体群が分布しているという DNA 多型分析の結果を考え合わせると，限られた地域内において生育環境と収量成立に係わる形態形質とのあいだに係わりがみられることは理解しやすい。遺伝的背景が生産性に及ぼす影響を明確にするためには，一定の環境条件の下で遺伝的距離が離れている民俗品種の生育と収量形質を比較解析するなどの試みが必要である。

3 ▶ 主要生産国におけるサゴヤシ林の現状

(1) インドネシアおよびマレーシア

　インドネシア，マレーシアでみるサゴヤシ林には，それが本来の自生林であるか，住民によって植えつけられた株が半栽培的管理のもとで増殖した二次林であるのか判断できない場合が多い。ある地点で新たにサゴヤシの吸枝（サッカー）が移植され粗放管理の下におかれると，その生態的特性によって何十年もすれば自生林（＝自然林）と変わらないサゴヤシ林に遷移することは国際協力事業団（1981a）が指摘したとおりである。「熱帯雨林」の著者 P. W. リチャーズ（1978）は，「ニューギニアにはサゴヤシの森林を含む湿地植生があるが，ほとんどデータがない」と記しているが，その後もサゴヤシの植生分布については断片的で地域的な資料しか見当たらない。

　サゴヤシは人類が先史時代，最も古くから食物として利用した植物であるとされている（Bellwood 1985；中尾 1983）が，初めてそれが利用されたのはどの地域であろうか。栽培植物については近縁種の多様中心地と栽培化された地域とは必ずしも一致しないが，従来サゴヤシの起源中心地はマルク諸島からニューギニア島にかけての地域とされてきた。近年の調査によってインドネシア，パプア州ジャヤプラ近郊で現存する変種数がパプアニューギニアを含めても最大と推定され，そこから西方に向かうと変異数は減少して，マルク諸島のアンボン，セラム島で5タイプ，スラウェシ島東南部周辺では3タイプで，これより西では葉柄のトゲの有無以外に民俗変種の認識はないことが明らかにされ，より多くの遺伝変異集積がこの地域にあることが確認された（山本 2005）。サゴヤシの自然林の分布様態は上記の変異種の自然分布とともに，過去の人為的な選抜と移動の結果をも反映していると考えられる。

　本項の課題とするサゴヤシの自然林とは，起源中心地のパプア州やセラム，マルク諸島に始まる文字通りの自然林のみならず，かつて人または動物によって搬送されたサゴヤシの苗や種子が，環境適応して現在自然林と見えるまでに生息地を拡大し形成された林も含まれる，マレーシア，インドネシア各地のサゴヤシ林のことである。その分布について，可能な限りの古い資料も用いながら，近年の調査結果を総括しよう。

　まず歴史を溯ると13世紀末の地理書「諸蕃志」，14世紀中頃の歴史書「島夷志略」にはフィリピンのミンダナオ島南部とボルネオ北部を結ぶ線からスラウェシ北部，マルク諸島にかけて，インドシナ，マレー半島およびジャワ東部の稲作に対してサゴヤシ利用が卓越する地域があり，ボルネオはイモが卓越する地域と記されてい

る。すべてが *Metroxylon sagu* 種（サゴヤシ）に由来するものであったかどうか即断はできないが，デンプン採集は主として同種を中心に行われたと推測できる。なお，これらの資料ではマレー半島は稲作圏とされているが，後述のようにその西南沿岸部では 17 世紀にはサゴヤシが大いに植栽利用された地域である。

　以下インドネシアのスマトラ，ボルネオ，スラウェシ，マルク諸島，イリアンジャヤの順に概観する。

a.　インドネシアのサゴヤシ林
スマトラ島北東部沿岸地帯　スマトラ島周辺のサゴヤシ林は北東部沿岸および西岸島嶼部のムンタウエイに見られる。ここでは 1980 年代に北岸沿い低湿地について行われた，サゴヤシ利用と漁労，農業の研究調査の結果から，サゴヤシ林の生態と変遷の様子を述べる。

　東スマトラのリアウ州インドラギリヒール県のマンダでは，海岸線沿いの湿地林は塩水が浸入するため農業は難しく，サゴ採取と漁業が生業の中心であった。1980 年代半ばの調査では人口 3 万人弱の同郡に属する九つのデサ（村）のサゴヤシ面積は，合計 2862 ha であった。この地を流れるマンダ川の河口から約 15 km 上流の川港カイラマンダは郡役所の所在地であるが，古老からの聞き込みでは，1910 年代，周辺はすべてサゴヤシ園で川に面して高床の家が 30〜50 m 置きに並ぶ集落があり，各家の背後には奥行き 150〜200 m のサゴヤシ園を持っていた（高谷・ポニマン 1986）。

　マンダから海岸沿いに南東へ約 200 km のジャンビ州のバタンハリ川流域の状況は上記のリアウ州の場合とよく似ている。調査時の 1982 年，沿岸部のタンジュン・ジャブンの人口は 32 万人であるが，半世紀前 1930 年には 3 万 3 千人であり，当時の生業形態は湿地焼畑での米栽培とサゴヤシ栽培が重要なものであったと推測される（古川 1986）。20 世紀初頭に生まれた人々によると，この地では東ジャワからの移民である彼らの先祖が 19 世紀末ごろから活躍したが，1930 年代までは感潮帯の川沿い湿地林はサゴヤシの林で縁取られ，ところによってパリット・サゴすなわちサゴ運搬用小運河が掘削されて，川岸から 300 m くらいまで密生しているサゴヤシが伐採利用された。この両地域には 1930 年代半ばに運河に沿って中国系商人がサゴ工場を建設，地域の村人の多くは自分の園地に生育するサゴヤシの成木を伐り，工場へ運搬して代金を得た。しかし短期間でサゴヤシの成木はなくなり工場は閉鎖され，住民は移転しサゴヤシ集落も徐々に消えてゆき，一部はココヤシ園開設のために湿地林に散っていった。

　この両調査地点間の直線距離は約 200 km でサゴヤシ園の利用法も類似していたが，バタンハリ川の住民は，サゴヤシはリアウに多いと語り，第二次大戦前にはリアウからシンガポールへ乾燥サゴが輸出されていたという。以上の報告から，こ

の地域では19世紀末には広大なサゴヤシの自然林があったことは明らかであるが，その種類については述べられていない。

なおリアウ州トビンテインギ島では現在インドネシアのNTFP（ナショナル・テインバー・アンド・フォレスト・プロダクト社）によって1000ha単位のサゴヤシ園の造成が続けられている。

カリマンタンにおけるサゴヤシの分布　南カリマンタン州において行われたサゴヤシ開発協力のための調査報告によると，バンジャルマシンから北のアムンタイにいたる約150kmのあいだに，サゴヤシ数本からなる小叢林が雑木に混じって観察された。しかしいずれも屋根葺き材であるアタップの採取が目的で，デンプン採集用に向けられるものは極めて少ないと見られ，栽培林は点在するが一次林的なものは見られない（国際協力事業団1981a）。なお南カリマンタン州農業局によるサゴヤシ自生林，栽培可能と予測される面積が資料として示されているが，それによると可能面積は当時の生育地の約13倍の7万3000haに及ぶが，果たしてその後開発利用されているであろうか。西カリマンタンについてもサゴヤシの分布域が記されているが（Rasyad and Wasito 1986）詳しい情報はない。

また，ボルネオ北東部のサラワク国境に水源をもつカヤン川の上流域丘陵地の上部斜面では，ナンガ（*Eugeissona utilis*）の若い芽と種実内乳を食べ，ときに成熟茎の髄部を粉砕して水洗い，ぬれサゴを採る。その少し南，セガ川の河堤防上にはジャカ（*Arenga undulatifolia*）が生息してその若いたけのこが野菜として利用され，上記のナンガが同じ環境に生息していることをYamada and Akamine（2001）は報告しているが，この地域におけるサゴヤシについての記載はまったくない。

スラウェシ　Rasyad and Wasito（1986）の概略図によると，スラウェシのサゴヤシ林はミナハサ半島のメナド北東部地域，南部のボーニ湾奥のパロポ周辺，同湾の東岸側の各地に分布している。

まず北部のメナド地域では平野部の水田地帯をはなれると，丘陵地から標高650mのトンダノ湖畔まで多くの無刺サゴの小群落が観察された。同湖畔では養魚池周辺には樹高の低いサゴヤシが栽植されている（図1-10）。河川堤防の場合と同様に護岸が主目的であり，現在ではサゴヤシは救荒作物だと住民はいう。また屋根葺き材アタップを生産するため密に植えられた林が湖岸近くにあった。サゴヤシの樹高は平地では8～10m，高度とともに矮化して約5m程度となる。無刺種であり，ところによって大きな独立樹がみられた（高村・湯田1985）。

なおこの調査時点までに吉田（1977）は，マルク諸島とスラウェシのあいだで有刺・無刺サゴヤシの相対的優先度が著しくことなると指摘したが，この傾向は次の南スラウェシ地方でも確認された。

南部スラウェシ州のボーニ湾奥に面したルウ地方は，州内でも主要なサゴ生産地である。パロポを中心に北へ100kmはなれたマサンバ，南は150km以上のワタ

図1-10 北スラウェシのサゴヤシ生育地
上：トンダノ湖周辺のアタップ用サゴヤシ，中：トンダノ湖岸の養魚池とサゴヤシ，下：マナド近郊の巨大なサゴヤシ．

インドネシア南東スラウェシ州クンダリ近郊のサゴヤシ群落（手前は養魚池でその後背湿地地がサゴヤシ群落となっている）（撮影：江原宏氏）

ンポネにいたるあいだ，また東のマランケ地域には大きな群生地または栽植地が点在する（湯田ら1985）。当時関心がもたれた品種の分類法ではこの地域でも無刺種が優先していた。さらに対岸の東南スラウェシのクンダリ周辺には半野生林があるが，アッタプ用の葉の採集の際に除草と吸枝の間引きをついでに行う程度で，積極的な栽培管理は行われていない。地域によるが20世紀中ごろのブギス人の移民，ついでジャワ人の移民によってサゴヤシ林は水田に開発されて，現在ではサゴヤシは水田の水路沿いに線状に残るのみであった（山本1999）。

遅沢（1988）は南部スラウェシ州マランケ郡の伝統的サゴ生産集落ペンカジョアン村を本拠に調査して，この地のブギス人社会では利用可能なサゴヤシと樹木周辺の相当面積の土地に所有権が確立されているが，その手入れや伐採後の管理の粗放性が際立っていることを明らかにした。折に触れての人為的伐採と天然更新とによって一定程度の収入が得られるとすれば，余計な労働や資材の投入は無用で集約化の動機は見当たらない。その結果サゴヤシ林は自然植生のように見えるが，実はその構成樹は住民の所有物，プロパティとして扱われる。なお遅沢は調査対象としたパロポの集落群には計150 ha程度のサゴヤシ林があったが，その林分構成は均一ではないこと，したがってサゴヤシ園面積の算定は不確定にならざるを得ないことを確認した。

マルク諸島　マルク諸島でのサゴヤシ林面積の地域ごとの資料は分布概略地図とと

もに第3回国際サゴヤシシンポジウムで報告されている (Rasyad and Wasito 1986)。これは1984年にジャカルタで開かれたFAO/BPPTの専門家会議において, BPPT (インドネシアの技術評価応用庁) の調査資料に基づいて提示されたものとほぼ同じであるが, サゴ林の潜在的生産力については, 立木密度, 構成樹の性情や群落の分布状況などで異なることが付言されている。サゴヤシ林には面積算出の基準に問題があることを認めている以上, この資料から自然林, 栽植林の状況を推測するにとどめるのが賢明であろう。参考までに記すとサゴヤシ林の面積はマルク地方計3万ha, 西イリアン418万haとなっており, マルク諸島についてはハルマヘラおよびバカン島合計約1万8000 ha, セラム島計1万1000 haほかブル島1000 ha以下となっている。アンボン島のサゴヤシについてはトゲの有無, 形状およびデンプンの形質によって, 当初より4～5種がその地域的な分布とともに報告されている。セラム島においては海岸部に自然林的な分布があるが, 現在では本来の植生分布域を超える標高750 mのあたりの村でも栽植され, サツマイモ, タロイモなどのイモ類とともにサゴヤシを基盤とした根栽農業が試みられている (笹岡2007)。

イリアンジャヤ (パプア州, 西パプア州)　サゴヤシの起源地に含まれるイリアンジャヤでは, メラウケ, アガッツ, イナンワタン, ビンツニ地域をはじめ, 広大なサゴヤシ野生林が沿岸部から内陸部に広がる。サゴヤシの生育地の多くでは, 現在でもサゴデンプンは単独で, あるいはコメやイモ類とともに主食的に利用されており, その食糧としての位置は依然高い。サゴヤシ林は, 純林から様々な程度の他の樹木や草本との混成林となっている。イリアンジャヤのサゴヤシ面積を推定した従来の報告では, 80～418万haの範囲にあるが, 州全域について科学的な調査が行われていないのが現状である。Flach (1997) は, イリアンジャヤのサゴヤシ野生林の面積を120万ha, 半栽培林の面積を1万4000 haと推定している。一方, 最近, パプア州立大学がランドサットと地上調査により, ワロペン, 南ソロン, ジャヤプラの3県におけるサゴヤシ生育面積を推定した結果では, それぞれ25万5000, 15万および68万2000 haとなっており, これら3県ですでに100万haを超過していると2004年に報告している。これらより, イリアンジャヤ全体の正確なサゴヤシ面積については, 今後の調査に待たざるを得ない。

　イリアンジャヤ各地域におけるサゴヤシの民俗変種 (あるいは地方変種) の数については, ワロペン：4～5, サラワチ：10, ワシオール：14, イナンワタン：9, オンガリ：3, スンタニ：35, カウレ：16, ウィンデシ：5, ティミカ：1, アガッツ：2, サルミ：6, ビアクおよびスピオリ島：17と報告されており, ジャヤプラ近郊のスンタニ湖畔で35と最も多く, ティミカやアガッツなどの東南部の民俗変種数は1～2と少ない。この民俗変種数の地域差は, サゴヤシの起源地との関係で興味深い。

　これらの民俗変種の遺伝的差異については, 今までにほとんど検討されていないが, その分類の基準としては, 次のような例が見られる。

①中央スンタニ地区（Matanubun 2004）

　　トゲの有無，トゲの着生の仕方と形，髄部の色，デンプンの色，パペダの色，味および粘り，地上部および若い葉の色，葉鞘の色，葉の形，小葉の幅，樹幹の形，デンプン収量性。

②イナンワタン（Renwarin et al. 1998）

　　トゲの有無，葉鞘の色と着色程度，剣葉および若い葉の色，葉の長さ/幅比，樹幹直径/長さ比，収穫までの年数，デンプン収量性，デンプンの物性と色。

③イリアンジャヤ全体（Widjono et al. 2000）

　　トゲの有無，地上部（若い葉）の色，葉鞘の色，樹幹の大きさ，デンプンの色，樹冠の形，デンプン収量性。

　上述の Widjono et al. (2000) は，イリアンジャヤ全体で 61 種（accession）のサゴヤシを収集したが，これらには同一種についての民族間での異名種が含まれていることが推定され，今後，さらに検討を要する。

　下田・パワー（1992a）は，パプアニューギニアにおいてサゴヤシの野生種を認め，これらのデンプン収量は栽培種に比べて著しく低いことを指摘している。ニューギニア島の西部に位置するイリアンジャヤのパプア州スンタニ湖畔において，Yamamoto (2005) も野生種（Sagu hutan）と呼ばれる変種（積極的に利用されていない民俗変種）Manno を認め，これらの野生種のデンプン収量は栽培種に比べて低く，収穫されずに開花結実にいたる個体が多くみられると報告している。また，この野生種 Manno は，収穫適期と考えられる開花期付近においても，髄部の全糖含有率が著しく高く，糖からデンプンへの合成過程が栽培種（積極的に利用されている民俗変種）に比べて劣ることがデンプン生産性の低い原因として推定されている（柳館ら 2007）。Manno は，切り倒されてサゴムシの採集用に利用される。

　一方，スンタニ湖畔の代表的な栽培種について現地のサゴヤシ栽培農家へのインタビューを行った結果では，多収タイプとして Para，Yepha，Folo，Osukulu 等の民俗変種名が上げられ，これらは 1 本当たり"ぬれサゴ"で 750 ～ 1000 kg のデンプン収量を示すとのことであった。これらの多収種は，そのサッカーを採集して家の近くに植えつけられるという。Rondo はユニークな栽培種で，サッカーの植えつけあるいは発生から開花まで年数が 10 ～ 12 年の早生種であり，デンプン生産性は 150 ～ 200 kg（乾燥デンプン）と低いが，髄部を切り出し，ボイルして直接食べることができる。また，これを方角状に切って薫製にすると，5 ヶ月程度の保存に耐えられる。この他に，変種による生態適応の差異についても認識されており，Rondo は耐火性に優れ，所有地の境界に栽植される。湖畔近くの低湿地への適応性は，Mongging，Hobholo，Osukulu や Para 等が優れ，Yepha は劣るとのことである。さらに，屋根葺き材としてのアタップ（atap）は，Yepha と Para の葉から作られた

ものが耐用年数が長く，良質とされる。

デンプンの生産性に関して，Matanubun and Maturbongs (2006) は，イリアンジャヤのサゴヤシ林の ha 当たり収穫可能本数（収穫適期樹本数）は 15～68 本（平均42.2 本），1 本当たりのデンプン収量（乾燥デンプン）76～401 kg と報告しており，これらより ha 当たりの年間のデンプン生産量を推定すると 1.1～27.3 t/ha/年となる。また，Westphal and Jansen (1986) は，イリアンジャヤの野生サゴ林のデンプン生産性を 2.5 t/ha/年と推定している。

b. マレーシアのサゴヤシ林

半島マレーシア　『マレーの稲作』の著者 Hill は，マレー半島で稲作が普及する前には地域によってサゴヤシの利用が行われていたと記し，1640 年代のジョホールを出航する船の貨物の大半がサゴデンプンおよび塩干魚や地元産のナッツ類であった，という記録を紹介している (Hill 1977)。またペラク，ケダなど北部の州では海岸沿いのマングローブ帯の内陸側で水田稲作などの農耕が可能であったが，南部のセランゴールでは 19 世紀の末近くでも，稲作の収益は十分ではなくほとんどの村はサゴヤシ，ビンロウジュ，ココナッツそしてサトウキビの生産に依拠していたと述べている。その後 20 世紀後半については，1966 年から 1984 年までのジョホール，マラッカ，ケランタン州のサゴヤシ林面積の変化が報告され (Othman 1991)，同時に低湿地，河の堤防や水田を横切る水路沿いにトゲの有無を問わず半野生的サゴヤシ群落がしばしば見られることが付記されている。また近年までサゴヤシ栽培の中心地であったバト・パハットの河川域で排水施設が整備される前の植生については，水位上昇に影響されないところでココヤシ，ゴム，果樹等が栽植され，水位上昇によっては冠水する土地にサゴヤシは生育していた (Tan 1986)。以上のことから半島部では造成されたサゴヤシ植栽園のほかにサゴヤシの自生的群落が存在したことを示唆している。

マレー半島の南西部とスマトラ島の北部沿岸はマラッカ海峡をへだてて文字通り「一衣帯水」であり，その間の交流はすでに述べたように容易に行われていた事実から，利用されたサゴヤシの種類や栽植の状況も類似したものであったと推定できる。

サラワク　サラワクのオヤ・ダラット，ムカ河において 1975 年から 1978 年に行われた航空測量写真と 2 万 5000 分の 1 地形図をあわせたサゴヤシ林の観察および土壌分析の結果 (Tie et al. 1991) によると，サゴヤシ園の面積はシブ地区のオヤ・ダラット 6400 ha，ムカ 5520 ha，スリアマン地区のプササラトク 3240 ha，その他を含め合計 1 万 9720 ha である。またこれらの地域の土壌特性としては有機質土壌（深・浅問わず）が 60％を占め，粘土質が 33％，硫酸酸性土壌やポドソルはごく少なく，植栽にとってより好適な土壌が選ばれていることが確認された。

またムカ河下流域の調査を行った遅沢（1982）によると，この地域では19世紀前半ブルックの統治下にはいる以前よりサゴヤシは商品作物化しており，河の民メラナウによって栽培されて，サゴデンプンが輸出されていたという。しかし河川周辺の利用はたかだか1.5 km以内に限られ，サゴヤシ林は不連続で立木密度には濃淡があり決して純林があるのではないと述べている。この地域で古くからサゴヤシ林は存在し半栽培されていたと考えられるが，近年はサゴヤシ生育地域の土壌調査の結果が示すように，栽培圧が大きく働いてサゴヤシ園面積が増えたのであろう。

(2) パプアニューギニア

a. 分布地の土壌と植生

パプアニューギニア（以下PNGと略記する）のサゴヤシ林は，おもにフライ河，セピック河の両下流域低湿地に分布する（図1-11）。さらにキコリ河下流域や，標高700 m以下の内陸の森林，複雑な地形のクリークや狭い峡谷などに沿った，年間を通じて土壌水分に恵まれた所にも散在する。総面積は約100万～120万 haと見積もられている（Flach 1983；Power 2001）が，その大半の面積は自然林で占められているといわれる。

ここではセピック河下流のインブアント村を中心とした地域での調査を基に，PNGの自然サゴヤシ林の実態（下田ら1990, 1992a, b）を述べることにする。調査は1982～85年の3年間および1992年に，さらに2007年その後の状態を調査した。

セピック河下流域のサゴヤシ林の土壌は，Bleeker（1983）によれば水成堆積物の未成熟土壌であるフルヴァクエンツ（Fluvaquents），ハイドラクエンツ（Hydraquents）などの排水不良沖積土（Alluvials）および泥炭土・ヒストゾル（Histosols）などの排水不良沖積土（Alluvials）よりなり，①河岸自然堤防上，②湖やラグーンの岸辺，③河口に下る低湿原などにその大半が分布する（図1-12）。

セピック河の河口から約15 kmまでの海水域地帯にはマングローブの純林が発達している。それより2～3 km上流に遡って汽水域に入る辺りから先ずニッパヤシが混在し始め，続いてサゴヤシが散見されるようになる。その辺りより淡水域の上流約100 kmまでの両岸には，純林に近いサゴヤシ自然林が内陸深くまで発達しているのを見ることができる。

プラリ・デルタの日常的に海水が出入りする所では，優占種のニッパヤシ，マングローブに混じって一部にサゴヤシが生育しており，サゴヤシの新植地には土壌間隙水の塩分濃度7.5％を限界としていることから，サゴヤシは耐塩性を有することが知られる（Ulijaszek 1991）。

セピック河流域のサゴヤシ生育地は，その植生から図1-13に示すように次の3種が区分される（Kraalingen 1983；下田・パワー 1990）。

図1-11 パプアニューギニア東セピック州アンゴラム近郊のサゴヤシ群落（セピック川沿いの湿地に数キロに渡ってサゴヤシの生育地が広がる）（撮影：江原宏氏）

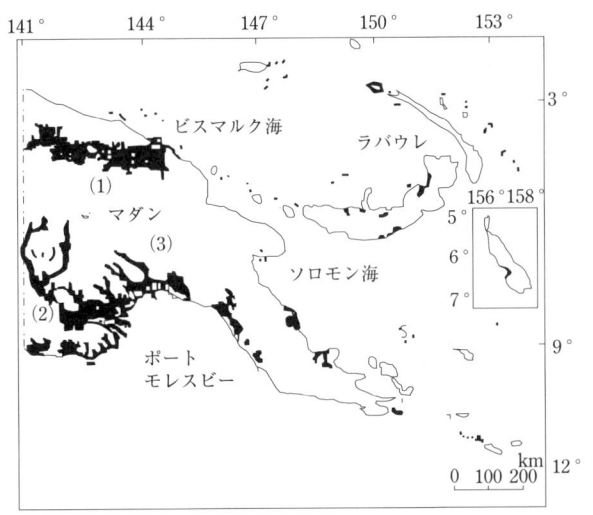

図1-12 パプアニューギニアにおける排水不良・低湿・沖積地の分布
主要河川 (1) セピック河 (2) フライ河 (3) キコリ河．
Bleeken (1983) を改変．

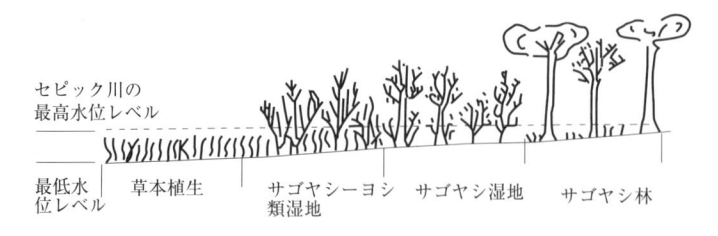

図 1-13　セピック河氾濫原におけるサゴヤシの植生区分
Karaalingen (1983) を改変.

①河岸や湖岸にみられるスゲやヨシなどの植生に続いたその奥に，野生サトウキビ (*Sacchurum robstum*) やヨシの一種 (*Phragmites karka*) などの草本性植物に混じってサゴヤシが生育する．ここは常時淡水状態で，サゴヤシの生育は極めて過密に繁茂して矮小化し，ほとんど幹立ちしない．

②少雨季の短期間，地下水位が地表下に下がり，サゴヤシは純林を形成し，人が容易に進入できないほどにサッカーが密生した林相を示す．その中で幹立ち—開花する個体もあるが，幹中へのデンプン蓄積は少ない．

③氾濫原の中で最も高位置な所で，地下水位は年間を通じて地上 70〜80 cm (1, 2 月を中心とする多雨季) から地下 80 cm 程 (7, 8 月を中心とする多雨季) のあいだを上下する．数少ない *Pandanus*, *Campnosperma* spp., *Terminolia* などの双子葉高木植物の疎林の下層に，多数のサゴヤシが生育する (Flach 1981: 250〜700 株/ha; Jong 2001: 599 株/ha)．ここに生育するサゴヤシは幹長が高く幹径も大きく，デンプン蓄積量が多い．

b. 自然林内の野生民俗変種（野生林）と有用民俗変種（半栽培林）

セピック河下流域の現地人は，幹中にデンプンがほとんど無く，幹が細くて低いサゴヤシ個体（民俗変種群）を wel saku saku（英語で wild sago）と，これに対して，先祖が多量のデンプンを含む民俗変種を選んで，そのサッカーを移植したと伝える多収民俗変種群を saku saku tru（英語で planted sago）と呼ぶ．その利用度，管理の状態から前者を野生民俗変種（群落を野生林），後者を植えつけた多収民俗変種（半栽培林）と呼ぶことができる．

PNG のサゴヤシ林は，その 98% が自然林（野生林）で占められているとしている (Jong 2002a)．自然林ではその葉が屋根葺き材として林外に持ち出される時および，極めて例外的にデンプン抽出が行われた時以外は，人の手は加えられずに自然状態における栄養的均衡状態が保たれている (Sim and Ahmed 1990)．氾濫原にあるサゴヤシ林は，季節的に繰り返される河川洪水によって多量の有機物が林内に流入し，

図1-14 河川沿岸に分布する幹立ちの無い，密閉型サゴヤシ自然林（撮影：江原宏氏）

図1-15 パプアニューギニア東セピック州のサゴヤシ群落（母樹の周りにエイジの異なるサッカーがみられる）（撮影：江原宏氏）

図 1-16　幹立ちの多い半栽培サゴヤシ林

長期湛水条件の下で未分解物質が蓄積した有機質泥炭土壌を形成している。図 1-14, 15 に川沿いに分布するサゴヤシ林を示す。

　調査地インブアンド村で planted sago（半栽培林）と呼ぶサゴヤシ林を立地，利用度から二分することができる。その一つは，現地人の先祖が日常の生活に利用するため，多収の民俗変種だけを集めて自然堤防上や部落周辺に植えたと伝える最も利用度の高いサゴヤシ林である（図 1-15）。その面積は 10 ～ 30 a 程度から数本の個体単位規模の屋敷林までを含む，小規模のサゴヤシ群落である。管理作業はほとんどなく，収穫時に通路や作業の邪魔になる枯葉の除去，その際見つけた野生民俗変種サゴヤシや他樹木を伐採する程度である。少し手を入れた管理として，幹立ちした個体が有るとその周囲の幼小サッカー，枯葉を切除して空間を作り，結果的に幹立ちした個体への日光照射を良くしている林である。ここの林からは年間を通じてデンプン抽出が行われている。

　他の半栽培林は，人手の入らない広大な自然林の中にスポット的に多収民俗変種を植えつけたサゴヤシ群落の林である（図 1-16）。自然林の中で，少雨季を中心にかなりの期間地下水位が表層下最高 80 cm 以上まで下がり，そのあいだ人の出入りが可能になる場所である。林は軽度な被陰樹となる上層木（*Dycotyledonous*）があり，サゴヤシはその下層木となって繁茂している。また，収穫したログを部落まで搬出できる小水路や通路があること，あるいは伐採したログをその場，または近く

でデンプン抽出が可能な水の得られやすいこと，などの条件を備えた場所に分布している．

この後者の半栽培林は，近くにわずかな面積の焼畑がある事などから，出畑的性格の食料自給生産の場と考えられるが，デンプン抽出のためのサゴヤシは前者のサゴヤシ群落（林）の補助的役割を持つものであろう．自然林とこの多収民俗変種群落との境界はなく，境界域には野生民俗変種，多収民俗変種が混在している．ここでの管理作業としては，林床に発芽している野生民俗変種の実生苗を抜き取ること，収穫に支障となる他樹木の伐採，枯れ枝・葉の除去程度で，放任に近い状態で維持されている．

所有者はそのサゴヤシ群落を時には訪れるが，どのような予定した労働も収穫以外ない．あたかも野生の食糧を採取するのと同じである．植えた後は収穫まで特別の関心を必要としないが，成人男子は狩猟の折りや焼畑の作業に来た折り，あるいは自分のグループの女性がサゴデンプン抽出を行っている時に自分のサゴヤシを見てみることがある．これらの時折サゴヤシ群落を訪れることが収穫の時期を決めるのに役立っている（Ohtsuka 1983）．

1クランプ内の過剰なサッカーの間引き（thinning）や面積当たりクランプ数の適正化のための間伐などは，収穫作業を容易にする目的で行うことはあっても，単位面積当たりのデンプン生産性を高めるための方策として行われることはほとんどない．

c. 多様な民俗変種よりなる半栽培林

野生林と半栽培林の違いは，①野生林はサゴヤシ・クランプが密集しており，幹立ち個体は極めて少ない，②野生民俗変種は幹が細く幹高も低い，③野生民俗変種の幹中に蓄積するデンプン含有量は極めて少ない（図1-17）．

過去PNG内各地で行われたサゴヤシ調査で，その地域ごとに異なる呼び名の民俗変種10～20が存在することが知られている（下田ら 1992a；豊原ら 1994；Uljaszek 1991）．それら民俗変種は①トゲの有無，長短，②葉鞘，葉軸，小葉，幹などの色，パターン，大きさ，③葉軸，小葉の曲がり（下垂型，直立型），④デンプン収量，⑤デンプンの色，味，デンプン抽出作業の難易などで区別されている．

これらの中で最も外観的な特徴を示すのはトゲの有無，長短である．野生民俗変種の中も4民俗変種に識別されているが呼び名は同一（*Wakar* No. 1, 2, 3, 4）で，いずれも共通して長いトゲを有し，その中の一つの民俗変種（*Wakar* No. 1）だけは例外的にデンプン抽出が行われることがあるという．

多収民俗変種のトゲの長さは民俗変種間で連続的に変化しており，野生民俗変種同然の30 cm長のトゲを有する民俗変種（調査地の呼び名：*Anun, Ketro, Kangrun*）から数ミリ長の民俗変種（*Mandam, Wayapee, Makapun*）まで，そして無刺民俗変種

図1-17　枯れたまま放置の野生種の細い幹

(*Koma*, Awir-koma, *Ambtrum*) までが見られる。

　インブアンド村の半栽培林内で民俗変種別本数を調査した結果，長トゲサゴ民俗変種の分布割合が60〜63％を占め，短トゲサゴ民俗変種と合せた有刺サゴ民俗変種は76〜86％に達しており，無刺サゴ民俗変種および同林内に混入する野生民俗変種はそれぞれ0〜7％と僅かであった（下田・パワー 1992a）。

　長トゲサゴ民俗変種が優占である理由について住民は，①サッカー発生後開花直前（収穫適期，幹立ち5〜6年以後）までの期間が短い，②幹径が大きく，幹当たりデンプン収量が高い，③早期収穫（幹立ち後3〜4年以後）でもデンプン収量が高い，ことなどをあげている。サッカー植えつけ後収穫まで管理作業のほとんど行われない半栽培林では，作業上に支障となるトゲはほとんど問題として意識されていないのが現状である。自給食料として必要量だけのサゴデンプンが得られることで事足りるこの地の住民には，トゲの無いことよりもデンプン収量の高い幹を持つサゴヤシが選ばれると考えられる。

　これに加えて，抽出したデンプンの色や食味も民俗変種間で差違があり，異なる味のものを楽しむ住民の習性もあって（豊田 1997），多様な民俗変種群で構成された半栽培林が存続しているのであろう。

図1-18　管理された多収種のサゴ屋敷林（左）と斧で幹の収穫伐倒（右）

d. 屋敷内のサゴヤシ林

　本地域内で最も集約的に管理の行われているサゴヤシ群落は，住居に接近した屋敷風の場所に植えられたサゴヤシ林である。その一例として2007年の調査時にこの地で初めて経験した事例を述べる。東セピック州のアンゴラム近くの道沿いに，10数年前他地区から移住してきてこの地に住む際，前の地から持ってきたサッカーを屋敷内に植えたという。そこは丘陵から流れ落ちる小川があり，それに沿ってサゴヤシ10株ほどが，5〜10mほどの距離を置いてランダムに植えられている。ここより丘陵を少し上がったところにも同規模の群落（林）を持つという。

　それぞれのサゴ・クランプは生育時期を異にした幹立ち個体に，ロゼット期のサッカーと合わせて5〜10個体で構成されていた。枯葉も刈り取られ，株の周囲の除草も行われている（図1-18）。サゴヤシの生育も極めて旺盛のように観察された。10数年前にこの地に住んだというこの住民は，すでに2年ほど前から収穫を始めたクランプもあり，1年後には他の2〜3クランプも収穫できる幹立ち個体を見ることができた。このようなサゴヤシ群落はセッピック河の自然堤防上の民家に接したところにも散見され，余裕ある空間の中で，過剰なサッカーの間引きを行うだけで，安定したデンプン抽出が可能なことを示すものと観察された。

e. 自然サゴヤシ林のデンプン生産性

　この地域のサゴヤシについての調査結果（下田ら 1994）からは，サッカー移植後大凡4〜6年後に幹立ちし，その後5〜6年後に収穫期を迎える。すなわち，最も早い株でサッカー移植後10年，遅い株で16年後に最初の幹の収穫期を迎えることになる。収穫した幹のデンプン収量は野生林と多収林の環境条件，民俗変種間，生育条件などで大きく異なる。さらに，ほとんど管理作業の行われない本地域の野生林

はもちろん多収林においても，毎年，隔年あるいは3年毎に各クランプが収穫可能な幹を有するとは限らず，面積当たりの年間デンプン収量の予測は極めて困難である。

　過去の調査結果によれば，1幹当たり乾燥デンプン収量は，野生民俗変種で0〜41 kg，多収民俗変種で100〜300 kg以上の大きな差異がある。年間のha当たり収量は，野生林で1〜2 t/ha，多収林で5〜6 t/haと推測されている。これらの自然サゴヤシ林に手を加え，過剰なクランプ，サッカーを間伐・間引して適正密度に変え，継続的にサッカー管理を行うことで，収量を7〜10 t/ha/年程度まで改良できるとの予測 (Flach 1984；Shimoda and Power 1986；Uljaszek 1991；Power 2001) があるが，未だその実施例は聞かない。

　2007年にセピック河流域を調査した折り見たサゴヤシ林は，以前の調査時よりも荒廃した林が多く，その主要な原因は流域村の過疎化が進み，現地住民のサゴデンプンの食料としての必要量，その重要性が低下していることによると思考された。エタノール化その他サゴデンプンの利用拡大と結びつけたサゴヤシ林の改良開発を強く求める現地民の声が多いことを知った。

▶ 1, 2節：江原宏，3節(1)：高村奉樹，3節(2)：下田博之

第2章

生育環境

　サゴヤシ (*Metroxylon sagu*) 生育地域の自然環境を概括し，サゴヤシの生育と自然環境との関係を示す。両者の関係を明らかにすることは，単にサゴヤシ生育地の自然環境を把握することにとどまらず，サゴヤシの最適環境を探る第一歩となり，サゴヤシ生産のための基本的な条件を提示することになる。サゴヤシ生育地域（図2-1）は，東南アジアの赤道をはさむ南北10度以内，標高700 m以下の高温，多湿で日当たりのよい場所とされる (Flach 1977)。しかし，フィリピンでは北緯12度付近にもサゴヤシは分布しており，単に緯度のみでは，サゴヤシの分布域は規制されない（岡崎ら 2007）。海岸湿地生態系においては，海岸の最前線のヒルギ群落（多種類のヒルギ全体をマングローブ（中西 2005）と呼ぶ），次いでニッパヤシ nipa (*Nypa fruticans*) 群落が分布し，その背後にサゴヤシが群落を形成する (Flach et al. 1986a；岡崎 2006)。さらに，サゴヤシ群落の背後には，低湿地林 low land forest 群落がみられる（図2-2）。海水中には，10.8 g/Lのナトリウムイオンおよび19.39 g/Lの塩化物イオンが含まれている (Bowen 1979) が，このようなサゴヤシの生態分布からすれば，サゴヤシも低湿地林を構成する植物も，比較的低い塩濃度，しばしば淡水によって海水が置き換えられる汽水域に生育しているといえる。汽水域には，河川に運搬された堆積物を母材として生成された土壌（無機質土壌）と旺盛な植生から供給された有機物を母材として発達した泥炭土壌（有機質土壌）Histosols が分布している。河川堆積物由来の土壌中には，海水中に含まれている硫黄が硫酸還元菌の働きで，最終産物として黄鉄鉱（パイライト pyrite FeS_2）が多少とも含まれている。硫化物を多く含む土壌であっても，土壌の乾燥・酸化が進み，硫黄酸化菌あるいは鉄酸化菌が働かない限り，強酸性の顕在的な酸性硫酸塩土壌 acid sulfate soils（久馬 1986a）に変化することはなく，潜在的な酸性硫酸塩土壌 potentially acid sulfate soils に留まっている。しかし，硫黄酸化菌あるいは鉄酸化菌の働きが活発になる

● サゴヤシ生育地

図 2-1 サゴヤシの分布

図 2-2 海岸低湿地（サラワク州，マレーシア）

と，土壌は急速に酸性化し，顕在的な酸性硫酸塩土壌 actively acid sulfate soils となる。一方，黄鉄鉱のような硫化物が少なく，新しく生成された土壌は，WRB では Fluvisols あるいは Gleysols の一部に，Soil Taxonomy では Entisols あるいは Inceptisols の一部に分類されている。島嶼部の沿岸部に広く分布し，20 m 以上にも発達するような泥炭土壌は，島嶼部の河川が大きくなく，堆積物を大量に供給しな

いことによって発達したものである。サゴヤシの栄養要求からすれば，養分供給が十分な無機質土壌がサゴヤシの生育適地であることは間違いない。しかし，世界の急激な人口増加は，これまでは作物生産能力が低く，人のアクセスが悪い地域に対しても開発を要求し，東南アジア島嶼部の沿岸域に分布する有機質土壌にもサゴヤシを栽培し始めた。サゴヤシを除くキャッサバ，トウモロコシ，バレイショなどのデンプン集積植物は，水分過剰な土地では生育できない。もちろん，サゴヤシも常時湛水状態よりも間断的な水分供給を好み，常時湛水では，出葉数が制限され，デンプン集積が遅延し，減退する（山本 1998a）といわれる。このようなサゴヤシの生育と自然環境との関係を示すことが本章の目的である。

1 ▶ 温度・日射量

　東南アジアの島嶼部の多くは，ケッペン Köppen の気候区分で，熱帯（多）雨林気候（Af）ないし熱帯モンスーン気候（Am）に類別される（図2-3）。低地の一部はサバナ気候（Aw）に，高地の一部は西岸海洋性気候（Cfb）に属すが，サゴヤシが分布する標高700 m以下の地域は，ほとんどが熱帯雨林および熱帯モンスーン気候下にある。熱帯雨林気候に属する地域における長期の気象観測から，熱帯雨林気候は，太陽高度が年間を通して高いために，気温は1年中高く，年較差が少ない特徴を持つ。しかし，海岸に近い地域ほど，海洋性気候の特徴が現われ，日較差は比較的小さいが，1日を通して気温が高くなる。一般に，植物は10〜35℃付近に最適温度を持つ。サゴヤシにとっては平均気温よりも，最低温度がより重要であると推定され，マレーシア・セモンゴック農業試験場の草本植生上最低温度および樹冠下最低温度は，21〜25℃である（図2-4）。

　サゴヤシの生育地域が温度に規制されているとすれば，サゴヤシは低温ストレスをどのように捉えているのであろうか。自然条件下においては，低温ストレスは，温度ばかりでなく，光や水分条件（降水量）なども同時に作用すると考えられており，単純に低温のみが影響しているとは断言できないことも多い。

　サゴヤシは低温ストレスに極めて敏感に反応する。熱帯および亜熱帯植物を用いた低温障害の研究から，低温障害は光合成器官においても，非光合成器官においても起こり，可逆的な初期過程を経て，時間とともに不可逆的な傷害へと進行することが明らかになっている。光合成器官における低温による光合成機能の低下の初発的な要因は，光合成系Ⅰの電子受容体に阻害が起こり，ついで P–700 の失活，反応中心の大型結合サブユニットである PS1-A/B の部分分解が起こるためであると考えられている（吉田 2002）。他方，非光合成器官においては，0℃，24〜48時

図2-3 ケッペンの気候区分

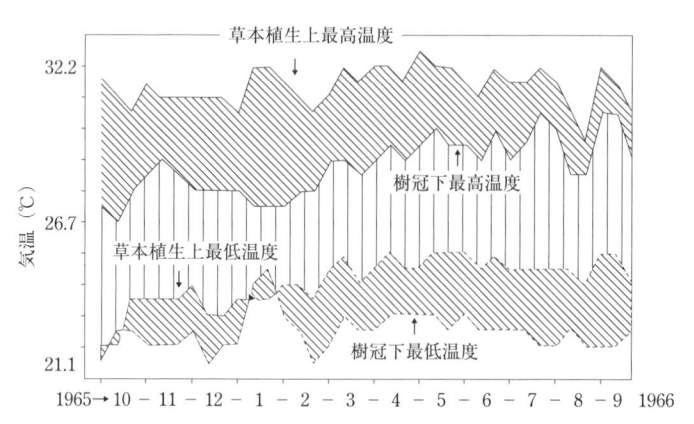

Af：熱帯雨林気候
Am：熱帯モンスーン気候
Aw：サバナ気候

図2-4 草本植生上および樹冠下の最高温度および最低温度
（マレーシア，セモンゴック農業試験場）

華氏温度を摂氏温度に修正．
Andriesse (1972) を改変．

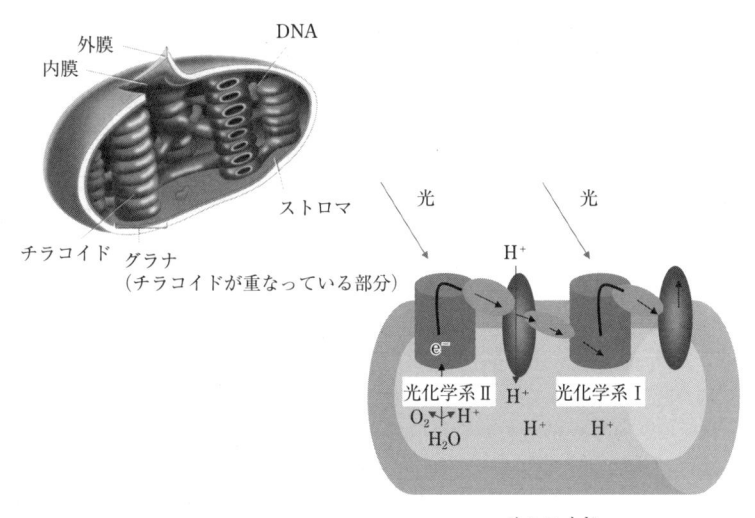

図 2-5　日射と葉緑体

間の低温ストレスは，液胞膜の H^+ − ATPase を他の生体膜酵素に先行して失活させ，液胞内部のアルカリ化と細胞質の酸性化を短期間で同時に進行させる（Yoshida 1994）という。近年，低温ストレスに関連する遺伝子 cor（cold-response）や低温誘導遺伝子 lti（low-temperature induced）が知られるようになった（篠崎 1995）。低温ストレスは，乾燥ストレスあるいは凍結ストレスと同様に，植物にとっては高浸透圧（高塩）ストレス，つまり植物は水分を失い，溶質濃度が高まることになる。低温ストレス下で発現される Arabidopsis シロイヌナズナの cDNA マイクロアレイ分析によって，この遺伝子が低温で誘導，発現することが確認されている。

しかし，サゴヤシの低温障害に関する研究は，経験的な研究以外，これまで知られておらず，分子生物学的な研究が待たれる。

一方，日射量はサゴヤシに対してどのような影響を与えるのであろうか。熱帯雨林気候では，雲による遮蔽や高緯度地域に比べて夏も昼間があまり長くならないことなどから，日照時間はあまり長くならない。したがって，日射量（地表面付近の水平な平面に入射する太陽エネルギーの単位面積当たりの量：積算量としては MJ/m^2 によって示す）は，$20\,MJ/m^2/day$ 程度である。

サゴヤシ生育地であるマレーシアのサラワク州ムカの 1984 年の平均日射量は $17.6\,MJ/m^2/day$ およびフィリピンのパナイ州ロハスにおける 1984 年の平均日射量は $19.2\,MJ/m^2/day$ であるが，Flach et al.（1986b）は室内実験において行ったサゴヤシ幼植物の出葉速度から，サゴヤシの最適生育条件を気温 25 ℃以上，相対湿度 90%，日射量 $9\,MJ/m^2/day$ と報告した。この日射量は曇り空の程度の日射量に匹

敵するという。

　太陽からの日射は，葉の葉緑体（図2-5）に存在するチラコイド（チラコイドは重なり合ってグラナを構成する）中のクロロフィルなどの光合成色素とタンパク質からなる光化学系IおよびIIを刺激し，反応中心にあるクロロフィルaを活性化させて，電子を放出し，光化学反応を開始させる。サゴヤシは葉を大きくし，1個体当たりの葉緑体数そのものを多くして，光合成生産を高めている（山本ら2002a）。Uchida et al. (1990) は，サゴヤシが葉展開後37～45日ごろに13～15 $mgCO_2/dm^2/h$ の最大光合成速度，600～750 $\mu mol/m^2/s$ の光飽和点を持ち，無遮光下の葉では，80％遮光下で生育させた葉よりも光飽和点が高いことを明らかにした。最大光合成速度，光飽和点，CO_2 補償点，光合成の最適温度域などから，サゴヤシは熱帯，亜熱帯に適応した生理活性を持っているが，C_3 植物（葉肉細胞に取り込まれた二酸化炭素はカルビン・ベンソン回路の C_5 化合物（リブロース二リン酸）と反応して C_3 化合物（ホスホグリセリン酸）ができる）と見られている（山本1998a）。

2 ▶ 降水量・湿度

　サゴヤシの生育する南北10度以内では，年間を通して高温となり，その結果，上昇気流が発生して低気圧となる熱帯収束帯（赤道低圧帯）の影響を受けるために，降水量が多く，年間2000 mmを超える降水量を示す（図2-6）。気温が高いため，蒸発量が多く，湿度が高くなる。したがって，昼間を中心に海洋では積乱雲が発達し，スコールと呼ばれる突風と激しい雨に見舞われることが多い。スコールの後は，冷たい空気が降りてくるため，適度な風もあって，涼しくなる。

　台風は中緯度地帯において発生数が多い（森2007）（図2-7）。図2-8は1970年から1997年までのすべての台風について発生位置を示している。ほとんどの台風は北緯5度から35度，東経100度から180度の範囲で発生しているが，赤道から北緯5度付近までは台風が発生しない。台風が発生するためには地球の自転によるコリオリの力が必要である。コリオリの力は赤道では0であり，北緯5度付近までは小さすぎるために台風は発生できないと考えられている。サゴヤシの巨体は，強風には弱い。したがって，気温，降水量だけでは，サゴヤシの生育地は規制されず，台風が発生しにくい気象条件もサゴヤシの生育には重要な点となっている。

　一方，相対湿度も降水量とともにサゴヤシの生育に影響を及ぼすと見られている。Flach et al. (1986b) によれば，サゴヤシの出葉速度は相対湿度90％を最適とするが，相対湿度を低下させた70％と50％の間では，幼植物の出葉速度に変化はなかったという。

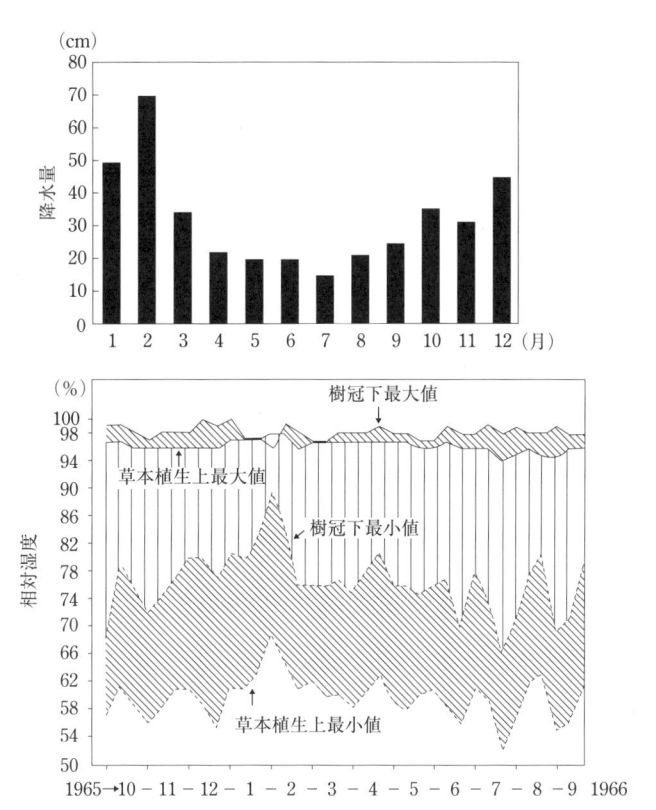

図 2-6 南北緯 10 度以内の地域における降水量（上：ボルネオ島クチン市）と相対湿度（下）．
Andriesse（1972）を改変．

図 2-7 台風の発生地域

森 2007．1970 年から 1997 年の 8 年間に 77 の台風がサゴヤシ生育地域で発生している（http://www8.ocn.ne.jp/~yohsuke/taihuu_2.htm）．

3 ▶ 土壌の種類

(1) 泥炭土壌

　東南アジア大陸部は，熱帯モンスーン気候下であり，内陸まで入り組んだ大河川が発達しているが，島嶼部は熱帯雨林気候下であっても，大陸部に比べて流下距離が短く，運搬する土量が少ない．したがって，島嶼部は泥炭土壌 Histosols が発達する条件が整えられている．

　地下水位の高い地域には，水に強い植物が生育する．植物の遺体は微生物などの分解者によって分解されることになるが，地下水位が高い地域では植物遺体の分解は抑制される．気温の高低にかかわらず，植物の生産量が分解量を上回っている場合には，植物遺体が積み重なって泥炭土壌 peat soils (Histosols ; Fibrists または Hemists)（図 2-8）が生成する．したがって，気温が低く，分解が抑制されている寒冷地域や高山地域でも泥炭土壌が生成されるが，気温が高く，木本植物の生産が旺盛な熱帯地域にも泥炭土壌（熱帯泥炭土壌 tropical peat soils）ができる．熱帯地域の泥炭土壌は木本植物（低湿地林）を主体としており，木質泥炭 woody peat と呼ばれる (Okazaki 1998)．泥炭土壌は分解の程度によって，Fibrists, Hemists, Saprists に類別される．

　冷温帯においては，長草型の草本からなる低位泥炭 low moor peat がしだいに発達し，ついで比較的低い水分でも生育できる植物が繁茂して中間泥炭 transitional peat がつくられる．さらに中間泥炭の堆積が進むとドーム状となり，その上に生育する植物に対する下方からの養分供給は乏しくなり，同時に泥炭の下部は多少とも分解され，泥炭は再び湿潤化される．こうして，降水だけでも生育できる植物が繁茂するようになり，高位泥炭 high moor peat を形成する（庄子 1976）（図 2-9）．泥炭土壌は有機物含量が 20% 以上で植物遺体が判別でき，表層 50 cm 以内に積算して 25 cm 以上の泥炭層が存在する土壌 (United States Department of Agriculture 1975 ; 久馬 1986b) で，成帯内性土壌の一つとして分類されるが，泥炭土壌の定義は国によって多少異なる．熱帯泥炭土壌も発達の最終段階では，ドーム状 (Scott 1985) となることが知られている（図 2-10）．

　泥炭土壌の大部分は植物遺体であるために，仮比重が 0.07〜0.3 と小さく，地耐力が小さい．排水されると著しく収縮し，地盤の低下をきたす（久馬 1986b）．排水を伴う泥炭地開発では，地盤沈下は年数十 cm から 1 m 以上に及ぶ．村山 (1995) はマレーシア・ジョホールの泥炭土壌が 35 年間で年平均 3 cm ほど沈下することを報告している．泥炭土壌は強酸性から弱酸性を示し，一般の土壌に比べて，カルシ

第 2 章　生育環境　49

図 2-8　熱帯泥炭土壌（セランゴール州，マレーシア）

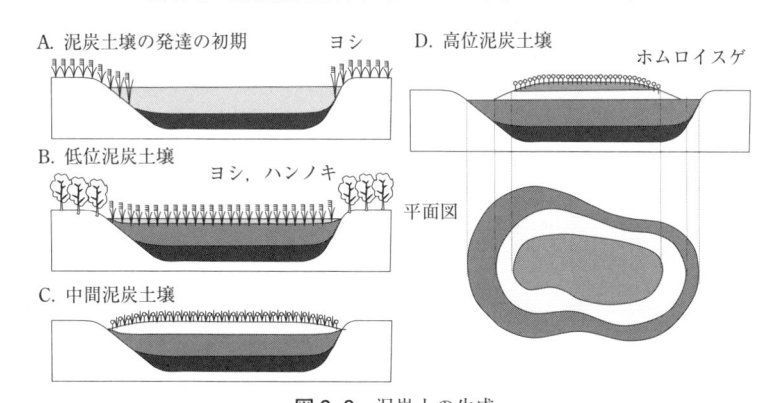

A. 泥炭土壌の発達の初期　　ヨシ
B. 低位泥炭土壌　　ヨシ，ハンノキ
C. 中間泥炭土壌
D. 高位泥炭土壌　　ホムロイスゲ
平面図

図 2-9　泥炭土の生成
泥炭土壌は，低位，中間，高位の順に発達して形成される．
庄子（1976）．

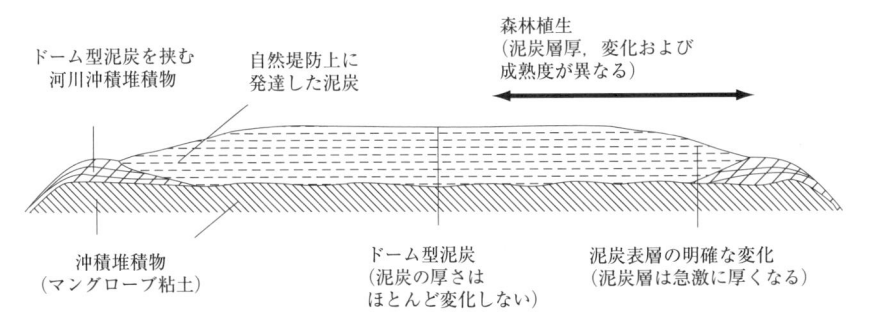

ドーム型泥炭を挟む河川沖積堆積物
自然堤防上に発達した泥炭
森林植生（泥炭層厚，変化および成熟度が異なる）
沖積堆積物（マングローブ粘土）
ドーム型泥炭（泥炭の厚さはほとんど変化しない）
泥炭表層の明確な変化（泥炭層は急激に厚くなる）

図 2-10　二つの河川に挟まれた熱帯泥炭湿地における地形単位の相互関係
Anderson（1961）．

ウム，カリウム，リン，鉄，銅，亜鉛などの成分が不足している (Tie et al. 1991 ; Yamaguchi et al. 1994)。世界の泥炭土壌の分布面積は2億4000万 ha (Driessen 1980) あるいは3億2500万〜3億7500万 ha (FAO 2006) といわれているが，東アジアを含めたアジア地域全体の泥炭土壌の分布面積は2350万 ha (Driessen 1980) あるいは2000万 ha (FAO 2006) で，この大部分が木質泥炭である。このような泥炭土壌においてもサゴヤシは正常に生育する。それは，泥炭土壌に流入する水に含まれる成分がサゴヤシの生育を保障する (Yamaguchi et al. 1998) ためである。

　福井 (1984) は，サゴヤシが他の土壌よりも泥炭土壌を主たる分布域としていると述べている。しかし，サゴヤシの栄養要求からすれば，サゴヤシは泥炭土壌ではなく，河川堆積物由来の土壌を適地としていると考えられる。泥炭土壌におけるサゴヤシ以外の作物の生育が芳しくないために，サゴヤシが泥炭土壌に植栽された結果であると推定される。佐藤ら (1979) はサゴヤシが泥炭層の厚い土壌ほど生育が遅く，泥炭層が薄く，下層に粘土層を挟む土壌の方が生育がよいとしている。多くの成分を含む粘土質の下層土の存在がサゴヤシの生育を支援するといえる。Tie et al. (1991) も同様に，マレーシア・サラワク州におけるサゴヤシとサゴヤシ生育地の分布を示し，泥炭土壌が62.0%，グライ土壌が33.4%，酸性硫酸塩土壌が3.1%であり，サゴヤシが植栽されている土壌は「問題土壌」problem soils と呼ばれている土壌で，十分な配慮が必要であるとしている。伝統的なサゴヤシ栽培は肥料を用いず，サッカー調整など最小限の管理で行われる。同じ生育段階にあるサゴヤシで比較すると，泥炭質土壌に植栽されたサゴヤシのデンプン収量は無機質土壌に植栽されたサゴヤシのデンプン収量の23%に過ぎないという (Jong and Flach 1995)。マレーシアはサラワク州の泥炭土壌地域において，世界で初めて大規模なサゴヤシのモノカルチャープランテーションの開発に踏み切った (Kueh et al. 1991)。当初は，数千haであったサゴヤシプランテーションは，2001年には1万5740 ha (Hassan 2001) に，さらに2007年には4万haに達している (Sahamat 2007)。

　角田ら (2000) は泥炭土壌と無機質土壌における潜在的な窒素供給量を比較した。インドネシア・テビンティンギ地域およびマレーシア・ムカ地域の泥炭土壌から無機化によって放出されたアンモニウム態窒素は50日目で約5.8 mg/kg および4.7 mg/kg であり，泥炭土壌は無機質土壌よりも無機化して窒素を供給しやすい性質を持つと結論している。Kawahigashi et al. (2003) はマレーシア・ムカ地域の泥炭土壌および土壌溶液の分析に基づいて，泥炭土壌の性質が層位によって異なるのは，泥炭集積過程によるとした。

(2) 酸性硫酸塩土壌

　河川堆積物由来の土壌は，いわゆる無機質土壌 mineral soils である Entisols,

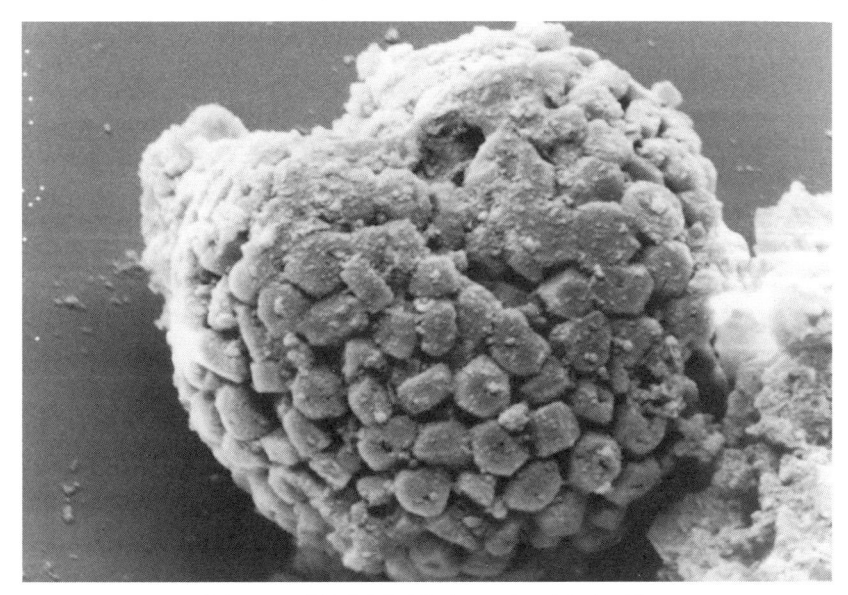

図 2-11 酸性硫酸塩土壌中のパイライト（FeS_2）

Inceptisols などに類別される。泥炭土壌に比べて，一般に河川堆積物由来の無機質土壌は多くの成分を含み，サゴヤシの生長を保障する。しかし，沿岸低湿地には，海水中に含まれている硫酸イオンに起源を持つ硫黄を黄鉄鉱（パイライト）pyrite （FeS_2）の形態で含む土壌が分布する。海成・湖成堆積物あるいは火山噴出物中の黄鉄鉱（図 2-11）が酸化され，硫酸を生じて強酸性示す土壌を酸性硫酸塩土壌 acid sulfate soils (Thionic Fluvisols ; Sulfaquents)（図 2-12）といい，すでに強い酸性を示す土壌を顕在的酸性硫酸塩土壌，酸化して酸性を示すようになる土壌を潜在的酸性硫酸塩土壌と呼ぶ。

海成堆積物中のパイライトは硫酸還元菌の働きで，次のように生成する（久馬 1986a）。

$$SO_4^{2-} + 8H^+ + 8e \rightarrow S(-II) + 4H_2O \qquad S(-II) : H_2S, HS^-, S^{2-}$$
$$Fe^{2+} + S(-II) \rightarrow FeS$$
$$2Fe^{3+} + S(-II) \rightarrow 2Fe^{2+} + S^0$$
$$FeS + S^0 \rightarrow FeS_2$$
$$Fe_3S_4 \rightarrow FeS_2 + 2FeS$$

こうして生成されたパイライトがそのまま存在していれば，土壌は強酸性にはならない。

生成されたパイライトが鉄酸化菌あるいは硫黄酸化菌（図 2-13）によって酸化さ

ゲータイト

図 2-12　酸性硫酸塩土壌（セランゴール州，マレーシア）

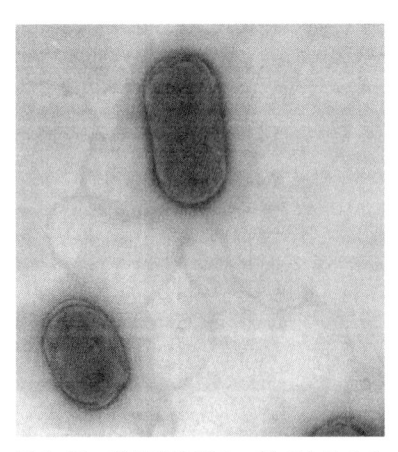

図 2-13　硫黄酸化菌の一種であるチオ
　　　　バチルス（撮影：片山葉子氏）

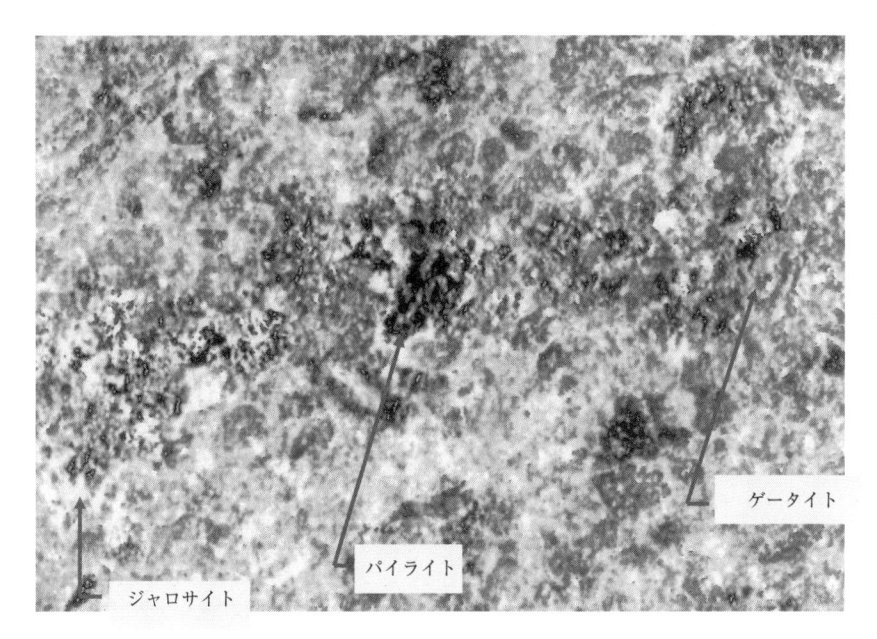

図 2-14 酸性硫酸塩土壌中のジャロサイト，ゲータイトおよびパイライト

れると

$$2FeS_2 + O_2 + 4H^+ \rightarrow 2Fe^{2+} + 4S^0 + 2H_2O$$
$$FeS_2 + 2Fe^{3+} \rightarrow 2S^0 + 3Fe^{2+}$$
$$4Fe^{2+} + O_2 + 4H^+ \rightarrow 4Fe^{3+} + 2H_2O$$
$$2S^0 + 12Fe^{3+} + 8H_2O \rightarrow 12Fe^{2+} + 2SO_4^{2-} + 16H^+$$
$$2S^0 + 3O_2 + 2H_2O \rightarrow 2SO_4^{2-} + 4H^+$$

となり，酸を生成し，強い酸性を示す。

さらに反応が進むと酸性硫酸塩土壌に独特な特徴物質であるジャロサイト jarosite やゲータイト goethite を生成する（図 2-14）。

$$Fe^{3+} + 3H_2O \rightarrow Fe(OH)_3 + 3H^+$$
$$Fe^{3+} + 2H_2O \rightarrow Fe(OH)_2^+ + 2H^+$$
$$3Fe(OH)^{2+} + 2SO_4^{2-} + K^+ \rightarrow KFe_3(SO_4)_2(OH)_6 （ジャロサイト）$$

pH が 4 以上になると，ジャロサイトは加水分解されて

$$KFe_3(SO_4)_2(OH)_6 \rightarrow 3FeOOH（ゲータイト）+ 2SO_4^{2-} + K^+ + 3H^+$$

のようにゲータイトと酸を生成する。

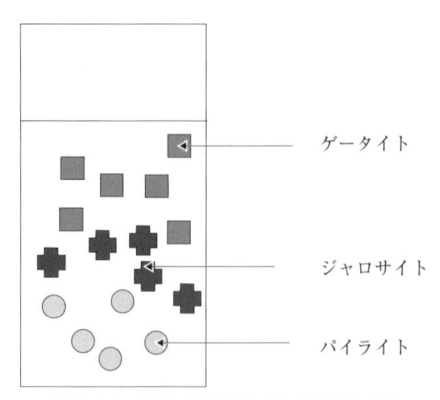

図 2-15　酸性硫酸塩土壌の断面模式図

　ジャロサイトを含む黄〜黄褐色の粘土質堆積物をキャットクレイ cat clay と呼び，言葉の由来はオランダ語の Katteklei に由来する。土壌断面の模式図を図 2-15 に示す。パイライトの生成および分解の過程から，典型的な酸性硫酸塩土壌は，表層からゲータイトなどの水和酸化鉄の斑紋が集積する土層，ジャロサイトの集積層，パイライト集積層が観察される。
　世界の酸性硫酸塩土壌の分布面積は 1260 万 ha であるが，その 53% が東アジアを含めたアジア全体に分布しており，670 万 ha を占める（van Breemen 1980）。WRB の世界土壌分類では Thionic Fluvisols に，Soil Taxonomy では，Sulfaquents, Sulfimemists, Sulfaquepts, Sulfohemists などに分類される。
　Jalil and Bahari (1991) は，川岸から 0.5 km, 0.7 km および 3.0 km 離れたサゴ園（土壌 pH：3.3〜3.8）に生育するサゴヤシのデンプン収量を比較し，川岸近くのサゴヤシのデンプン収量が極めて高く，内陸部に生育するサゴヤシのデンプン収量が低いことを見出した。
　土壌に酸が加わり，酸性が強くなると，土壌からはアルミニウムが溶解する。したがって，酸性土壌に生育する植物は，酸（H^+）とアルミニウム（単量体アルミニウム Al^{3+}, $Al(OH)^{2+}$, $Al(OH)_2^+$ の他に多核アルミニウムポリマーなどを含む）の両方の影響を同時に受けていることになる。植物の酸に対する耐性は，水素イオンに対する耐性とアルミニウムイオンに対する耐性とに区分されるべきであるが，サゴヤシの酸に対する耐性に関する研究は，主として野外における観察に基づいており，水素イオンとアルミニウムイオンの影響を厳密に区別した研究は知られていない。一般に，植物に対して酸ストレス（高い水素イオン濃度）は生育阻害を引き起こす。細胞質内の水素イオンの増加は，植物自体の代謝反応および環境要因によってもたらされ，①植物はアンモニウムイオンを吸収すると，窒素同化過程で水素イオンを生成する。②糖，アミノ酸，硝酸イオン，塩化物イオン，リン酸イオンなどの吸収は

水素イオンとの共輸送のために細胞質に水素イオンが増加する。③光合成明反応によって生成された水素イオンが葉緑体から細胞質に移行する。④低酸素条件下における乳酸発酵は乳酸イオンと水素イオン濃度を増加させる。⑤二酸化炭素，二酸化硫黄，二酸化窒素などのガス濃度の上昇は細胞質中に溶解し，水素イオンを増加させる。⑥土壌溶液中の水素イオンの上昇は最終的に細胞質に吸収される水素イオンを増加させる。アルミニウム耐性には，種および品種間に差がみられる。メラストーマ，チャ，アジサイ，メラルーカ，イネ，ソバなどはアルミニウム耐性が強く，キュウリ，エンドウ，トマトなどは中位のアルミニウム耐性を示し，オオムギ，ゴボウ，ニンジン，テンサイ，アルファルファなどはアルミニウム耐性が弱い。

アルミニウムは有効イオン半径が 0.0535 nm と非常に小さく，原子価が+3で大きいために，種々の物質と結合しやすく，アルミニウムと結合して新しく生成された成分は代謝されにくく，その場に集積することになる。アルミニウムイオンは，土壌中の水素イオンの増加に伴って土壌から溶解する。アルミニウムイオンのイオン種，複合体形成，共存イオンなどによって，植物細胞に与えるアルミニウムイオンストレスは異なる。単量体アルミニウムイオン（Al^{3+}，$Al(OH)^{2+}$，$Al(OH)_2^+$）は植物に対する毒性が強いが，13量体（7価陽イオン）アルミニウムイオン（多核アルミニウムポリマー）はアルミニウムの中で最も毒性が強いといわれている。しかし，その他のイオン種のすべての毒性が確認されているのではなく，核磁気共鳴装置によって解析できる，共鳴を示すアルミニウムイオンが，13量体であったために，その性質が確定されているといった方が正確であろう。

アルミニウムイオンによるストレス症状は根に発現し，根冠には脱水症状が，また根端から数 mm 基部側の表皮細胞には多数のくぼみが，あるいは皮層部にまで達する横方向の亀裂が生まれる（我妻 2002）。根におけるアルミニウム結合部位は，細胞壁中のペクチン，タンパク質，原形質膜中のリン脂質，タンパク質，核中の核酸，細胞質中のリン化合物，タンパク質，カルボン酸類，フェノール物質，オルガネラなどで，アルミニウムが結合すると，それらは代謝されにくくなるといわれている。根端の分裂細胞内の核にアルミニウムが集積し，DNA 中のリン酸に結合することによって，DNA の鋳型活性が阻害され，根が伸長できなくなる。なお，サゴヤシの低 pH 耐性機構については，第 V 章で述べる。

(3) その他のエンティソル・インセプティソル

河川によって上流から運ばれた土砂は，種々の速度で海岸に沈積する。硫酸還元菌が働く時間がないほど急速に河川堆積物が堆積するとパイライトを含まない土壌が生成されることになる。土壌の母材は砂から粘土まで広範に渡る。水中の溶存酸素が供給されない土層は，土壌中の微生物の働きで青灰色の還元層（グライ層）gley horizon を形成する。土壌中の大部分の微生物は，呼吸鎖の末端電子受容物質として酸素に替わることのできるいくつかの物質を利用してエネルギーを獲得する。鉄(III)を末端電子受容体とすると，鉄(III)は鉄(II)に還元される。

$$Fe(III) + e^- \rightarrow Fe(II)$$

実験室内で Fe(II) 溶液にアルカリ溶液を加えて $Fe(OH)_2$ の沈殿を生成させても，青灰色にはならず，白色の沈殿が形成される。現在までのところ，青灰色を生成する沈殿の平均組成から，Fe(II) と Fe(III) との複合体である $Fe_3(OH)_8$ (フェロジック鉄と呼ばれる) が生成物として考えられている。還元された土壌が空気中の酸素や鉄酸化菌などによって酸化されると Fe(II) は Fe(III) に変化し，結晶構造を持たない水和酸化鉄および結晶構造を持つフェリハイドライト $Fe_5HO_8 4H_2O$，ゲータイト α-FeOOH，レピドクロサイト γ-FeOOH，マグヘマイト（マグマイト）γ-Fe_2O_3 などを生成する。これらの鉄化合物は自身で集合し，土壌断面内に斑紋 mottling（褐〜黄色）を形成する。さらに高温下では，これらの鉄化合物からヘマタイト α-Fe_2O_3（赤色）を生成することもある。

　サゴヤシ生育地の土壌は低地に分布する土壌を主体としているが，サゴヤシは必ずしも低地土壌でなくても生育可能である (Okazaki 2000)。サゴヤシが水を入手しやすい環境を整えることが生育を保障することになる。

4 ▶ 地下水位

　サゴヤシは地下水位が高く，水飽和となる土地を適地としているが，常時湛水している土地においては，サゴヤシの生育は抑制され，デンプン収量は著しく低下あるいはなくなる（高谷 1983；下田・パワー 1990）。Flach ら (1977) もサゴヤシ幼植物を用いた培養実験から，湛水条件では出葉速度が低下することを見出している。

　寒帯〜温帯の過剰な水が存在する地域には泥炭土壌が生成する。熱帯であっても，植物生産が分解を上回る量であれば泥炭土壌が形成される。サゴヤシプランテーションを実施しているインドネシア，リアウ州の熱帯泥炭地域における地下水位の変化を図2-16に示す（佐々木ら 2007）。ドーム状泥炭の開発による急速な排水は，地盤そのものが低下する（図2-17）。したがって，地上からの地下水位の計測は正確な地下水位を示しているとはいい難く，明確な基準点を設ける必要がある。佐々木ら (2007) は，泥炭の地下水位は，季節的な洪水によって変化するとともに，海岸に近いサゴヤシ立地では，海水の潮汐に合わせて，さらに短い周期で地下水位が変化することを示した。同時に，57〜68 cm の平均地下水位を持つ熱帯泥炭に生

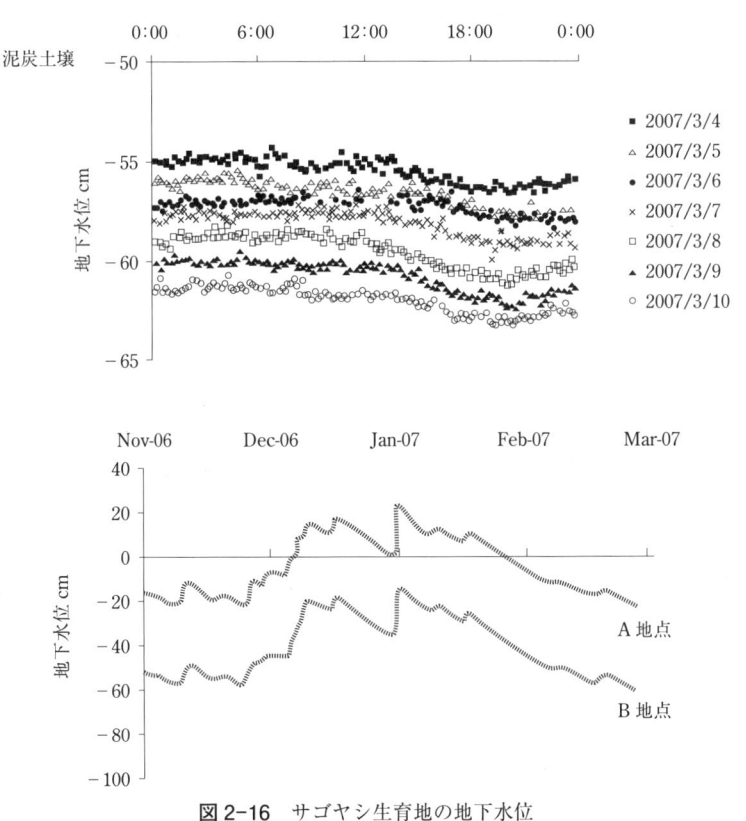

図 2-16 サゴヤシ生育地の地下水位
地下水位は日変化および季節変化を示す.
佐々木ら (2007).

育する幹立ち後8年のサゴヤシの葉数,胸高直径は,ともに地下水位が低いと小さい値を持つ(橋本ら 2006)という。Jalil and Bahari (1991) が川岸からの距離によってサゴデンプン収量が異なることを示したことはすでに述べたが,山本ら (2004a) は,海岸からの距離を異にするサゴヤシ6個体の樹幹長,樹幹重,葉痕数を調べ,葉痕間隔(=樹幹長/葉痕数)が海岸近くのサゴヤシ個体の方が内陸部の個体よりも短く,葉痕間隔当たりの樹幹重(=樹幹重/葉痕数)は海岸近くの個体の方が内陸部の個体よりも小さい値を示した。これらの事実は,海岸から近く,高い地下水位を維持している立地では,塩濃度とともに,高い地下水位がサゴヤシの生育に影響を与えていることを示している。

このような高い地下水位に対応して,サゴヤシは通気組織を発達させた根を保持する。Kasuya (1996) は,サゴヤシが定根と不定根を持ち,4.7 t/ha(泥炭土壌)およ

図 2-17　泥炭の収縮による地盤低下
泥炭の乾燥・収縮により約1mほど地盤が低下した.

細根　　　　　　　　　　　　　　　太根
図 2-18　サゴヤシ根

び11.4 t/ha もの総根量を示すと報告した。山本（1997）は，土壌中に発達させたサゴヤシの根を直径4～7 mm の根（細根）と直径7～11 mm の根（太根）とに類別した（図2-18）。細根は湛水状態にある土地あるいは雨季に太根より発達し，細根には中心柱内部の髄腔や大きな導管は認められなかったが，中心柱周辺に小さい導管と篩管がみられた。一方，太根は外皮の内側に破生通気組織を形成し，中心柱の中央部には髄腔と大導管および大導管の外側に小導管と篩管を配置していた。細根および太根の構造から，サゴヤシは水飽和の土壌においても生育が可能であると見られる。Nitta et al.（2002）は，直径6～11 mm 以上の太根が空気と養水分の輸送に適し，直径2～5.5 mm の中根が空気の輸送に適していると述べている。サゴヤシは，泥炭土壌においても，無機質土壌においても，0～30 cm 土層で最も根を発達させているが，樹齢とともに土壌中の根量および垂直方向への根量割合を増加させ，さらに直径2～5.5 mm の根量割合を増加させた（宮崎ら 2003）。

5 ▶ 汽水・海水

汽水は，一般に0.2～30‰の塩分濃度を示す海水（一般的な海水は33～34‰）と淡水が入り混じったものとされているが，17‰までを汽水とする見解もある。サゴヤシの生育する汽水域（図2-19）では，なんらかの形で塩を排除するあるいは吸収を抑制する機構を持つ植物（塩生植物 halophyte）（間藤 1999）しか生育できない。

サゴヤシは，電気伝導度が6～7 mS/cm 程度の溶液（ホーグランド培養液）を加えた条件であれば，生長は抑制されないが，この領域を超えると生長速度が低下した（Flach et al. 1977）。江原ら（2003）は，サゴヤシ実生苗に0～2.0％の塩化ナトリウム溶液を処理した後，サゴヤシを部位別に採取して，ナトリウム含有量を求めた。その結果，サゴヤシはナトリウムイオンを根から吸収し，葉柄，小葉に転流させるが，ナトリウムイオンを根にとどめておき，徐々に下位葉に移行させることが明らかになった。米田ら（2004）および Yoneta et al.（2006）は，サゴヤシ幼植物が10 mM 程度の塩濃度で最も生育が良好で，水あるいは10～20％の塩濃度では，生育が抑制されることを示すとともに，サゴヤシ根中の塩濃度は増加するものの，幹あるいは葉には塩を運搬しないこと，塩化ナトリウム濃度の増加は葉中のカリウム濃度を増加させ，浸透圧調節に利用している可能性を示した（図2-20）。さらに，江原ら（2006）は，1ヶ月間水耕培養したサゴヤシ属（*Metroxylon sagu* Rottb. および *Metroxylon vitiense*）に2％塩化ナトリウムを含む培養液で1ヶ月間培養した結果，蒸散速度はいずれのサゴヤシも低下し，葉柄におけるナトリウム含有量の増加に伴ってカリウム含有量が増加していた。これは，サゴヤシ属の耐塩性にカリウムが密接に関係し

図 2-19　沿岸域に分布するサゴヤシ（撮影：下田博之氏）

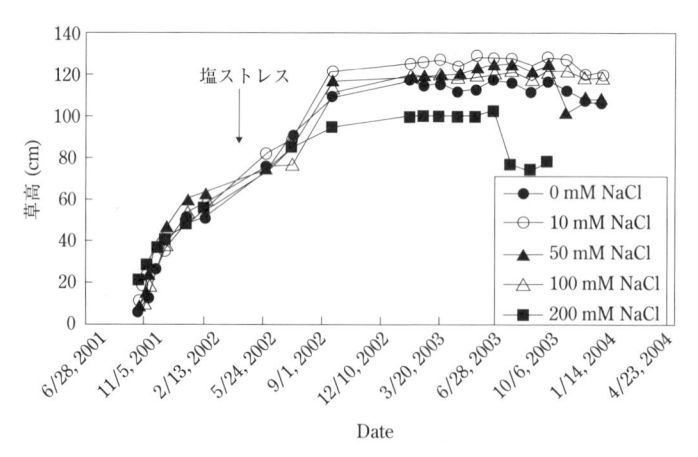

図 2-20　サゴヤシの耐塩性
● 0 mM NaCl；○ 10 mM NaCl；▲ 50 mM NaCl；△ 100 mM NaCl；■ 200 mM NaCl.
塩（NaCl）ストレス処理は 2002 年 5 月 28 日に開始した．
Yoneta et al.（2006）を一部改変.

ていることを示しており，すでに江原ら(2003)が示した結果を再現したことになる。サゴヤシの耐塩性機構については第V章で詳しく述べる。

▶岡崎正規，木村園子ドロテア

第3章

形態的特性

　サゴヤシは地上 20 m 以上にも達する巨大な地上部を有する。植物体が比較的大きな裸子植物や双子葉植物では茎や根の内部に維管束形成層（vascular cambium）が存在し 2 次肥大生長が行われるが，サゴヤシは単子葉植物でありそのような組織は存在しない。したがって，地上部の組織は，すべて茎頂の頂端分裂組織（apical meristem）に由来する 1 次組織（primary tissue）である。また，「茎」は不整中心柱〔多数の並立維管束が環状とならずに不規則に散在した中心柱（茎の内部で，維管束が配列する部分）〕であり，裸子植物や双子葉植物で認められる真正中心柱（多数の並立維管束が環状に配列した中心柱）ではない。したがって，サゴヤシは巨大な植物であるが，裸子植物や双子葉植物とは形態形成が明確に異なり，「茎」を木本植物の主軸に用いられる「幹」などと呼ぶのは適当ではない。しかしながら，実用上，「茎」を「幹」と呼ぶことが多いため，本稿においてもしばしば「幹」を用いて記載した。

1 ▶ 根

(1)　根の種類

　サゴヤシが生育する土壌中には，個体ごとに，太さの違いによって肉眼で容易に区別することができる 2 種類の根が認められる（山本 1998a；Nitta et al. 2002）。太さが 6〜11 mm 程度の「太い根」と，4〜6 mm 程度の「細い根」である（Nitta et al. 2002；新田・松田 2005）。

図 3-1 地面に近い茎の表面
不定根が出現し，下方向に伸長している．出現後ただちに側根を分枝した不定根も認められる．また，側根の一部は上方向に伸長している．
A：不定根，L：側根，RC：根冠．
新田・松田 (2005)．

図 3-2 茎表面に認められる不定根原基
茎から葉柄を外すと，直径数 mm のいぼ状の不定根原基が認められる．また，一部のものは伸長して数 mm 出現している．Nitta et al. (2002)．

このうち「太い根」は不定根 (adventitious root) であり，1 次根 (primary root) とも呼ばれる (図 3-1)．その原基 (primordia) は茎の表皮のすぐ内側に形成される．葉柄を外したときに確認できる直径数 mm のいぼ状のものがそれである (図 3-2)．不定根原基は，生長して茎の表面から出現にいたり，下方向に伸長して地面に達する (図 3-1)．土壌中では，下または横方向に伸長する．

なお，単子葉植物では，茎の節の部分から出現する不定根を節根 (nodal root) と呼ぶ場合があるが (新田 1998)，サゴヤシの不定根は，節と考えられる葉の合着部とそれらのあいだの部分 (節間) の位置に関係なく，茎全体にわたって形成される (山本 1998a；Nitta et al. 2002)．したがって，サゴヤシの不定根を節根と呼ぶのは適当ではない．

また，不定根原基は，基部側の茎部分だけではなく，複数の葉柄が重なり合った，地際から数 m 頂端側の茎部分にも形成される (図 3-3)．基部側の茎部分では，不定根原基は伸長して葉柄の内側に出現するものもあるが，頂端側の茎部分では，不定根原基は茎表面に突起状に認められるだけの場合が多い．

もう一つの「細い根」は，側根 (lateral root) である．側根は分枝根 (branch root) とも呼ばれ，その原基は，土壌中で水平方向に伸長する不定根 (「太い根」) や側根 (「細い根」) に形成される．鉱質土壌および深い泥炭土壌では下または斜下方向に伸長するが，とくに深い泥炭土壌では，土壌の深い層から地面に向かって，すなわち上方向に向かって伸長するものも認められる．図 3-4 は，サゴヤシの茎周辺が冠水した地面で，側根 (「細い根」) が上方向に伸長して地面から空中に出て，10 cm 程度露出している様相である．このような上方向に伸長して空中に露出する側根は，冠水または湿潤な土壌でしばしば見かけることがある．この根は，マングローブな

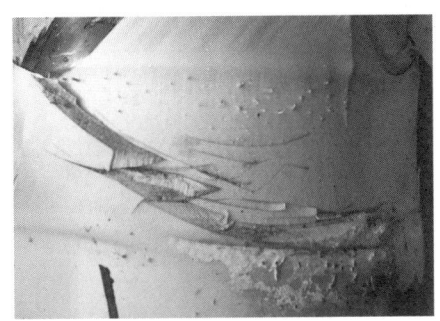

図 3-3 地際から数 m 頂端側の茎部分の表面
突起状の不定根原基が認められる．
Nitta et al. (2002).

図 3-4 地面から出現して上方向に伸長する側根
冠水しやすい場所ではこのような側根がしばしば認められる．空中に 10 cm 程度，露出している．
L：側根
Nitta et al. (2002).

どと同様に，空気を取り入れて体内に送り込む気根（aerial root）としての役割も果たしているものと推定される．不定根から分枝した側根が 1 次側根（primary lateral root），1 次側根から分枝した側根が 2 次側根（secondary lateral root）である．太さが 1〜2 mm 程度の 2 次側根が出現する場合がある．

なお，樹木の根やサツマイモの塊根では，肥大した根を太根（thick root），肥大せず細いままの根を細根（fine root）と呼ぶ場合がある（清水 2001）．しかし，上記の「太い根」および「細い根」はこれらとは異なる．

(2) 茎における不定根原基の太さと密度

不定根原基の太さと密度についての報告例は少ない．Nitta et al. (2002) は，マレーシアサラワク州ムカ地区の農家サゴヤシ園に生育するサゴヤシ個体を調査し，不定根原基の直径は，幹立ち後年数にかかわらず，茎基部の方が頂部よりも大きいことを報告した（表 3-1）．また，茎の単位表面積当たりの不定根原基数は，幹立ち後年数にかかわらず，茎頂部の方が基部よりも多いことを明らかにした（表 3-2）．さらに，茎基部の不定根原基数は，幹立ち後年数が長い個体で多いことや，幹立ち後年数の異なる個体の不定根原基数を，茎の頂部，中部，基部の平均で比較しても，幹立ち後年数の長い個体で多いことを示した（表 3-2）．

(3) 根の内部構造

不定根（「太い根」：図 3-5）および側根（「細い根」：図 3-6）の横断面は，いずれ

表 3-1　不定根原基の直径 (mm)

茎の部分[1]	推定幹立ち後年数 (年)		
	7	5	2
頂部	1.8 ± 0.1 (9)	2.9 ± 0.1 (5)	2.9 ± 0.1 (4)
中部	2.6 ± 0.1 (5)	2.9 ± 0.1 (3)	3.2 ± 0.1 (3)
基部	3.5 ± 0.1 (1)	3.2 ± 0.1 (1)	3.6 ± 0.1 (1)
全体	2.7 ± 0.1	3.0 ± 0.0	3.3 ± 0.0

表中の数値は平均値±標準誤差.
1：茎を地際部から 90 cm ごとに切断した. (　) 内の数値は，切断された茎部分の茎基部からの位置.
Nitta et al. (2002).

表 3-2　茎表面における不定根原基密度 ($/100\ cm^2$)

茎の部分[1]	推定幹立ち後年数 (年)		
	7	5	2
頂部	202.9 (9)	159.4 (5)	124.5 (4)
中部	175.0 (5)	139.0 (3)	69.0 (3)
基部	108.2 (1)	85.1 (1)	56.9 (1)
全体	162.0	127.8	84.5

表中の数値は平均値.
1：茎を地際部から 90 cm ごとに切断した. (　) 内の数値は，切断された茎部分の茎基部からの位置.
Nitta et al. (2002).

も，外側から内側に向かって，表皮 (epidermis)，外皮 (exodermis)，スベリン化して肥厚した厚壁組織 (sclerenchyma)，皮層 (cortex)，中心柱 (stele) で構成されている．また，中心柱には導管 (vessel) を含む木部 (xylem) および篩管 (sieve tube) を含む篩部 (phloem) からなる維管束 (vascular bundle) が走向する．不定根は側根に比べてこれらの組織が大きく，細胞数も多い．また，いずれの根においても，皮層では，生長とともに隣りあった細胞壁が離れることによって生じた細胞間隙である離生通気組織 (schizogenous aerenchyma) や，隣りあった組織細胞が生長に伴って消失したために生じた細胞間隙である破生通気組織 (lysigenous aerenchyma) が形成される．これらの組織では通気機能が発達し，冠水下での生育に適応している (Nitta et al. 2002)．

　以上のようなサゴヤシの根の内部構造は水稲の冠根とよく似ている (新田 1998)．

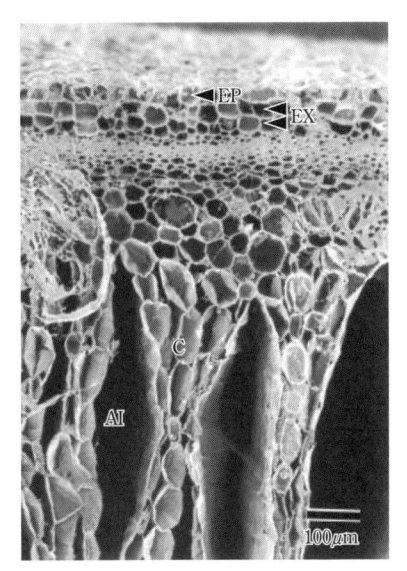

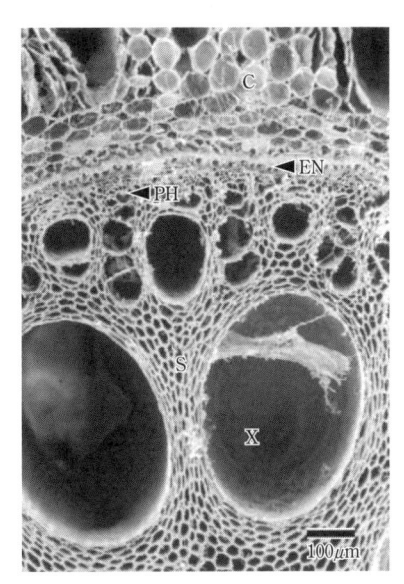

図 3-5　不定根の横断面の走査電子顕微鏡写真

左：外側の部分，右：内側の中心柱部分．皮層では通気組織がよく発達している．外皮に近い数層は組織が残存している．中心柱内の木部導管の直径は約 500 μm できわめて大きい．

AI：通気組織，C：皮層，EN：内皮，EP：表皮，EX：外皮，PH：節部，X：木部．

新田・松田 (2005).

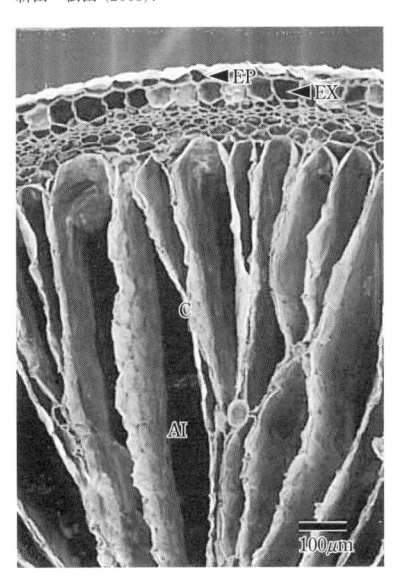

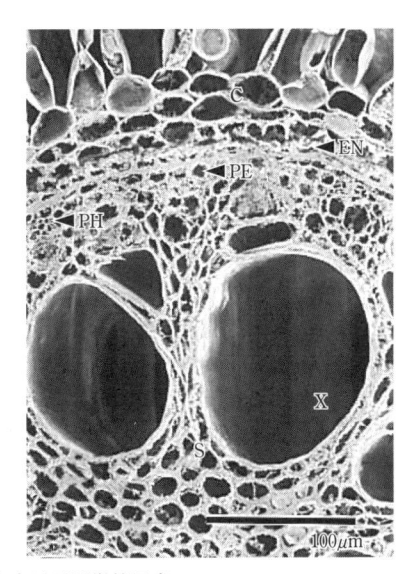

図 3-6　側根の横断面の走査電子顕微鏡写真

左：外側の部分，右：内側の中心柱部分．皮層では通気組織がよく発達している．中心柱内の木部導管の直径は約 100 μm．

AI：通気組織，C：皮層，EN：内皮，EP：表皮，EX：外皮，PE：内鞘，PH：節部，X：木部．

新田・松田 (2005).

2 ▶ 葉

　ヤシ科植物では，葉の葉軸が伸びずに掌状複葉（palmate compound leaf）となるもの（fan palm）と，葉軸が伸びて羽状複葉（pinnate compound leaf）となるもの（feather palm）とがある。また，羽状複葉では二回羽状複葉（bipinnate compound leaf）となるものもある（クジャクヤシの仲間 *Caryota* spp.）。

　サゴヤシの葉は大きな羽状複葉で，多数の小葉（leaflet）が葉軸（rachis）に着く。図3-7は，サゴヤシの葉の模式図である。幹立ち後間もない樹の葉長8.2 mの葉をもとに作図した。小葉を線分で表してはいるが，その線分は，小葉の長さ，および，葉軸に対する着生位置と着生角度を正確に測定して表したものである。

　葉軸を，葉柄（petiole）と葉軸とに分けて考える場合があるが，なめらかな表面には区切りとなるようなものはなく，小葉の着生以外，外部形態的には軸上に境が認められない（図3-7）。したがって，最も基部側の小葉の着生位置をもって葉柄と葉軸との境としている。また，葉柄基部を葉鞘（leaf sheath）として，区別することもある（Jones 1995）。葉鞘は葉柄の基部が広がって幹を巻いて，その両縁が融合した形になっている。この融合した状態は，葉原基の段階から確認できるが，葉柄（葉中央の軸）の表裏には葉鞘部との形態的な境がない。図3-7では葉鞘部分の長さも含んで葉柄としている。葉柄の背軸側にはトゲのあるタイプとないタイプとがあり，それぞれ「ホンサゴ（無刺サゴ）」，「トゲサゴ」と呼ぶことがある。

　サゴヤシで，外見上，最も若い葉は，先のとがった棒状で，前位葉の葉柄の縦に走る窪みに沿って抽出してくる。この最も若い抽出葉は，剣状葉や針状葉と呼ばれる。また，spear leaf（槍状葉：Jones 1995）とも呼ばれる。この剣状葉は，小葉がたたみ込まれており，生長が進むとともに展開する。

　小葉が，葉軸に着生する位置は，左右対称ではない（Nakamura et al. 2004）。また，葉軸を挟んで葉の左右では，小葉数も異なる。すなわち，葉の左右で，小葉は対になってはいない（図3-7）。図3-8は若い展開葉での，小葉の着生位置を示したものである。図の左側が葉の基部側で，基部側から左側（L）と右側（R）の小葉にそれぞれ番号をつけ，その着生位置を示した。10番目ごとにつけた黒丸印の位置が左右で一致していない。小葉数は，左側が72枚なのに対し右側は67枚であった。

　サゴヤシでは，葉軸に小葉が着生する部分は「へ」の字型になっている（図3-9）。ヤシ科植物には，この小葉の着生部分の形状が「V」の字型（induplicate, V-shaped, trough-shaped）のものと「へ」の字型（reduplicate, Λ-shaped, tent-shaped）のものとがあり，ヤシ科植物の分類の基本的な目印となっている。

　サゴヤシの小葉は，線状皮針形（linear-lanceolate）から狭皮針形（narrow lanceolate）

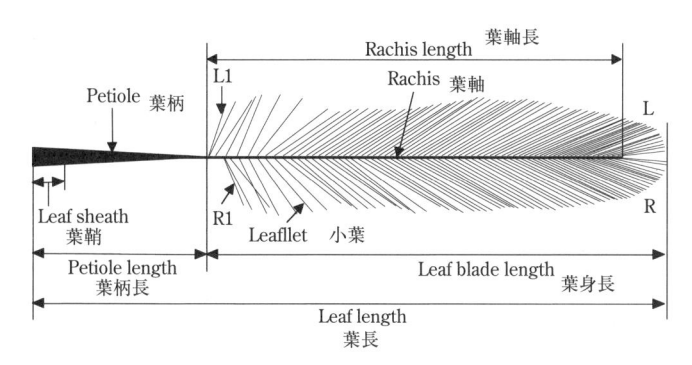

図 3-7 サゴヤシの葉の模式図と各部名称
後藤・中村（2004）.

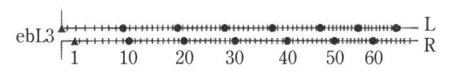

図 3-8 小葉の着生位置
後藤・中村（2004）.

図 3-9 小葉の葉軸への着生部位
後藤・中村（2004）.

である。小葉の先はとがって，さらにその先端が細く伸び，その部分の形状や長さは一定しない。

剣状葉として抽出した葉が展開するときには，その葉の輪郭をなぞるように，ひものような組織が小葉の先端をつないでいる（図3-10，3-11）。この状態は，1枚の単葉の脈間に大きな裂け目が多数あいているようにも見える。葉が展開するに従って，そのひも状の組織が脱落したり（1m以上のひもとなって落ちていることがあ

図 3-10 展開直後の葉
小葉の先端がひも状の組織でつながれている.
後藤・中村 (2004).

図 3-11 展開直後の葉
図 3-10 の一部を拡大.
Nakamura et al. (2004).

る），切れたりして，小葉が1枚1枚分かれて完全に独立する。細く伸びた小葉先端部は，このひも状の組織が残ったものである。残り方が不規則な上，この部分は葉面積にも貢献しないので，小葉の長さとしては，この部分を含めない方が，種々の考察を進める上で都合がよい。ただし，葉の基部に着生する数枚の小葉はもともと細く，先端に行くに従いさらに細くなって，自然にひも状の組織につながっているため，先端位置の判断が難しい。小葉の幅は，一般に小葉の基部から約3分の1の付近で最大となる。

マレーシアサラワク州ムカのサゴ農園に生育する，標準的な幹立ち後間もないサゴヤシ個体は9枚の生葉を持っていた（中村ら 2000）。最も若い剣状葉1枚を除き，8枚の葉が小葉を展開していた。展開葉の中で最も若い葉（長さ 12.4 m）は葉柄が 4.6 m で，その先の葉軸（7.2 m）には，左側に69枚，右側に65枚，先端に先が左右に分かれた小葉が1枚，計135枚の小葉が着生していた。これらの小葉で，最長のものは 189 cm，最大の面積のものは 1360 cm^2 であった。小葉の面積を合わせると，左側が 6.28 m^2，右側が 5.82 m^2 の計 12.10 m^2 であった。測定対象とした他の1枚の葉の葉面積は 12.25 m^2 であり，この樹の持つ葉面積は，展開葉8枚で約 100 m^2 と推定された。

葉面積の推定方法としては，葉の展開過程や形態などをもとに，葉の輪郭な

どからではなく，小葉面積の積算値から推定する方が精度が高いと考えられた（Nakamura et al. 2004）。また，葉面積推定の基礎として，小葉の形態と面積の関係を詳細に解析し，小葉面積を推定する方法が検討された（Nakamura et al. 2005）。その結果，小葉長を長径，小葉幅を短径とする楕円で小葉面積を近似する方法が提案された。すなわち，楕円による小葉の推定面積（Se）は，Se＝（π/4）×L×Wで，Lは小葉長，Wは小葉最大幅である。ただし，葉の先端部と基部に着生する小型の小葉においては誤差が大きくなる。

大森ら（2000a）は，小葉面積を小葉長と小葉幅の積で割った値をα値とし，多くの品種や葉位で調査し，0.78〜0.86と報告している。Nakamura et al.（2005）の楕円での小葉面積推定式ではα値はπ/4，すなわち0.785であり，大森らの調査により出されたα値は，楕円で近似する方法の妥当性を裏づけている。

1枚の葉の面積推定法として，Flach and Schuiling（1989）は，葉面積＝2×片側の小葉数×最長の小葉の長さ×幅×係数（およそ0.5）の式により算出しているが，係数は明確には定まっていない。Nakamura et al.（2009）は，小葉の重なりやすき間を除去するために，小葉の形を同じ面積を持つ長方形に変換し，それらを葉軸上にすき間なく配置した時の葉の形から，面積を推定する方法を検討した（図3-12）。その結果，葉の基部側半分を台形，先端側半分を楕円形として計算するのが最も精度が高く推定できた（図3-13）。その葉面積（S）の推定式は，S＝abπ/8＋ac/2で，aは葉軸長，bは葉軸中央に着生した小葉を長方形に変換したときの左右の高さの合計値，cは基部からa/4に着生した小葉を長方形に変換したときの左右の高さの合計値である。

(1) 葉序

図3-14は，幹立ち直後のサゴヤシ個体の，葉柄が重なっている部分の横断面模式図である。中心は剣状葉で中心ほど若い葉である。葉柄断面の中央に記入した数字は，剣状葉を1として若い順につけた。

葉の付き方を述べる場合は，先に展開した葉から，より若い葉に向かってみるためにこの図の数字とは逆となる。したがって，この個体は中心に向かって反時計回り，いわゆる左巻きである。

幹に着生する葉の配列を葉序（phyllotaxis）と呼ぶ。サゴヤシの葉序は4/13で，開度（divergence angle）は110.77度（Jong 1991）との報告がある。

開度が約110度であるので，3枚で約330度，したがって，ある葉を正面に見た時に，その葉から3枚目の葉（ある葉を0として）が，内側にややずれて見えることになる（図3-14，3-15）。3枚あとの内側の葉のずれ方は，葉の付き方が右巻きならば右側にずれて，左巻きなら左側にずれて見える。

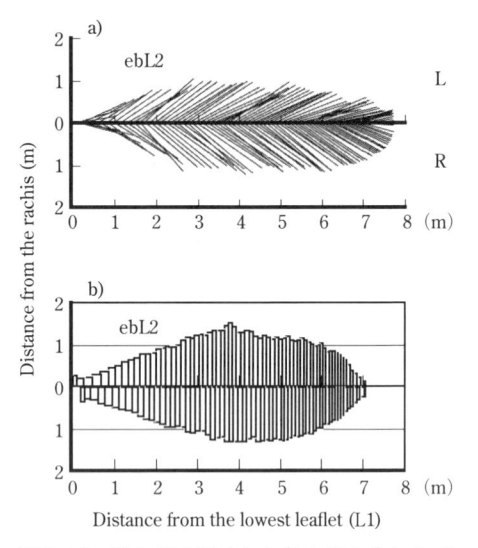

図 3-12 葉の模式図 (a) と各小葉をそれと同じ面積を持つ長方形に変換した時の葉の姿 (b)

Nakamura et al. (2009).

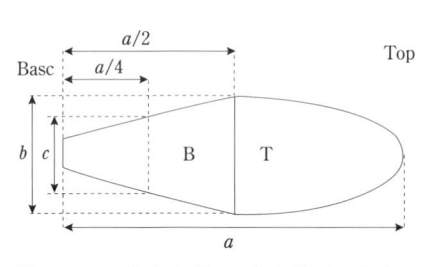

図 3-13 下部を台形，上部を楕円の半分の面積とした時の葉の模式図

Nakamura et al. (2009).

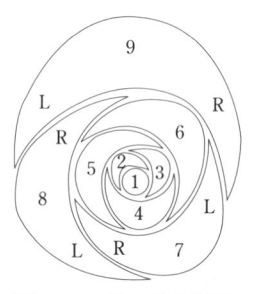

図 3-14 葉の着生関係，葉柄部の断面

Nakamura et al. (2009).

(2) 葉のつき方と小葉の着生

図 3-14 のように葉が左巻きで着生する場合は，図 3-7 で示した葉のように，葉の最基部の小葉は，葉軸より左側 (L) の方が右側 (R) よりも基部側に着生し，小葉数も左側 (L) の方が多い。逆に，右巻きの場合には，最基部小葉は右側の方が基部側になり，小葉数も右側の方が多い。

図 3-15 葉序によるずれ方
後藤・中村（2004）.

（3） 気孔の分布

Omori et al. (2000) は葉の気孔密度について，葉位別，小葉位別，小葉の部位別に詳細に調査した（インドネシア，リアウ州）。図 3-16 は，幹立ち直後の樹における小葉の向軸側 (A) と背軸側 (B) の気孔の分布の様子を接着剤で写し取り，光学顕微鏡観察したものである。小葉の表裏で気孔密度を比較すると，向軸側で 100～250 個/mm^2，背軸側で 550～750 個/mm^2 と，背軸側の気孔密度が顕著に高い。また，1 枚の小葉において，先端部，中央部，基部の部位別に比較すると，先端部で気孔密度が低い傾向にある。小葉の葉厚は，基部が厚く先端部が薄いため，葉厚と気孔密度とのあいだには，向軸側，背軸側とも有意な正の相関が示された。一方，1 枚の葉の中における小葉位間（上位，中位，下位）の気孔密度の比較では差はなく，さらに個体内の葉位間で比較しても差は認められなかった。

Omori et al. (2000) は，中位葉の中位小葉を採取し，小葉の中央部の気孔を対象にして，樹齢によって気孔密度が変化するかを調査した（マレーシア，サラワク州）。サッカー発生後 1 年目では，背軸側で約 400 個/mm^2，向軸側で約 50 個/mm^2 であったが，5 年目の幹立ち期には，背軸側で約 1000 個/mm^2，向軸側で約 120 個/mm^2 で，両側ともほぼ一定となった。山本ら (2006a) も，小葉の気孔密度は向軸側面に

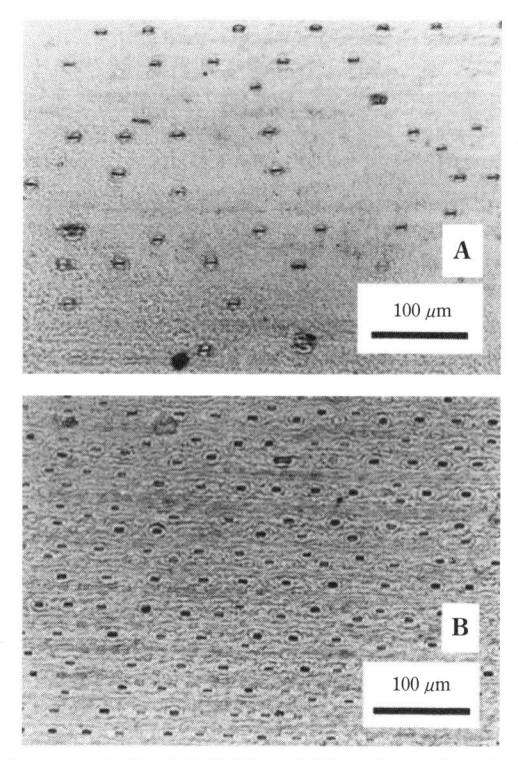

図3-16 小葉の向軸側 (A) と背軸側 (B) の気孔の配置
Omori et al. (2000).

比べて背軸面側で非常に多く，両面とも気孔密度は幹立ち期までは増加傾向がみられたことを報告している。すなわち，幹立ち期までは気孔密度は増加し，幹立ち以降は気孔密度の変化は小さい。また，気孔長は向軸側で 10～16 μm，背軸側で 8～14 μm で，裏側の方が小さいこと，樹齢が進むと気孔長は小さくなる傾向にある。

(4) 葉の内部形態

小葉の葉厚は，江原ら (1995a) の調査では 0.2～0.3 mm の範囲，山本ら (2007) のインドネシアでの 10 変種を対象にした調査では，いずれの変種も 0.3～0.4 mm の範囲であった。葉肉組織および大維管束，小維管束は，2～4 層からなる上下の表皮のあいだに分布する（図3-17）。葉肉組織の向軸側には 3～4 層の柵状組織，背軸側には 8～10 層の海綿状組織が配列し，隣接する二つの大維管束のあいだには 3～6 本の小維管束が走向している（山本 1998a）。大維管束の周囲には，向軸側と背軸側の部分で途切れるが，大型の柔細胞の維管束鞘細胞が 1 層配列しており，その柔

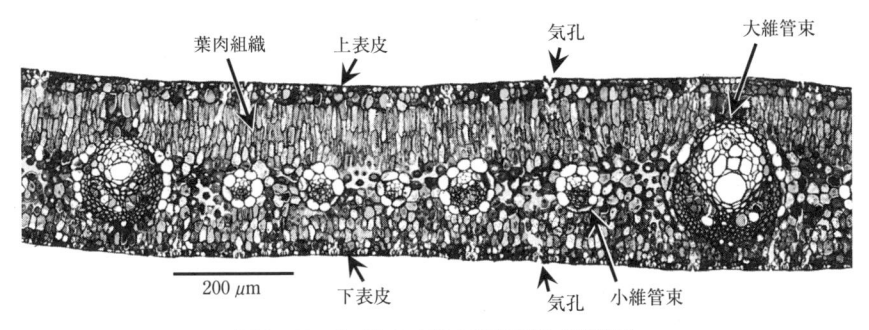

図3-17 サゴヤシ小葉の内部形態（横断面）
(写真提供：新田洋司氏)

細胞数は17〜21程度である。一方，小維管束では周囲に1層の維管束鞘細胞が配列しており，その柔細胞数は7〜10程度である。

新田ら(2004)は，幹立ち後約5年の生葉数14枚を持つ個体の葉をサンプルし，1枚の葉における小葉の着生位置別，さらに葉位別に，葉の内部形態について詳細に観察した。図3-18は，中位葉（基部から7番目）の，着生位置別の小葉の横断面の走査電子顕微鏡写真である。葉の中部に着生した小葉では，海綿状組織が厚く層数が多いため，葉肉組織および葉厚は他の部位に比べて厚かった。中部と基部の小葉の大維管束，小維管束の横断面積を比較した結果，いずれも大維管束ではおよそ1万7000 μm^2，小維管束では2000〜2100 μm^2 の範囲であり，小葉位間で差異は認められなかった。また，隣接する二つの大維管束間の距離は860〜870 μm の範囲，小維管束間では165 μm であり，小葉位間で差異は認められなかった。

上位葉（基部から14番目，図3-19），下位葉（最基部，図3-20），および中位葉（図3-18）とで，葉位間の葉内組織の諸形質を比較すると，葉肉および葉厚については，上位葉，中位葉は下位葉に比べて厚く，これはおもに海綿状組織が厚く層数が多いことによった。一方，大維管束および小維管束の断面積，維管束間の距離については，差異は認められなかった。

3 ▶ 茎（幹）

サゴヤシの幹（茎）は，幹立ちを経て，十数年で，長さ10 m，太さ50 cm以上に達し，内部にデンプンを蓄積し，幹重は1000 kg以上になる（山本 1998a）。その内部構造は不整中心柱であり，2次肥大生長を行う維管束形成層はない。

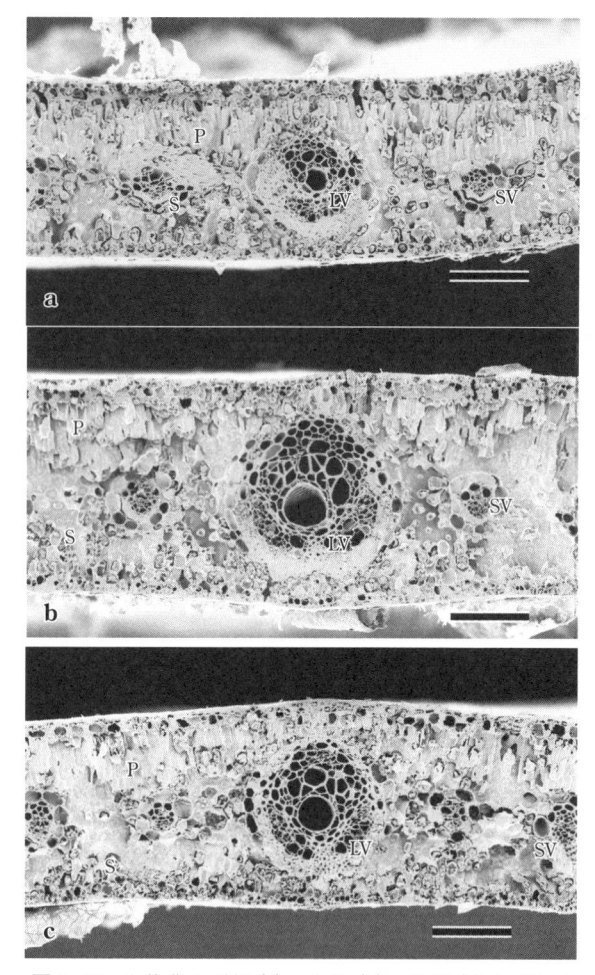

図3-18 中位葉の頂部 (a), 中部 (b), 基部 (c) に着生する小葉の横断面

LV：大維管束, P：柵状組織, S：海綿状組織, SV：小維管束. 図中のスケールは100 μm.
新田ら (2004).

(1) 幹の形状

　幹に着生する葉の基部は葉鞘となって, 幹を一回りしているため, 葉の枯れ落ちたあとの幹にはその痕跡が節のようになって残る. また, 生葉を剥ぎ取った場合でも節状に痕跡がみられる (図3-21). このことから, サゴヤシの生長や形態の把握のためには, 幹に残る葉の痕跡を外見上の節と見なし, 節と節とのあいだを節間と

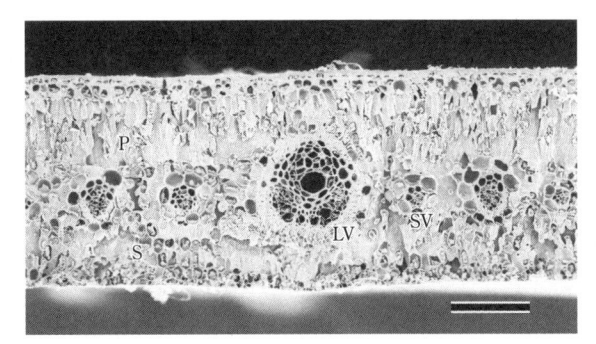

図 3-19 上位葉の中部に着生する小葉の横断面
図中の記号，スケールは図 3-18 参照．
新田ら (2004)．

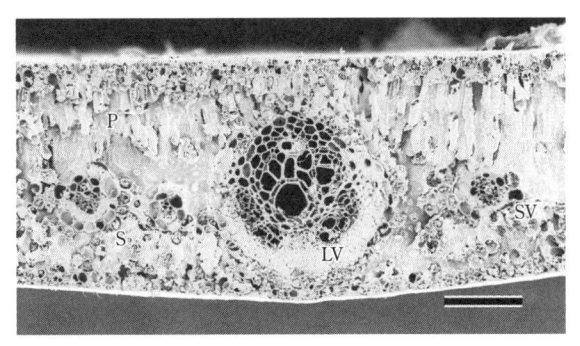

図 3-20 下位葉の中部に着生する小葉の横断面
図中の記号，スケールは図 3-18 参照．
新田ら (2004)．

見るのが便利である。

ここで，外見上最も若い葉，すなわち抽出中の剣状葉 (ebL 1) のつく節を ebN 1 とし，その下位の節を ebN 2，さらに下位に向かって順次，ebN 3, ebN 4, ……と呼んだ。また，ebN 1 の直上の節間を ebIN 1 とし，下に向かって ebIN 2, ebIN 3, ……とした。したがって，ebN 1 と ebN 2 のあいだの節間が ebIN 2 である。

幹立ち後約 8 年経過し，幹長約 5 m となったサゴヤシから，すべての葉を取り除き，その幹の模式図を図 3-22 に示した。節間は幹の先端部で急激に伸び ebIN 4〜5 の位置になると伸長は止まり，それより下位ではほぼ同じ長さである（中村ら 2004）。肥大は ebIN15 くらいの位置まで続くとみられ，幹は，先端からその位置まで徐々に太くなる。それより下位の節間ではほぼ同じ太さであるが，地際近くの基部の 7〜8 節間はさらに太くなっている。

図 3-21　生葉を剥ぎ取った後にみられる生葉の痕跡

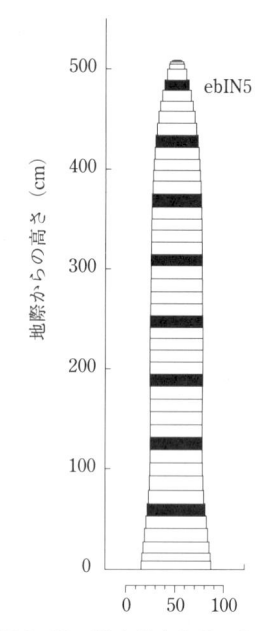

図 3-22　推定幹立ち後 8 年のサゴヤシ幹の模式図
中村ら (2004) より改変.

(2) サッカー

　サゴヤシの分枝は特別の性状を持ち，繁殖にも用いられ，特にサッカー (Sucker：吸枝) と呼ばれる。

　サッカーの多くは，母幹の地際付近から出現する (図 3-23)。母幹の周りで茂り，藪状になるが，しばしば横に這うように伸びて母幹から離れた所で幹立ちする。マレーシア，サラワク州ムカ地区での聞き取り調査によると，サッカーが横に這うように伸長する場合，1 年間で約 60 cm 伸びる。横に這う期間は 3〜5 年でその距離は 2〜3 m のことが多い。その後，そこで幹立ちする (図 3-24，3-25)。しかし，時には 7〜8 年かけて 5 m 近くまで這うように伸びることがある。その場合は，幹立ちしてからは 3〜4 年しかたたないうちに，したがって，まだ樹高の低いうちに個体が成熟してしまい，3 m ほどの樹幹しか収穫できない場合があるとのことであった。

　横に這うように伸びる距離は，その個体が生育する土地の影響を受けると考えられる。固い地面ほどサッカーが横に這いやすい (ムカのサゴ農園主 Smith 氏私信) とのことだが，ムカ地域では，実際に，柔らかな泥炭質土壌の土地よりも，川縁の固

図 3-23 出現したサッカー

幹立ちしたサゴヤシの樹幹

母幹の位置　　分枝の跡

横に這うサッカー

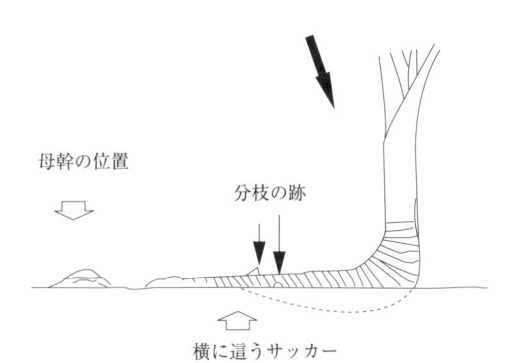

図 3-24 サッカーの模式図（5年近くかけて3m
程に伸びたもの，幹立ち後約1年）

後藤ら（1998）．

い鉱質土壌のところで長く横に這うサッカーが観察された。
　ムカの鉱質土壌に生育するサゴヤシの，横に這う太いサッカーに見られる節状の部分は，外部形態的には葉の着いていた痕跡で，その幾つかの節からはさらにサッカーが出現していた。また，その横に這う部分の構造はやや扁平であったが幹と同

図 3-25 横に這い続けているサッカーの先端の状態

図 3-26 横に這うサッカーを切断しているところ（左），サッカーの茎の横断面（右）

様で（図3-26），内部にはデンプンが蓄積していた。これらのことから，太い，横に這うサッカーは，やや節間長は短いが，本来ならば直立する樹幹が，横に這った状態をとったものと考えた。したがって，横に這うことは幹立ちと同義のことで，その後直立しても，高い樹高とはならないものと考えられた。

(3) 幹横断面における維管束の分布

幹の横断面はバーク（bark）と呼ばれる樹皮等からなる外側の部分とその内部の

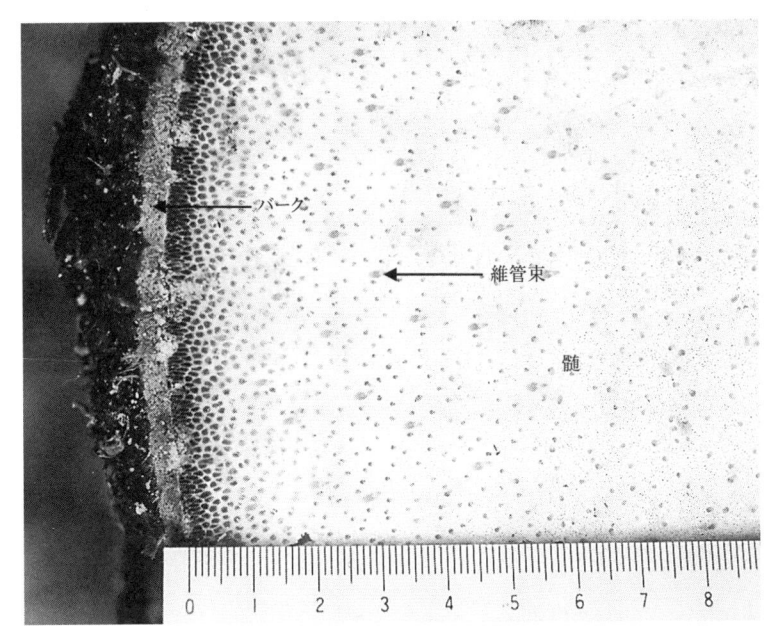

図 3-27 幹立ち後約 8 年の地表高約 1m の幹横断面
山本 (1998a).

髄とに分けられる（図3-27）。また，髄部は周縁の黒褐色の部分とその内側の白色の部分とに区別できる。維管束は髄部に散在し，肉眼でも認められる。

維管束の数的分布を推定幹立ち後年数が 1 年と 4 年，7 年のサゴヤシについて図3-28 に示した（後藤 1996）。図中各断面で最も外側に当たる部分は，髄周縁部より 5 mm から 1 mm の範囲における 1 cm^2 当たりの維管束数を示す。この部分は，髄周縁部の黒褐色部分の内側に当たる。

幹立ち後 1 年の個体の髄断面においては，面積当たりの維管束数は髄周縁部で特に多く，中心に向かって数 cm の範囲で急激に少なくなる。それより内側は中心に向かって徐々に減少し，中心部だけやや多くみられる。原則的には，このパターンが各断面において認められる。これは，他の木本のヤシ科植物にみられる，維管束が幹の中心部より周縁部で密に分布する配列（Parthasarathy 1980）と同様と考えられる。特に，幹立ち後 1 年のサゴヤシの横断面と同じ地表高約 1 m の断面，幹立ち後 4 年サゴヤシの「下」と 7 年サゴヤシの「下」の断面とを比べると，維管束数が類似している。そこで，中心からの距離を髄の径に対する相対値に置き換えてみると，三つの断面の中心からの距離と維管束数との関係がほとんど同じ曲線となった（図3-29）。形成層が関与する肥大生長はないものの，幹の基部では，維管束の分布様式が維持されたまま，太さが増している可能性が推測された。

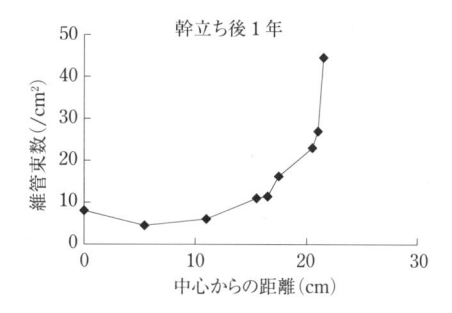

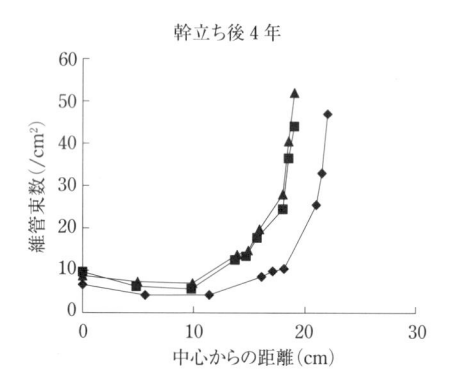

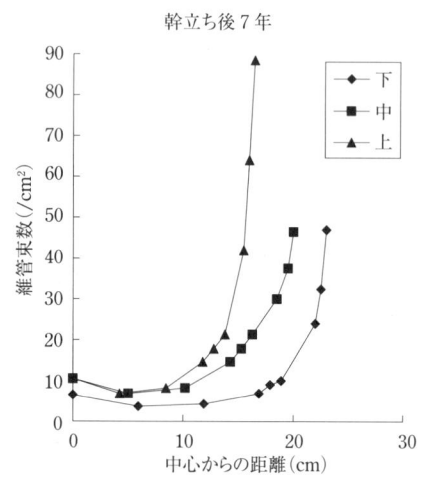

図 3-28 サゴヤシ幹横断面での維管束の分布
下：樹幹基部，中：樹幹中部，上：樹幹上部．
後藤 (1996).

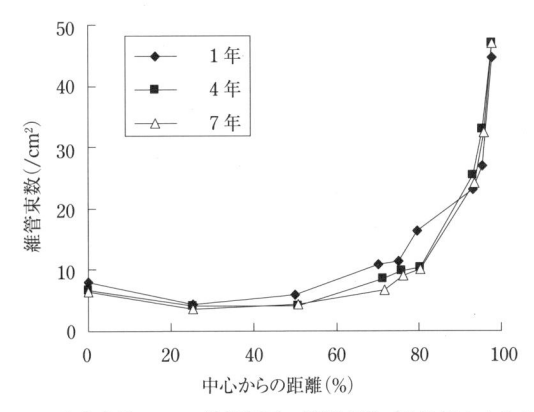

図 3-29 地表高約 1 m の幹横断面の維管束数（幹半径を 1 として）

　幹立ち後 4 年の個体においては，「中」と「上」とで重なるが（図 3-28），これら部分は生長後間もない部位であり，しかも位置もさほど離れていないため（約 90 cm），維管束の分布はほとんど同じ傾向になったものと考えられる。

　7 年生個体では，中心からの距離が同じ位置では維管束の分布密度が「上」＞「中」＞「下」の順になっており，特に「上」の髄周縁部近くの維管束の密度は高い。

　維管束の大まかな形態的特徴として，大きな導管（直径 0.2 mm〜0.3 mm）が一つのタイプ（便宜上Ⅰ型とする）と二つのタイプ（同Ⅱ型）とがある（図 3-30）。髄中心付近では，維管束はⅡ型ばかりで，柔組織に疎に散在する。周縁より約 3 cm 内側では，Ⅰ型の維管束の割合が増し，柔組織にやや密に散在する。

　髄周縁部の維管束には，外側方向（周縁部側）に発達した繊維組織，篩部繊維が認められる（図 3-31）。髄中心部の維管束では繊維組織は発達しない。外側，すなわち周縁部から 4 cm くらい内側の維管束には顕著な篩部繊維が認められ，周縁部に近づくほどこの繊維組織が太くなる。この発達した繊維組織を持つ維管束の多くはⅠ型である。なお，髄の最も外側の部分で樹皮のすぐ内側，特に周縁より内側 3 mm の範囲には密に堅い繊維組織が並び，これが樹幹の形状を維持していると考えられる（図 3-32）。この部分は，樹齢の進んだ個体においても，ヨウ素・ヨウ素カリ溶液で染色されず，デンプンは蓄積されないものと判断できる。

(4) 維管束の走向

　幹縦断面において葉からの維管束が髄周縁部維管束をくぐり抜け，幹に入り込むところを図 3-33 に示した。1 枚の葉からは，維管束は数段になって髄部に入り込み（図 3-34），髄の中心部に向けて斜降下する。ヤシ科 *Rhapis* 属を含む単子葉植物において，葉からの維管束の一部が，一度，幹の中心部まで入り込んだ後，再び周

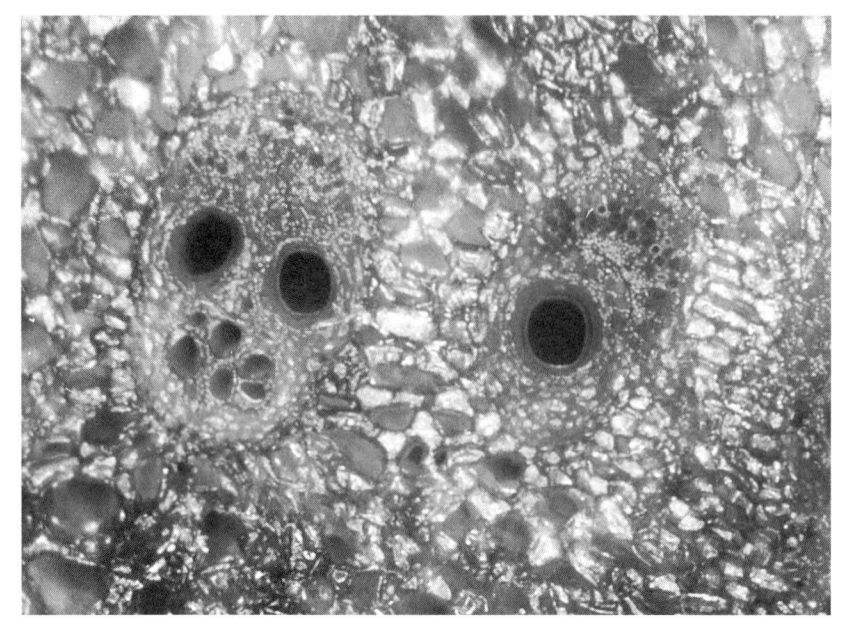

図 3-30 維管束の型
大きな導管が1つのタイプ（I型）と2つのタイプ（II型）とがある．推定樹齢8年生の樹幹上部の横断面．周縁より約3 cm 内側．
山本（1998a）．

縁部に向け走行することが認められている（Zimmermann and Tomlinson 1972）。前述したサゴヤシ個体の髄断面での維管束の分布は，他のヤシ科植物と同様であることから，サゴヤシの葉の維管束も最終的に周縁部まで走向していると推測できる。このような構造はかなり若い組織にまで認められ（図3-35），周縁部維管束が肉眼でも認められる最も若い部分のすぐ近くで，すでに葉からの維管束が髄部に入り込んでいる。斜行する角度は維管束によって異なり，図3-36の矢印で示した維管束は，18 cm 降下するあいだに周縁部より 5.5 cm 内側に入り込んでいる。これらの結果，比較的若い髄の横断面では，周縁部近くに，葉から入り込んできた維管束による規則的な配列が認められる（図3-27）。

このように，髄周縁部の維管束と髄内部の維管束とでは分化の時点から異なり（図3-34, 3-35），また，機能的にも，髄周縁部の維管束は幹を支える働きを主にし，幹内部の維管束は，直接，葉から入り込み髄内部に養分を運ぶ働きをするものと考えられる。

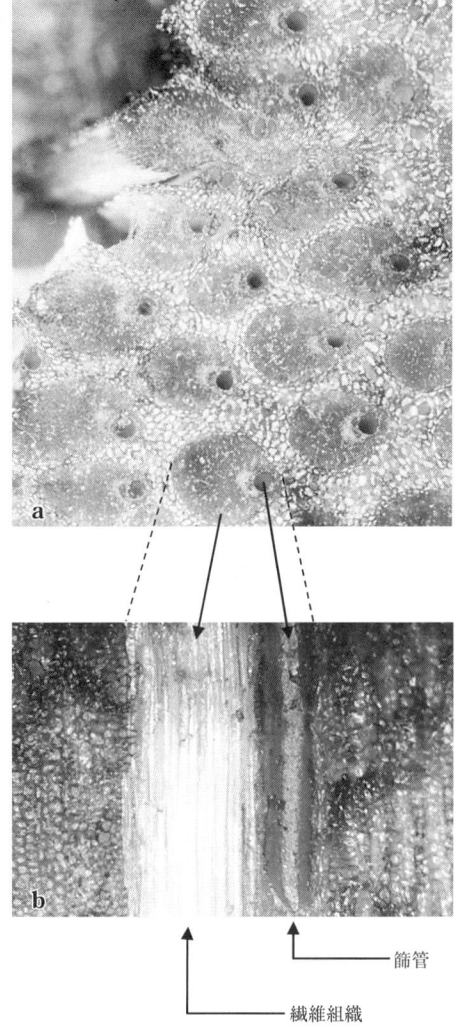

図 3-31 維管束の繊維組織．周縁部近くの維管束の横断切片（a）と縦断切片（b）．
矢印は対応する部分を示す．
後藤ら（1994）．

(5) 幹の柔組織

　サゴヤシは髄の基本柔組織中の細胞間隙が大きい（新田ら 2005）。細胞間隙は，生長点近傍では6～7個の細胞に囲まれており（図3-37），その下位の成熟した組織では細胞が伸長・肥大することで細胞間隙が大きくなる（新田ら 2006；Warashina et

繊維化した組織

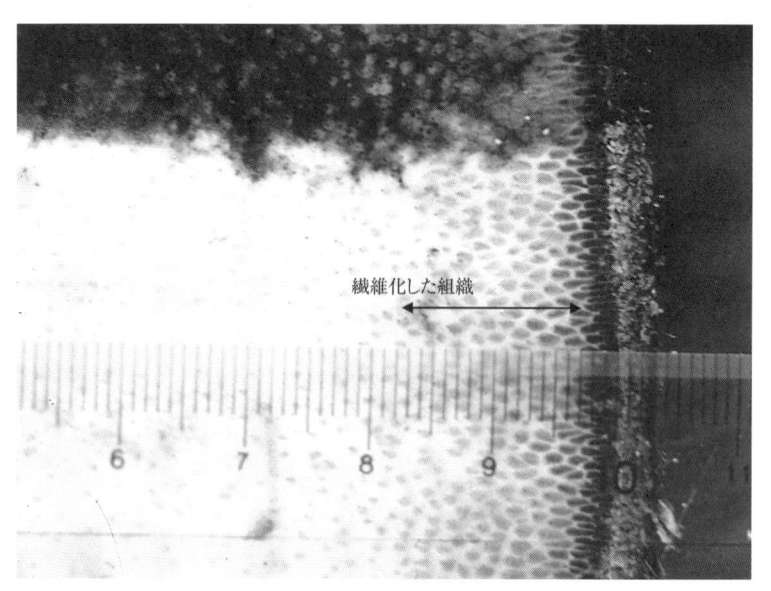

図3-32 推定樹齢12年の周縁部の繊維組織
渡邉ら (2008).

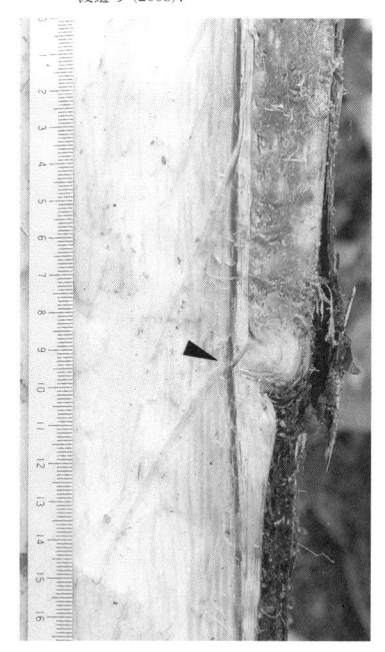

図3-33 葉の維管束が幹に入り込む部分 (矢印)
渡邉ら (2008).

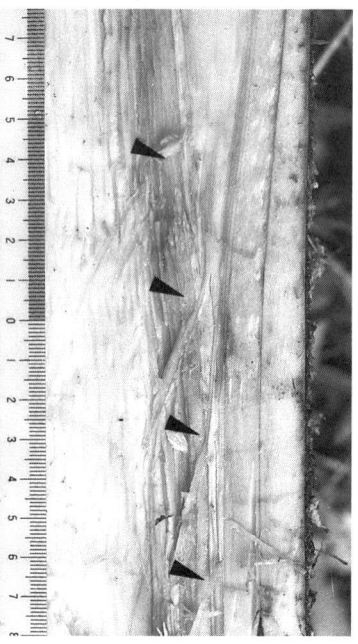

図3-34 葉の維管束が幹に入り込むところ.
比較的若い葉の着生部分. 1枚の葉より, 数段の維管束が入り込んでいる (矢印).
渡邉ら (2008).

図 3-35 髄周縁部の繊維組織を構成する維管束の最も若い部分

矢印＋V：髄周縁部の維管束が肉眼で認められる最も若い部分．A：生長点部．矢印：葉の維管束が髄に入り込むところ．
渡邉ら（2008）．

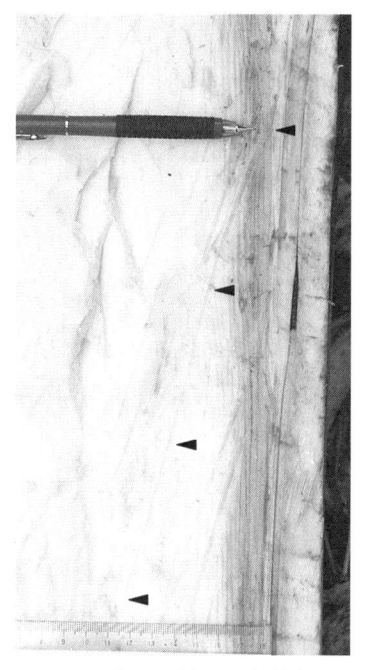

図 3-36 葉から髄部への維管束の走向

シャープペンシルをおいた部分（矢印）から髄部に入り，中央部に向かって斜めに降りている．
渡邉ら（2008）．

al. 2007）．このように柔組織では，細胞間隙とその周囲の細胞が網目状に配置する．髄の横断面に対する細胞間隙の割合は，生長点近傍で最も低く，茎頂分裂組織から基部側 80 cm までは増加し，それ以下の部位では一定であった（Warashina et al. 2007）．しかし，この細胞間隙の割合は，栽培条件によっても異なり，乾燥地の個体は湿地の個体に比べて高い（新田ら 2006）．また，サゴヤシ変種間において，その割合は，36～45％の幅が認められた（新田ら 2005）．

　柔組織はヨウ素・ヨウ素カリ溶液で黒く染まり，デンプン粒が密に存在することを示しているが，柔組織周縁部では，ヨウ素・ヨウ素カリ溶液による柔組織の染色程度は浅く，デンプンが中心部のようには蓄積されていないことが推察される．アミロプラストは細胞間隙周縁の細胞内に蓄積される（図 3-38）（新田ら 2005）．

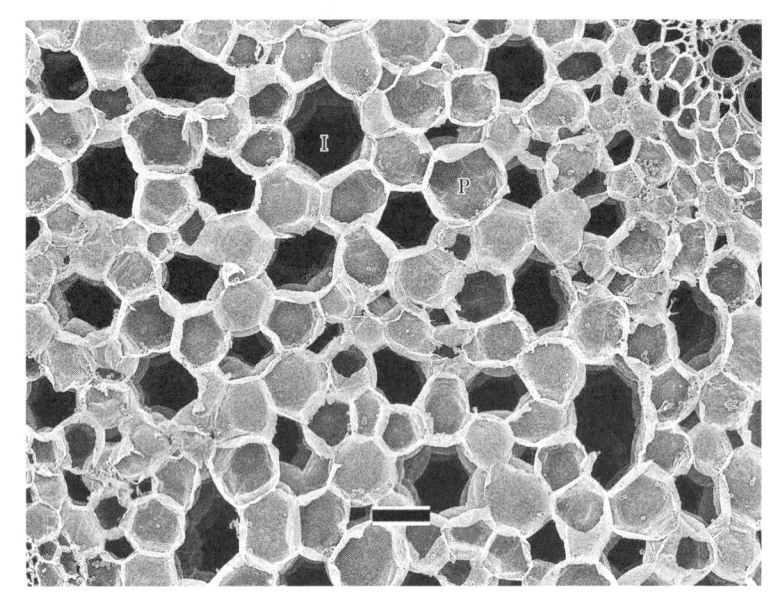

図 3-37　乾燥地で生育した推定幹立ち後年数 3 年のサゴヤシ個体の髄横断面の SEM 像
I：細胞間隙，P：柔細胞．横棒の長さは 100 μm.（写真提供：新田洋司氏）

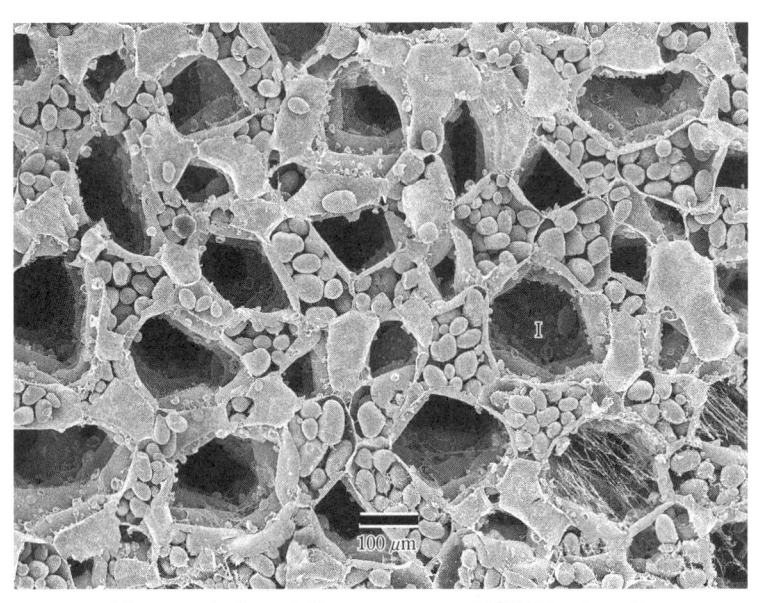

図 3-38　サゴヤシ変種 *Para Hongleu* の髄横断面の SEM 像
I：細胞間隙．（写真提供：新田洋司氏）

図 3-39 結実期の花序
パプアニューギニア・東セピック州ウェワクの刺の着生が疎らなタイプ.

4 ▶ 花・果実・種子

　サゴヤシは定植から 12 年前後で樹冠頂部に花芽が形成され，その後約 2 年間で開花期に達する（山本 1998a）。花芽形成から果実の成熟には少なくとも 3 年を要する（Flach 1997）。1 個の花序（inflorescence）（図 3-39）には枝梗（branch）が 3 次まで分枝し，1313～3427 個の花梗（rachilla）が着生するという研究例がある（Jong 1995）。すべての花梗が着果しないが，1 本の花梗に 2 個前後の果実が着生する場合が多いことから，1 個体から 1000 個近く，多い場合には数千個の果実が生じると考えられる。

(1) 花

　サゴヤシ属（genus *Metroxylon*）植物は両性花（perfect flower: hermaphrodite flower）と雄花（male flower: staminate flower）を生じ，いずれも 3 枚の萼片（sepal）と 3 枚の花弁（petal），6 本の雄蕊（stamen）を有する（Tomlinson 1990）。図 3-40 には *Metroxylon* (*Eumetroxylon*) 節として分類されるサゴヤシの両性花と雄花を示す。両

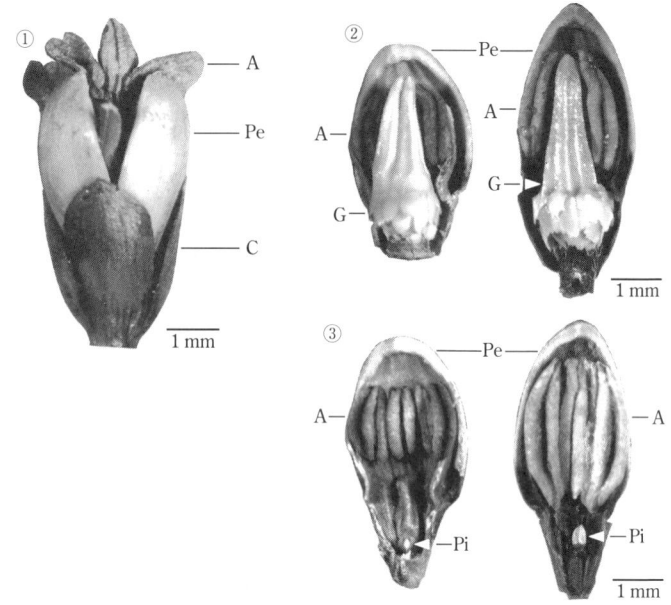

図 3-40 花の外観①と両性花および雄花の内部（②，③）
C：萼片，Pe：花弁，A：葯，G：雌蕊，Pi：仮雌蕊．①：パプア州の刺有タイプ．②：両性花，左―パプア州の刺有タイプ，右―西スマトラ州の無刺タイプ．③：雄花，左右の別は上と同じ．Ehara et al. (2006a)．

性花では，雄蕊に囲まれた形で中心に雌蕊（gynoecium）がある。サゴヤシの両性花と雄花で大きさに差はないが，雄花では雌蕊が退化して仮雌蕊（pistillode）として認められる（Ehara et al. 2006a）。サゴヤシ属では一般に，開花して葯（anther）が抽出し，裂葯する時期は両性花と雄花で異なり，両性花の花粉（pollen）は不稔であるため，他家受粉となる。両性花，雄花いずれの花粉も，短い赤道軸上に二つの発芽口（germination aperture）を持つ（図 3-41）。

(2) 果実

果実の最外層の外果皮は鱗片状で，赤道周囲方向に 18 列の鱗片が並んでいる。*Coelococcus* 節では鱗片の列数は種によって異なり 21 〜 31 列があり，種内で変異がみられるものもある。

果実は基部（proximal end）で花梗に着生する（図 3-42）。成熟した果実の大きさは赤道長径 5 cm 強，短径 5 cm 弱，極直径約 5 cm で，生体重 50 〜 60 g 程度である。サゴヤシ属には，サゴヤシが含まれる *Metroxylon* 節（1 節 1 種）のほかに *Coelococcus* 節があるが，そこに分類されるタイヘイヨウゾウゲヤシ［*M. amicarum*

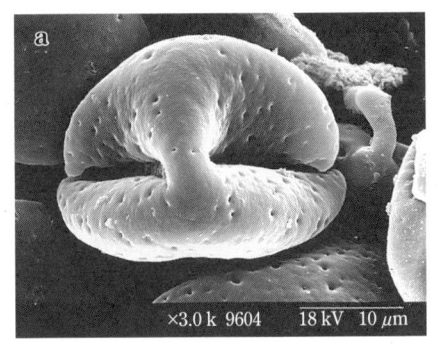

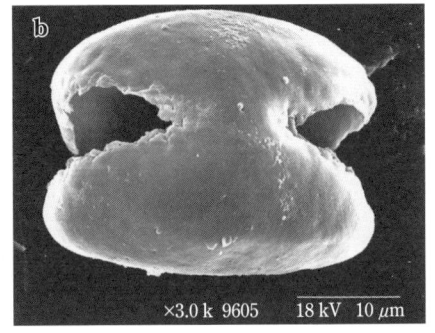

図 3-41 花粉の電子顕微鏡写真．西スマトラ州シベルット島の刺無タイプ（民俗変種 *Rumbio*）の両性花の花粉
a：発芽口縁が内側に包み窪んだ状態．b：発芽口縁が開いた状態．Ehara et al. (2006a)．

図 3-42 果実の着生状態
マレーシア・ジョホール州バトゥパハットの刺無タイプ．左：第2次枝梗からの第3次分枝（花梗）に着生した果実．右：花梗の先端部分に着生した果実．
江原 (2006c)．

(H. Wendl.) Becc.：ミクロネシアのチュークやポナペ，マーシャル群島に分布]，*M. warburgii* (Heim) Becc.（メラネシアのバヌアツ，フィジー，ポリネシアのサモアに分布）などの種子は直径も大きく（果実赤道長径でそれぞれ 9 cm 前後，6 cm 前後），パームアイボリーと呼ばれボタンや工芸品などに使われる (Dowe 1989；Ehara et al. 2003b；McClatchey 2006)．

(3) 種子

サゴヤシの種子は胚乳 (endosperm) を有する有胚乳種子 (albuminous seed) である．胚 (embryo) は胚乳に埋もれる形で存在し，外側には朔蓋 (operculum) と呼ばれる蓋状の器官がある（図 3-43）．それらはさらに種子包被組織 (seed coat tissues)，すなわち種皮 (testa) と果皮 (pericarp) に被われている．種皮は2層からなってお

```
朔　蓋 (operculum)
胚　　 (embryo)
内　乳 (endosperm)
内 種 皮 (inner seed coat)
肉質種皮 (sarcotesta)
中 果 皮 (mesocarp)
外 果 皮 (exocarp)
```

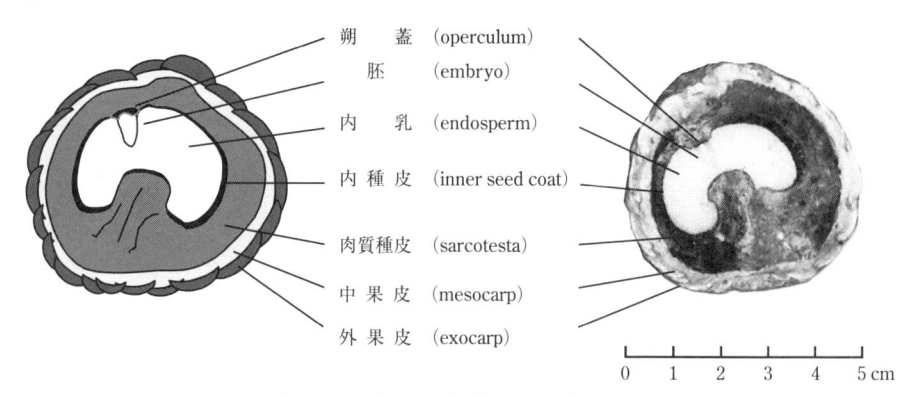

図 3-43 果実の縦断面とその模式図
写真はマレーシア・ジョホール州バトゥパハットの刺無タイプ．江原 (2006c)．

り，内側の薄い内種皮 (inner seed coat：成熟すると黒色) とその外側に多汁質の肉質種皮 (sarcotesta) がある．果皮は中果皮 (mesocarp)，外果皮 (exocarp) の2層よりなっている．

　胚乳を構成する貯蔵養分はセルロースが主であると考えられ，成熟すると極めて硬くなる．このように，成熟して動物の角や象牙のように堅くなる胚乳は角質内乳 (horny endosperm) と呼ばれる (ラウ 1999)．サゴヤシ種子の硬度は極方向 (縦方向) に 400 kgf (赤道長径 2.7 cm，極直径 2.1 cm の種子で測定) である．クルミの実や梅干のたねの硬度がそれぞれ 20～50 kgf (赤道長径 3.5 cm，極直径 4.3 cm の実)，30～80 kgf (赤道長径 1.8 cm，極直径 2.3 cm のたね) であるのに比べると，サゴヤシ種子は極めて硬いことがわかる．

　　▶ 1節：新田洋司，2節：中村聡・後藤雄佐，3節：渡邉学・中村聡・後藤雄佐，
　　　4節：江原宏

第4章

生育特性

1 ▶ サゴヤシの一生

　種子から始まるサゴヤシのライフサイクルでは，まず始めの4～5年間は，さほど伸長しない茎から葉を抽出し続け，植物体が徐々に大きくなっていく。この間，幹は伸びず，葉は地面近くから伸び出て，ロゼット状となる。この期間をロゼット期 rosette stage（図4-1a）と呼ぶ。その後，茎が伸長して幹を形成し始める幹立ち期（図4-1b）となる。続いて，幹が伸びるのとともにその内部に多量のデンプンを蓄積する。やがて，頂部で花芽を分化し，大きな花序を抽出して，開花，結実（開花・結実期）した後に枯死する。すなわち，一世代で一度だけ開花，結実して枯死する一稔性（一回結実性）植物（monocarpic plant, hapaxanthic plant）である。図4-2に最適環境条件下におけるサゴヤシのライフサイクル（約11年）を示したが（Schuiling and Flach 1985），幹の基部からは多数のサッカー sucker（吸枝：3章3節（2）参照）が発生し，生育段階が異なるサッカーや幹立ちした樹幹からなる株を形成する。

　花序の発達や果実の発達の過程で，幹に蓄積されたデンプンが急速に減少するため（Jong 1995），農業的には幹からのデンプン収量が最大となる時期，すなわち花芽形成期直前から開花期頃までに収穫する。マレーシア・サラワク州では，ロゼット期から枯死にいたるまで12の生育段階に分けられ（表4-1），収穫適期は7～9の時期にあたる（山本1998a）。また，遅沢（1990）の報告では，インドネシア・南スラウェシ州では八つの生育段階に分けられ，収穫適期はⅢ（幹立ち後，葉柄のつけ根に白い粉が現れる段階）～Ⅴ（幹長が最終長に達した時期で，葉柄が白く見えるようになる段階）の時期（山本1998a）とされ，サラワク州よりやや早く見られている。

図4-1　ロゼット期（a）および幹を形成し始めたサゴヤシ（b）

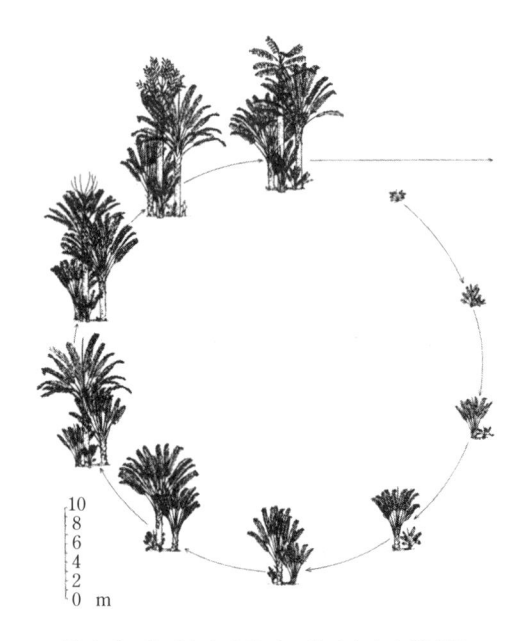

図4-2　サゴヤシのライフサイクルの模式図
Schuiling and Flach (1985).

次に，ロゼット期，幹立ち期，開花結実期について，それらの時期別に生育の特徴をみる。

(1) ロゼット期

　移植から，幹立ちまでのあいだである。サゴヤシの繁殖は，おもにサッカーの移植によって行われる。すでにサゴヤシの群落が形成されているところでは，適当な密度になるようにサッカーを除去して群落を維持する（サッカーコントロール）。しかし，プランテーションを開発する場合など，新たに栽培面積を増やすには，サッカーを切り出して移植する必要がある。移植前に育苗して発根を促すと，活着率が高くなる。種子からの実生を用いると，母樹との形質分離を起こすことがあり，また，サッカーに比べて生育が1～2年遅延する。

　サッカーは葉鞘基部の幼芽（以下，芽とする）が発達したものであるが，その分化位置について，外部形態的に調査した報告（後藤ら1998）がある。サゴヤシの葉は，幹に着生する付近では左右の葉縁部が融合して筒状の葉鞘となり，葉が着生する幹の部分は節状となる。芽の分化位置は，芽を取り囲んでいる葉から見ると，左右の葉縁部が融合する付近である（図4-3）。これは，いわゆる葉腋の位置とは軸を中心としてその反対側である（図4-4）。肉眼で芽が確認できない節も多く，各節に必ず分化するかどうかは不明である。

　ロゼット期には，葉が展開するごとに葉長が長くなり，さらに樹幹の生葉数（樹冠を形成している緑葉の数。枯れている葉は除く）と，葉の大きさが，ともに増加して葉面積を拡大していく。ある一定の葉の大きさになったときに幹立ちし，その後花芽形成までは葉の大きさはほぼ一定で推移する。ロゼット期の生葉数については，プランテーションでの同一個体における調査で，サッカー植えつけ後約1年で9～12枚に達し，その後幹立ちまで大きな変化がなかったとの報告がある（山本ら2005b）。

(2) 幹立ち期

　サゴヤシの葉や幹の大きさは生育地の環境条件等によって大きく変動し，また個体間差も大きい。一般に，幹立ちした頃の葉長は10 m前後，葉一枚当たりの小葉数は140～180枚，樹冠の生葉数は10～20枚の場合が多い。幹立ち以降の出葉速度は0.5～1枚/月前後で，生育が進むにつれて生葉数は増加する傾向にある。幹立ちした樹幹（母樹）の株元にあるロゼット期の個体は，母樹の樹冠の発達に伴って遮光環境下におかれる。

　幹の表面には葉痕が確認できるが，この葉痕間隔および出葉速度から幹の伸長量

表 4-1　マレーシア，サラワク州におけるサゴヤシの生育段階の区分

生育段階	植付後年数	地方名	幹立ち後年数	生育段階の特徴
1	1～5.5	Sulur	0	幹が認められないロゼット期
2	5.5	Angat burid	0	幹立ち期．ロゼット期から幹の生長期への移行期　基部の地表に短い幹が認められる
3	7	Upong muda	1.5	幹長約1～2mの時期
4	8	Upong tua	2.5	幹長約2～5mの時期（最終幹長25%の時期）
5	9	Bibang	3.5	幹長約4～7mの時期（同50%の時期）
6	10	Pelawai	4.5	幹長約6～8mの時期（同75%の時期）
7	11.5	Pelawai manit	6	幹長約7～14mの時期（同100%の時期）樹幹頂部の葉が小さく，立つようになる．葉柄が白く見えるようになる．
8	12	Bubul	6.5	抽だい期．樹幹頂部の伸長と葉が苞葉化することにより，頂芽が魚雷型構造を示す．
9	12.5	Angau muda	7	開花期，花軸に1次，2次，3次花梗が発達・伸長する．花は開花前・後のものがみられる．
10	13	Angau muda	7.5	幼果期，果実は直径が20～30mmで種子（形成されていれば）はまだ柔らかく，葉の多くは健全に機能している．
11	14	Angau tua	8.5	果実成熟期，果実の直径が30～40mmとなり，種子（形成されていれば）は暗褐色の種皮と堅い胚乳をもつ．多くの葉は枯死期にある．
12	14.5	Mugun	9	枯死期．ほとんどの果実は落下する．すべての葉が枯死する．

Jong (1995).

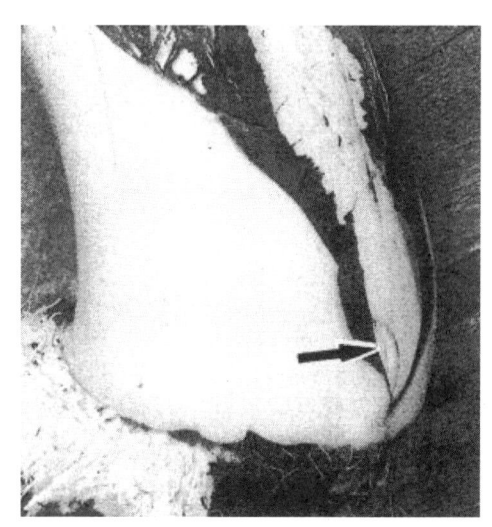

図 4-3　葉縁部内側に分化した分枝芽
後藤ら (1998).

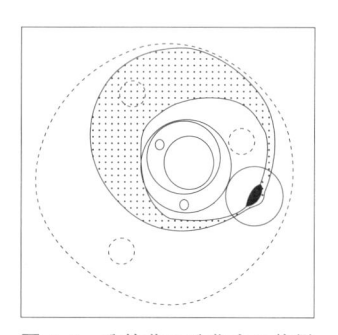

図 4-4　分枝芽の分化する位置を示す模式図
図中の円で囲んだ部分に，葉鞘（網掛け）で囲まれた分枝芽が着生する
後藤ら (1998).

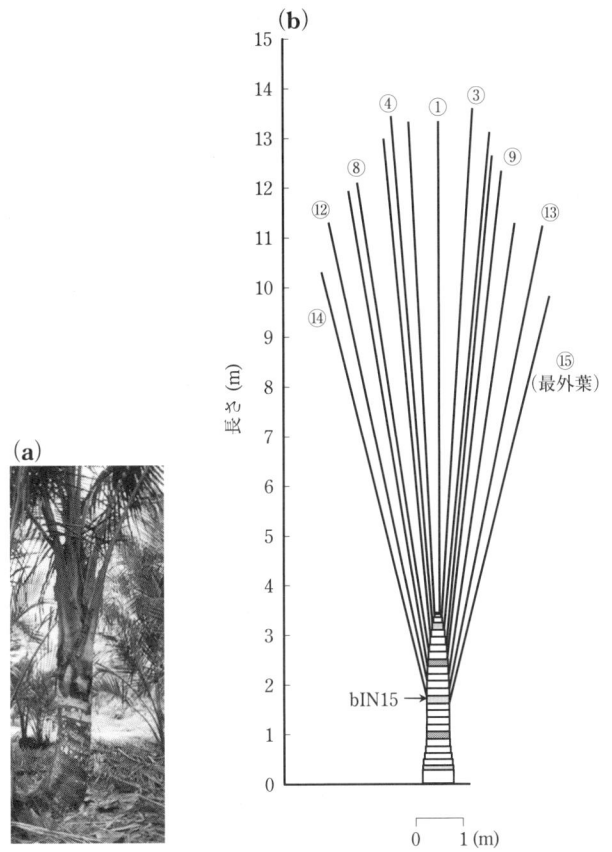

図4-5 幹立ち5年目のサゴヤシ（a）とその幹と葉の着生の関係を示した模式図（b）

各葉位の葉長を直線で示し、葉序を左右交互に示した。①はebL1を示し、②、③…は順次ebL2、ebL3…を示す。bIN15はebL15の着生節（bN15）とbN16の間の節間を示す。
中村ら（2004）より作成．

を推定し，その時期の生育環境をある程度推定することができる。一般に葉痕間隔は10〜15 cm程度である。図4-5は，幹立ち5年目の個体の姿とその幹と葉の着生との関係を示した模式図である。剣状葉（ebL1）を含めて15枚の生葉が着生していた。この葉を一枚ずつ剥がして葉長を測定し，さらに各節間の長さ（葉痕の間隔）と太さ（節間中央部の周囲長から円と仮定して直径を算出）を測定した。幹基部から樹冠の最外葉（最下位の生葉：ebL15）着生節までの高さは約161 cm，そこから幹頂部までは約181 cmであった。

正確な意味での幹長（あるいは樹幹長）は，幹の基部から幹先端の生長点部までを

さすが，サゴヤシにおいては，幹の頂部は葉鞘に包まれて外観からは測定できず（図4-5a）．また，ログとして使用するのは見えている幹の部分であるため，一般に，幹長（あるいは樹幹長）として幹基部から最外葉着生節までを測定することが多い。また，樹高は，基本的には地際から，外観上の最上位置までの距離であるが，測定が困難であることから，便宜上，［樹幹長］＋［葉長］を求め，「樹長」として表すこともある。幹の伸長速度は 0.6～2 m/年の範囲である。

幹の伸長初期では，デンプンは下位から蓄積され始め，順次上位へ向かって蓄積していくが，生育が進むにつれて樹幹内の部位間でのデンプン含有率の差は小さくなっていく。収穫適期頃（花芽形成直前～開花期）になると，幹の大きさは，樹幹長が7～14 m 程度，直径 40～60 cm 程度で，デンプン含有率が最大値に達する（7章1節（3）参照）。

サゴヤシ生育地での土壌の種類別にサゴヤシの生育をみると，概して鉱質土壌での生育が最もよく，次いで浅い泥炭層，厚い泥炭層の順である。幹立ちする個体が少ない泥炭土壌では，土壌中の養分不足が指摘されている（Fong et al. 2005）。また，地下水位が高いと生育が劣る傾向がある（Jong 2006）。さらに，変種ごとの生育特性やデンプン生産性の差異についても明らかになりつつある（山本ら 2000，2004b，2005a，2006a, b, c，2008a）。

(3) 開花・結実期

播種後，あるいはサッカー植えつけ後，10 年以上経過すると頂部に花芽が分化する。花芽が形成されると，出現する葉の葉長は，順次短くなっていく（図4-6）。花芽形成期までの期間は，土壌環境や変種または品種等によって異なる。花芽が形成されてから開花までは約2年，結実するまでさらに1年を要する。花序は頂生の総状花序で，一次，二次，三次枝梗に分枝し，三次枝梗に雄花と両性花が対になって着生する。開花期間は約2ヶ月で，花序が発達してから果実が成熟するまで約2年かかる（Kiew 1977）。受精から果実が落下するまでの期間は，19～23ヶ月である（Jong 1995；山本 1998a より）。

2 ▶ 発芽

サゴヤシは下位葉位の腋芽や地下茎からの不定芽，あるいはサッカー（sucker：吸枝）といった栄養系による繁殖と種子からの繁殖の両様式で増殖する。実生が移植に適するような大きさに生長するまでには1年から1年半を要するため（Jong

図 4-6 大きな花序を抽出したサゴヤシ
花序近くの上位の葉は小さい.

1995), サッカーの移植が一般的であるが, 規模の大きな栽培を行う場合には大量の移植用サッカーを確保するのは容易でなく, 移植材料の不足から実生の利用も僅かではあるが増えてきている (Jong 1995 ; Ehara et al. 1998)。しかしながら, サゴヤシ種子 (果実の状態) の発芽力は低いことが知られている (Alang and Krishnability 1986 ; Flach 1983 ; Jaman 1985 ; Johnson and Raymond 1956 ; Kraalingen 1984)。Jong (1995) によれば, 気温 25～30 ℃の条件における果実のまま播種した場合の発芽率は 6 週間後で 5％程度であり, 果実の殻 (外・中果皮) を取り除くと 10％程度, さらに肉質種皮を除去した場合に約 20％である (供試材料はマレーシア・サラワク州産)。

なお, 南太平洋に分布する同属の *Coelococcus* 節の種ではサッカーを生じず種子でのみ繁殖するが, 一般に発芽率が高く, バヌアツの *M. warburugii* などは胎生種子を生じる (Ehara et al. 2003b)。

(1) 発芽の規定要因

温度の影響 発芽に影響すると考えられる外的要因の一つに置床温度があげられる。Ehara et al. (1998) は, マレーシア・ジョホール州バトゥパハトで栽培されている無刺タイプのサゴヤシから得た果実をロックウールブロックに播種した実験 (暗

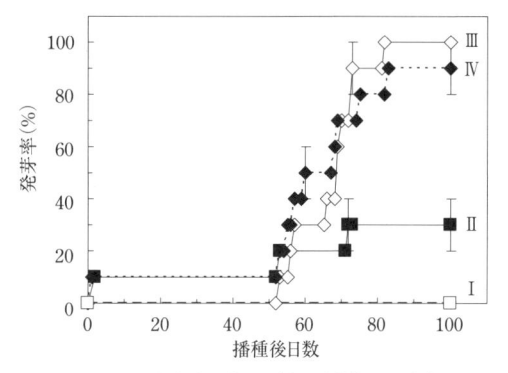

図 4-7 発芽率の推移（水中播種，25℃）
Ⅰ：種子＋外・中果皮＋肉質種皮，Ⅱ：種子＋外・中果皮，Ⅲ：種子＋肉質種皮，Ⅳ：種子のみ．
Ehara et al. (2001).

条件）で，気温 25℃では 40 日間で発芽率 20％以下であり，その後 30℃としたところ，10〜40 日で発芽率が約 40％まで向上したことを報告している。また，気温 35℃では，40 日間で発芽率は約 20％であったことから，発芽の至適温度は 30℃付近にあり，低温側，高温側とも発芽が遅延ないし阻害されるとみられる。

内的要因 サゴヤシ種子は 4 層の種子包被組織で覆われている（3 章 4 節 (3) 参照）。最外層の外果皮はクチクラが発達した鱗片が重なり合って構成されており，中果皮と肉質種皮は柔組織からなっている。種皮の表面はスベリン化した組織で，その内側にある胚乳の表面は多孔質な構造になっている。これらの種子包被組織が存在することが発芽に影響する内的要因となっている。包被組織と朔蓋が物理的に吸水や酸素の供給を妨げるだけでなく，包被組織，特に外・中果皮に含まれる発芽抑制物質（酢酸などの有機酸，バニリン酸などのフェノール性物質）が影響して胚の生長が妨げられる（Ehara et al. 2001：駒田ら 1998）。

多くの植物種において，生長調節物質の処理が発芽勢，発芽率を高める上で有効であることが知られている。Jong (1995) は，種子包被組織を取り除いて，48 時間の $GA 10^{-3}$ M (350 ppm) の処理により，12 日後の発芽率が 10％程度高まって約 40％に増大したこと，$IAA 10^{-4}$ M (20 ppm) 処理で 32％の発芽率を得たと報告している。

図 4-7 には包被組織を取り除いて，水中播種の際に，取り除いた包被組織を種子と一緒に同じビーカーに浸漬した場合の発芽率の推移を示した。外・中果皮と肉質種皮が混在する場合にはまったく発芽せず，外・中果皮を入れた場合には 30％が発芽し，肉質種皮のみならば発芽はほとんど阻害されない。このように，種子包被組織を取り除くことによって，90％を超える発芽率を得られるようになる。なお，包被組織を除去した種子とさらに朔蓋も除去した種子で発芽率には大きな差異

第 4 章　生育特性　101

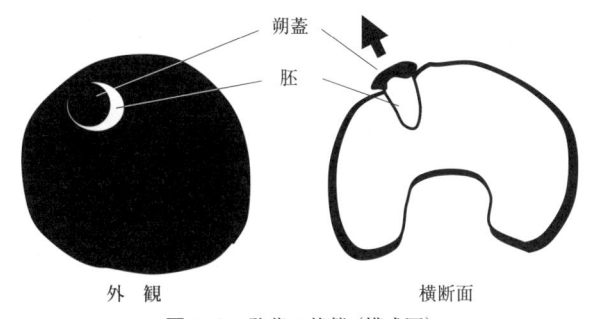

図 4-8　発芽の状態（模式図）
江原 (2006c).

がないことから，胚上に位置する朔蓋は種子が空気に曝される条件では水分保持の役割も担っているとも考えられ，播種前の物理的処理としては，外・中果皮と肉質種皮の除去が有効といえよう。

(2)　発芽の過程

　発芽日数は，水中播種，気温 30℃ の条件では，多くの場合 10 日から 40 日であるが，稀に 1 年を経て発芽するものもある（Ehara et al. 1998, 2001）。図 4-8 に発芽の状態を模式的に示し，図 4-9 には典型的な発芽の過程を示す。発芽までの日数は個体によって異なるものの，発芽後の各器官の発生は規則的である（Ehara et al. 1998）。①発芽は胚が生長して朔蓋を押し上げることによって認められる。②発芽から約 6 日後に根鞘様器官（coleorhiza-like organ）が現れる。③続いて 2 日ないし 3 日後にエピブラスト（epiblast）が伸長を開始する。④エピブラストの伸長中に主根（primary root）が抽出する（朔蓋が押し退けられるタイミングと関わる）。⑤主根の出現から 2，3 日後に根鞘様器官の基部より上部（エピブラストの基部）から最初の不定根（adventitious root）が出現し，それに同調して子葉鞘（coleoptile）が抽出する。⑥さらに 2，3 日後，2 番目の不定根が現れ，同日に第 1 葉が出葉する。⑦ 2 番目の不定根の伸長，3 番目の不定根の出現と同じころに主根から分枝根が発生する。

　図 4-10 には発芽した種子の吸水量の推移を示す。種子の吸水過程は三つの生理相に区別され，第一過程の相は物理的吸水過程である吸水期，第二過程の相は吸水増加が一定となる発芽準備期，第三の相は発芽後に幼芽と幼根の成長に伴う水分増加が起きる生長期である。サゴヤシ種子の強度は 260 kgf（種皮が損傷する強度，胚乳強度は 560 kgf）であり，クルミやウメの種子強度が 20〜80 kgf 程度であるのに比べて著しく高い強度を有する硬実種子であり，種子（胚乳）が極めて堅く，吸水期を経た胚の膨張を妨げていることも考えられ，発芽準備期間が長いこととの関連が窺われる。

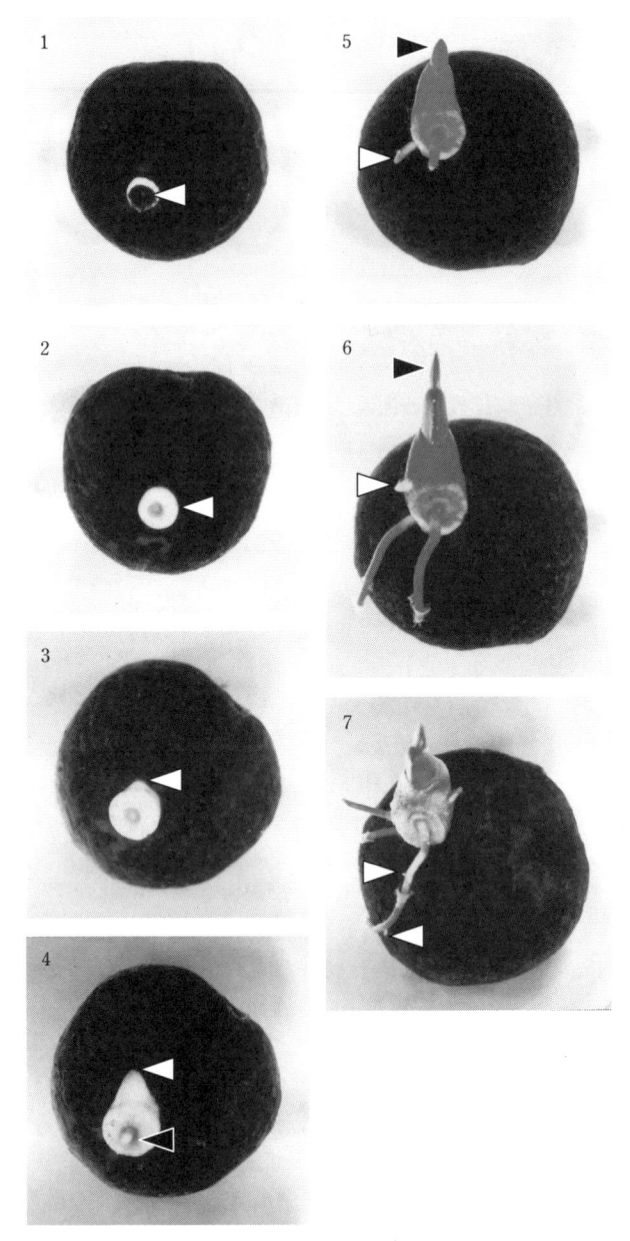

図 4-9　発芽の過程

1. △：朔蓋，2. △：根鞘様器官，3. △：エピブラスト，4. △：エピブラスト，▲：主根，5. ▲：子葉鞘，△：第1不定根．6. ▲：第1葉，△：第2不定根．7. △：主根からの分枝根．

Ehara et al. (1998).

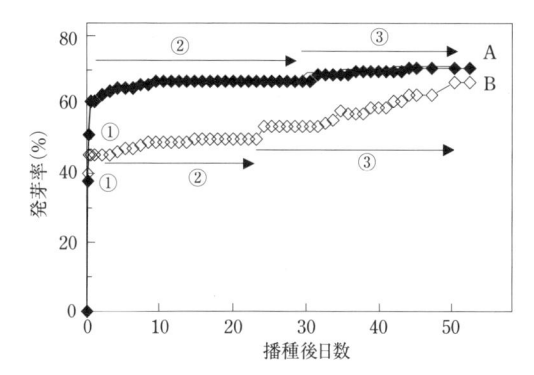

図 4-10 発芽種子の吸水量の推移（水中播種, 25℃）
A：外・中果皮, 肉質種皮を除去した種子, B：外・中果皮, 肉質種皮, 朔蓋を除去した種子. ①：第一相, ②：第二相, ③：第三相.
Ehara et al.（2001）.

3 ▶ 葉の形成と展開

(1) 葉の展開

　サゴヤシの葉は羽状複葉で，葉軸に着生した多数の小葉と，葉軸，葉柄とからなる。葉柄の基部は幹を一回りして葉鞘となっている。葉の大きさは生長に伴って異なり，実生苗から，あるいはサッカーとして出現してから幹立ちまでのあいだのロゼット期には，新しい葉を展開するごとに，より大きな葉を作り，幹立ち期頃に展開する葉が最大のものとなる。その後しばらくはこの大きさに近いものを展開し続ける。幹の伸長とともに群落内における葉の空間的位置は上方へと移動し，花芽形成期が近づくにつれ新たに展開する葉の長さは短くなる。

幹立ち前　ロゼット期の出葉に関して，Flach（1977）は良好な光条件下で生育させた実生苗では1ヶ月に2枚の葉が展開することを報告している。また，そこでは，幹立ち期頃までには80〜90枚の葉が展開することから，この出葉速度をもとに実生苗から幹立ち期までの期間を3年と4〜9ヶ月程度と推察した。しかし，遅沢（1990）の南スラウェシ州の調査では，ロゼット期の前期，後期の出葉速度はそれぞれ 0.88，0.52 枚/月であった。実際の圃場では，幹立ちした個体により光量が制限されるなど環境が大きく異なり，Flach（1977）の示した2枚/月の出葉速度は特に良好な環境下での結果と考えられる。サッカー移植後3年目の個体の剣状葉の抽出速度は，1日に 7.0 〜 8.0cm との報告（中村ら，2009）もある。

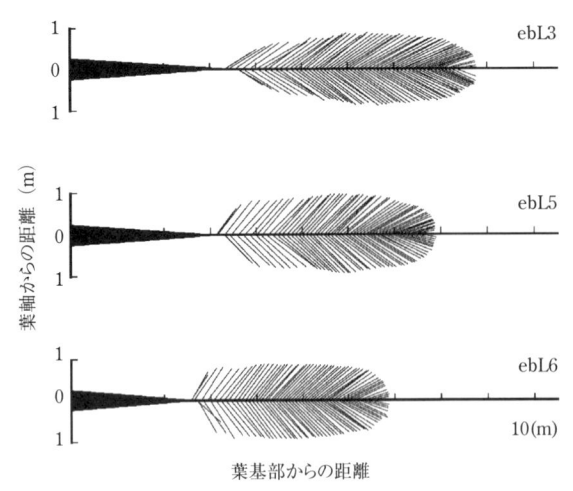

図 4-11 サゴヤシのロゼット期の葉の姿
渡邉ら (2004) より作成.

　ロゼット期の樹冠の生葉数，すなわち緑色を保ち光合成に寄与しているとみられる葉の数（剣状葉を含む）については，インドネシア，リアウ州ティビンティンギ島のサゴヤシプランテーションにおいて，同一樹を追跡調査した報告がある（山本ら 2005b）。そこでは，サッカー植えつけ後約 1 年で 9～12 枚に達し，その後大きな変化がなかったことが報告されている。

　ロゼット期には樹が生長するに従って，展開する葉が大きくなる（Flach 1977）。例として，ロゼット期の葉の姿を図 4-11 に示した。これは，マレーシア，サラワク州ムカのサゴ農園での樹高約 9 m のロゼット期の樹の葉で，この樹は未展開の剣状葉 1 枚を含む 10 枚の生葉を持っていた。図では小葉を線分で表したが，それぞれの小葉の葉軸に対する着生位置と着生角度，小葉長を正確に表現したものである（渡邉ら 2004）。葉位は最も若い抽出中の剣状葉を ebL1 とし，基部に向かって，順次 ebL2，ebL3……とした。この個体の ebL6 の葉身長は 430 cm，葉柄長は 257 cm，ebL3 の葉身長は 545 cm，葉柄長は 330 cm で，上の葉ほど葉身長，葉柄長とも増大した。また小葉数と葉面積は，ebL6 では 106 枚（左：55 枚，右：51 枚）で 4.81 m^2，ebL3 では 113 枚（左：58 枚，右：55 枚）で 6.39 m^2 と，上位の葉ほど小葉数が多く，葉面積も大きくなった。また，1 枚の小葉のサイズについてみると，ebL6 の中での最長の小葉の長さは 121 cm，その幅は 7.4 cm，ebL3 では長さ 147 cm，幅 8.5 cm であり，構成する小葉もあとから展開する葉，すなわち上位の葉の方が大きかった。

幹立ち期　幹立ち期になると葉のサイズはほぼ一定の大きさとなる。例として，ムカのサゴ農園内で育つ，幹立ち 2 年程度，11 枚の生葉を持つ樹の葉の葉身長と葉

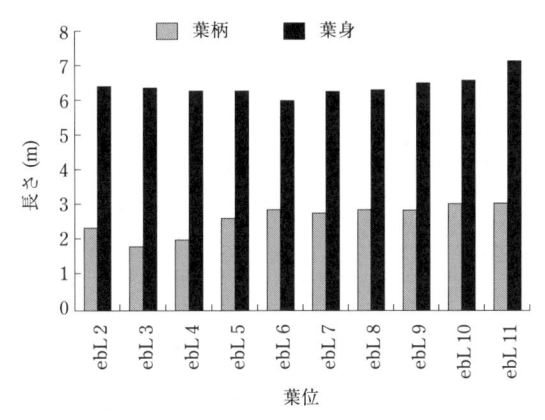

図 4-12 幹立ち期の葉身長と葉柄長
Nakamura et al. (2004).

柄長(葉鞘を含む)を図 4-12 に示した (Nakamura et al. 2004)。ebL1 は未展開の剣状葉であったので,図では ebL2 から ebL11 までを示した。葉身長は 6.0 m (ebL6)～7.2 m (ebL11),葉柄長は 1.8 m (ebL3)～3.1 m (ebL10) の範囲であった。図 4-13 は同樹の ebL2 から ebL10 までの展開葉の模式図 (Nakamura et al. 2004) である。葉柄基部の幅は実際の大きさを反映していないが,それ以外の形質は図 4-11 同様に測定値に基づいて作成した。ebL2 は葉身の展開し始めで,先端小葉の方から開き始めており,ebL3 ではほぼ完全に展開していた。葉軸に対する小葉の着生角度は,ebL2 を除き,どの葉位でも基部の小葉で大きく,先端近くで小さくなった。

　幹立ち期の葉長は,これまでのサゴヤシ調査では 10 m 前後の値が多い。変種間で比較しても大きな差はみられないとする報告 (大森ら,2000b) がある一方,変種間に差があるという報告もある (山本ら 2002a, 2007)。また,同一地域において,海岸近くに生育しているサゴヤシでは,内陸部で生育している樹に比べて葉長が短いことが報告されている (山本ら 2004a)。花芽形成期を過ぎると,上位葉ほど葉長は短くなり,生葉数や葉 1 枚あたりの小葉数も少なくなる傾向にある (山本ら 2004b, 2006a)。

　幹立ち期の出葉速度については,幹立ち前のロゼット期と同様に,個体や環境で大きく変わることは想定できても,その範囲等は,まだ絞りきられていない。すなわち,Flach (1977) は 1 枚/月としているが,山本ほかのインドネシア国スラウェシ州での調査では 8.4～10.3 枚/年 (山本ら 2000),インドネシア国パプア州での調査では 5.8～7.0 枚/年 (山本ら 2006b) であり,月当たりでは 0.48～0.86 枚の範囲であった。一方,月に 1 枚以上出葉する例も報告されている。すなわち,Yawaguchi et al. (1997) のマレーシア国サラワク州での調査では,厚い泥炭層で生育した樹では 12.0 枚/年 (幹立ち後 3～4 年は 17.0～19.2 枚/年),薄い泥炭層で生育した樹では

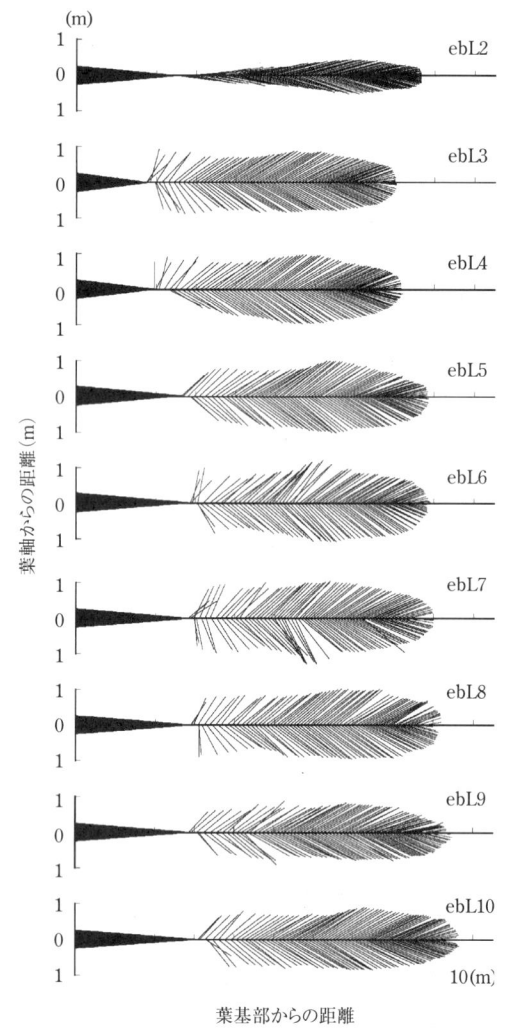

図 4-13 サゴヤシの幹立ち期の葉の姿
Nakamura et al. (2004) より作成.

13.4〜15.5 枚/年であった。このように，出葉速度に関してはロゼット期との差も明確ではない。

(2) 葉の形成

サゴヤシの未抽出葉は固く折り畳まれている構造をしており，その形成過程に関

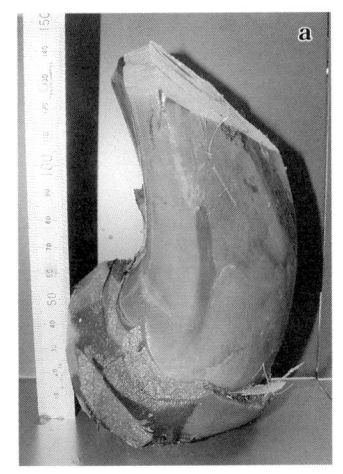

図 4-14 葉を切除し整形したサッカーの姿 (a) とその内部の葉 (b)
中村ら (2008).

する報告はほとんどみあたらない。羽状複葉をもつヤシ科植物では，アレカヤシ (*Chrysalidocarpus lutescens*) で小葉形成初期の形態形成過程について報告されている (Dengler. et al. 1982)。サゴヤシの葉も羽状複葉であることから，アレカヤシと類似した形成過程を経ると推察されるが，アレカヤシは葉柄と葉鞘が明らかに区別できる点など，サゴヤシと形態が異なる部分もあるので，サゴヤシの葉の形成過程についても詳細な調査は必要であろう。

ここでは，外見からは見えない未抽出の葉の葉位について，抽出した最も若い葉，すなわち剣状葉 (ebL1) を基準とし，そのすぐ上位 (内側) の葉位を uL1 とし，上 (内側) に向かって (求頂的に) uL2, uL3, ……とした。

ごく若いサゴヤシでの未抽出の葉の状態を移植用のサッカーで観察した。図4-14a はムカのサゴ農園で繁殖用に育苗していたサッカーを FAA で固定したもので，この内部の幼葉を調査した。サッカーは移植用に葉を切って整形されていたが，最も外側 (下位) の葉を1枚目とすると，6枚目の葉が外見上確認できる最も若い葉 (ebL1) で，剣状またはわずかに小葉が開き始めていた段階の葉と考えられた。図4-14b は8枚目の葉で uL2 となる。葉長は約7 mm，そのうち葉柄長は約 4.5 mm であった。葉身下の葉柄部分には，9枚目の葉 (uL3) の先端部が見えており，その葉長は約 3.5 mm であった。

幹立ち後の個体における，葉の形成過程について，生葉数17枚の幹立ち後約10年の樹で観察した (図4-15)。その結果，出葉前の葉の形成については，ある葉の3枚下の葉が抽出した頃からその葉が抽出する頃までのあいだに葉身が伸長し，その後，葉柄が急激に伸びることによって，その葉が抽出するものと考えられた。具

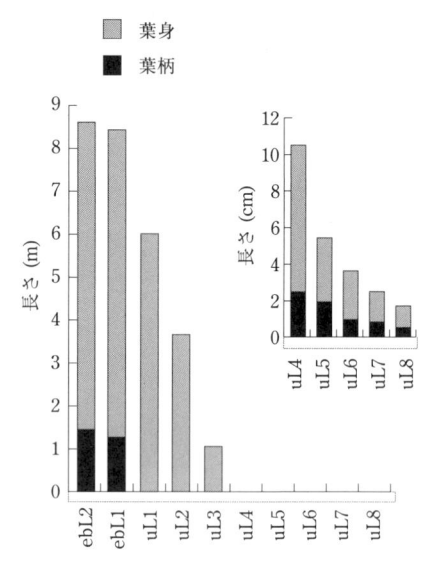

図 4-15 幹立ち後約 8 年の樹の葉身長と葉柄長

体的には，葉身の急伸長する時期は，uL4（8.0 cm）〜ebL1（720 cm）にかけてであるのに対し，葉柄は uL1（9.0 cm）と ebL1（131 cm）とのあいだでの差が大きく，剣状葉として抽出するときに急伸長するものと考えられた。葉長に対する葉身長の割合を比較すると，uL8 から uL4 までは 64〜76％の範囲であったが，uL3 と uL2，uL1 では 97〜99％と葉身の割合が極めて大きく，剣状葉の ebL1 では 85％，展開した ebL2 では 83％であった。

図 4-16 はムカで生育していた幹立ち後 2 年（生葉数 11 枚）と 4 年（同 15 枚），8 年（同 17 枚）の樹について，まだ抽出していない葉を中心に，その長さを示したもので，縦軸は対数で表している。葉位ごとの葉長は uL4 から uL12 くらいまで，上位に向かって直線的に短くなっていた。この葉位と葉長との関係から，分化した葉はその葉の 3 枚あるいは 4 枚下の葉が抽出する頃までは指数的に見て一定の速度で伸長し，その後，前述したパターンで急伸長し，外に抽出する。

上記の幹立ち後 4 年と 5 年の樹では，パラフィン切片を作り観察したところ，最も若い葉原基の葉位はそれぞれ uL18，uL19 であった。これは，それぞれの樹で抽出し展開している生葉数 15 枚と 17 枚より 3 枚，あるいは 2 枚多い数であった。Flach and Schuiling (1989) は，幹形成初期において，未抽出の分化した葉の数は幹に着生している生葉数と同じ 24 枚であったと報告している。葉の抽出速度と葉の分化速度がどのような関係にあるのか，また，外観上の葉数が，分化した葉数を把握する基準となりえるかどうかなど，樹齢ごとのさらなる調査が期待される。

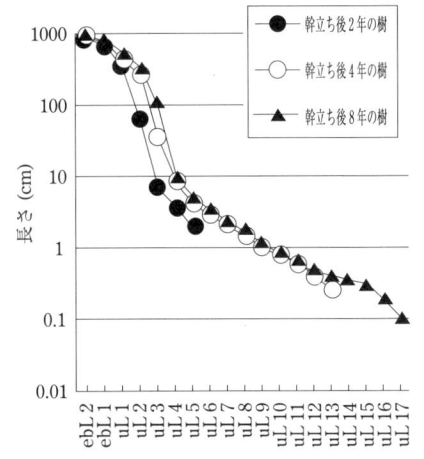

図 4-16　幹立ち後約 2 年, 4 年, 8 年の樹の葉長

4 ▶ 幹の形成と伸長肥大

　サゴヤシは，出芽後，あるいはサッカーを移植してからの後数年間，その茎は，顕著な幹の姿をとらずに葉を展開し続ける。すなわち，ロゼット状態で生育する。しかし，一定期間が過ぎると，茎は上に向かって伸び始め，幹を形成する。これを幹立ちと呼ぶ。幹立ち後は，外見上もはっきりと確認できる顕著な幹が伸長を続け，幹の伸長は花芽形成期にいたるまで続く。

　幹の伸長肥大については，幹を節間の積み重なったものと捉えると解析しやすい（3 章 3 節（1）参照）。すなわちサゴヤシの幹には，葉の枯れ落ちたあとの痕跡が，節のようになって残る。これを外見上の節と見なし，節と節とのあいだを節間とみる。そして，この節間の生長を解析する方法をとると，幹の形成過程を理解しやすくなる。

　節は，葉の着生する位置であることから，ある生長中の節間について着目すると，その節間は，1 枚の葉が抽出すると，そのすぐ下の節間のようになると推察することができる。生長の連続性から，1 枚の葉が抽出するごとに，連続的に，ほぼ一つ下の節間のような形状になると考え，ある時点のサンプルから，節間の伸長と肥大の時間的な生長パターンを類推することができる。

　以下では，抽出直後で展開前の葉，すなわち剣状葉（ebL 1）の着く節を ebN 1 とし，下位に向かって順次，ebN 2, ebN 3, ……と呼んだ。また，ebN 1 のすぐ上の節間を ebIN 1 とし，下に向かって ebIN 2, ebIN 3, ……とした（3 章 3 節（1）参照）。また，

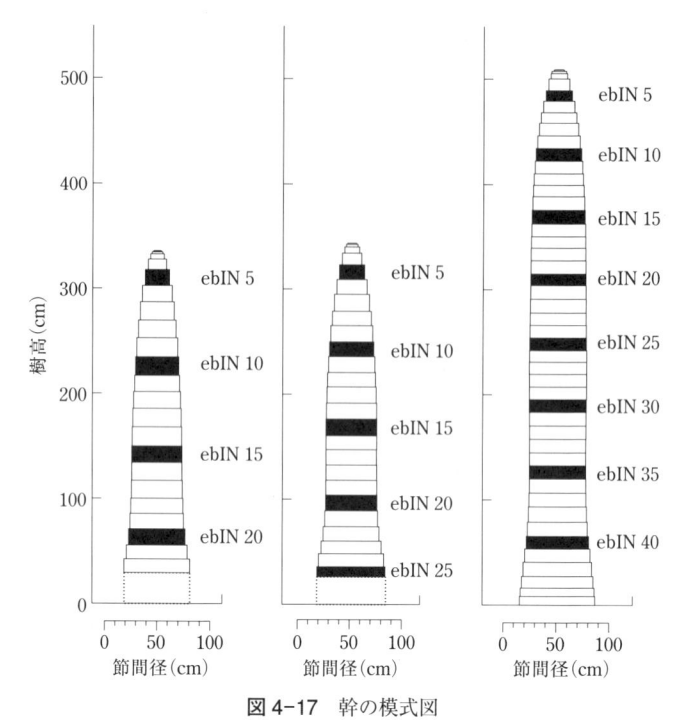

図 4-17 幹の模式図
左からA樹，B樹，C樹．中村ら (2004).

　ebN 1 より若い節位については求頂的に呼び，すぐ上位の節を uN 1 とし，上位に向かって uN 2, uN 3, ……と呼んだ．節間位は ebIN 1 のすぐ上の節間を uIN 1 とし，上に向かって uIN 2, uIN 3, ……とした．なお，ebL 1 よりすぐ上位の葉位を uL 1 とし，順次 uL 2, uL 3, ……とした．
　ここでは，マレーシア，サラワク州ムカにおける，幹立ちしたサゴヤシの調査結果（中村ら 2004）をもとに，節間の伸長と肥大の関係をみた．調査対象樹の樹幹長は，幹立ち後4年樹（A樹，B樹）で約 3.5 m，幹立ち後8年樹（C樹）で約 5 m である（図 4-17）．
　図 4-18 に，各樹の節間位ごとの節間長を示した．縦軸は，指数でとってある．3樹とも同様のパターンを示すところから，節間の顕著な伸長は uIN 1 の段階で始まり，ebIN 5 となる頃まで続くと考えられる．特に uIN 1 から ebIN 4 までは指数的にみて一定の速度で伸長していると考えられる．ebIN5 より下位の節間では，節間長はほぼ同じで，この節間位では伸長は終わったものと考えられる．すなわち，uIN 1 から ebIN 4 までの範囲が幹の伸長帯にあたると見られる．ebIN 5 より下位の節間では，節間長の差は数センチの範囲内であったが，基部の 2, 3 節間だけはやや短かった．伸長の終わった節間の長さは，幹の基部節間を除くと，A樹では約

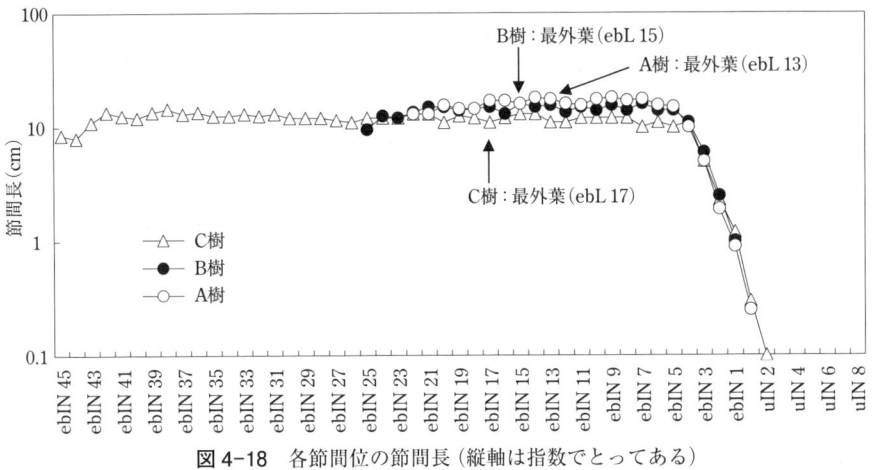

図 4-18 各節間位の節間長（縦軸は指数でとってある）
中村ら（2004）.

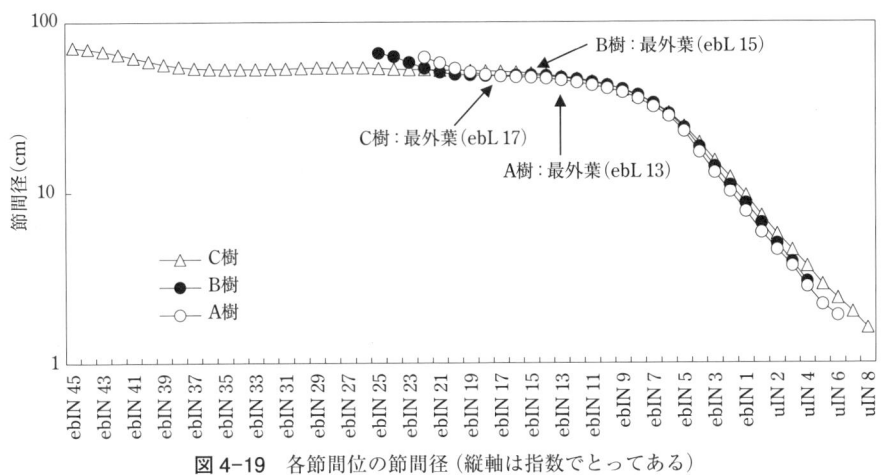

図 4-19 各節間位の節間径（縦軸は指数でとってある）
中村ら（2004）.

16 cm，B 樹では約 15 cm，C 樹では約 12 cm であった．

　一方，節間径は，分化したばかりの節間から ebIN 15 くらいまでの広い範囲で肥大していると考えられる（図 4-19）．この範囲には uIN 1 から ebIN 4 までの幹の伸長帯も含まれる．これらの肥大生長では，特に分化したばかりの節間から ebIN 6 くらいまでのあいだで指数的に肥大している．このように，剣状葉が着生する節より上位の節間では，ほとんど伸長しないのに対して，肥大はするため，頂部は平らとなり，幹の先端部の全体的な形状はドーム様となる（図 4-20）．

　葉は，樹の生長に伴い，下位節から上位に向かって順次，枯れ落ちていく．最も

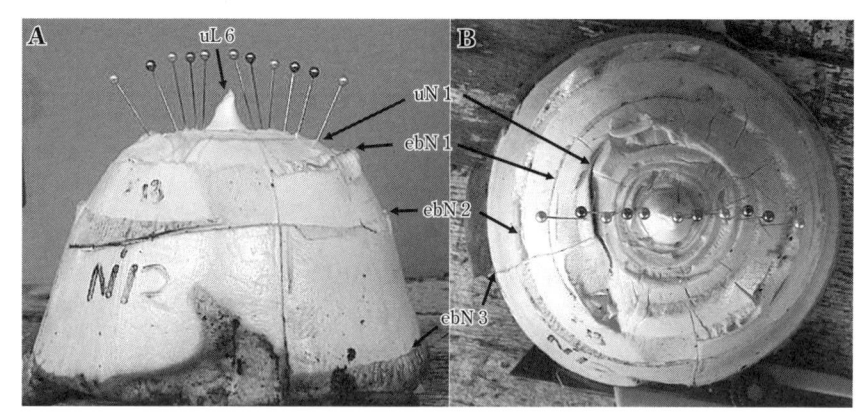

図 4-20　幹頂部の形状
(A) 横から見た様子．(B) 真上から見た様子．
中村ら (2004).

　外側（下位）に着生している葉の位置は，A樹では ebIN 13，B樹では ebIN 15，C樹では ebIN 17 である（図4-19）。節間の肥大生長は，最外葉着生節よりも 2, 3 節下位の節間ではごくわずかになる。したがって，肥大が完了する部位は ebIN 15，すなわち最外葉が着生している節の上下の節間付近の位置と考えられた。
　節間の伸長が終わるのが ebIN 5 で，肥大が終わるのが ebIN 15 であることから，特定の節間で見ると，幹立ち後の年数にかかわらず，節間の肥大は，節間の伸長が停止した後も，さらに 10 枚の葉が展開するあいだ続くことになる。
　幹立ち前の茎の伸長肥大については，生育の最も初期の段階である苗として用いるサッカーについての調査がある（中村ら 2008）。サッカー苗の茎の縦断面（図4-21）では，幹立ちした幹同様に，肉眼的には節や節間を示す形態的な特徴は認められなかった。葉の着生していた位置を元に，便宜上示した節では（図4-21），ebN 7 から ebN 4 までの節面はほぼ平行だったのに対し，それより上位では，下方が厚くなり，上に向かって屈曲していた。ebIN 4 以下の節間の長さ（節面に対して直角に測定）は，おおよそ 5 mm であった。抽出中の葉（ebL 1）が着生する位置より若い部位では，節間の長さはほとんど確認できなかった。
　幼葉は図 4-21 の葉（uL 1）の中に 5 枚（uL 6 まで）認められた。uN 6 までの各節の径（図 4-22）から，葉が抽出し，展開すると，その葉の着く付近の茎が急激に肥大する様式を持つことが推測された。関連する節間数は少ないものの，展開した葉が着生する節位付近で茎の量的な生長が盛んであることは，幹立ち後の幹の生長とも共通するものである。

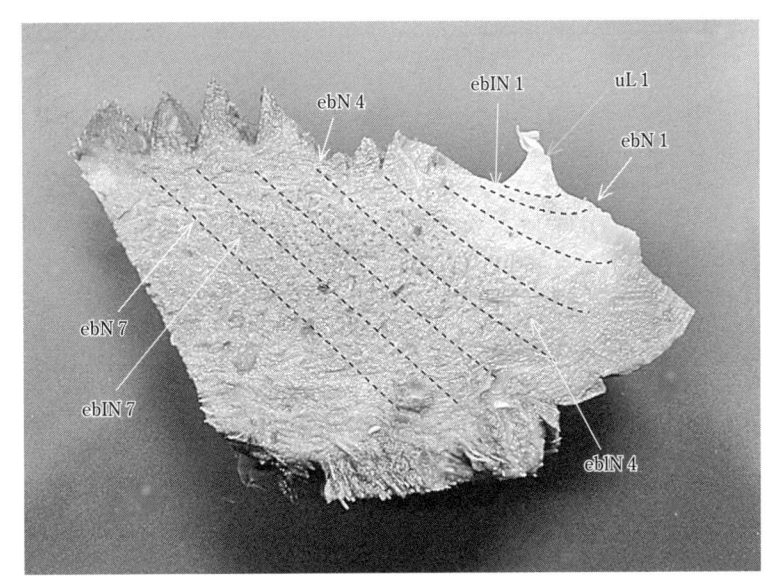

図 4-21 サッカー縦断面における各節と節間の位置

中村ら (2008).

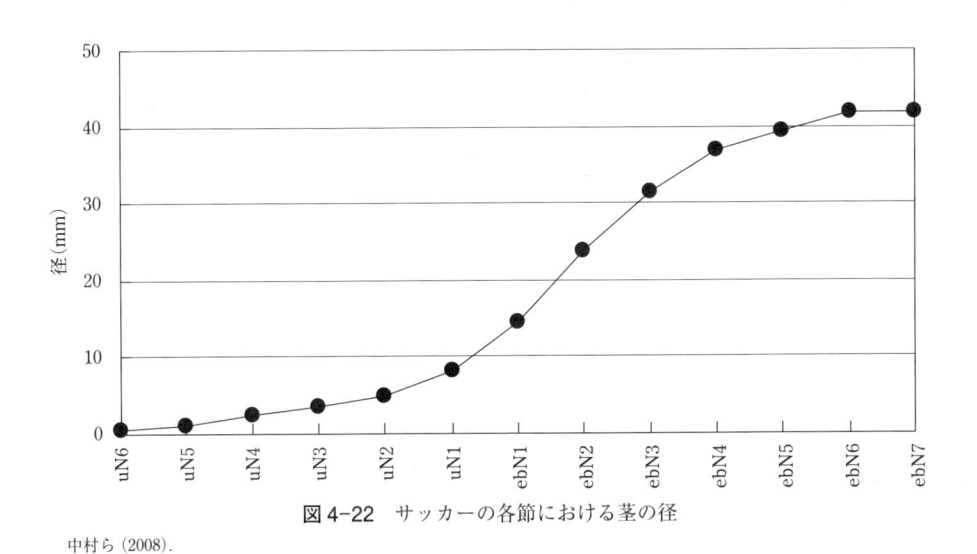

図 4-22 サッカーの各節における茎の径

中村ら (2008).

5 ▶ 根の形成と伸長

サゴヤシは単子葉植物であり，その根系はサッカーや茎（幹）から発生する多数の不定根と，それから分枝した側根によって形成されるひげ根型根系である（新田・松田 2005）。一般にサゴヤシはサッカーによる栄養繁殖を行うので，定根である種子根は存在せず不定根のみによって根系が形成される。

(1) サッカーからの根の発生と伸長

植えつけ後のサッカーからの発根を促すため，サッカーはしばしば植えつけ前に水路の筏上で養成される。サッカーからの発根と出葉は養成開始後 1 ヶ月前後から始まるが，このとき同時に髄部に含まれる炭水化物の減少が始まる（第 6 章 3 節 (1) 図 6-14 参照）。通常プランテーションでは 2～3 ヶ月間養成したサッカーを移植するが，この時期，葉や根は速やかに生長し始め髄部に蓄えた炭水化物が消費される（Omori et al. 2002）。3 ヶ月目以降は髄部のデンプン含有率が変化することなく葉や根が生育を継続することから，葉の光合成による独立栄養に移行するものと考えられる。3 ヶ月養成したサッカーの発根数は平均 18 本であり，10 本以下の個体では移植後 6 ヶ月の生存率が低い。養成中の個体において，根数はサッカーの重さや葉数と密接な関係を示すことから，サッカーが大きく葉数が多い個体ほど根数が多く，その結果，活着率が高まるものと考えられる。活着が良好であると植えつけ後の初期生育が速やかであり，幹立ちまでの年数が短くなるので重要である（山本ら 2005b）。

(2) 根系の形成

サゴヤシの根系は，巨大な地上部を支持し，多量の養水分を供給する役割を果たしており，根系の全体像を明らかにすることは，栽培管理を確立する上で重要である。しかし，サゴヤシは地上部が巨大であるのに加えて，その多くが地下水位の高い低湿地で生育するため，根の調査は困難である（新田・松田 2005）。

Kasuya (1996) および Omori et al. (2002) によると，サゴヤシの根は移植後 1 年を経過した若齢樹において，すでに 1 m 以上の深さに到達し，1 年間で 1～2 m 伸長することが明らかにされている。同様の初期生長がアブラヤシでもみられ，5 ヶ月で 1 m，1 年で 1.8 m の伸長が報告されている（Jourdan and Rey 1997）。宮崎ら（2003, 2008）はサッカー発生後 1 年から 11 年までの異なる樹齢のサゴヤシについて，塹壕

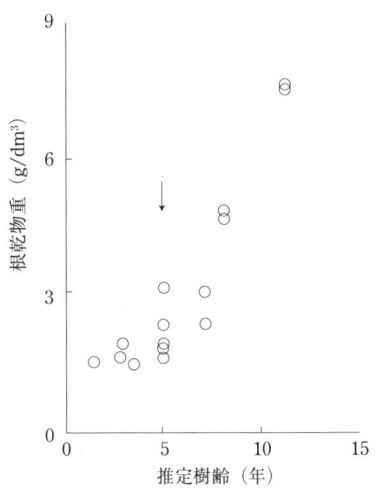

図 4-23 樹齢に伴う根乾物重の変化
(ケンダリ,インドネシア)
図中の矢印は幹立ち期を示す.
宮崎ら(2008)を一部改変.

法により樹幹基部から 1 m, 2 m の水平方向および深さ 0〜90 cm の垂直方向へ,根系を定量的に調査した.その結果,根の乾物重は樹齢に伴い増加したが,その増加は特に幹立ち後に顕著であり(図 4-23),いずれの樹齢においても樹幹直下(樹幹から 0 m)および 0〜30 cm の土壌層で高い値を示すことが明らかとなった(図 4-24).また,幹立ち後は樹齢に伴い樹幹直下の根重の割合が増加し,樹齢 11 年(幹立ち後 8 年)では樹幹直下に 70〜80% の根が集中していた(図 4-24a).幹立ち前には樹齢の進行に伴って 0〜30 cm の浅い土壌層で根重の割合が増加する傾向があったが,幹立ち後は 30〜90 cm の深い土壌層で増加した.これらのことから,幹立ち前の根は樹齢の進行に伴い垂直方向だけでなく水平方向へも伸長するが,幹立ち後には垂直方向への伸長が顕著になることが示唆された.Kasuya (1996) は約 8 年生のサゴヤシについて深さ 40 cm までの土壌中の根量を調査したが,直径 5 mm 以下の根は深さ 0〜20 cm の浅い土壌層に,直径 5 mm 以上の太い根は深さ 20〜40 cm の深い土壌層に多いことを報告している(図 4-25).太い根には破生通気組織が形成されており (Nitta et al. 2002;新田・松田 2005),通気機能が発達していることから,冠水状態にある深い土壌層への貫入に適している.幹立ち後に発生した太い根は樹幹表面から生じた不定根であり,樹幹直下に深く貫入するものと考えられる(宮崎ら 2008).Kasuya (1996) および宮崎ら (2003) はいずれも,サゴヤシの根系は樹幹直下の浅い土壌層でよく発達することを明らかにしており,これらの情報は施肥や灌水などの土壌管理に有用である.一方,根の伸長方向や直径などの測定から,アブ

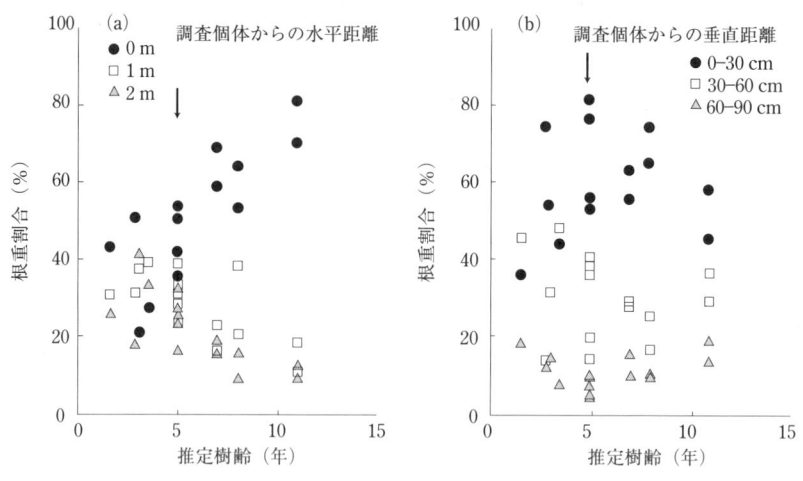

図 4-24 樹齢に伴う水平 (a) および垂直 (b) 方向における根重割合の変化 (ケンダリ, インドネシア)

根重割合＝位置別の根の乾物重／全根乾物重
図中の矢印は幹立ち期を示す．(a) の水平距離別の値は (b) の 0～90 cm の合計値．(b) の垂直距離別の値は (a) の 3 ヶ所の合計値．
宮崎ら (2008) を一部改変．

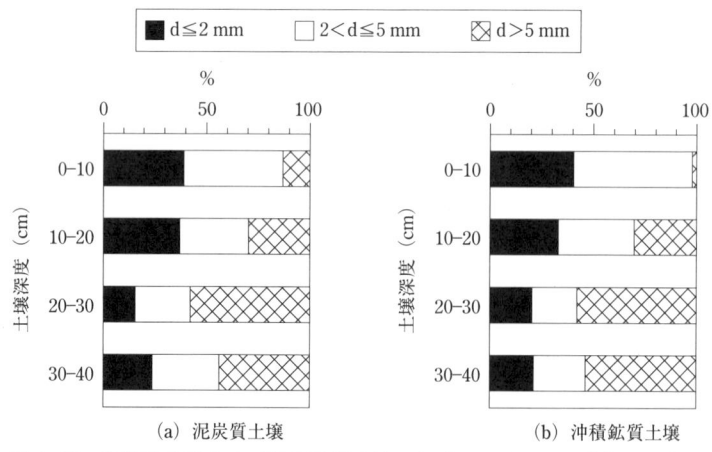

図 4-25 泥炭質土壌および沖積鉱質土壌におけるサゴヤシの直径別の根の割合

d：直径，Kasuya (1996)．

ラヤシでは生育初期 (発芽後 0～1 年) に多くの根が垂直方向へ伸長し，その後しだいに水平方向への伸長が顕著になることが明らかとなっている．(Jourdan and Rey 1997)．そして，20 年生の個体では垂直方向に 6 m，水平方向に 25 m の範囲に分布

することが示された。アブラヤシとサゴヤシでは根の伸長方向などに相違点がみられ，種間差や調査方法の比較などについて今後の検討が必要である。

(3) 土壌環境の影響

サゴヤシの根の伸長は土壌環境により強い影響を受ける。Omori et al. (2002) は土壌表面から40～50 cm の低い地下水位と0～30 cm の高い地下水位で1年間生育させた個体の根の生育を比較したところ，地上部の生長には明瞭な差異はみられなかったが，地下水位が高いほど，根の乾物重は少なく，根長は短くなることを報告した。また，地下水位が高いほど，根は表層に多く分布し，水平方向に伸長することを観察した。Kasuya (1996) は，有機質から構成され栄養塩の少ない泥炭質土壌では，沖積鉱質土壌に比べ，根量が少なく生長も遅いことを報告した。また，沖積鉱質土壌では樹幹中心からの距離が離れるにつれて根量が減少したが，このような傾向は泥炭質土壌ではみられないことを報告している。この結果については，泥炭質土壌の方が鉱質土壌に比べて，密で大きな根系を形成するとの報告 (Tie et al. 1987) もあり，今後さらに調査点数を増やして検討する必要があるとしている。

6 ▶ 生殖生長

(1) 栄養生長から生殖生長への移行

幹が生長し，ある程度成熟すると，幹先端の生長点部位で花序の分化が始まり，生殖生長に移行する。生殖生長への移行の原因となるのは，幹の長さなのか，それまでに展開してきた葉の数なのか，あるいは幹の生長期間なのかは，はっきりとしない。この20年間，サゴヤシの開花に関して観察した結果，それぞれの要因は重要だが，どれか一つだけの要因によって花芽分化が引き起こされる訳ではないように考えられる。花芽分化は，幹の生長が特定の生理的成熟度に達した時に起き，それぞれの樹の生長は気候要因や養分により大きく変動するものと推測できる。

生殖生長への移行までの葉の数に関して，多くの民俗変種（以下，変種と記述）を扱った研究によると，開花した樹幹の表面に残る葉の痕跡（葉痕）数は60から120で，そこには大きな変異がみられた。インドネシア，パプア州のスンタニ湖周辺で行ったこの調査（山本ら 2004b）では，変種 Rondo で最も少なく，Para で最も多かった。

幹の長さに関して，幹の基部から最も下位の生葉の葉鞘基部までの長さを計り

「樹幹長」とすると，樹幹長には，遮光や土壌養分，水ストレスなどの環境因子の影響を強く受けるものの，同じような条件下で生育した場合でも，ある程度は変種の特徴が見られる。スンタニ湖周辺の開花期の個体の例では，Rondo の樹幹長が最も短く（約 5〜6 m），Yepba が最も長かった（16 m）。他のいくつかの変種でも約 14 m の長い幹を持つ個体が観察された（山本ら 2005a）。特定の変種が泥炭質土壌に高密度で栽培されるインドネシア，リアウ州トゥビンティンギ島のサゴヤシ・プランテーションでは，最初に開花した有棘型サゴヤシのグループの幹長は約 8〜10 m であった。ただし，わずかだが 4〜5 m の個体もあり，変異は大きい。

(2) 茎頂での花芽の発達

幹の先端分裂組織における初期の花軸の発達は，まだ展開していない葉に包まれていて，外観上，見ることはできない。農家が収穫可能と判断する成熟度に近づいた樹では，花芽の下にある未展開の葉はほぼ 6〜12 枚である。おおむね葉が展開してから花序が現れるため，1 枚の葉の展開に 1 ヶ月かかるとすると，このステージから花芽が外に現れるまでには 6〜12 ヶ月かかることになる。

外見的には，栄養生長から生殖生長に移行する時には，6 ヶ月以上にわたって，徐々に小さな葉が展開するようになる。やがて，頂部から，明瞭な小葉を持たない苞葉化した小さな葉と花序（図 4-26）が出現する。この期間は，幹頂部が太い筒状に見える。

苞葉化した小さな葉が着生しているすぐ上の位置で，花序の 1 次花軸（ax1）が急速に発達し，さらに 1 次花軸が分枝して 2 次花軸（ax2）となり，すぐに 3 次花軸（ax3）が形成される（図 4-27）。3 次花軸は指状の形態で花芽が付き，rachillae（小軸）（Thomlinson 1971）や spikes（穂）（Becari 1918）と呼ばれることがある。花芽は，通常，3 次花軸上に対になって着生する。それぞれの組になった花芽はカップ状で bracteole（小苞または小苞葉，Becari 1918）とも呼ばれる鱗片葉に覆われる（図 4-28）。さらに，Tomlinson（1971）は，これを内小苞と外小苞とに区別した。この上に球形で鱗片に包まれた果実が発達する。

花序の形成が始まって 6〜8 ヶ月のうちに，1 次花軸や 2 次花軸，3 次花軸，花芽などを含む花序全体が発達する。

(3) 花芽の数

マレーシア，サラワク州でのトゲのないタイプのサゴヤシ 5 本の調査（Jong 1995）では，一つの花序の 1 次花軸は 15〜19 本，2 次花軸は 173〜334 本，3 次花軸は 1313〜3427 本であった。発達の初期段階では花芽は 3 次花軸上に対になって認め

図 4-26 サゴヤシ樹幹頂部の花序

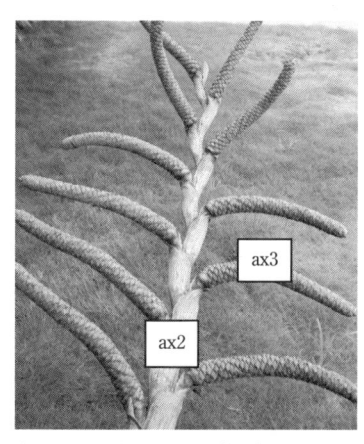

図 4-27 第 2 次花軸（ax2）と第 3 次花軸（ax3）

図 4-28 第 3 次花軸（ax3）上の花芽を包むカップ状の苞葉

られる。一つは雄花でもう一つが両性花である。続いての発育段階では，開花までの間に，規則的に花芽が発育不全となる。すなわち，小苞内で対になった花芽の一方の発育が停止して落ちる。これは，もう一つの花が発達するのに充分な空間を作るためと考えられる。この発育が停止する花は，対の花のうち雄花である場合もあ

表 4-2　ax1, ax2, ax3 の総数と花芽の推定数

樹	ax1	ax2	ax3	花芽/ax3	花芽/1樹
1	18	278	3165	273 ± 86	864,000
2	15	173	1313	210 ± 65	276,000
3	16	177	1443	216 ± 80	312,000
4	17	255	2848	242 ± 73	689,000
5	19	334	3427	121 ± 67	418,000

サラワクでの開花期直前のトゲなしサゴヤシについて (Jong 1995).

れば両性花である場合もあり，また，小苞内での内側の花である場合もあれば外側の花である場合もある．花芽形成が完了した時には，花芽が対になって残っているのは稀で，小苞の中は花が一つだけあるか，あるいは空である場合がほとんどである．雄花よりも両性花の方が多く残り，開花期間中，両性花が開花している比率が高い．

　Tomlinson (1971) は，*M. vitiense* の花の数を 91 万 7280，その半数を両性花と推定し，さらに大きな樹ではその倍になると推測した．Jong (1995) は，3 次花軸につく花芽は 121〜273 で，開花直前の 1 樹当たりの花芽の数は 27 万 6000〜86 万 4000 と推定した (表 4-2)．この結果は Utami (1986) や Kiew (1977) の報告からも裏付けられる数である．

(4)　花のタイプ

　Jong (1995) は，マレーシア，サラワク州で，9 本の開花しているサゴヤシの樹を用い，開花に関する研究を行った．そこでは，開花に二つの異なったタイプが認められた．一つのタイプは，通常みられるように同一樹内に雄花と両性花とが混在するもので，サゴヤシは同一花序内に雄花と雌花とを持つ雌雄同株であることを示している．通常の両性花は，よく伸びた花糸に鮮明なオレンジ色か黄色の大きな葯をつける．

　もう一つのタイプでは，やはり雄花と両性花とが混在するが，その両性花に正常なものと異常なものとが認められる．異常な両性花とは，雄しべが短くて発達が不完全，すなわち，青白い葯が短い花糸に付いているものである．このような異常な両性花は，しばしば，発育が不十分で，開花も不完全であった．

(5)　開花

　雄花は両性花よりも 3〜4 週間早く開花する．一般的に雄花，両性花ともに基部の 1 次花軸から先端の 1 次花軸に向かって開花する．初めの 1 次花軸で開花が始

図4-29 完全に開花した状態の雄花

まってから最後の1次花軸で開花が始まるまでの時間的な差は，雄花では3週間，両性花では2週間ほどである。多くの1次花軸上では，初めのうちは開花密度が低いが，2週間ほどで50％まで増加する。その後，開花密度は減少する。

(6) 開花の行程と受粉の方式

　正常な雄花，正常と異常な両性花とが混在する樹では，開花が始まるのは変則的である。異常な両性花のほとんどは，正常な両性花と同様に，雄花の開花の前か同時刻に開花する。樹によっては雄花と両性花との開花の時刻が重なることもあり，サゴヤシの樹によっては，厳密に言えば雄ずい先熟花（protandrous flower）ではない。

雄花：雄花の開花は10時30分に始まり，11時から12時にかけて開花のピークを迎える。雄花が盛んに開花している3次花軸では，すべての花芽のわずか5〜10％が不規則に開花しているように見える。開花した雄花は15時には萎れが確認され，また17時までには開花した雄花のほとんどの葯は枯れて，萎れた花糸の上に残存していた。

　開花が始まってから完全に開ききるまでには20〜30分かかる。萼片は融合した場所で裂けて分かれる。開いた花からは葯が現れ，上に広がり，花の中心位置から離れる。これらの葯は薄い紫色で，花糸が完全に伸びきって萼片の上に出る前に，徐々に裂開し始める（図4-29）。出現した葯は徐々に色が変わり，1時間後には，オレンジ色〜黄色になる。

　開花後1時間以内に蜜が分泌され，続く30〜60分の間に（12時〜12時30分）徐々

図 4-30 開花した花による蜜の生産

図 4-31 完全に開花した両性花の雄蕊と雌蕊

に増えて,開いた花の中心にある空隙に満ちる(図4-30)。過剰の蜜は溢れ,開ききったときに花からこぼれるが,実際には,ほとんどの蜜は虫に吸われる。

両性花:両性花の開く時刻は,ほとんど雄花と同じである。開花は10時過ぎに始まる。30分後には,開いた花から雄しべと雌しべが完全に出現する(図4-31)。葯は,

雄花のものよりも紫色がやや薄いが，同様に裂開する。ほとんどの活性のある花は11時から12時の間に開く。2次花軸や3次花軸上での開花順序に規則性は確認できなかった。いくつかの3次花軸上で，同じ朝に50％を越える花芽が開くこともあるが，20～30％開花するのが一般的である。蜜の分泌は11時30分に始まり，徐々に増えて開いた花の中心に溜まる。30分後には蜜が溢れ，花からこぼれ落ちる。

　分泌された蜜は，集まってくる多くの昆虫によって2,3時間のうちに吸い尽くされる。蜜の分泌はさらに続き，14時15分に昆虫の群れが去ってから，15時30分頃に再び溢れ出すのが観察された。14時30分ころには葯は萎れ始めて丸まり，16時30分までにはほとんどの葯は枯れる。

(7)　受粉と受粉媒介者

花粉の特質：解剖顕微鏡下において，開花した雄花から葯を取り出すと，数秒で裂開し湿ってつやのある花粉が現れる。花粉は楕円球形で色は紫がかったオレンジ色をしており，花粉嚢の縁に粘り着いて一塊となっている。花粉が湿って粘着性があるのは媒介昆虫により受粉するための特質である。

　新鮮な花粉は長さが約45 μmで幅は約30 μm。開花したばかりの両性花の葯と花粉は雄花のものとほとんど同じであるが，色がやや明るい。

花粉媒介昆虫：おもな訪花昆虫は，針を持たない蜂の *Trigona itama* と *Trigona apicalis*，また，ミツバチ *Apis dorsata* とスズメバチの一種 *Vespa tropica* である。

　Trigona は7時から18時の間に訪花し，早朝の数百匹から増え続け，昼頃，両性花の開花盛期までに3000～4000匹になると推定された。その数は16時頃まで続き，それ以降減少する。この蜂たちは，主に，花粉を後肢の花粉籠に集めているとみられる。

　Apis dorsata は2000～3000匹の群れをなして開花している樹にやって来る。1本の樹での3日間の調査では，このミツバチの訪花時間は特徴的で，蜜が十分に分泌した12時頃から始まり，14時30分頃まで続く。これらの蜂は1秒か2秒で花の蜜を吸い取り，開花している花を次から次へと移動する。花粉は集めていないようだった。

　Vespa tropica は百匹に満たない群れで，花粉を食べるのと同様に蜜を吸うことも観察された。その数は開花密度や開花盛期と相関がみられたが，*Trigona* よりも遅く来て早く去った。

　Trigona と *Apis* を解剖顕微鏡で観察したところ，捕獲した全ての個体で，頭や脚，羽に花粉が付いていた。このことは，これらの虫が，同じ樹，あるいは他の樹で開く別の花を，引き続いて訪れることによって，花粉を運ぶことを示している。

図4-32　サゴヤシの新鮮成熟果実

図4-33　種子無し果実の横断面

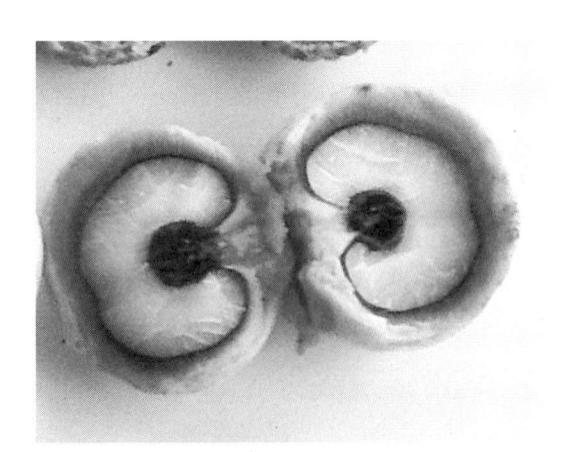

図4-34　馬蹄鉄型の胚乳をもつ種子を形成した果実横断面

*Trigona*だけが花粉籠に花粉を入れていた。

(8) 受粉と結実

9本の樹を用いての実験では，前述の観察とともに，受粉について，また，受粉に続く果実の発達についても調べられた。

まず，4本の樹で，雄花と両性花との花粉を用いて自家受粉させた。受粉後，2

次花軸全体を覆った。自家受粉後，4本の樹すべてで正常な果実が発達したが（図4-32），果実には種子はなかった（図4-33）。他の開花している樹から集めた花粉を用い，4本の樹で他家受粉させた。これらのすべてでも，種子のない果実となった。

残り5本の樹すべての果実について，成熟時に種子を調査した。そのうちの4本の樹では，それぞれ2174～5875個の果実が着いたが，それらの果実すべてに種子がなかった。これらの樹では，開花期間中，非常に多くの虫たちが訪花したにもかかわらず，ただの一つも種子を持たなかった。1本の樹にだけ6675個の果実のうち，343個の果実に馬蹄形をした胚乳をもつ種子が着き（図4-34），その割合は果実全体の5.1%であった。

交配実験をした樹のうちの1樹で，花芽の段階から果実が熟するまでの間，3本の2次花軸に袋を被せる実験も行われた。開花期間中，この樹には数千匹の*Trigona*と*Apis*が来訪した。覆いをした2次花軸からは64個の成熟した果実が得られたが種子を持った果実はなかった。これに対し，他の3本の2次花軸を袋で同様に覆ったが，開花盛期の3日間だけ，虫が来訪できるように袋を開き，その後，また閉じた。この場合，75個の果実が着き，そのうちの4個に種子が形成されていた。これは，果実のうちの約5%が虫による受精に成功したことを示している。昆虫によって運ばれた和合性の花粉は少なく，その結果として，この樹では約5%の果実だけが種子を形成したと考えられた。また，他家受粉の実験に用いた花粉は，不和合性のものだったか，あるいは何らかの理由により機能不全のものだったとみられる。

また，5本の樹を用いた研究では，着果から果実が落ちるまでの，果実の生長期間が調べられた。その結果，開花から果実が落ちるまでの期間は19～23ヶ月であった。果実の大きさの増加様式は，生長の初期には速く，最終的にはなだらかになって成熟した。成熟果実の幅（直径）は35～44 mmであった。成熟した果実の数は，1本の2次花軸に8.6～29.6個，1本の3次花軸には0.8～2.3個であった。

▶ 1, 3節：中村聡・渡邉学・後藤雄佐，2節：江原宏，4節：渡邉学・中村聡・後藤雄佐，5節：宮崎彰，6節：F. S. ジョン（訳：後藤雄佐）

第5章

生理的特性

　サゴヤシは泥炭土壌から鉱質（無機質）土壌，汽水域から淡水域ときわめて広範囲な生育環境をもつ。土壌条件によりその生育速度は異なるが，好適な環境では70 t（乾物）/ha/年（Flach 1983）と極めて旺盛な生育を示す。そこで，サゴヤシの生育に影響する様々な生理的特性を概観する。1節では養分吸収能に大きく影響する吸水・蒸散速度，2節では物質生産能そのものである光合成について紹介する。3節ではサゴヤシの物質生産量を，葉面積，地上部の各部位，デンプン収量から見る。4節では，様々な水分環境下で生育できるサゴヤシの水分ストレスへの適応機構について述べる。5節では，サゴヤシが生育する泥炭土壌から鉱質土壌まで，土壌が酸性となっていることが多いため，その酸性条件への適応機構について，酸性そのものへの適応と，pH5以下の酸性条件下で可溶化してくるアルミニウムの毒性に対する適応とに分けて考察する。6節では淡水域から汽水域にかけて生育できるサゴヤシの特徴の一つである海水への適応機構について述べる。7節では施肥をしない貧栄養条件の土壌でも良好な生育を示すサゴヤシへの窒素供給が期待される窒素固定細菌について考察する。

1 ▶ 吸水・蒸散速度

　サゴヤシの水分生理に関する研究はあまり進んでいない。サゴヤシが比較的降水量の多い熱帯の低湿地に分布しているため水分ストレスを受けにくいことや，木本であるために個体全体の吸水・蒸散量の測定が困難なことが原因である。一方で，サゴヤシは汽水域でも生育することから耐塩性を有していると考えられ，実生苗を

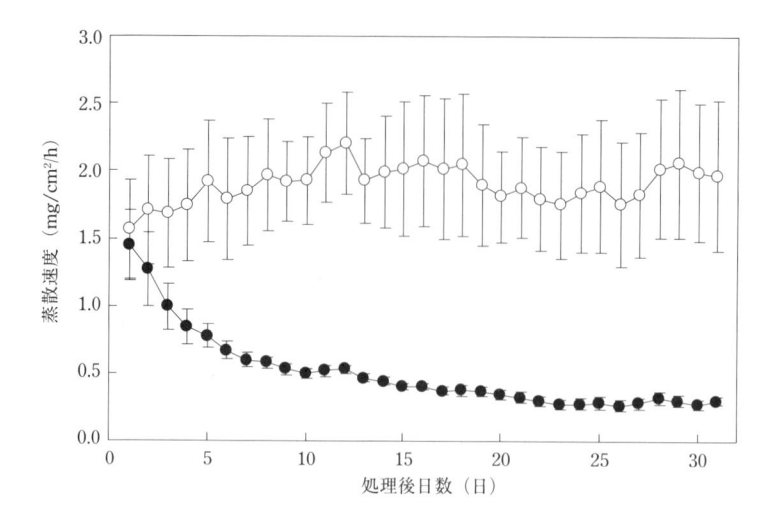

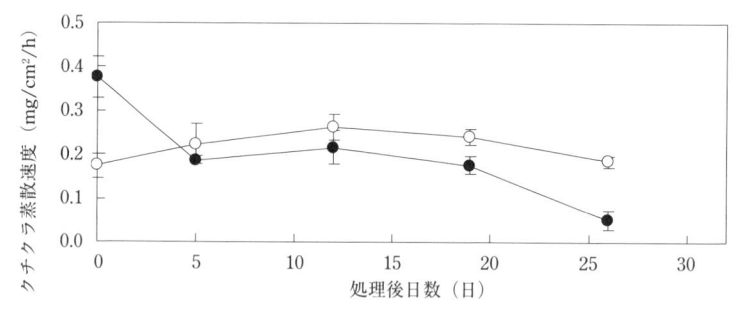

図 5-1 塩化ナトリウム処理を行った場合(黒丸)と行わなかった場合(白丸)のサゴヤシ実生の蒸散速度およびクチクラ蒸散速度の推移

塩化ナトリウム処理は木村氏 B 液に 342 mM(2%相当)となるよう NaCl を加え,30 日間行った(pH5.5).データは 5 日間の移動とし 3 反復の平均値±標準偏差で示した.
Ehara et al. (2008a) より作成.

用いた耐塩性に関する生理的研究が進められてきた。生理的研究の中でサゴヤシ実生の蒸散速度の測定が行われている。

　Ehara et al. (2008a) は,塩ストレス抵抗性のメカニズムを解明する目的で 8〜9 葉期のサゴヤシ実生をポット栽培し,重量法で蒸散速度を約 30 日間測定した。塩化ナトリウム (NaCl) 処理していない対照区のサゴヤシの蒸散速度はおよそ 1.6〜2.2 mg/cm^2/h であった(図 5-1)。一方,342 mM NaCl 処理(2% NaCl 相当)を行った区では処理開始当初 1.5 mg/cm^2/h であった蒸散速度は徐々に低下し 30 日後には 0.3 mg/cm^2/h となった。塩分ストレス下では,気孔を閉鎖することによって蒸散速度を低下させ,体内の水分損失を回避していると考えられる。対照区の蒸散速度を個体 1 日あたりで表すと,実験に用いた 8〜9 葉期の実生はおよそ 1200 cm^2 の

葉面積を有しているので，1日当たりの個体の蒸散量は55gであった。蒸散は気孔を介しての気孔蒸散と，クチクラ層からのクチクラ蒸散とに分けることができる。気孔を閉じている夜間の蒸散量がクチクラ蒸散を表すと仮定した場合，対照区のクチクラ蒸散はおよそ $0.2\ mg/cm^2/h$ であり，昼間の蒸散量の約10%がクチクラ蒸散であった。クチクラ層は葉の成熟とともに発達すると考えられるが，葉の発達に伴うクチクラ蒸散の変化については明らかになっていない。また，葉の気孔密度も樹齢とともに特に幹立ち期までは急速に気孔密度が増加するため（Omori et al. 2000），樹齢の違いによっても単位葉面積当たりの蒸散速度は変化すると考えられる。

　サゴヤシの分布域は概ね赤道の南北約10°の範囲に限られ，自生群落は沿岸部の淡水湿地，河川の氾濫平野などおよそ高度300 m以下に見られる（高村 1995）が，泥炭地や沼沢地よりは普通の土壌が生育に適していると考えられている（Schuiling and Flach 1985）。また近年，年降水量が約900 mmで5月から9月までの5ヶ月間の乾季を有するタンザニアのモロゴロでもサゴヤシは生育できることが明らかになっている（Ehara et al. 2006c ; Tarimo et al. 2006）。サゴヤシの栽培適地の確立のためあるいは高デンプン収量のための栽培法の確立のためにも，土壌水分に対するサゴヤシの生理反応の解明が望まれる。

2 ▶ 光合成

　サゴヤシは，みかけの光合成速度が低いこと（13～15 mg $CO_2/dm^2/h$），光飽和点が低く（750 $\mu mol/m^2/s$），CO_2 補償点が高いこと（44 ppm），最大能力を示す温度が中程度の26.0～27.4℃であることから，C_3型の光合成特性をもつ植物である（表5-1，Uchida et al. 1990）。葉の内部組織は，柵状組織と海綿状組織に分かれており，形態的にも C_3 植物であり，C_4 植物に特徴的なクランツ構造は存在しない（Nitta et al. 2005）(3章2節参照)。また，遮光（80%）条件で栽培しても光合成の最大値や光利用効率（量子収率）が有意に変化せず，葉が陰葉化していることが示唆される（Uchida et al. 1990）。さらに葉は厚く（0.2～0.4 mm），その結果，葉緑素含量が著しく高いこと（SPAD値で60～80）が報告されている（山本ら 2006a, 2007）。弱光下でも光合成速度が最大値に達することが，群落内で優れたデンプン生産力を維持する基礎となっているものと考えられる。

　サゴヤシの葉の光合成速度は，葉の展開後37～45日で最大となり，70日前後でも最大光合成速度の2分の1以上を示したことより（図5-2），光合成機能の発達と老化が一年生作物より遅いことが知られている（Uchida et al. 1990）。このことは葉のN濃度が低いこと，しかもその変化が小さく再転流がほとんどみられない

表 5-1 光合成特性（幼植物期のサゴヤシ）

項 目	無遮光	80％遮光[1]
最大光合成速度 (mg $CO_2/dm^2/h$)	13.5 ± 2.8	12.8 ± 2.0
光飽和点 (μ mol m^2/s)	741 ± 86.2	613 ± 13.7
光補償点 (μ mol m^2/s)	5.3 ± 3.0	4.6 ± 1.8
量子収率 (mmol CO_2 mol/ photon)	54.7 ± 10.1	71.3 ± 27.5
最適温度（℃）	27.4	26.0
CO_2 補償点（ppm）	43.6 ± 6.6	43.8 ± 6.6

[1] 測定前の1年間を80％遮光条件下で生育させた．
Uchida et al. (1990) より作成．

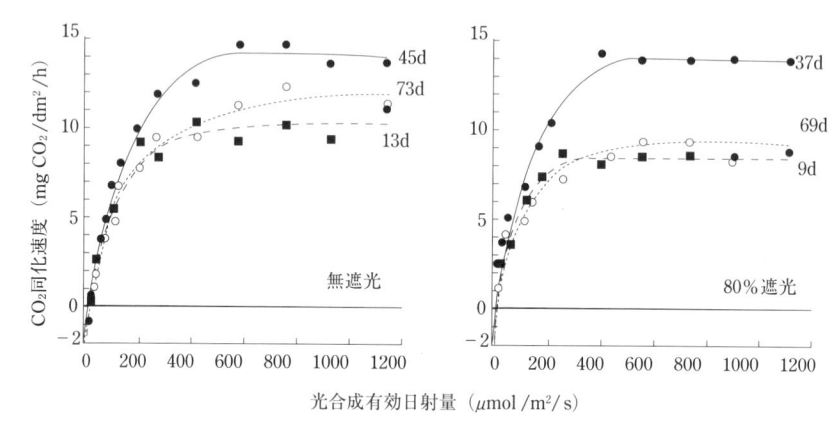

図 5-2 異なる光条件で生育させたサゴヤシの光—光合成曲線（幼植物期）
Uchida et al. (1990).

ことによる (Matsumoto et al. 1998)．葉の寿命はサゴヤシにおいて8〜13ヶ月（山本 1998a）あるいは約2年 (Flach and Shuiling 1989) であることが報告されており，一年生作物のイネやコムギの上位葉の生存期間（約60日）より極めて長い．葉の寿命が長いことは貧栄養土壌で生育するサゴヤシの低い光合成速度を補う重要な特性である．光合成速度に葉の寿命を乗じた累積炭素同化量はサゴヤシにおいてコムギと同程度かそれ以上である (Matsumoto et al. 1998)．

光合成速度 (mg $CO_2/dm^2/h$) の最大値は，サゴヤシにおいて樹齢の進行に伴い変化することが考えられる．すなわち，温室内のポットで育成したサゴヤシにおいて幼植物期に13〜15 (Uchida et al. 1990)，あるいは8〜12 (Flach 1977) であった．一方，生育現地において幹立ちしたサゴヤシでは最大25〜27であり，幹立ち前のサゴヤシ (16〜18) より高かった (Miyazaki et al. 2007)．

これらの光合成速度の差異は，光合成に関連する量的形質が樹齢に伴い増加することによる．例えば，サゴヤシの葉は樹齢とともに厚くなり，葉緑素含量（SPAD値）

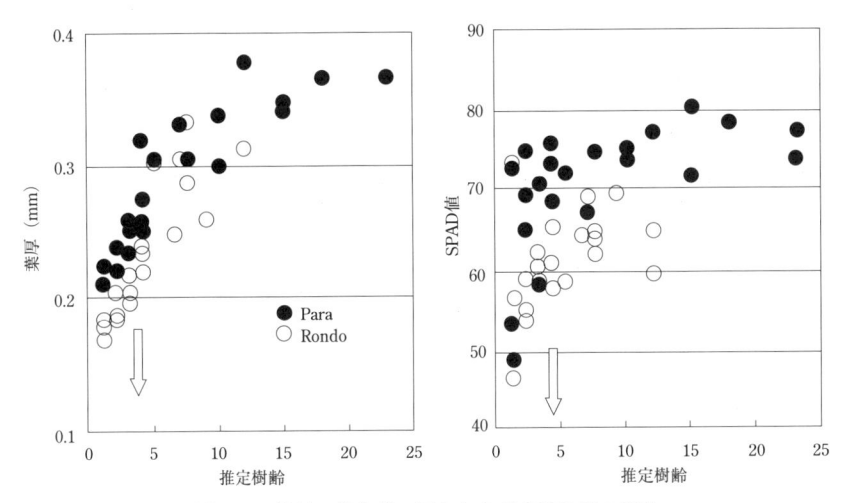

図 5-3 樹齢に伴う葉の厚さおよび SPAD 値の変化
中位葉における中位小葉の中央部を測定した.
図中の矢印は幹立ち期を示す.
山本ら (2006a).

が増加する (図 5-3, 山本ら 2006a)。また, 蒸散速度 ($g H_2O/dm^2/h$) は幼植物期に 0.67 であったが (Uchida et al. 1990), 幹立ち後には 2.3 であったこと (Miyazaki et al. 2007) が報告されており, この背景として, 気孔密度が幼植物期から幹立ち期まで樹齢とともに増加し, 幹立ち期には一年生作物より著しく高かったこと (図 5-4, 表面 120 個/mm^2, 裏面 1000 個/mm^2) が明らかにされている (Omori et al. 2000)。

このような光合成関連形質の樹齢に伴う変化は, 光合成の支配要因に影響を及ぼすものと考えられる。つまり, 幼植物期には, 蒸散速度や気孔密度が低く, 気孔による律速程度が大きいこと (30％以上) から, 光合成は主として気孔要因により支配されると考えられた (Uchida et al. 1990)。しかしながら, 幹立ち期以降に光合成速度は気孔伝導度よりむしろ葉肉伝導度と強い相関関係を示したことから, 葉内の炭酸固定能力が光合成に強く影響するものと考えられた (Miyazaki et al. 2007)。これらの相違点について, 今後, 生育時期を追って光合成特性を調査する必要があろう。

ジャヤプラ近郊のスンタニ湖畔では, 変種間で光合成速度の差異が調査された (表 5-2)。Para (多収性) と Rondo (早生) のあいだにはみかけの光合成速度に明瞭な差異がみられなかったが (Miyazaki et al. 2007), Para は Rondo より葉が厚く, 葉緑素含量が多かった (Miyazaki et al. 2007, 山本ら 2006a)。光合成速度は環境に応じて時々刻々と変化し変動の大きい形質であるため, 変種による差異についてもさらに詳細な検討が求められる。

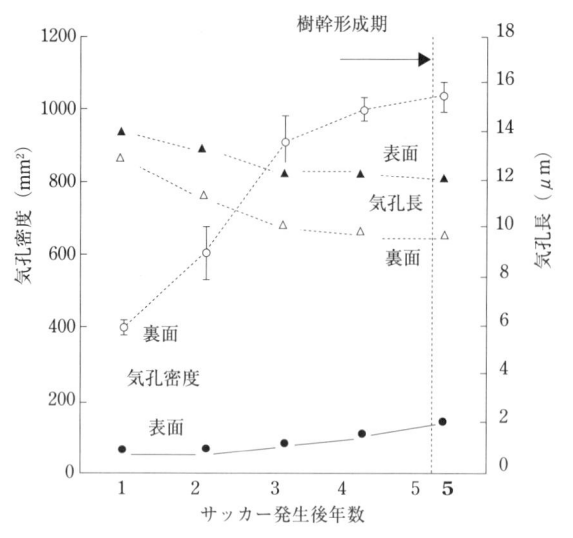

図 5-4 樹齢に伴う気孔密度の変化
気孔密度は中位葉における中位小葉中央部について測定した．
Omori et al. (2000).

表 5-2 光合成速度，気孔伝導度，葉肉伝導度，SPAD 値および葉厚における変種間の比較
（樹齢 3〜5 年の幹立ち前のサゴヤシ，ジャヤプラ）

変種	葉位[1]	光合成速度 ($mg\ CO_2/dm^2/h$)	気孔伝導度 (cm/s)	葉肉伝導度 (cm/s)	SPAD 値	葉厚 (mm)
Rondo	4th	21.6a	0.274a	0.123a	58.4cd	0.329cde
Rondo	5th	19.2a	0.275a	0.101abc	58.3cd	0.338bcd
Para	4th	19.8a	0.281a	0.108ab	77.6a	0.369ab
Para	7th	13.4b	0.177b	0.072bc	76.5a	0.396a
Yepha	5th	12.8b	0.165b	0.059c	65.5bc	0.368abc
Yepha	6th	−	−	−	56.9d	0.300def
Yepha	7th	17.4ab	0.255ab	0.081abc	61.7bcd	0.269f
Follo	4th	16.5ab	0.215ab	0.076abc	69.8b	0.341bc
Follo	8th	−	−	−	66.2b	0.298ef
平均		17.2	0.235	0.089	65.6	0.334
変動係数(%)		19.1	20.8	25.4	11.8	12.1

異なるアルファベット間には Tukey の検定により有意差があることを示す．
[1] 上位から数えた葉位．
Miyazaki et al. (2007).

3 ▶ 物質生産

　サゴヤシの収穫対象物であるデンプンは，いうまでもなく葉による光合成産物である。したがって，サゴヤシの種類（変種）や環境条件による物質生産の差異を明らかにすることは，サゴヤシのデンプン生産性を解明し，さらにそれを改良する上で重要となる。サゴヤシの物質生産量は，個体当たりあるいは面積当たりの葉面積と単位葉面積当たりの平均光合成速度によって決定される。また，単位面積当たりの平均光合成速度は，葉の光合成能力と葉の受光量によって決定される。これらのサゴヤシの物質生産に関わる形質のうち，光合成能力については本章2節に記述されている。しかし，サゴヤシの乾物生産特性に関する調査報告はこれまでほとんどない。山本ら（2002a, b）は，インドネシア，南東スラウェシ州クンダリにおいて，デンプン生産性が大きく異なる2種類のサゴヤシ（MolatとRotan，7章2節（1）参照）について，幹立ち後，収穫期（Molat：7年目，Rotan：5.5～7年目）までの乾物生産に関わる生長形質を異なるエイジの個体について調査した。ここでは，この調査を例に記述する。

(1) 葉面積

　Molatの個体当たりの葉面積は，幹立ち直後の約125 m^2 から収穫適期（幹立ち7年目）の400～450 m^2 へと増加傾向を示した。一方，Rotanでは幹立ち後から収穫期にかけての個体当たりの葉面積の変化は小さく，100～200 m^2 の範囲で推移した。個体当たりの葉面積は，葉数と平均1葉面積によって決定されるが，Molatでは個体当たりの葉面積は葉数および平均1葉面積の両者と非常に高い有意な正の相関関係を示したのに対して，Rotanでは葉数とのみ有意な相関を示した。個体当たりの葉数は，Molatでは幹立ち後5年目頃までは，アタップ（Atap）用に下位葉が収穫されており10～15枚で推移したが，それ以上の樹齢では20～21枚となった。Rotanではアタップ用に葉が収穫されておらず，開花期であった個体では葉数が22枚と多くなったが，その他の個体では10～15枚であった。一方，平均1葉面積はRotanに比べてMolatで高く，Molatでは最大約20～22 m^2，Rotanでは約10～13 m^2 であった。MolatとRotanの平均1葉面積は，小葉数と平均1小葉面積の両者と高い有意な正の相関関係を示したが，Molatでは小葉数に比べて平均1小葉面積との相関の程度が高かった。また，1葉当たりの葉面積は，両変種を込みにしても平均小葉面積と密接に関係していた。なお，両変種の葉長は8～13 m，葉軸長は6～9 mの範囲にあり，いずれもMolatでRotanに優る傾向が見られ，葉軸に着

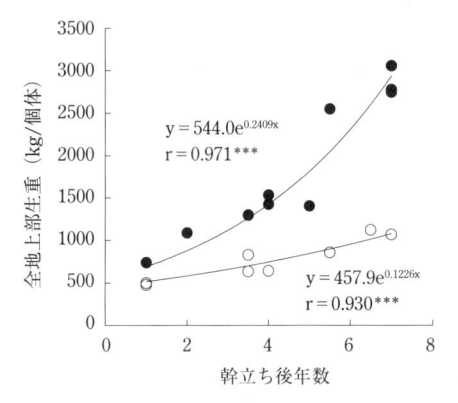

図5-5　幹立ち後年数と全地上部生重との関係
● Molat，○ Rotan．＊＊＊：0.1％水準で有意．
山本ら(2002b)．

グラフ中の式：
$y = 544.0e^{0.2409x}$
$r = 0.971***$

$y = 457.9e^{0.1226x}$
$r = 0.930***$

生する小葉数は，Molat で 150〜180 枚，Rotan で 130〜160 枚であった。最大小葉長および小葉幅は，Molat ではそれぞれ 160〜180 cm，10〜14 cm，Rotan で 150〜160 cm，8〜10 cm であり，いずれも Molat が Rotan に比べて優った。これらの結果より，上述した平均 1 葉面積の変種間差異は，1 葉当たりの小葉数と個々の小葉面積の大小の両者によっていることが明らかとなった。

Flach and Schuiling (1991) は，マレーシア，ジョホール州バツ・パハとサラワク州ムカおよびインドネシア，セラム島のサゴヤシの葉形質について調査し，1 葉当たりの葉面積はそれぞれ 4 m^2，9 m^2 および 20 m^2 と著しい差異を認めている。そして，これらの 1 葉当たり葉面積の地域間差異は，1 葉当たりの小葉数および小葉面積の差異の両者によるものであり，平均小葉面積の差異は，最大小葉長および／あるいは小葉幅の差異によることを示している。このサゴヤシ葉面積の地域間差異は，サゴヤシの種類（変種）および生育環境の影響によるものと推定される。

(2) 全地上部生重と乾物重

図 5-5 には，Molat と Rotan の 1 樹当たりの幹立ち後から収穫適期までの全地上部生重の変化を示した（山本ら 2002b）。両変種の全地上部生重および乾物重は，指数関数的に増加したが，Molat では生重と乾物重がそれぞれ 600〜3050 kg，100〜1030 kg，Rotan では 490〜1120 kg，90〜440 kg で変化し，幹立ち後の年数とともに両変種の差異は大きくなった。収穫期における両変種の全地上部重の差異は，生重で 2.8 倍，乾物重で 2.7 倍であった。生重と乾物重より，全地上部の乾物率の変化をみると，幹立ち直後から同 4 年目頃までは Molat では 10 数 ％，Rotan では

表 5-3　幹立ち後年数に伴う地上部各部位の乾物率（%）の変化

変　種	幹立ち後年数[1]	葉	樹　幹	地上部
Molat	1	25.5	9.4	17.4
	1	25.7	10.4	18.8
	1	25.9	11.1	19.0
	2	27.0	12.5	19.3
	3.5	25.9	12.7	18.0
	3.5	27.4	11.4	16.6
	4	27.5	10.6	16.3
	4	27.2	13.4	18.4
	5	30.3	27.5	28.2
	5.5	31.3	26.6	28.2
	7	31.2	34.7	33.7
	7	32.1	35.3	34.4
	7	31.4	37.1	35.5
Rotan	1	24.9	10.7	18.1
	1	27.6	11.9	19.5
	1	28.7	13.0	20.8
	3.5	28.2	16.3	20.2
	3.5	30.1	22.8	25.5
	4	28.5	17.1	20.9
	5.5	29.5	33.0	31.9
	6.5	31.5	34.7	33.7
	7[2]	36.3	42.2	40.8

1) 幹立ち後年数．2) 開花期．
山本ら（2002b）．

20%前後で変化は小さかったが，その後は急増して収穫期には約35%となった（表5-3）。

(3)　地上部の部位別乾物重

次に，葉と樹幹別に乾物重の変化をみると，葉の乾物重はMolatでは80～290 kgで指数関数的に増加したのに対して，Rotanでは60～110 kgで増加程度はMolatに比べて小さかった。樹幹乾物重は，Molatでは30～750 kg，Rotanでは25～340 kgと両変種とも指数関数的に増加し，収穫期にはMolatでRotanより2.7倍重くなった。幹立ち後の樹齢に伴う葉の乾物率の変化は樹幹に比べて小さく，25～35%の範囲で増加した（表5-3）。一方，樹幹では，Molatは幹立ち後4年目頃まで

は10数％と低く，さらに変化は小さかったが，その後急激に増加したのに対して，Rotanでは幹立ち直後から乾物率が増加する傾向が見られた（表5-3）。このように，両変種の樹幹乾物率の増加パターンに差異が見られたのは，髄部へのデンプン蓄積時期がMolatに比べてRotanで早いことが関係しているものと考えられた。収穫期の樹幹乾物率は，35～40％で両変種の差は小さかった（但し，Rotanの7年生は，幼果期でやや高い値を示した）。

　樹幹乾物重を樹皮部と髄部に分けてみると，両変種の両部位とも幹立ち後，指数関数的に増加した。髄部乾物重は，Molatでは20～600 kg，Rotanでは20～270 kgで変化し，幹立ち後年数とともに差が大きくなり，収穫期の平均値はMolat；581 kg，Rotan；213 kgで2.7倍の差がみられた。樹皮部乾物重は，Molat；10～150 kg，Rotan；5～65 kgで変化した。両部位の乾物率は，幹立ち後4年目までは樹皮部が20～35％で髄部より高く推移したが，その後は両部位の差は小さくなった。収穫期の乾物率は，髄部35％前後，樹皮部35～40％であった。

(4) 地上部各部位の乾物重割合

　上述した各部位別の乾物重より，各部位の乾物重の割合の変化をみると，次の通りである（山本ら 2002b）（表5-4）。

　まず，全地上部乾物重に占める葉と樹幹重の乾物重割合の変化をみると，両変種の差は小さく，幹立ち直後の葉重割合75～70％，樹幹重割合25～30％から，収穫期のそれぞれ20～30％，80～70％へと対照的に変化した。

　全葉重に対する小葉，葉軸および葉柄＋葉鞘の乾物重割合の幹立ち後の変化は比較的小さく，小葉と葉柄＋葉鞘がそれぞれ30～40％，葉軸20～30％で推移した。また，これらの割合の変種間差異も小さかった。

　幹立ち後の樹幹乾物重に対する樹皮部および髄部乾物重割合の変化をみると，両変種の差異は小さく，幹立ち後4年目までは樹皮部40～30％，髄部60～70％で推移したが，その後は髄部の割合が高くなり，収穫期には樹皮部約20％，髄部約80％となった。これらの結果より，収穫部位である髄部乾物重は，収穫期には全地上部乾物重の約60％（56～64％）を占めるものと推定された（表5-4）。

　Flach and Schiling（1991）は，インドネシア，セラム島のサゴヤシ変種Tuniの収穫期の葉について，小葉，葉軸および葉柄＋葉鞘の重量割合が，それぞれ40.6％，28.1％および31.3％と報告しており，上述した結果と一致した。一方，マレーシア，サラワク州に生育するサゴヤシの収穫期全地上部乾物重（521.2 kg）に占める全葉乾物重割合は22.6％，樹幹乾物重割合は77.4％，また全葉乾物重に占める小葉，葉軸，葉柄＋葉鞘乾物重割合は，それぞれ33.2，33.0，33.8％，樹幹乾物重に占める樹皮部乾物重，髄部乾物重割合は，それぞれ13.3％，86.7％と報告している。また，

表 5-4 幹立ち後年数に伴う地上部各部位の乾物重割合（%）の変化

変　種	幹立ち後年数[1]	葉	樹　幹	花序	地上部合　計
Molat	1	73	27	0	100
	1	75	25	0	100
	1	73	27	0	100
	2	65	35	0	100
	3.5	58	42	0	100
	3.5	54	46	0	100
	4	57	43	0	100
	4	54	46	0	100
	5	29	71	0	100
	5.5	37	63	0	100
	7	28	72	0	100
	7	28	72	0	100
	7	24	76	0	100
Rotan	1	72	28	0	100
	1	69	31	0	100
	1	69	31	0	100
	3.5	45	55	0	100
	3.5	43	57	0	100
	4	46	54	0	100
	5.5	29	71	0	100
	6.5	28	72	0	100
	7[2]	20	77	3	100

1) 幹立ち後年数. 2) 開花期.
山本ら (2002b).

　Kaneko et al. (1996) は，マレーシア，サラワク州の浅い泥炭質土壌に生育する 13 年生（収穫適期と推定される）のサゴヤシ（全地上部乾物重；387 kg）について，葉，樹皮部，髄部の乾物重割合がそれぞれ 26%，23%，51% であったと報告している。一方，矢次 (1977) は，樹幹重に占める樹皮部と髄部重の割合を 20% と 80% としている。
　以上の報告より，収穫期における全地上部乾物重に占める樹幹および葉乾物重割合，並びに全葉乾物重に占める小葉，葉軸，葉柄＋葉鞘乾物重割合はほぼ一致しているが，樹幹乾物重に占める樹皮部乾物重と髄部乾物重割合は，Flach and Schilling (1991) のサラワクのデータは，他の報告に比べて樹皮部乾物重割合が低いなど，一致しない点もみられる。

表 5-5　サゴヤシのデンプン生産に関わる物質生産特性の変種間差異

変種	全地上部乾物重 (kg/palm)	髄部重割合[1] (％)	髄部デンプン含有率 (％)
Molat	1000	60	60〜70
Rotan	400	60	70

[1] 全地上部乾物重に対する割合.

(5) デンプン収量と物質生産特性

　サゴヤシのデンプン収量は，一般の作物と同様に，デンプン収量＝全植物体乾物重×デンプン収量/全乾物重，で求められる。

　この式の右項は，はさらに，全植物体乾物重×髄部乾物重/全植物体乾物重×デンプン収量/髄部乾物重と表される。したがって，全植物体乾物重，全植物体乾物重に占める髄部重の割合，髄部乾物重当たりのデンプン含有率がデンプン収量決定に密接に関連する。全乾物重は，地上部乾物重と根乾物重からなるが，根乾物重の測定には多大の時間と労力を要するので，上述した地上部乾物重を全植物体乾物重の代わりに用い，表5-5には両変種のデンプン収量に関わる物質生産特性を示した。この表より，両変種のデンプン収量の差異は，地上部の乾物生産量の差異によるものであり，デンプン蓄積部位である髄部への乾物分配率や髄部乾物重当たりのデンプン含有率（7章3節参照）には差異は認められなかった。そして，地上部の乾物生産量が優ったMolatでは，Rotanに比べて葉面積が大きく，このことが物質生産性と密接に関係していると考えられた。

4　汽水域への適応機構

　汽水域において，植物は過剰な水と塩によってストレスを受ける。ここでは，水ストレスと塩ストレスに適応する機構を区分して説明する。

(1) 水ストレスに対する適応機構

　植物にとって水はあらゆる代謝反応の必須物質であり，植物体を正常に維持するためにも植物は水を要求する。C_3植物であるサゴヤシは光合成で二酸化炭素 1 mol を固定するのに蒸散によって 50〜100 mol の水を消費する。したがって，蒸散による水消費に見合う水を根から供給しなければならない。しかし，過剰な水が存在す

山林に囲まれた池の浮葉
植物群落：ジュンサイ・
ヒツジグサ・フトヒルム
シロなど

びっしりとヒシの浮葉で
覆われた池

図 5-6　沼沢植物

下田 (2005).

ると植物は酸素欠乏を引き起こし，再び空気に暴露されると酸素障害をきたすと考えられている。

　サゴヤシの生育地である汽水域は，常時あるいは季節的に地下水位が高く，何らかの耐湿性機構（水ストレス排除機構）を持つ植物〔水生植物（下田 2005），沼沢植物と呼ばれることもある〕（図 5-6）しか生育できない。植物細胞の水輸送は半透膜による浸透が主反応であり，能動輸送の可能性は低い。植物細胞の水ポテンシャルは外界の水分に応じて変化する。細胞外の水ポテンシャルの急激な上昇に対して，細胞の内圧を高め，細胞内外の水ポテンシャル差の拡大を防ぎ，過剰な吸水を抑制して，細胞破裂を回避しようとする（加藤 2002）。植物固有の組織である細胞壁と液胞が過剰の水による細胞破裂を防いでいるのである。

　過剰の水によって酸素欠乏になると，植物は低酸素状態になり，酸素を補給しよ

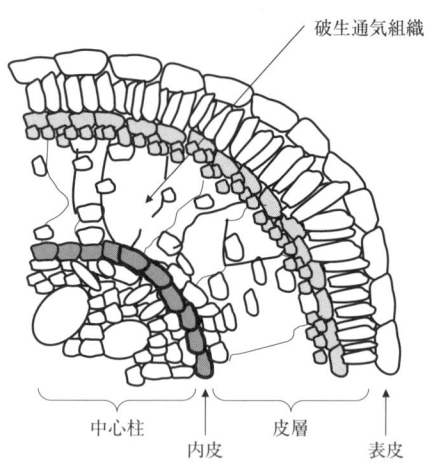

図 5-7 サゴヤシ根の横断面

うとする。酸素不足を回避するために，多くの沼沢植物は葉，茎，根において破生通気組織（図 5-7）を発達させている。葉の気孔から取り込まれた空気や光合成によって発生した酸素は，破生通気組織を通して地下部に達し，酸素を必要とする反応に利用する。地上部から地下部に送られた酸素は，根細胞中で利用されるとともに根から放出され，根の周囲を酸化的に保つ。山本（1997）は便宜的にサゴヤシの根を太い根（直径 7〜11 mm）と細い根（直径 4〜7 mm）に区分したが，太い根にも細い根の両方に破生通気組織が発達していると報告している。この破生通気組織がサゴヤシの水ストレスに対する適応機構をもたらせているといっても過言ではない。

サゴヤシは根に破生通気組織を発達させ，地上部から地下部へ酸素を送り，過剰な水ストレスを回避している（山本 1998a）。その結果として，サゴヤシ根の表面は褐色に呈色している。根から放出された酸素によって，土壌溶液中の Fe (II) イオンが酸化されて根の表面に沈積し，ゲータイト α-FeOOH，レピドクロサイト γ-FeOOH などをはじめとする酸化鉄化合物が観察される。

(2) 塩ストレスに対する適応機構

植物根から吸収されたイオンの輸送には，根の柔細胞を通過するシンプラスト経由と細胞壁と細胞間隙をすり抜けるアポプラスト経由との二つの経路がある（間藤 1991）。シンプラストによるイオンの輸送は，細胞膜に存在するイオンチャネルによって制御されている。アポプラストによるイオンの輸送は，マスフローや拡散によっており，植物はアポプラストによるイオン移動を積極的には制御できない。

多くの陸上植物は塩濃度が 0.1％ になると生育が低下し，0.3％ を超えると生育は

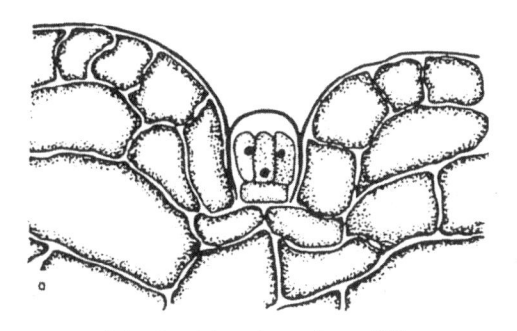

図5-8 *Avicennia marina* の塩腺
Waisel (1972),高橋 (1991).

著しく抑制される (間藤 2002)。塩ストレスは,塩の浸透圧による吸水阻害 (浸透圧ストレス) と塩を構成するイオンの特異的な生理作用による過剰害 (イオン過剰ストレス) に分けられる。しかし,塩ストレスのおもな要因は,イオン過剰ストレスによるとみられている。

高橋 (1991) は,植物の塩ストレスに適応機構として

①ナトリウムイオンの吸収を抑制する障壁が根に存在し,ナトリウムイオンを排除する。
②吸収したナトリウムイオンを根,茎,葉柄の一部に貯蔵して葉身への輸送を抑制する (間藤 2000)。
③地上部へ輸送したナトリウムイオンを根に再転流して,排出する。
④表皮細胞から分化した塩毛あるいは塩嚢 bladder hair にナトリウムイオンを貯蔵し,塩毛中にナトリウムイオンが一杯になると塩毛組織を体外に捨て,新たに塩毛を作製することを繰り返して塩ストレスを回避する。
⑤葉面に塩腺 salt gland (図5-8) を分化させ,ナトリウムイオンを塩腺から体外に排除する。
⑥葉肉細胞の液胞にナトリウムイオンを貯蔵し,細胞質からナトリウムイオンを隔離して,細胞の膨圧を作り出すために利用する。
⑦細胞質中にカリウム,ショ糖,アミノ酸,ベタイン類 betaines (図5-9) (和田 1999) などの適合溶質 compatible solute を合成して濃度を高め,高い浸透圧を作り出す (Matoh et al. 1987)。

の7項目を挙げている。細胞質のナトリウムイオン濃度を増加させない①,②,③の機構は,塩ストレスに対する植物の持つ一連の適応機構である。④,⑤,⑥は塩生植物に発達した塩ストレスに対する特異な機構である。サゴヤシも塩ストレスに

(CH₃)₃N⁺-CH₂-COO⁻　　　　グリシンベタイン Glycine betaine

(CH₃)₃N⁺-CH₂-CH₂-COO⁻　　βアラニンベタイン　β-Alanine betaine

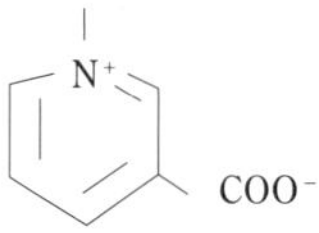

トリゴネリン Trigonelline

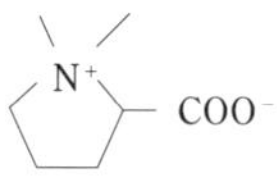

プロリンベタイン Proline betaine

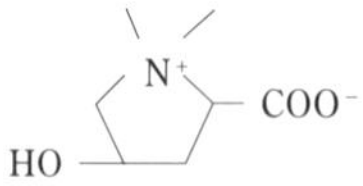

2-ヒドロキシプロリンベタイン 2-Hydroxyproline betaine

(CH₃)₂S⁺-CH₂-CH₂-COO⁻　　ジメチルスルホニオプロピオネート
Dimethylsulfoniopropionate

図 5-9　ベタイン類

強い植物であり，④，⑤，⑥，⑦の機構を備えている可能性がある。

　100 mM 以上の塩化ナトリウム溶液を用いても開花，結実できる高等植物を塩生植物という。ナトリウムイオンは細胞膜に存在する低親和性カリウムチャネルを経由して吸収される（Munns 2001）。塩生植物は，高ナトリウム塩濃度の溶液から吸水するために葉にナトリウムイオンを蓄積し，浸透圧を高める。過剰のナトリウムイオンは細胞質にイオン過剰ストレスをもたらすため，ナトリウムイオンを液胞に隔離し，その代わりに適合溶質を蓄積して浸透圧を調節する。

　植物の耐塩性に関わる形質についての研究が進展し，ナトリウムプロトンアンチポート活性（液胞へのナトリウムイオン輸送能力に関与する），プロトン ATPase 活性，導管柔組織におけるナトリウムイオン再吸収―輸送能力，適合溶質蓄積能力（Girija et al. 2002）などが調べられ，液胞膜ナトリウムプロトンアンチポートタンパク質，細胞膜カリウムチャネルタンパク質などの DNA クローニングが進められている（間藤 2002）。

　サゴヤシの塩ストレスに対する適応機構は，完全には明確になっていない。Flach et al.（1977）はサゴヤシ実生を用いてサゴヤシの耐塩性に関する研究を実施し，2 週間に 1 度程度の海水の浸入では生長に影響がないと結論している。江原ら（2003）は，ナトリウムイオンの吸収を抑制する障壁がサゴヤシ根に存在し，ナトリウムイオンを排除するとした。

　最近，根ではなく，ヨシ茎基部にナトリウムイオンを制御する部位（約 1 cm の厚さ）が存在することが明らかになった（丸山ら 2008）。ヨシは，この部位に存在する

デンプン粒子内にナトリウムイオンを送り込むとともに、液胞内にもナトリウムイオンを輸送し、ナトリウムイオン濃度を制御するという。サゴヤシにおいても同じような機構が働いているかを確認する必要があろう。

さらに、Yoneta et al. (2006) はサゴヤシが主としてカリウムイオンを浸透圧を調節する物質（適合溶質）として利用し、細胞質を高い浸透圧に維持していると推定し、サゴヤシはプロリンやグリシンベタインなどの適合溶質を産生するが、その量は多くないと結論している。多くの耐塩性植物は、ベタインを合成し、細胞質内にとどめておく。ベタイン合成に関与している遺伝子は、コリンモノオキシゲナーゼ（CMO）遺伝子とベタインアルデヒドデヒドロゲナーゼ（BADH）遺伝子であることはよく知られている。CMOはコリンからベタインアルデヒドを合成するもので、ホウレンソウから CMO の部分精製が行われ、CMO が得られた（Burnet et al. 1995）が、遺伝子のクローニングは行われていない。もう一つの BADH はベタインアルデヒドをベタインに変換する。BADH はすでに精製もなされ、遺伝子のクローニングも達成されている。

5 ▶ 低 pH への適応機構

(1) 水素イオンストレスに対する適応機構

生体膜にはイオン輸送を司る細胞膜タンパク質（図 5-10）が存在する。膜タンパク質の中で物理・化学エネルギーを用いてイオンを輸送し、膜に高いエネルギー状態を作り出す能力のあるタンパク質をポンプ pump と呼び、一次能動輸送体として働く（図 5-10）。イオンを一定の部位に結合させ、その後イオンを輸送する膜タンパク質をキャリアー carrier と呼ぶが、キャリアーには能動輸送を行うものと受動輸送を行うものとが存在し、キャリアーは電気化学ポテンシャル勾配を利用してイオンを輸送するために二次能動輸送体といわれる。さらに特定のイオンを選択的に通過させることができる膜タンパク質をチャネル channel といい、受動的にイオンを輸送する。また、トランスポーターと呼ぶ一次能動輸送体も存在する。

植物の細胞膜中には、水素イオン（プロトン）を細胞内から細胞外に運ぶポンプ（プロトンポンプ，プロトン ATPase）が存在する。このポンプは分子量約 10 万とされ、その働きによって、細胞内が弱アルカリに、細胞外が酸性に保たれる。これとともに、細胞膜の外から内への電気化学ポテンシャルの勾配が形成され、この勾配を利用して、その他のイオンの輸送を行う。

水素イオンの増加によってもたらされる植物の生育阻害を酸ストレス（水素イオ

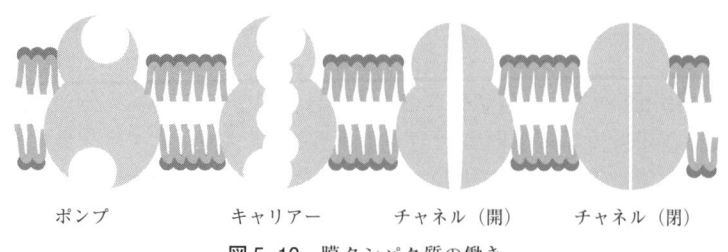

ポンプ　　　　キャリアー　　　チャネル（開）　　チャネル（閉）

図 5-10　膜タンパク質の働き

ンストレス）という。

(2) アルミニウムストレスに対する適応機構

　土壌 pH が低くなると pH5.0 以下からアルミニウムが可溶化し，pH4.0 以下では毒性を発揮する濃度に達するようになる。酸性条件下では，水素イオンの増加そのものによる植物の生育阻害と，可溶化したアルミニウムイオンによる生育阻害の二つが知られる。

　アルミニウム耐性の強い植物は，根端細胞原形質膜のアルミニウム排除機能が優れているといわれている。アルミニウムストレスは根端細胞の原形質膜の外側にβ-1,3-グルカン（カロース）を誘導合成し，アポプラスト内および原形質連絡周辺に沈積して，アポプラスト，隣接細胞間シンプラストでの数種の物質の移動を阻害する（我妻 2002）とされ，アルミニウム耐性の強い植物はβ-1,3-グルカンを誘導合成しにくい。また，植物のアルミニウム耐性は，根から放出されるクエン酸，シュウ酸，リンゴ酸などに規制されており，これら有機酸の放出はアルミニウムストレスによって誘導される（Ma et al. 2001；古川・馬 2006）（図 5-11）。根の周辺のアルミニウム濃度に対して，有機酸濃度は著しく低く，根から放出された有機酸がどの程度アルミニウム吸収を抑制しているかは不明であるといわれてきたが，根の表面では有機酸濃度が高くなるため，アルミニウム耐性を説明できるとされている（小山 2002）。

　植物のアルミニウム耐性は，貢献度の異なる個別の機構により支配されていると理解されている。その機構は，①細胞外におけるアルミニウムの無毒化，②細胞壁・細胞膜表面への結合，③細胞内における解毒・防御に分けられる。

a. 細胞外におけるアルミニウムの無毒化

　アルミニウムを細胞外で無毒化する機構として植物は根から有機酸を放出する（Ma et al. 2001）。シュウ酸，クエン酸，リンゴ酸はアルミニウムと安定した錯体を形成するが，これらの有機酸の放出はアルミニウムストレスによって誘導される。

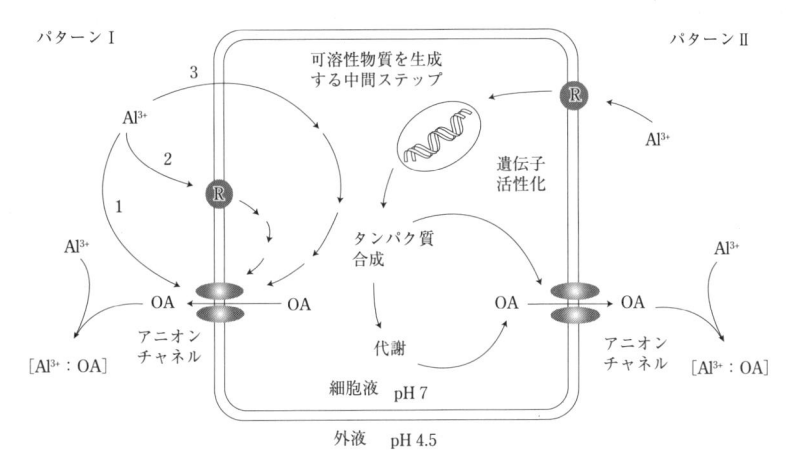

図 5-11 アルミニウムに刺激された根からの有機酸イオンの分泌モデル
R：アルミニウムイオンに特異的なレセプター，OA：シュウ酸パターンIに示した物質のいくつかは同定されているが，パターンIIに示した物質は推定される物質である．
Ma et al. (2001).

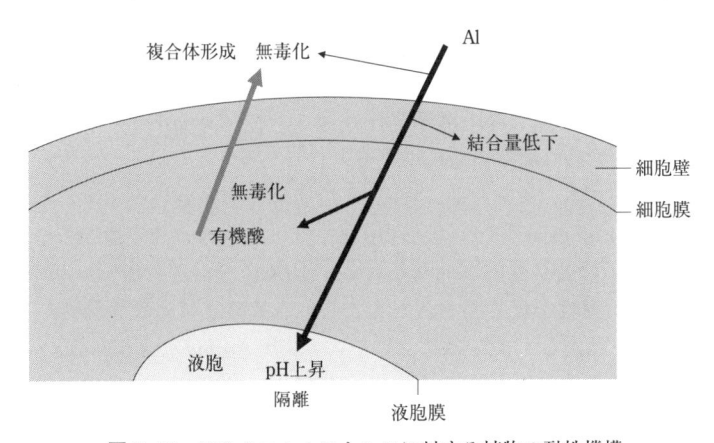

図 5-12 アルミニウムストレスに対する植物の耐性機構

アルミニウム1に対して，クエン酸は1，シュウ酸は3，リンゴ酸は約10倍量のときにアルミニウムストレスを完全に抑制する（我妻 2002）。形成された錯体は毒性が低く，また根から吸収されにくくなる（図5-12）。

b．細胞壁・細胞膜表面への結合

アルミニウムは細胞壁や細胞膜表面に接触し，徐々にシンプラストに移行してイオンの吸収移行を低下させるとともに細胞内の情報伝達の撹乱を引き起こす。耐性

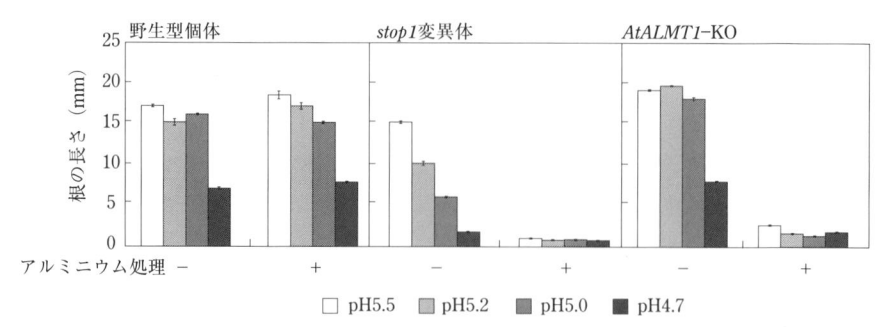

図 5-13　pH およびアルミニウムの stop 1 変異株への影響
Iuchi et al. (2007).

種の細胞膜はゼータ電位が低く，アルミニウムイオンが細胞膜と結合しにくいために，細胞膜の機能を維持することができる．

c. 細胞内における解毒・防御

　細胞内でのアルミニウム阻害を防御するために，液胞へアルミニウムを隔離することが知られている．ソバのようなアルミニウム集積植物では，シュウ酸3に対してアルミニウム1の複合体として液胞内に隔離するという（Ma et al. 2001）．現在，アルミニウム誘導性遺伝子群の単離が行われている．De la Funte et al. (1997) は，微生物由来のクエン酸合成酵素遺伝子を導入してタバコとパパイヤの形質変換体をつくり，それらがクエン酸を大量に合成し，アルミニウム耐性を示すことを明らかにした．一方，Ezaki et al. (2000) は植物由来のアルミニウム誘導遺伝子からアルミニウム耐性遺伝子のスクリーニングを行い，*AtBCB*, *parB*, *NtPox*, *NtGDI1* 遺伝子がアルミニウム耐性を付与できると報告し，有機酸以外の耐性機構が存在することを示唆した．井内ら (2007) は，シロイズナズナ *Arabidopsis thaliana* の中から，世界で初めて酸性条件で根を伸長できない *stop1* という変異株を見出し，この変異株を用いて研究を進め，*STOP1* 遺伝子が酸耐性の分子機構の発現に重要であると結論した．図 5-13 は pH およびアルミニウムイオンの両方が stop1 変異体に生育阻害を引き起こす様子を示している（Iuchi et al. 2007）．

　サゴヤシの低 pH への適応機構が *STOP1* 遺伝子の発現が関与しているかは不明であり，今後の研究を待たなければならないであろう．

6 ▶ 海水への適応機構

　耐塩性などの特性は栽培地を広げる上や他の作物との競合を避ける上で重要であり（佐藤 1993），耐塩性の品種間差あるいは種間差を明確にすることが求められている。サゴヤシの生育環境は汽水域から淡水域まで広域にわたり（下田・パワー 1990），海水の影響を受ける低湿地での生育が可能であることから，ある程度の耐塩性を有しているものと考えられている。一般に *Metroxylon* 属は *Rhizophora* 属，*Bruguiera* 属などのマングローブあるいはニッパヤシ（*Nypa fruticans*）の後背地によく見られる。山本ら（2003a）は海岸からの距離が異なるサゴヤシ樹の生育を調査し，海岸から 20 m までの位置に生育するサゴヤシは海岸から 100 m 以上離れた位置に生育するサゴヤシよりも著しく生育が劣ることを報告している。しかしながら，そのような自然条件下でどの程度の塩ストレスにさらされているのか，あるいはその塩ストレスによりどの程度生育が抑制されているのかについてはあまり知られていない。

　江原ら（2006）は 17 葉期あるいは 19 葉期のサゴヤシ苗を用いて，86 mM NaCl 処理を 30 日間行った。その結果，サゴヤシでは根あるいは下位の葉柄にナトリウムを蓄積することによって小葉のナトリウム濃度を低く維持していた。また，8 葉期のサゴヤシに 0, 86, 171, 342 mM NaCl 処理（0, 0.5, 1.0, 2.0％に相当）を 30 日間行った実験では，処理が高濃度になるにつれて根と葉柄のナトリウム濃度は高まったが，上位の小葉ナトリウム濃度に処理区で明確な差はなかった（Ehara et al. 2006b；Ehara et al. 2008a）（図 5-14）。これらの結果から，サゴヤシでは根や葉柄にナトリウムを蓄積することで小葉へのナトリウムの移行を抑制し，小葉のナトリウム濃度を低く抑える回避機構を有していると考えられている。多くの作物では塩ストレスに遭遇した場合，過剰のナトリウムを吸収する一方で必須養分のカリウムの吸収が抑制されることが知られている。しかしサゴヤシでは塩ストレス下でカリウムの吸収と小葉への移行は根や葉柄へのナトリウム蓄積によって減少することはなく，むしろ増加する傾向が認められている。342 mM における小葉のナトリウム濃度は他の処理区と明確な差はなかったが，蒸散速度は低下していた。蒸散速度の低下は気孔閉鎖を意味しており，光合成速度も低下していることが推察される。また，Yoneta et al.（2003）らの実験でも 400 mM NaCl 処理では処理後 3 日後にサゴヤシ苗は枯死していることから，342 mM NaCl 程度の塩分濃度がサゴヤシの生存できる限界ではないかと推察される。

　一般に中生植物では地上部，特に葉身へのナトリウムの蓄積を抑制することが重要であるが，塩に強い塩生植物などでは葉身の細胞に達したナトリウムを液胞

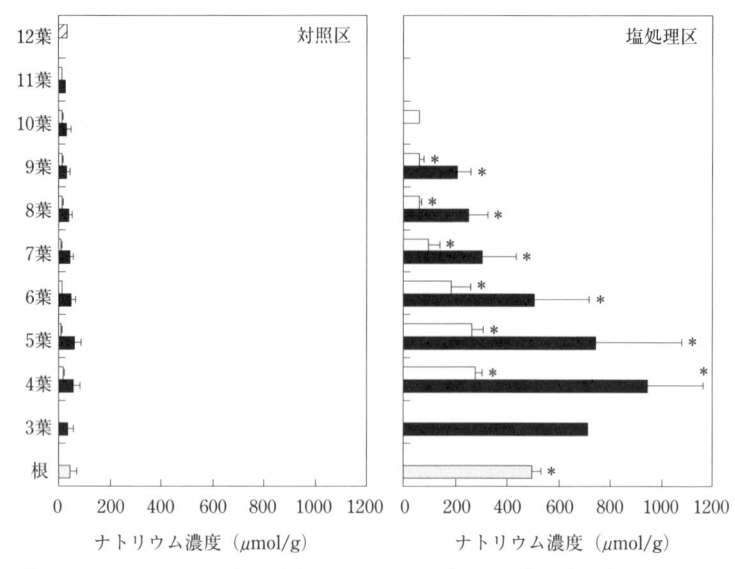

図 5-14 342mM NaCl 処理を行ったサゴヤシ（*M. sagu*）の各部位におけるナトリウム濃度

<small>白抜きと黒の横棒はそれぞれ葉身と葉柄のナトリウム濃度を示す．＊は対照区と塩処理区の間にT-検定において 5% 水準で有意差があることを示す．Ehara et al. (2008a)．</small>

に貯蔵して細胞質のナトリウム濃度を低く維持している．サゴヤシと同じく耐塩性が強いとされているココヤシでは，海岸に生育する個体の葉身ナトリウム含有率が 4.56 mg/g DW であった（Magat and Margate 1988）．この値は同じように海岸に生育するサゴヤシの 0.60 mg/g DW に比べて 7 倍以上もの高濃度である（内藤ら 未発表）．さらに，葉身のカリウム含有率もココヤシで 9.73 mg/g DW とサゴヤシの 6.73 mg/g DW より高かった．これらの結果は，ココヤシでは根圏の塩類をある程度吸収し，その塩類を浸透調整物質として使っている可能性を示す一方，サゴヤシではナトリウムの吸収を抑制することで生育を維持していることを示す．浸透調整物質としては，これら無機イオンの他にグリシンベタインやプロリンなどが知られているが，サゴヤシにおいてはこれらの物質が浸透調整物質として大きな役割を果たしているとは考えられていない．サゴヤシでは塩ストレス下で葉身のカリウム濃度が増加する傾向が認められており（Ehara et al. 2008a），ココヤシほどではないにしろカリウムが浸透調整物質として用いられていると考えられている．

　塩ストレスに対する反応には *Metroxylon* 属内においても種間差がある．*M. sagu* ではナトリウムの蓄積が根や下位の葉柄で大きく上位の葉柄では小さいのに対し，*M. vitiense* では根でのナトリウム蓄積が小さい一方で全葉位の葉柄でナトリウム濃度が高まり，根や葉柄（特に下位葉）におけるナトリウム蓄積能力が小さい事が示さ

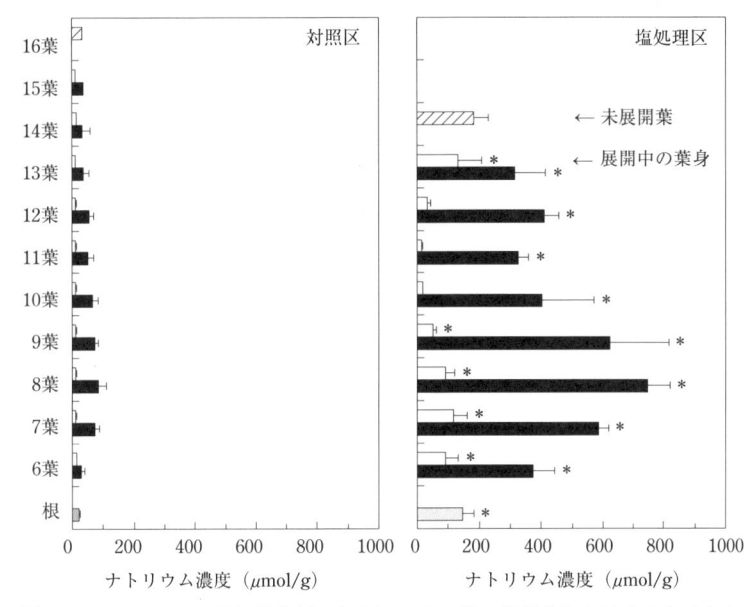

図 5-15　342mM NaCl 処理を行った *M. warburgii* の各部位におけるナトリウム濃度

横棒や＊が示すものは図 5-14 と同様である．Ehara et al. (2007b).

れている (Ehara et al. 2008b)．また，*M. warburgii* においても塩ストレス下で根におけるナトリウム含有率が小さい一方で，上位の葉柄のナトリウム含有率が高まりやすい（図 5-15）．このことは根におけるナトリウム排除機能と根や葉柄におけるナトリウム蓄積能力が小さいことを示すものである．*M. warburgii* ではそのために葉身のナトリウム含有率が高まりやすく，新しい葉の展開が抑制されたり下位葉の枯死や葉色の低下を引き起こす．*Metroxylon* 属における耐塩性程度の種間差には根の排除機能と根や下位葉のナトリウム蓄積能力が大きく関わっているといえる．

　前述した塩生植物のように吸収したナトリウムを液胞に蓄積し，それらを浸透調整物質として積極的に利用する植物以外では，塩ストレス下で作物の生育を維持するためには根におけるナトリウム排除機能がきわめて重要である．この根における排除機能はイネでは内皮部分で機能していると考えられている．塩ストレス下におけるサゴヤシの根におけるナトリウムの分布を調べるためにサゴヤシの根を中心柱部分とそれ以外に分けてナトリウム含有率を測定したところ，中心柱部分よりも外側の部分でナトリウム濃度は高かった．さらに，走査電子顕微鏡を用いた X 線ミクロ分析においてもナトリウム濃度は中心柱で低く，皮層の最も内側つまり内皮に接する部分において高いことが示されている（図 5-16）．このことは *Metroxylon* 属においても内皮部分でナトリウム排除が行われていることを示すものといえる．根

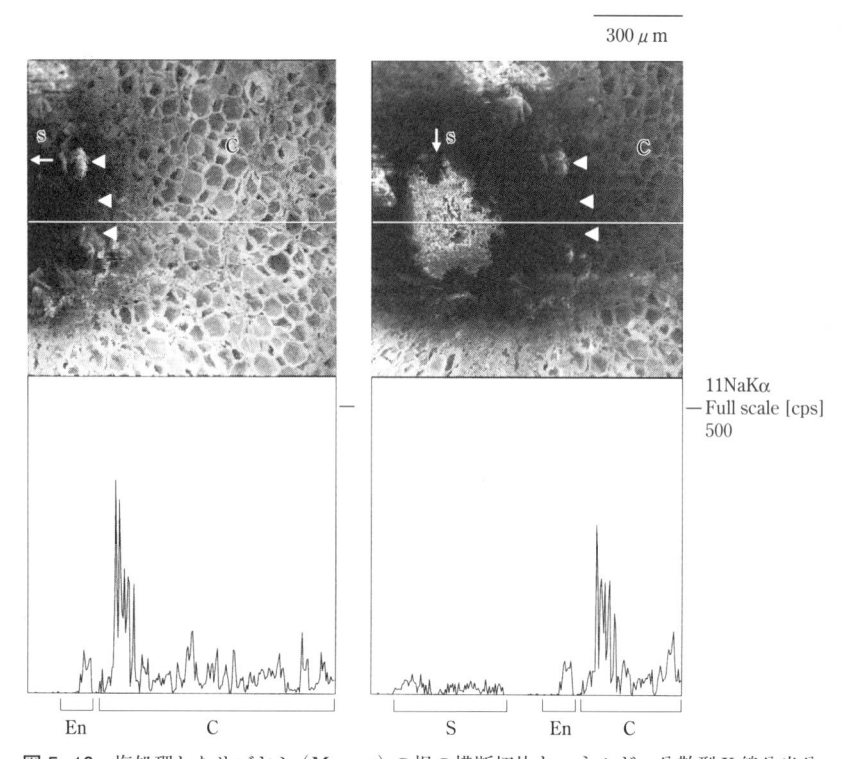

図 5-16 塩処理したサゴヤシ（*M. sagu*）の根の横断切片とエネルギー分散型X線分光分析によるナトリウムの分布

上図の横線におけるナトリウムの分布が下図に示されている．
C：皮層，S：中心柱，En：内皮，△：内皮の外側の端をそれぞれ示す．
Ehara et al. (2008a)．

でのナトリウム排除機能が小さく，地上部へのナトリウムの移行が多い *M. vitiese* では *M. sagu* に比べて内皮細胞の内鞘に接した面の肥厚程度が小さいことが認められており，この部分の発達程度がナトリウム排除に重要であると考えられている．

7 ▶ 窒素固定菌

　空気中に豊富に存在する分子状窒素をアンモニア態窒素へと固定できる窒素固定菌は，ダイズや落花生などのマメ科作物，熱帯・亜熱帯に分布するアカシア属のようなマメ科樹木に見られる共生窒素固定菌が有名である．また，ハンノキやヤシャブシのような樹種には，フランキア（*Frankia*）属の糸状性細菌が共生し，窒素固定

を行うことが知られる。

　一方，イネやサトウキビといった非マメ科作物では，共生窒素固定菌の存在は知られていないが，様々な種類の非共生の窒素固定菌が植物の周りや中に定着し，窒素固定を行っている。野生種と栽培種のイネを比較した例では（Elbeltagy et al. 2001），野生種から単離されたハーバスピリラム（*Herbaspirillum*）属細菌は，野生種のイネ茎葉部には広範囲に定着し，窒素固定を行う一方，栽培種にはほとんど定着できず，窒素固定活性も低かった。その他にも，アゾスピリラム（*Azospirillum*）属，エンテロバクター（*Enterobacter*）属など様々な細菌が，イネ，サトウキビ，トウモロコシ，サツマイモなど様々な作物から単離されている。一般的に窒素固定菌は，宿主植物の窒素栄養条件が低い場合には活発な窒素固定を行い，十分な窒素栄養がある場合には窒素固定活性が低くなる。熱帯性の非マメ科植物であるサゴヤシは，通常は無施肥条件で栽培される（Okazaki et al. 2005）。また，鉱質土壌だけでなく，泥炭土壌でも生育できる。サゴヤシは貧栄養環境下でも旺盛に生育するため，そうした環境下で，各種養分，特に窒素に対する効果的な獲得メカニズムを有しているのではないか，つまり，サゴヤシでは生物的窒素固定が十分に機能しうると想定される。サゴヤシに定着する窒素固定菌に関する研究はこれまで全くなかった。Shrestha et al. (2006) はサゴヤシの各部位における窒素固定菌に関する研究を行った（Okazaki and Toyota 2003a）。

　窒素固定活性が果たしてサゴヤシにあるのかどうかを検証するために，サゴヤシの様々な部位（根，葉鞘，小葉，樹皮，髄，デンプン）をフィリピンのレイテ島，セブ島，パナイ島，アクラン島から集めた。これらの窒素固定活性をアセチレン還元法により FID ガスクロを用いて測定したところ，小葉を除くすべてのサンプルで窒素固定活性が検出され，サゴヤシの各部位に窒素固定菌が定着していることがわかった（表 5-6；Shrestha et al. 2006）。デンプンおよび根は比較的高い値を示した。サゴヤシ根を 70％エタノールを用いて表面殺菌し窒素固定活性を測定したところ，非殺菌の根と同程度の活性を示したことから，サゴヤシ根の窒素固定活性は根の内部に定着した窒素固定菌によるものと推察された。また，デンプンを殺菌水で十分に洗浄したところ，窒素固定活性がほとんどなくなったことより，窒素固定菌はデンプン粒にゆるやかに定着していると推察された。いずれのサンプルでも窒素固定活性が非常に変動していたことから，窒素固定菌はこれらの部位にきわめて不均一に生育している可能性が示唆された。

　ついで，高い窒素固定活性を示したサンプルを選び，窒素固定細菌を分離した。窒素源を含まない培地を用いた好気培養により窒素固定菌を分離し，単離後同じく窒素源を含まない軟寒天培地で活性を確認した。高い窒素固定活性を示した単離菌はすべて 16S rDNA 塩基配列を決定し，系統的位置を推定した。その結果，サゴヤシの窒素固定菌は *Klebsiella pnuemoniae*, *K. oxytoca*, *Pantoea agglomerans*,

表5-6 フィリピンに生育するサゴヤシの各部位のアセチレン還元活性
（窒素固定活性）

採取日	サゴヤシ部位	アセチレン還元活性 (nmol C_2H_4/g/d)
March, 2003	根	960, 490, 250, 210, 102, 89, 36, 10, 4.5
	葉鞘	66
	小葉	0
July, 2004	根	26, 13, 2.8, 84, 33,
	葉鞘	1.6, 25, 28
	髄	1.1, 140, 110
	バーク	42
March, 2005	根	26
	デンプン	210
	葉鞘	66
	髄	590
August, 2005	根	110
	デンプン	330
	髄	21
	葉鞘	33
April, 2006	根	440, 310
	葉鞘	12
	髄	590
	デンプン	79
July, 2006	根	270, 92, 25
	デンプン	140

異なる数値は異なるサゴヤシ個体の分析値で，それぞれ2〜4連の平均値．
Shrestha et al. (2006).

Enterobacter cloacae，*Burkholderia*属，*Bacillus megaterium*など様々な種に属することがわかった（図5-17）。2003年3月，7月，2004年7月，2005年3月と異なる時期に単離した菌株間の16S rDNAの塩基配列の類似性は，*K. pneumoniae*に近縁な株では99〜100％，*E. cloacae*に近縁な株では98.4〜100％，*K. oxytoca*と*P. agglomerans*に近縁な株では100％一致していた。この結果は，得られた単離菌が普遍的にサゴヤシに定着している可能性を示した。

ところで，今回単離した窒素固定菌が実際に植物体内で窒素固定活性を発揮するには，様々な要因が関係する。第一に炭素源である。空中窒素固定酵素であるニト

```
   ┌─ Klebsiella pnuemoniae DQ379506
   ├─ Klebsiella pnuemoniae S2 AB270603 (2005.4.4)
   ├─ Klebsiella pnuemoniae RH2 (2004.7.5)
   ├─ Klebsiella pnuemoniae T1 AB270604 (2005.4.4)
   ├─ Klebsiella pnuemoniae RD3 (2003.7.25)
   ├─ Klebsiella pnuemoniae R4 AB270605 (2003.7.25)
   ├─ Klebsiella pnuemoniae RD4 (2003.7.25)
   ├─ Enterobacter cloacae S1 AB270611 (2005.4.4)
   ├─ Klebsiella oxytoca R3 AB270608 (2005.4.4)
   ├─ Klebsiella oxytoca RH1 (2004.7.5)
   ├─ Klebsiella oxytoca T2 AB270609 (2005.4.4)
   └─ Klebsiella oxytoca AY873801
              ├─ Azospirillum brasilense DQ438999
              ├─ Sinorhizobium meliloti DQ423246
              ├─ Bacillus megaterium DQ872156
              ├─ Bacillus megaterium B1 AB 270626 (2003.7.28)
              ├─ Pseudomonas putida AY823622
              ├─ Burkholderia tropicalis BT1 AB271166 (2003.7.28)
              └─ Burkholderia tropicalis AY321307
   ┌─ Enterobacter cloacae AY914097
   ├─ Enterobacter cloacae R2 AB270610 (2005.4.4)
   ├─ Enterobacter cloacae RA1 (2004.7.5)
   ├─ Pantoea agglomerans S3 AB270607 (2005.4.4)
   ├─ Pantoea agglomerans R1 AB270612 (2005.4.4)
   ├─ Pantoea agglomerans AM184307
   ├─ Pantoea agglomerans M AB270606 (2005.4.4)
   └─ Pantoea agglomerans RA2 (2004.7.5)
```

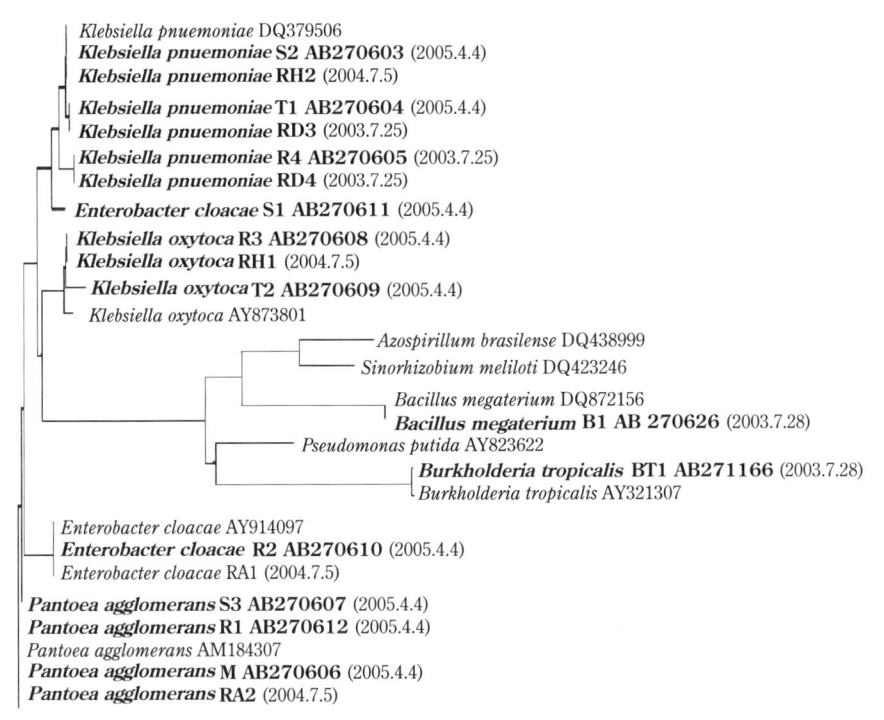

図 5-17 サゴヤシから単離した窒素固定菌の 16S rDNA 配列に基づく系統関係

括弧内にサンプル採取日が記載されている菌株がサゴヤシからの単離菌．AB ○○○，AY ○○○，DQ ○○○はアクセッションナンバーを示す．
太字は本研究で分離した菌株（分離し）．Shrestha et al. (2007).

ロゲナーゼを発現するには，多くのエネルギーを必要とする．共生窒素固定菌の場合には，宿主植物から炭素源として光合成産物を譲り受ける．植物の根圏からは光合成産物の一部が漏れ出るため，根圏は比較的炭素源に富む．そのため，多くの非共生窒素固定菌が窒素固定活性を発揮できると考えられる．また，それがサゴヤシにおいても根で高い活性が見られた一因である．一方，植物体には多くの高分子化合物が存在する．細胞壁成分であるセルロース，細胞間隙に含まれるペクチンやリグニン，サゴヤシの場合には髄部に蓄積されるデンプン等である．一般に窒素固定菌は高分子化合物を分解する酵素群を持ち合わせていないが，高分子化合物分解菌と共同することが可能であれば，それらも窒素固定菌の炭素源となりうる．第二に酸素分圧が挙げられる．窒素固定菌には好気性，偏性嫌気性，通性嫌気性の様々なタイプが存在するが，いずれのタイプでもニトロゲナーゼ自体は高い酸素濃度で阻害を受ける．その点で湿地環境に生育するサゴヤシは，そもそも酸素が制限された土壌環境下で生育するため，窒素固定には好適である．そこで，サゴヤシ各部位に

表 5-7 窒素固定菌とデンプン分解菌の共培養による窒素固定活性の促進

窒素固定菌の種類	アセチレン還元活性 (nM C_2H_2/culture/h)	
	窒素固定菌のみ	窒素固定菌＋*B. megaterium* BT1
Enterobacter cloacae S1	0.1	270 ± 15
Klebsiella. pnuemoniae S2	1.5	258 ± 7
Pantoea agglomerans S3	0	154 ± 5

デンプンを炭素源とした無窒素培地にて培養. Shrestha et al. (2007).

表 5-8 成熟したサゴヤシ林における生物的窒素固定量の試算

	各部位の窒素固定活性 nmol C_2H_4/g/d	1本当たりの平均重量 (kg)*	1本当たりの年間窒素固定量 (kg)	1 ha 当たりの年間窒素固定量 (kg)
根	221	68	0.04	210 (1 ha 当たり 923本のサゴヤシとして試算)
髄	213	721	0.3	
葉鞘	35.4	97	0.01	

Jong (1995), Kaneko et al. (1996), Jouse and Okazaki (1998), 宮崎ら (2003), Yamamoto et al. (2005) を基に試算.

優先する細菌および各種高分子化合物分解菌を単離して，窒素固定菌とこれらの微生物との相互作用が窒素固定活性に及ぼすインパクトを評価した．

微生物間相互作用は自然界で生じる現象の一つであり，抑制的あるいは友好的などちらの影響もありうる．窒素固定菌の単独培養では 2.1〜31.4 nmol C_2H_4/culture/h 程度の窒素固定活性であったのが，非窒素固定菌と共培養すると窒素固定活性は 17.4〜281.8 nmol C_2H_4/culture/h と著しく増加した (Shrestha et al. 2007)．これら土着細菌の効果を解析するために，低酸素条件下で窒素固定細菌の活性を測定したところ，共培養と同様に顕著に活性が増加した．したがって，共培養による窒素固定細菌の窒素固定活性増加のメカニズムは，土着細菌による酸素の消費により窒素固定菌周辺の酸素分圧が低下し，ニトロゲナーゼ活性が増加したためであると推察された．つまり，どんな微生物であれ，窒素固定菌近傍に存在し，何らかの炭素源を利用して酸素を消費することで，窒素固定活性を高められる可能性がある．

幹立ちしたサゴヤシに豊富に存在するデンプンを炭素源にした場合，窒素固定菌単独ではほとんど窒素固定活性を示さなかったのに対し，デンプン分解菌 *Bacillus* sp. B1 と窒素固定菌を共培養したところ，窒素固定活性が著しく増加した (表 5-7)．また，ヘミセルロース分解菌 *Agrobacterium* sp. HMC1 あるいは *Flexibacter* sp. HMC2 と窒素固定細菌をヘミセルロース培地で共培養した場合にも，窒素固定菌の活性は著しく増加した．これらのデンプン分解菌，ヘミセルロース分解菌はいずれもサゴヤシから単離されたことから，植物体中に局在するデンプン，ヘミセルロースを炭素源にそれらの分解菌と窒素固定菌とが共同して窒素固定を行っている

可能性が考えられた。窒素固定活性が高まると，窒素固定菌の細胞内の窒素レベルが高まる。この窒素を直接，他の細菌や植物体が利用できるとは考えにくいが，窒素固定菌が死滅後，菌体成分が単なる有機物となることで，やがては他微生物や植物体が利用できる窒素へと形態変化し，サゴヤシならびにサゴヤシに生育する微生物にとって有益になる。一方，ペクチン分解細菌と窒素固定細菌とを共培養しても，窒素固定活性は増加しなかったことから，高分子化合物とその分解菌が存在すれば何でも窒素固定活性を高める訳ではなかった。

アセチレン還元活性に基づいた窒素固定量の見積りには，不確定要素も含まれるが，私たちが測定したサゴヤシ根，髄，葉鞘部のアセチレン還元活性の平均値，既存の文献値から求めた各部位の重量，および単位面積当たりの成熟サゴヤシの生育密度から，サゴヤシ林の窒素固定量を算出したところ，年間・ha 当たり約 200 kg となった（表5-8）。

以上より，サゴヤシの様々な部位に窒素固定細菌が定着しており，活発に窒素固定を行っており，その際，サゴヤシに含まれるデンプンやヘミセルロースなどの高分子化合物を栄養源にそれらを分解する分解菌との協同的作用を通して高い窒素固定活性が発揮される。

▶ 1節：内藤整，2節：宮崎彰，3節：山本由徳，4, 5節：岡崎正規，6節：内藤整・江原宏，7節：豊田剛己

第6章

栽培・管理

1 ▶ サゴヤシの収穫と栽培方法の現状

(1) 小規模農家での栽培

　小規模農家でのサゴヤシ栽培方法は，地域によって異なるとともに，サゴヤシの利用目的，例えば，自家消費用の食料か販売用か，ないしは社会文化的な利用か，などによって異なる。おもに自家消費，社会文化的な利用（第10章参照），小規模の販売や屋根葺き材としてサゴヤシが利用されるパプアニューギニア，イリアンジャヤ，インドネシア西部，フィリピンそしてタイでは，サゴヤシは村の近くで栽培され，個々の家，圃場の境に目印として植えられている。栽培本数は少なく，変種（民俗変種）はサッカー（吸枝）の供給の可能なものないしは文化的に重要なものに限られている。

　一方，インドネシアのリアウ州やマレーシアのサラワク州のように換金作物としてサゴヤシが栽培されている地域では，個々の小規模農家のサゴヤシの栽培面積は相対的に広い。栽培面積が小規模の場合では1 ha，大規模の場合では数百 ha である。

a. 圃場準備

　小規模栽培農家で新たにサゴヤシを栽培するときには，栽培予定面積の一部または全体を除草して開墾する。栽培予定面積の全体が開墾される場合は，雑草や樹木を切り払った後に焼き払う。一部を開墾するときは，サッカーを植えつける列だけ開墾する。これらの作業では移植場所の除草を行うが，周りの植生には大きな影響

図 6-1　移植用穴におかれたサッカー
十字の棒によってサッカーを支持している.

を与えないように行う。移植は6mから10mの距離で,正方形植か長方形植される。

b. 圃場への移植

多くの農家では,良質なサッカーを選び,苗として養成することなく圃場に直接移植している。少数の農家では,浅い排水路の筏の上にサッカーを置き,移植前に苗を養成する。苗の養成期間は1ヶ月から数ヶ月までである。

前もって準備した移植場所(圃場準備が終わった場所)に20～50 cmの深さで移植用の穴を作る。サッカーをこの穴に根部を下にしておく。サッカーを支えるために根茎の部分を2本の棒でクロスするようにする(図6-1)。

マレーシアでは,1サッカーを1穴に植えつける。枯死したサッカーの植え替えはごく少数の農家で実施しているに過ぎない。移植した圃場の管理は最小限であり,初期段階で除草をする程度である。

インドネシアのリアウ州では,2ないし3サッカーを1穴に移植するのが一般的である。圃場の初期には植え替えはほとんど行わないので,サッカーの定着率を上げるためにはよい方法である。リアウ州ではマレーシアの小規模農家と同様にサゴヤシ圃場の管理は最小限であり,施肥も行われていない。

(2) インドネシア，リアウ州の小規模農家の例

インドネシア，リアウ州の県であるトゥビンティンギ島は商業ベースのサゴヤシ生産の中心であり，地域の製粉業者によって生産されたサゴデンプンは国内で大部分が消費される。

トゥビンティンギ島の30のサゴヤシ農家の圃場面積は0.6 haから62 haの範囲にあり，平均11 haである。それらのサゴヤシ農家での栽培についての調査結果を以下に紹介する (Jong 2001)。

移植後の管理を最少にし，植えつけたサッカーの枯死に対しての安全性のため，上述したように農家は2～3本のサッカーを一穴に移植する。平均ha当たり87本のサゴヤシを移植するが，調査した農家のサゴヤシ圃場の栽植密度はha当たり5.6～53本と幅があり，平均で26株であった。サゴデンプン工場のオーナーが管理している圃場ではha当たりのサゴヤシ本数は平均45本であった。

調査した小規模農家の86％では，サゴヤシ樹の成熟前に販売されていた（現地語で'pajak'という）。これは，農家が緊急の支出，例えば，家を建てる，結婚式を行う，祝い事があるなど，で現金が必要になったときに販売される。農家は必要に応じて，彼らのサゴヤシの一部ないし全部を売っている。サゴヤシは最も早いときで移植後3年，多くは移植後8年で販売される。

成熟前に売られる場合の販売価格は，デンプン生産を左右する生育状態のみならず，サゴヤシの樹齢，移送用の小河川からの距離によって決まる。成熟前に売られたサゴヤシは，販売後も販売した農家が栽培を続けるが，栽培にかかるさらなる費用の支払いはない。

サゴヤシの移植から成熟までは平均で12年かかり，幅としては11年から15年である。サゴヤシ1本当たりのデンプン生産量を250 kgと推定した場合，サゴデンプンの年間生産量は，小規模農家で6 t/ha/年で，デンプン工場のオーナーが所有者の場合は11 t/ha/年である。それにもかかわらず，従来からのサゴデンプン工場でのデンプン精製工程の中で，相当量のデンプンが未回収で失われている。これは，サゴログの貯蔵中の劣化，粗い粉砕過程，デンプンの回収率の低さなどによる。

2007年に実施した地域のデンプン工場の調査によれば，乾燥デンプン175 kg（水分率13％）が新鮮重1 tの幹から生産された。しかし，トゥビンティンギ島のサゴヤシのデンプン生産能力はもっと高いものと思われる。同じ新鮮重1 tの幹に対して，粉砕とデンプン抽出を十分に行い，80 μmの篩で篩別した場合の乾燥デンプン収量は210 kgであった（Jong 未発表）。

年間約10万tの乾燥デンプンがトゥビンティンギ島の多くの小規模デンプン工場から生産されていると考えられる。このことは，この地域では年間約57万tの

図6-2 NTFPサゴヤシプランテーションの模様

成熟したサゴログが収穫されていることを示している。

(3) プランテーションでの集約的なサゴヤシ栽培

　広い意味でプランテーションでの集約的なサゴヤシ栽培は，広い栽培面積，一般的には1000 ha以上で適切な栽植密度や栽培技術を利用したサゴヤシ栽培であることを意味している（図6-2）。新たなプランテーションの開発が行われているが，現在サゴヤシのプランテーションはマレーシアとインドネシアでいくつか展開されているだけである。

　最初の大規模なサゴヤシプランテーションは，1980年代にマレーシアのサラワク州で面積7700 haとしてEstate Pelitaによって始められた。近代的な栽培方法が実施され，数年後には面積が1万7700 haとなった（Abdulha 2007）。このプランテーションの詳しい情報は開示されていない。

　インドネシアでは商業的なサゴヤシプランテーション開発免許が最初に株式会社（PT.）NTFP（PT. National Timber and Forest Product）におりた。当初の計画では，面積2万ha，リアウ州トゥビンティンギ島での開発であった。1996年に最初の移植

図6-3 NTFPのプランテーションに作られた多目的の水路

が行われ，2007年には1万2000 haで移植が終わった。2008年にはさらなる移植計画がすすめられている。1997年に最初に植えられた2000 haは収穫期に達している。

他に二つの民間のプランテーションがリアウ州のトゥビンティンギ島とスマトラ島で開発されている。規模は1000から3000 haである。これらのプランテーションでの栽培方法は半集約的な方法である。

以下では，PT. NTFPのサゴヤシプランテーションを例に，プランテーション栽培における集約的栽培方法について述べる。

a. インフラストラクチャーの整備

大規模なサゴヤシプランテーションにとってインフラストラクチャーは非常に重要である。インフラストラクチャーには搬送手段，建物そして，通信手段も含まれている。搬送のためのネットワーク構築は仕事の管理，圃場への物資の投入，収穫物の搬出などにとって重要である。用水路（図6-3），鉄道そして道路（図6-4）は，湿地帯に開発されるサゴヤシプランテーションでは，実用的でかつ対費用効果があがるように組み合わされる。鉄道は移送手段の中心として年間を通して利用できる

図 6-4 プランテーションの中に施設された単線の線路
これを利用して肥料等を運搬する．

戦略的に重要な場所に設置される。用水路により，排水し固めたところに道路が造られる。用水路もまた圃場への物資の搬入，収穫物の搬出，火災のコントロール，地下水位の制御そしてサゴヤシサッカーの養成場所として重要な役割を果たしている。

　プランテーションの管理のためのスタッフやワーカーは，移動時間を少なくするためプランテーションの中に住んでいる。PT. NTFP では，プランテーションは 2000 ha ごとに一つの単位（phase）に分けられている。そして，その単位ごとに，圃場の仕事や管理を行うキャンプを設置している。それぞれのキャンプではアシスタントマネージャーがヘッドとなって，日常の圃場管理を独自に行っている。200 ha 毎に作業員のための住居があり，そこで約 10 名の作業員が日常的な管理を行っている。

b. 地下水位管理

　インフラストラクチャーの整備と同様に，適正な地下水位の管理はサゴヤシの生育にとって重要である。泥炭土壌では，過排水による地盤沈下や不可逆的なダメージを避けるために，地下水位は地表面から 25 cm より下げないようにコントロー

図 6-5 移植のために，機械によって除草された列と，移植直後のサッカー

ルする。用水路は通常，移植を始める約 1 年前に作られる（図 6-3）。

　PT. NTFP のプランテーションでは適切な場所にある水門により仕切られた閉鎖系の用水路システムを採用している。地下水位は年間の平均で地表面から約 18 cm 下に保つようにしている。過剰な雨が少ない乾季には，地下水は移動が少なく，よどんだ感じ（酸化還元電位で $-15\,\mathrm{mV}$）となる。これは，施用肥料の溶脱による損失を少なくする上で重要である。

　最初の圃場準備は，作業のやりやすさや現場への入りやすさから植えつけ位置（移植列）を決定することである。移植列に沿って幅 2〜3 m の範囲にある雑草や遮光となる大きな樹木等を人力か機械を利用して取り払う（図 6-5）。

　サゴヤシサッカーの移植後，列のあいだにある植生は移植したサッカーへの日射を遮ることになるので，その後の管理の中で徐々に切り払っていく。その結果，元々の植生はサゴの生長に伴い徐々に変化してゆく。

c. **サッカーの調達と選抜・養成**

　サッカーはいくつかの業者と契約して調達している。調達したサッカーの品質はものによって大きく異なる。個々のサッカーは大きさ，形，新鮮さ（母本から分離

してからの時間), 水分含量, 温度や他の物理的なダメージなどが大きく異なる。サッカーの品質が悪化する原因を以下に列挙する。

①請負業者がサッカーを集めるために時間がかかりすぎたり, 遠くからサッカーを移送するために到着が遅れた場合。
②品質の劣るサッカー (未成熟や大きすぎたり, 小さすぎるサッカーおよび根茎の部分や根, 葉軸の部分が深切りされたサッカーなどの適正な形でないもの) を集めた場合。
③サゴムシ (Sago beetle) や他の虫の食害や産卵のみられるサッカーや病原菌に感染したサッカーの場合。
④移送中の管理が不十分で, 日が当たりすぎてサッカーが乾燥した場合や積み重ねすぎたり通風が悪くて熱を持った場合など。

したがって, サッカーが到着した時に, プランテーションでは植付け後の生存率を高めるために選別を行い, 業者がその後, 品質の悪いサッカーを持ってこないようにさせている。

移植後の生存率の高いサッカーは, 新鮮で, 母本から切り離されて間もない (通常数日) サッカーである。このようなサッカーは根茎が湿っており, 切り口に菌やサゴムシが見られない。サッカーについている葉軸や鞘葉の緑が濃く, 乾燥していない。生理的に成熟したサッカーは根茎が長く, しばしば母茎から切り離された部位は細く堅い形状 (neck) を呈する。

サッカーの移植前の養成については, 本章の3節 (1) の通りである。

d. 圃場準備と移植

圃場の準備では環境に対する配慮が必要であり, 火によって植生を焼き払うことは禁止されている。サッカーを移植しようとする圃場の全体を完全に切り払う (植生を完全に取り除く) 必要はないが, 移植する列は丁寧に切り払うべきである。大規模な移植を行う場合は, 機械によって移植する列の植生を切り払うことが勧められる (図6-5)。

移植する列の植生を切り払う場合, 人力で目印をつける必要がある。移植列は10mか12mの間隔である。15tくらいの大型機械 (掘削機) を利用して植生を除去し, 移植列をきれいにすることが勧められる。取り除いた植物は植生列の右か左側に置き, だいたい幅3mの筋 (移植列) をつける。根が多くて地下水位が低いときには大型機械でその移植列の中心に10〜20cmの深さの溝を作る。これは移植用の穴の深さを目的の深さにするための準備である。

移植用の目印は人の手によって, 8m間隔 (移植列間の距離が12mの場合) ないし10m間隔 (移植列間の距離が10mの場合) にきれいにされた移植列上につける。移植

用の穴は，クワで地下水の直上までか，土壌が湿った状態になるまで掘る。これらは，除草用大型機械で除草しながら行うことができる。穴の大きさはサッカーの大きさによっても左右されるが，通常はサッカーの根茎が入る程度であれば十分である。

サッカーの定植と活着については本章の3節 (2) に，また，植付け後の栽培管理および収穫と運搬については，本章の4節と5節に記述した通りである。

2 ▶ 繁殖方法

(1) サッカーによる繁殖

サゴヤシ ($M.\ sagu$ Rottb.) は下位葉の葉腋にある腋芽や幹 (茎) の地下部にある不定芽を用いた栄養繁殖と，種子繁殖の両方で繁殖が可能である。一般に，種子から発芽した実生の場合は苗の養成に1〜1.5年を要するので (Jong 1995)，農家が新植する場合にはサッカーを用いることが多い。自然林の状態では，サッカーと種子の両方で繁殖が行われる。

サゴヤシは開花・結実後は枯死する一稔性植物 (monocarpic plant, hapaxanthic plant) である。しかし，実生から得た苗でも，あるいはサッカーを用いた場合でも，定植してから比較的早い段階から (実生の早いケースでは発芽後2年目から) サッカーが発生するので，最初の母樹が枯死しても株としては残る。サッカーの場合，形態的・生理的特性は母樹と同様の形質として現われると考えられることが，苗の養成期間が短く，すなわち収穫までの年数が短くて済むと考えられていることと合わせて，新植用の苗によく用いられる理由である。

山本 (1998a) によれば，サッカーは十分な雨量がある場合 (300 mm/月) には直接圃場に植えつけられることもあるが，一般にはサッカー採取後，湛水の条件で筏の上に並べて3〜5ヶ月間養成して新しい根の発生を待ってから定植される。多くの場合，育苗期間中は遮光が肝心である。また，マレーシア，サラワク州のサゴヤシ農家によれば，収穫適期のサゴヤシ樹のサッカー (発生から1年以内のもの：長さ1.5〜2.0 m) で，幹のより上位に着生しているもので発根が良くて，定植後の活着が良い。

苗となるサッカーのサイズが，ある程度の範囲では，大きいほど，定植後の生長が良好であるとの報告がある (Jong 1995) 一方で，大きなサッカーは運搬や取り扱い，育苗床の面積および定植の際の労力やコストが問題となるとの指摘もある (山本 1998a)。定植に適するサッカーのサイズについてはいくつかの報告があるが，

Jong (1995) は直径 7〜10 cm, 重量 2〜5 kg 程度としており, Flach (1983) の 10〜15 cm, 約 2.5 kg とほぼ同程度であり, ハンドリングのことを考慮すれば, 概ね直径にして 10cm 前後, 重量にして 2 kg 強が適当と考えられる。ある程度の大きさをもつサッカーが適しているのは, 根茎 (rhizome) に含まれる蓄積養分の量と関わりがあるといわれている。

サッカーを採取してから植えつけまでの期間については後述のごとく (本章 3 節 (1) a 参照), 遮光の条件では 1 週間程度まで, 無遮光の場合には 3 日間までなら定植後の生存率は 90% 程度を確保できる (Jong 1995)。しかし, 保存期間が長くなると生存率が低下し, 3 週間になると遮光下で 60% 程度, 無遮光では 30% 以下となると報告している (苗の養成を行う場合にはこのような生存率の低下は起こらない)。また, サッカーの植えつけ深度については, あまり深すぎても良くなく, 地下茎を半分以上かすべて隠れる程度まで土中に埋めることが望ましい (Jong 1995)。サッカーの切除面に殺菌剤や防カビ剤を塗布することも, 苗の生存率を高める上で有効である。

(2) 種子による繁殖

サゴヤシ (*M. sagu* Rottb.) は栄養繁殖と種子繁殖の両方が可能である。サッカーを用いた栄養繁殖が一般的であるが, 一度に多くのサッカーを確保するのは容易でないことから, 近年は移植材料としての実生の利用も期待されている。ところが, サゴヤシ種子 (果実の状態から) の発芽力は低いことが知られており (Alang and Krishnability 1986 ; Flach 1983 ; Jaman 1985 ; Johnson and Raymond 1956 ; Kraalingen 1984), また, 播種から発芽までの日数には大きな変異がある (Ehara et al. 1998, 2003b)。しかし, 外・中果皮や肉質種皮といった種子包被を取り除いて, 吸水を促し, 同時に発芽抑制物質を除去することにより発芽率を向上させることができる (Ehara et al. 2001) (図 6-6)。一旦発芽すると, その後の各器官の生育は概ね一定の間隔で進むので (Ehara et al. 1998), 発芽を促進することで斉一な実生苗を得ることが可能となる。なお, 気温 25〜35℃ の条件では 30℃ で発芽が良好で, それより低温側, 高温側とも発芽率が劣る (Ehara et al. 1998)。

サゴヤシでサッカーを用いた栄養繁殖が一般的であるのは, 実生が移植に適するような大きさに生長するまでには 1 年から 1 年半を要するため (Jong 1995) と言われている。果実あるいは実生でサゴヤシをタンザニア, モロゴロのソコイネ農業大学へ導入した例では, 発芽から 15 ヶ月の苗養成期間に植物体高 130〜160 cm に達し, その間の出葉速度は約 1.5 枚/月であった (Ehara et al. 2006c) (図 6-7)。その後, 同大学の圃場に移植してからは, 20 ヶ月で植物体高が 200 cm 以上伸長した (図 6-8)。国内で栽培すると冬季に加温しても冬季の生長が停滞するために, 年間を通

図 6-6　ココヤシ繊維を使った培土で生育する実生個体
発芽 2 週間後，タンザニア・ソコイネ農業大学　2005 年 3 月．Ehara et al. (2006b).

じての平均出葉速度は約 1 枚/月となり，植物体高が 130 cm に達するまで発芽から 18～20 ヶ月を要する（江原 未発表）。また，サゴヤシにおける実生苗からのサッカーの発生は，早い場合には発芽の翌年からみられるが，これには個体間で大きな変異があり，発芽後 3 年を経過して初めてサッカーが発生する場合もある。タンザニアに導入した個体では 3 年目の個体でサッカー数は 2～6 本であった（Ehara et al. 2006b）。なお，発芽から苗，ロゼット期の期間を経て幹立ちにいたるまでは約 4 年を要すると言われている。

　一方，南太平洋に分布する同属の *Coelococcus* 節植物はサッカーを発生せず，繁殖方法は種子繁殖のみである。ミクロネシアのタイヘイヨウゾウゲヤシ，バヌアツの *M. warburgii*，フィジーゾウゲヤシなどの種子発芽率は高く，特に *M. warburgii* では胎生種子を生じる（Ehara et al. 2003b）。発芽後の生長を植物体高の伸長でみると，タイヘイヨウゾウゲヤシの場合，5 ヶ月で約 35 cm，12 ヶ月で約 90 cm，*M. warburgii* では 5 ヶ月で 60～70 cm，フィジーゾウゲヤシでは 5 ヶ月で約 30 cm 程度であり，平均出葉速度は約 1 枚/月である（いずれも国内，冬季加温の温室内；江原 未発表）。

図6-7 ポットで養成中の実生苗
右端の個体は発芽後15ヶ月，その他は発芽後10ヶ月の個体．タンザニア・ソコイネ農業大学　2006年8月．Ehara et al. (2006b).

図6-8 ポットで10ヶ月栽培した後に圃場に移植して20ヶ月を経た個体
タンザニア・ソコイネ農業大学，2006年11月．Ehara et al. (2006b).

3 ▶ 植えつけと活着

　サゴヤシの栽培において，サッカーによる繁殖では定植後のサッカーの活着率（生存率）や初期生育の良否が問題となる。定植されたサッカーの活着率を高め，初期生育を促進するためには，採集したサッカーをあらかじめ養成したのちに，定植される。

(1) サッカーの養成

　採集されたサッカーは，小規模サゴヤシ農家などで直接定植される場合を除いて，植えつけされる圃場の近くの小川や低湿地で1～5ヶ月間程度養成して，新根と新葉を発生させてから定植される（図6-9）。採集サッカーの養成は，大規模栽培などで大量のサッカーを長期間にわたって採集・貯蔵した場合などに，サッカーの生存を確認する上でも重要である。小川でのサッカーの養成の場合には，サゴヤシの葉軸と葉柄で作った筏が利用される（図6-10）。

a. サッカーの予措

根茎の一部切断　サッカーの養成に際しては，取り扱いを容易にし，さらに葉面からの蒸散を抑えるために，若い未展開葉を残して展開葉は基部より30～50 cmで切断される（図6-11）。また，根茎部も運搬を容易にするために切断されることがある。根茎の長さを10～30 cmまで，5 cmごとに長さを変化させて，採集後1日目と14日目に植えつけて生存率を調査した結果では，1日目では生存率への影響は明らかではなかったが，採集後14日目植えつけでは，根茎が長いほど生存率が高かった（Jong 1995）。採集後の日数が長くなると，根茎髄部の貯蔵養分の多いサッカーほど生存率が高くなったものと思われる。

根の整形　採集されたサッカーには，多数の根が出現しており，これが長く残存すると運搬に際して容積が大きくなるとともに，養成に際しての取り扱いが困難となる。そこで，採集されたサッカーの根は一定の長さに切断されるが，採集直後に養成を開始したサッカーでは，残存根長（1～10 cm）が生存率に及ぼす影響は認められなかった（Jong 1995）。一般には，サッカーの根長は2～3 cm程度に切断される。

サッカー根茎切断面への薬剤処理　サッカーは母樹から採集されるときに，母樹への着生部付近から切断させる。この切り口からカビ（*Penicillium, Mucor, Aspergillus*）が繁殖して，養成中に枯死する場合がある。そこで，カビの繁殖を防ぐために切り口にベンレート1%液，あるいはカーボフラン1%液，さらには両剤の混合液に切

(A)

(B)

図6-9 採集したサッカーの小川 (A) 及び低湿地 (B) での養成

図 6-10　サゴヤシの葉軸と葉柄で作られたサッカー養成用の筏
長さは約 3 m，幅は約 75 cm である．

図 6-11　整形されたサッカー

表6-1 サゴヤシサッカーの取り置き期間と取り置き期間の遮光の有無が生存率に及ぼす影響

取り置き期間(日)	生存率(%) 遮光[1]		無遮光	
0	86.0	b	93.0	d
3	93.3	b	90.0	d
7	93.3	b	56.3	bc
14	80.0	b	60.3	cd
21	56.7	b	26.7	ab
28	60.0	b	13.3	ab
標準誤差	6.9		14.1	
変動係数(%)	10.8		30.0	

1) サゴヤシ葉の覆いによる遮光(50%).
異なるアルファベット間には5%水準での有意差有り.
Jong (1995).

り口を浸漬して養成を開始すると生存率が高くなる。特に，これらのカビの感染が多い地域や時期には，これら薬剤溶液処理の効果が期待できる。

サッカーの取り置き期間 サッカー採集後は直ちに養成を開始することが養成期間のサッカーの生存率を高める上で重要である。やむなく，サッカーを取り置く場合には，サゴヤシ葉などで十分に遮光した条件下に取り置くと，2週間程度取り置いた場合でも約80%の生存率を示したが，遮光無しの条件下で取り置くと取り置き3日目以降に急激に生存率が低下した（表6-1）(Jong 1995)。

b. サッカーの素質

養成期間の新葉，新根の発生時期の遅速や発生量は，サッカーの素質によって異なる。サッカーの素質に関しては，その形状や大きさ（重量，根茎の直径），母樹の樹齢，母樹の生育環境などの影響を受けると考えられるが，報告例は少ない。

サッカーの形状 採集され，地上部が30～50 cmに切断されたサッカーの形状は，J字型のものとL字型のものに大きく分けられる（図6-12）。養成する筏への設置の容易さや定植時の固定の容易さから，L字型のサッカーが良いとされる。

サッカーの大きさ 繁殖用に採集されるサッカーの齢（発生後年数）は，地域によっても異なるが一般に1～3年生くらいのものが多い。サッカーは，発生後の年数とともに生長し，生長量も増加していくが環境条件によっても生長は大きく異なる。小川の筏上で2～4ヶ月間養成したサッカーの生長をみると，サッカーの重量（1～5 kg）による新葉および新根長には影響は見られなかったが，重量の重いサッカーほど新根の発生数が多い（図6-13）(Irawan et al. 2005)。このように，重量の重い

図6-12 採集されたサッカーの形状

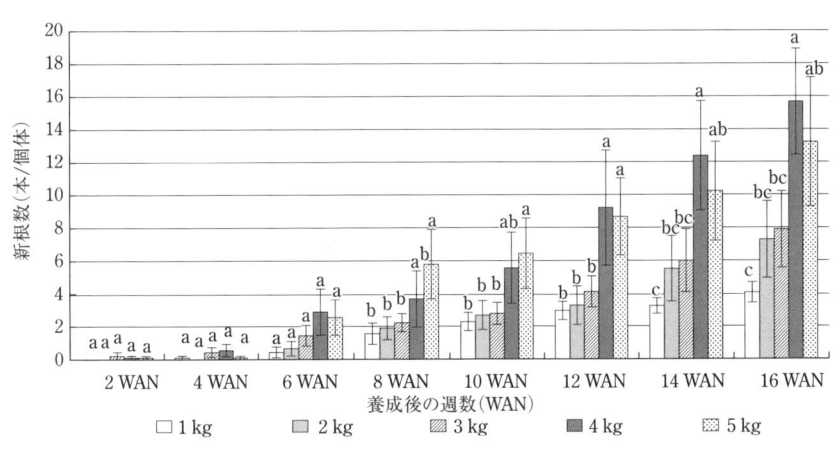

図6-13 筏上での養成サッカーの新根数発生数に及ぼすサッカー重の影響
異なるアルファベット間には5%水準での有意差有り．Irawan et al.（2005）．

　サッカーは，養成後の新根の発生が優れ，定植後の活着，初期生育が良く有利であるが，運搬，取り扱い，さらには養成に必要な面積，定植時の労力などに問題がある．前述のごとくプランテーションでは，サッカーの大きさは直径10 cm前後で，

表6-2 サゴヤシサッカーの植え付けの深さが生存率に及ぼす影響

植え付けの深さ	生存率(%)	
地下茎を地表面に放置	76.7	ab
地下茎の半分の深さまで地中に埋める	90.0	ab
地下茎を丁度完全に土中に埋める	90.0	ab
地下茎を土壌表面より 8cm の深さに埋める	70.0	b
標準誤差	7.4	
変動係数 (%)	11.4	

異なるアルファベット間には5%水準での有意差有り.
Jong (1995).

重量2～5kg程度が適当とされている。

サッカー採集の母樹のエイジ　サゴヤシ農家は，繁殖用のサッカーを樹齢の若い母樹よりも開花期付近の成熟樹から採集するのが一般的である。しかし，幹立ち後1～2年目の若い母樹と開花期（幹立ち後約10年目）の成熟樹から採集したサッカーを，筏上で2.5ヶ月養成した生存率はいずれも70～80%で有意な差異は認められず，サッカー採集母樹のエイジの影響は小さいと考えられる。この原因として，両母樹から採集したサッカーの根茎髄部の非構造性炭水化物（全糖とデンプン）や無機成分含有率に差異が見られないことが推定されている (Irawan et al. 2009a)。

母樹の生育する土壌の種類　サゴヤシは，鉱質土壌から深い泥炭質土壌にわたる広い範囲の土壌に生育している。鉱質土壌と深い泥炭質土壌（泥炭層の厚さ約3m）に生育する樹齢の若い母樹（幹立ち後1～2年目）と成熟樹（開花期付近）から採集したサッカーを筏上で2.5ヶ月養成した生存率には，有意差は認められなかった。このことは，繁殖用サッカーの素質に及ぼす土壌の種類の影響は小さいことを示しており，根茎髄部の非構造性炭水化物には明瞭な差異は認められなかった (Irawan et al. 2009b)。

c. サッカーの養成方法

植えつけ深度　サッカーを低湿地などの土壌に植えつけて養成する場合には，サッカーの根茎部の半分から，丁度，完全に土壌に埋まる位の穴を掘って植えつけることが生存率を高く保つ上で重要である。土壌表面への放置や深植えは，生存率を低下させる（表6-2）(Jong 1995)。

植えつけ後の遮光　土壌にサッカーを植えつけて養成される場合には，サッカーの生存率は水分条件によって著しく異なる。降水量の少ない乾季 (87 mm/月) には，養成中のサッカーへの遮光（サゴヤシの葉による約50%遮光）により生存率が高くなった（表6-3）。一方，降水量の多い雨季 (391 mm/月) では，遮光処理により生存

表6-3 乾季と雨季におけるサゴヤシサッカーの生存率に及ぼす遮光の影響

遮光の有無	生存率（％）			
	乾季		雨季	
遮光[1]	83.3	a	66.7	b
無遮光	66.7	a	90.0	a
標準誤差	29.0		6.7	
変動係数（％）	23.6		5.2	

1) サゴヤシ葉の覆いによる遮光（50％）.
異なるアルファベット間には5％水準での有意差有り.
Jong (1995).

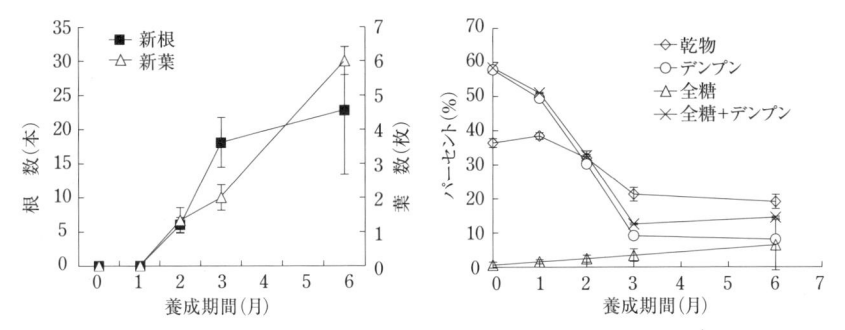

図6-14 筏上でのサッカー養成期間における新葉及び新根数（A）と髄部の乾物率，全糖及びデンプン含有率（B）の変化（インドネシア，リアウ州1999）

調査個体数は，0，1，2及び3箇月目は9個体，6箇月目については4個体の平均値．図中の記号上のバーは標準誤差を示す．Omori et al. (2002).

率は逆に低下した（Jong 1995）。雨季の遮光処理では，サッカーの葉や生長点に腐敗が認められた。このように，サッカーの養成期間における遮光の効果は，降水量によって大きく異なり，一般に降水量が少なく，湿度が低下しやすい乾季には乾燥を防ぎ，効果が大きいと考えられた。

d. 養成期間における新葉と新根の発生

図6-14には筏上にサッカーを設置して，小川で6ヶ月間養成した場合の新葉，新根の発生経過と全糖とデンプン含有率の変化を示した（Omori et al. 2002）。新葉，新根の発生は養成開始後，約2ヶ月目に認められ，3ヶ月目には新葉数2枚，新根数18本となり，その後さらに養成6ヶ月目にかけて増加した。

一方，サッカー根茎髄部のデンプン含有率は，養成開始時には約60％と高かったが，新葉，新根の発生・生長とともに3ヶ月目まで低下し，約10％となった。一方，全糖含有率は増加傾向を示した。このことは，新葉，新根の発生・生長の基

図 6-15　定植されたサッカー
サッカーを固定するために3本の木の棒が添えられている．

質としてデンプンが使用されたことを示している。しかし，3ヶ月目以降は，新葉，新根がさらに増加したにもかかわらず，全糖＋デンプン含有率はむしろ増加しており，サッカーが新葉と新根による独立栄養期に転じたことを示している。

(2)　サッカーの定植と活着

　定植予定の土地の地下水位が高く，土壌水分の高い場合や雨季で定植後に継続的な降雨が期待できる場合には，採集したサッカーが直接，定植園に植えつけられることがある。しかし，一般には定植後の活着を促進するために，上述したように3～5ヶ月養成後，新葉が2～3枚出葉し，発根したサッカーを選んで植えつける。

a.　サッカーの定植方法

　植えつけ位置にサッカーの大きさに合わせて長さ30～40 cm，幅30 cm，深さ30～40 cm 程度の穴を掘り，サッカーの生長点を一定方向に合わせて置床し，表土で覆土する（図6-15）。地下水位が高い場合には，穴の深さを浅くして生長点が水没しないように植えつける。また，定植したサッカーの位置が移動しないように2～

表6-4 地下水位の高低がサゴヤシサッカーの植え付け後1年目の根の生長に及ぼす影響

地下水位	全根数	全根長 (m)	平均根長 (m)	平均最長根長 (m)	根乾物重 (g)
低い (40～50 cm) (n=5)	83±32	49±21	58±14	170±54	107±42
高い (0～30 cm) (n=4)	79±34	27±13	34± 5	95±18	60±31

平均値±標準偏差. Omori et al. (2002).

3本の棒で固定する場合もある（図6-15）。このように植えつけられたサッカーは，約1ヶ月で生長が開始する。植えつけ位置には長さ2～3 mの棒をたて，目印とする。

植えつけ後約1ヶ月頃より，植えつけ圃場を見回り，枯死サッカーの補植を行うとともに，サッカーの植えつけ姿勢を正す作業を行う。

小川の筏上や低湿地で養成され，新葉と新根を持ったサッカーの定植後の活着の良否は，おもに土壌の水分条件に支配される。定植直後には地下水位が高く，土壌水分が高いと約80～90%の活着率が期待できる。しかし，地下水位が低く，土壌含水量が少ない条件下では，時には10～20%程度の活着率となることもある。近年では，東南アジアの雨季における降雨パターンが不規則となり，定植後の降雨量不足により活着が著しく低下した事例も報告されている（大森2001）。定植後の活着を促進するために，大規模サゴヤシプランテーションでは，碁盤目状に張りめぐらした水路の水位の調節により，定植後の一定期間，地下水位を高く保ち，活着を促進することも行われている。

b. 活着後の初期生育

インドネシア，リアウ州の深い泥炭質土壌（泥炭層の厚さ約3 m）において，地下水位が低いところ（年間平均で40～50 cm）と高いところ（同0～30 cm）に3ヶ月間，筏上で養成したサッカーを植えつけ1年後の生育状況を調査した結果によると，地上部の生育（地上部長：約1.6 m，葉数：16枚，生重：4 kg）に差異は認められなかった。また，この時期になると，活着直後に低下していた髄部のデンプン含有率は約50%程度まで回復していた。一方，根の生育についてみると，根数は約80本前後で差異が見られなかったものの，最長根長，全根長，平均根長並びに根重はいずれも地下水位の低い方が優っており，サッカー活着後の初期の根の生育への地下水位の影響が大きいことが示された（表6-4）。このような活着後初期における根の生育の差異は，その後の地上部の生育にも影響を及ぼすものと思われる。

これらより，サッカー定植後の活着には地下水位の高いことが必要であるが，活着後は地下水位を低下させ，根の生育を促進することが初期生育を良好にする上で重要であることがわかる。

表 6-5　定植 2 年後のサゴヤシの生育状況

変種 Ketro (n=13)			変種 Anum (n=11)			変種 Makapun (n=6)		
個体 No.	高さ(m)	葉数(枚)	個体 No.	高さ(m)	葉数(枚)	個体 No.	高さ(m)	葉数(枚)
1	−	−	1	2.0	9	1	3.1	10
2	3.1	8	2	3.9	16	2	4.0	15
3	2.5	6	3	3.8	26	3	−	−
4	3.0	15	4	2.5	7	4	3.9	33
5	3.3	16	5	5.0	36	5	3.9	14
6	1.8	6	6	3.1	12	6	4.0	10
7	2.2	8	7	3.1	20	−	−	−
8	2.0	13	8	2.6	13			
9	3.2	17	9	3.8	26			
10	3.1	20	10	2.6	28			
11	1.6	8	11	2.4	7			
12	1.6	4	−					
13	1.8	4	−					
平均±S.D.	2.4±0.7	10±5.5	平均±S.D.	3.2±0.9	18±9.7	平均±S.D.	3.8±0.47	16±9.6

日本パプアニューギニア友好協会（1984）．

　表6-5には，パプアニューギニア，セピック川流域において，定植2年目のサゴヤシ3変種（民族変種）の生育状況を示した（日本PNG友好協会1984）。地上部高は，1.6～5.0 m，葉数は4～36枚と著しい変異を示している。この変異の原因には，変種による差異も含まれると考えられるが，それ以上に，サッカーの活着の良否や植えつけされた土壌環境の差異の影響が大きく現れているものと考えられる。

4 ▶ 植えつけ後の管理

(1) サッカーの調整

　サゴヤシは種子からも繁殖するが，多収種を新たに栽培する場合には，サッカーを植えつける無性繁殖が一般的である（渡辺1984）。植えつけられたサッカーは，生長するにしたがい，その周囲から多くのサッカーを発生させる。したがって，初めに植えつけられたサッカーが成熟して幹が収穫された後は，周囲から発生するサッカーを利用することで持続的なサゴヤシの栽培ができる。このようなサゴヤシ栽培を行うためには，株内が樹齢を異にする幹立ち樹と，それに続くサッカーで構成される必要がある（下田・パワー 1992b）。適正なサッカーの管理が行われないと，立毛するサゴヤシの密度が大きくなり，母樹とサッカー間の養分・光の競合や，害虫

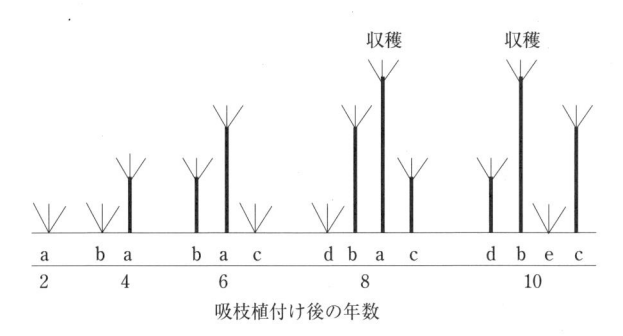

図6-16 サゴヤシの吸枝の管理方法
佐藤ら (1979).

や害獣による被害が生じる (佐藤ら 1979；Kakuda et al. 2005)。

マレーシア，Batu Pahat の鉱質土壌地帯におけるサゴヤシ栽培では，母樹1本につき周囲に発生するサッカーを2年に1本ずつ残すようなサッカーの間引きを行っている (Flach 1977)。このようなサッカー管理により，初めに植えつけられたサゴヤシの収穫以降，2年ごとにそれぞれの株からサゴヤシを収穫できる (図6-16)。図のように，植えつけから収穫まで8年を要する場合，株内には4本のサゴヤシが常に生育している状態を保つ必要がある。これに対し，インドネシア，リアウ州の泥炭土壌で栽培されているサゴヤシの場合，鉱質土壌で生育するサゴヤシよりも収穫までの期間が長くなるため，株内にはより多くのサゴヤシ (6～8本) を生育させるようサッカー管理が行われている (Jong 2001, 2006)。このような個体密度に維持されたサゴヤシの潜在的デンプン生産量は適切に管理された場合には25～40 t/ha/年と推定され，他の穀物の潜在的収量よりも高い (山本 2006a)。しかし，移植時の栽植密度およびその後のサッカー管理によって維持されるサゴヤシの個体密度とデンプン生産量の関係を長期にわたり評価した事例はなく，今後これらの情報を蓄積する必要がある。

サッカー管理では，サゴヤシの個体密度のみならず，間引き後に残されるサッカーの位置についても考慮しなければならない。株内の個々のサゴヤシの受光態勢は，樹幹内のデンプン集積過程に影響する可能性がある (Flach 1977)。また，サゴヤシの栽培管理や収穫および運搬作業についてもサッカーの位置は重要となる。自然林では，サゴヤシの収穫や運搬作業が困難なために，利用されず空しく朽ちてゆく個体が多く存在する (佐藤ら 1979)。このように，間引き後に残されるサッカーの位置もサッカー管理では重要となるが，生育途中で枯死するサッカーも多くみられるため，位置を含めたサッカー管理は容易ではない (下田・パワー 1992b)。

(2) 施肥

a. 泥炭土壌でのサゴヤシ栽培

　サゴヤシは鉱質土壌や種々の厚さの泥炭土壌に生育し，鉱質土壌や薄い泥炭層での生育がよいことが知られている（佐藤ら1979）。厚い泥炭層で生育するサゴヤシは成熟にいたるまでの期間が長いため，年間の単位面積当たりデンプン生産量は低くなる（Yamaguchi et al. 1997；Jong et al. 2006）。例えば，マレーシア，サラワク州の大規模栽培地で9年生のサゴヤシを調査したところ，泥炭層の厚さ1.5 m以下の地帯ではサゴヤシの健全な幹形成が認められ，厚さ1.5～3.0 mの地帯では生育阻害や大量の枯死が認められた（Sim et al. 2005）。厚い泥炭層の土壌は窒素，リン酸，カリウム，塩基含有量が低かったことから，養分の不足が幹形成を遅らせたと推測された。さらに，角田ら（2000）は泥炭土壌のサゴヤシ生育が鉱質土壌に比べて遅れる原因を泥炭土壌から供給される単位容積当たりの窒素無機化量が少ないためと推測している。Yamaguchi et al. (1994) は，厚い泥炭層（> 1.5 m）で生育した8年生サゴヤシは鉱質土壌で生育したサゴヤシよりも葉および幹の銅含有率が低く，これが厚い泥炭層における生育抑制の一因であると推定した。また，厚い泥炭層は開墾後，土壌中の銅含有量が9.37 gCu/ha/yr蓄積するのに対し，亜鉛含有量が146.5 gZn/ha/yr減少したことから，持続的なサゴヤシ生産のために亜鉛を施肥する必要性を示した。

　栽培されていないヤシでは生理的な障害が見られる場合がある。栄養的な欠乏症，特に複合的な欠乏症やカリ欠乏症（図6-17），微量要素，例えば亜鉛や銅欠乏症は，一般的に栽培，非栽培を問わず，また泥炭や砂質土壌で見られる。油ヤシで一般的に見られるホウ素の明らかな欠乏症は，サゴヤシの場合未だ報告されていない。

b. サゴヤシへの施肥効果

　サゴヤシに対する施肥試験の多くは決定的な結論を得ていない（Kueh 1995）。しかし，若いサゴヤシを用いた水耕試験によれば，窒素，リン酸そしてカリがサゴヤシの生育にとって重要であることが示されている（Jong et al. 2007）。

　泥炭土壌の養分不足を補う適切な施肥方法は未だ確立していないが，インドネシア，リアウ州またはマレーシア，サラワク州でいくつかの施肥試験が行われている。

　Ando et al. (2007) は，インドネシア，リアウ州の厚い泥炭層（> 3 m）においてサゴヤシ植えつけ時から4ヶ月ごとに窒素（尿素），リン酸（リン鉱石），カリウム（塩化カリウム），カルシウム（リン鉱石，ドロマイト），マグネシウム（塩化マグネシウム，ドロマイト）を施肥した。ドロマイトは対象サゴヤシから半径1 mの円周上の地表面に散布し，その他の肥料は対象サゴヤシから半径1 mの距離にある4ヶ所に15～20 cmの深さの穴を掘り，施用した。施肥量は0.47 kgN/palm/yr，0.57～

図6-17 カリ欠乏症

0.73 kgP$_2$O$_5$/palm/yr，2.4 kgK$_2$O/palm/yr である．施肥開始5年後のサゴヤシ（5年生）の樹高と葉数に施肥効果は認められなかった．また，窒素，リン酸，カリウム，カルシウム，マグネシウムに加えて，ホウ素，銅，鉄，マンガン，モリブデンの混合肥料を施肥する区も設けたが，施肥開始5年後の樹高，葉数に施肥効果は認められなかった．

　Kueh (1995) は，マレーシア，サラワク州の厚い泥炭層（>1.5 m）においてサゴヤシ植えつけ時に施肥試験を開始した．窒素（硫酸アンモニウム），リン酸（リン鉱石），カリウム（塩化カリウム）の施肥量はそれぞれ 0.42 kgN/palm/yr，0.36 kgP$_2$O$_5$/palm/yr，1.2 kgK$_2$O/palm/yr である．施肥開始2〜6年後の葉数，7〜8年後の幹直径（地表から1 m），7〜10年後の幹高は無施肥との差が認められなかった．また，1〜12年後の葉の窒素含有率は窒素施肥の有無による差が認められなかったが，リン酸およびカリウム含有率は年次によってリン酸およびカリウム施肥と無施肥とのあいだに差が認められ，施肥効果が示された．

　Purwanto et al. (2002) は，インドネシア，リアウ州およびマレーシア，サラワク州の泥炭土壌において4年生サゴヤシに窒素施肥を行い，生育を調査した．1.0 kgN/palm/yr の LP-100 と尿素を6ヶ月ごとに対象サゴヤシから半径1 m の

距離4ヶ所の15〜20 cmの深さの穴に施肥した。その結果，施肥開始5ヶ月後，17ヶ月後の樹高，葉数，葉の窒素含有率は無施肥との差が認められなかったが，施肥開始23ヶ月後の葉の窒素含有率は有意に増加した。

Kakuda et al. (2005) は，インドネシア，リアウ州の厚い泥炭層（＞3 m）において5年生サゴヤシに慣行の約7倍量の養分（窒素（尿素），リン酸（リン鉱石），カリウム（塩化カリウム），カルシウム（リン鉱石，ドロマイト），マグネシウム（ドロマイト），銅（硫酸銅），亜鉛（硫酸亜鉛），鉄（硫酸鉄），ホウ素（ホウ酸塩））を2回施肥した。施肥方法は前述のAndo et al. (2007) と同様である。施肥開始16ヶ月後に生育を調査した結果，施肥区のサゴヤシは無施肥区と比較して葉柄とサッカーの乾物重が増加したが，その他の器官（葉身，葉軸，幹）の乾物重には変化が認められなかった。地上部全乾物重に占める母本の乾物重の割合はサッカーの乾物重の増加に伴い直線的に減少し，かつ施肥によりさらに減少したことから，施肥は母本よりもサッカーの乾物重を増加させることが示された。

銅，亜鉛の施肥効果は新田ら（2000a，2003）によって検討されている。インドネシア，リアウ州の泥炭土壌において銅，亜鉛欠乏症と推定されたサゴヤシに対して施肥試験を行い，速効性の銅（硫酸銅）および亜鉛（硫酸亜鉛）の施肥が葉の銅および亜鉛含有率を高めることと，この効果が施肥後半年〜2年半まで持続することを明らかにした。

これらの試験結果より，施肥の効果は樹高，葉数，幹の生長量には反映されないが，葉の養分含有率を高める可能性が示された。さらにKakuda et al. (2005) が示しているように，施肥養分がサッカーの生長を促進したために母本の生長量に反映されなかった可能性もあり，今後行われる施肥試験ではサッカーの管理を徹底する必要がある。

c. 施肥量の決定

施肥量の決定には，天然の養分供給量，目標収量を得るのに必要な養分要求量，施肥養分の利用率を知る必要がある。サゴヤシ栽培における窒素収支はOkazaki et al. (2002) によって検討されている。養分要求量は施肥区と無施肥区の養分吸収量の差から算出されるが，気象，土壌，栽培管理条件などによって大きく変化することが予想され，多地点での情報収集が必要であると考えられる。また，泥炭土壌は窒素吸着力が弱く施肥窒素のロスが生じやすいため（角田ら2000），ポット栽培や水耕栽培によって施肥窒素の利用率を把握することも有効であると考えられる。

(3) 水管理

　サゴヤシは地下水位が高い土地でも生育できる耐湿性植物ではあるが，常時湛水条件と灌漑条件でのサゴヤシの幼苗試験では常時湛水条件で生育の低下が認められた（Flach et al. 1977）。一方，泥炭土壌で地下水位が 40〜50 cm の場所のサゴヤシが幹を形成しないことも報告されている（Sim et al. 2005）。いずれにしろ，これらの結果は，地下水位がサゴヤシ生育速度に影響を与えることを示すものと考えられる。また，熱帯泥炭土壌における持続的栽培について地下水位は非常に重要な要素である。地下水位を低下させることによる泥炭の分解は，温室効果ガスである炭酸ガスの発生を促進するばかりでなく，サゴヤシの生育基盤を失うことにつながる。

　ロゼット期のサゴヤシ生育と地下水位とのあいだに一定の関係を認めることはできなかった。しかし，地下水位 52〜89 cm の範囲で，幹立ち期の葉数，胸高直径，幹高増加速度（図 6-18），幹体積増加速度（図 6-19）はそれぞれ地下水位と正の相関が認められた（佐々木ら 未発表）。このことから，地下水位が高い地点ほどサゴヤシ生育が良好になると考えられた。サゴヤシの根は地表 0〜30 cm のところに約半分が分布する（知念ら 2003）。地下水位がサゴヤシ根の分布範囲より低下することで水分ストレスが引き起こされ，サゴヤシの生育が抑制されると考えられる。なお，ロゼット期では地下水位は 63〜77 cm であり，地下水位の最高値と最低値との差が 15 cm 程度の幅しかなく，このことがロゼット期のサゴヤシ生育と地下水位とのあいだに相関が認められなかった理由とも考えられる。

　葉数は光合成によるデンプン生産に大きく影響を与えると考えられ，地下水位が高いことで葉数が増加し，デンプン収量の増加に有利であると考えられる。胸高直径は生育時期の経過による増加は認められなかったが，地下水位が高くなるにつれて大きくなった。一般に，熱帯泥炭土壌に生育するサゴヤシの胸高直径は鉱質土壌に比べて劣る（Yamamoto et al. 2003）。Yamamoto et al.（2003）の報告によると，鉱質土壌に生育するサゴヤシの幹高増加速度，幹体積増加速度はそれぞれ 1.34 m/yr，0.166 m^3/yr であったが，図 6-18，6-19 では，それぞれの最高値は 2.2 m/yr，0.29 m^3/yr と高い値を示していた。地下水位が高くなることで鉱質土壌に生育するサゴヤシの生育を上回ると考えられる。なお，この報告の地下水位は限定されているため，地下水位の幅を広くとった場合の検討が必要と思われる。さらに，移植期，ロゼット期，幹立ち期で，地下水位の果たす役割は異なるものと思われ，さらなる検討が必要と思われる。また，サゴヤシ生育にとって最適な地下水位と泥炭の維持にとって最適な地下水位の関係を明らかにする必要もある。

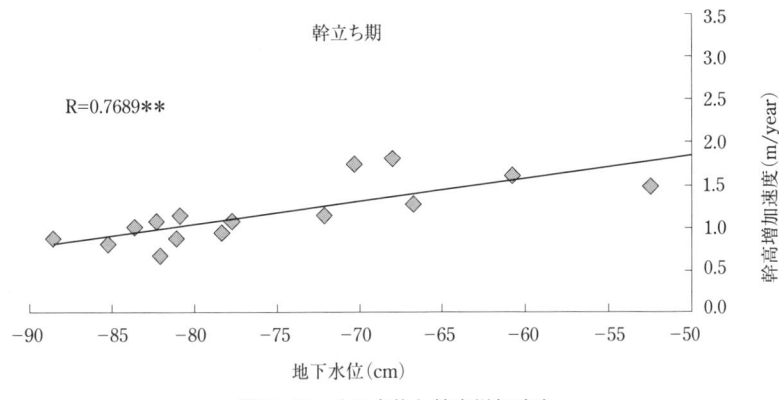

図 6-18　地下水位と幹高増加速度

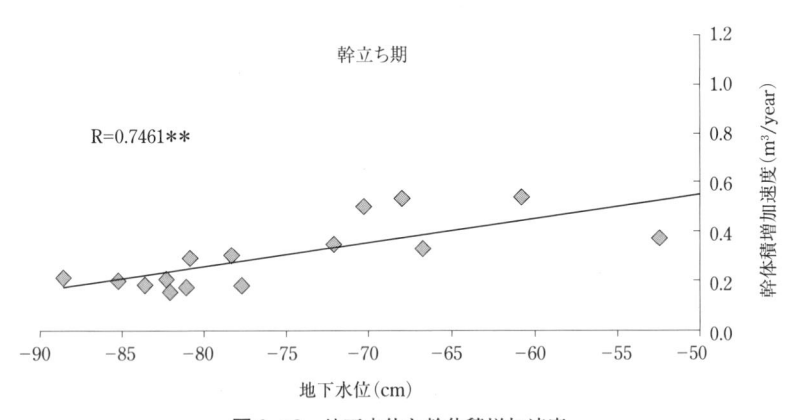

図 6-19　地下水位と幹体積増加速度

佐々木ら（未発表）.

(4) 除草

　サゴヤシの葉による草冠が発達すると遮光により下草の生育が抑えられるが，草冠が発達する以前にはサッカーと雑草や低木との競合が生じる（山本 1998a）。そのため，サッカーの植えつけ後の数年間は，年に 2〜3 回の除草を行う（Jong 2001, 2006）。

　Yanbuaban ら（2007）は，タイ南部 Narathiwat の泥炭土壌にみられる 30 余りの植物種のうち，イネ科雑草（*Leersia hexandra*）とカヤツリグサ科雑草（*Fimbristylis umbellaris*）がサゴヤシの生育に影響するおもな雑草であることを報告している。このうち *L. hexandra* は，サゴヤシの葉を遮光すること，および泥炭土壌で不足しが

図6-20　サゴヤシ害虫のシロアリ

ちなリンと亜鉛を優先的に吸収することから，サゴヤシの生育を大きく抑制する。また，*L. hexandra* の存在下ではサゴヤシの窒素吸収量が抑制されるが，このときのサゴヤシと雑草はともに共生微生物によって固定される窒素を吸収しており，窒素に関してはリンや亜鉛の場合と異なり土壌中の養分をめぐる競合が問題ではない可能性がある。

(5) 病害虫の管理

　サゴヤシの害虫として約40種が知られており，他のヤシを共通して加害するものが多い。このうち，幹を食害するものは，アカスジゾウムシおよびタイワンカブトムシの幼虫などである（木村1979）。これらの幼虫は，サッカーを採取した後の根茎やサッカーの切り口から侵入するため，防除するためには切り口を薬剤，泥，あるいはタールなどで処理する（Jong and Flach 1995）。一方，葉を食害するものとして，イラガおよびミノガ幼虫，バッタやコオロギ類が知られている（木村1979；Jong 2006）。

　マレーシア，サラワク州やインドネシアでの集約的なサゴヤシ栽培では，問題となる虫はシロアリ（termites，図6-20）とトゲハ虫類の幼虫（hispid beetle larvae）であ

図6-21 サゴムシ，カビが発生する刈り株

図6-22 猿による葉柄の食害

る。一方，一般的に報告されているサゴムシは限られた場所を傷つけ，そこに卵を産みつける。サゴムシはサゴヤシを切り取った伐り株（図6-21）やサゴログに多く見られる。猿が時々葉柄をかみ，葉柄が傷つく場合がある（図6-22）。現状は以上であるが，他の虫などが集約的で大規模なサゴヤシの単一栽培で害を及ぼす可能性があろう。しかし，これまでのところ，サゴヤシに甚大な被害を与えるような害虫の大発生は見られていない。サゴヤシがある程度集約的に栽培されているプランテーションでさえ下草が残っていることが多く，植物相のみならずすべての生物相が多様となり，生態系の維持に役立っている可能性がある（三橋・河合 1999）。

枯死にいたるまでの致命的な病気は未だ報告されていない。White root disease のような菌類は若いヤシに見られるが，重大な被害は与えてはいない。

5 ▶ サゴヤシの収穫と運搬

サゴヤシの収穫は今でもまだ，手で持てる機械を利用した作業で，人力で行っている。組織的な運搬システムはサゴヤシ栽培圃場では普通見られない。できるだけ労力をかけずに収穫場所から水路まで運搬するために，サゴヤシの幹は約1mに切断され，サゴヤシの葉柄ないし，周辺の木を利用して作った簡単な線路の上を転がして運ぶ。

一般的なサゴヤシ栽培農家での収穫はチェーンソーを利用する（図6-23）。最初にパラン（山刀）で，周辺を整理し，チェーンソーのあたる部分の葉鞘と葉柄の残骸を切り落とす。その後，チェーンソーで切り倒す。切り倒すまでの時間は周辺の整備によって異なるが，10分以内で終了する。その後，樹幹についている葉や，葉鞘部分をパランやチェーンソーを利用して落としていく。きれいになった樹幹に一定の間隔で，筏に組んだときにロープでつなぐ穴を開けていく。その後，チェーンソーで一定の長さに切っていく（図6-24）。この丸太はログと呼ばれているが，長さは農家によって異なるが，平均して約1mである。なお，直径の平均はリアウ州のトゥビンティンギ島では40cm程度である（図6-25）。収穫からログの作成までの時間はトゥビンティンギ島では2人で20〜25分程度であった。サワラク州では1日1人でチェーンソー利用で約20本収穫できると報告されている（山本 1998a）。ほぼ同様の時間でサゴヤシの収穫は行われているものと考えられる。

切り分けられたログは，デンプン工場へ運ばれる。海岸部にあるサゴヤシ園では海まで，水路や小川が利用できるサゴヤシ園ではその水路まで転がして運ぶ。サゴヤシ園が泥炭地にある場合，移動しやすいようにサゴヤシの葉鞘や葉を敷いておき（図6-26），切断面にフックをつけ（図6-27）押しながら転がしていく。水路（小川）

図 6-23　チェーンソーを利用したサゴヤシの伐採

図 6-24　運搬用に一定の長さに切断

図 6-25　切断されたログ

図 6-26　サゴヤシの葉鞘を通路に敷きその上を転がしてログを運ぶ

図 6-27　切断面にフックをつけ運びやすくする

図 6-28　水路に筏を組んでおかれたサゴログ

図6-29　海に集められたログ

がある場合，そこで筏を組み海までながす（図6-28）。リアウ州では，筏は約2000のログからなる。

　海に出たログは集められ（図6-29），ディーゼルエンジンの船で引かれて（図6-30）デンプン工場まで運ばれる。リアウ州の場合，デンプン工場から約30 km以内のサゴヤシ園からログが集められている（デンプン工場での聞き取り）。トゥビンティンギでは，筏になったログはサゴデンプン工場に面した海に保存される。

6 ▶ 栽培管理と環境保全

　熱帯低湿地においてサゴヤシを持続的に栽培するためには，地下水位の制御や施肥による水分状態，土壌養分量等の適切な管理が必要となる。しかしながら，それらによって環境や周辺生態系に大きな負荷がかかるようでは"持続的農業"としては認められない。サゴヤシ栽培が大気・水・土壌にどのような影響を与えるかを知り，高い生産性と低い環境負荷を両立させる栽培管理技術を確立することが重要である。

図 6-30　舟で海を運ばれるログ

　21世紀最大の地球環境問題である温暖化は，地球表面から放出されるエネルギー（表面温度によって放射エネルギーは，光としては赤外光に相当すると規定される）を吸収する二酸化炭素（CO_2）やメタン等の対流圏中濃度が増大していることが主原因と考えられている（IPCC 2007）。このうち，メタンに関しては湿地がその最大の発生源であることがわかっている（IPCC 2007）。大気中のメタンの大部分は，メタン生成菌（古細菌）によって生成されたものである。メタン生成菌は分子状酸素の無い還元的な環境を好み，CO_2 と水素，あるいは酢酸やメタノールからメタンを生成する過程でエネルギーを得ている。したがって，高い地下水位によって大気からの酸

素の侵入が制限され，蓄積した植物遺体や泥炭からエネルギー源が供給される湿地は，メタン生成菌の活動に適した環境といえる。一般に泥炭湿地を生物生産に利用する場合には，自然植生の伐採とともに排水が行われ，土壌中に酸素が供給される。酸素は新たに植えられた植物の根の呼吸を助けるのみでなく，土壌微生物の活動に大きな影響を与え，メタン生成菌の活動を低下させる一方，酸素を利用してメタンを CO_2 に分解するメタン酸化菌を活性化する。その結果，大気へのメタン発生量は著しく減少する (Martikainen et al. 1995)。もちろん酸素供給によって活性化される微生物はメタン酸化菌だけではない。糸状菌や多くの細菌にもその影響は及び，有機物分解が促進されて，CO_2 生成速度が増大するといわれている (Martikainen et al. 1995)。したがって，サゴヤシ栽培における水管理は土壌からの温室効果ガス発生量を大きく変化させる可能性をもつ。

　自然土壌では窒素を除く養分元素の大部分は母材中の鉱物から供給されるが，泥炭が厚く堆積すると表層と鉱質土層とが大きく隔てられるため，泥炭土壌の養分含量は元々低い。排水を伴う泥炭地の農業利用は，地面の沈下をもたらすとともに，土壌養分の溶脱を促進する (Laiho et al. 1999)。サゴヤシ栽培土壌の理化学性についての分析例は少なく (Funakawa et al. 1996, Kawahigashi et al. 2003)，各種養分元素の経時変化や施肥を行った際の残留量と分布に関する報告はない。加えて，溶脱された土壌あるいは施肥由来元素が排水路から河川や海に入り，生態系に影響を与えることも懸念される。

　この項では熱帯泥炭湿地におけるサゴヤシ栽培管理が土壌からの温室効果ガス発生量，排水および土壌中の各種元素濃度に及ぼす影響について，筆者らがインドネシア，リアウ州トゥビンティンギ島で行った調査結果を中心に紹介する。

(1) 栽培管理が温室効果ガス（メタン，CO_2）発生量に与える影響

　Furukawa et al. (2005) によれば，インドネシア，カリマンタン島，スマトラ島の泥炭土水田からのメタン発生速度は 0.05〜8.0 mg C/m^2/時であった。また，マレーシアやインドネシアで畑に利用されている泥炭土壌からの CO_2 発生速度については，Furukawa et al. (2005), Haji et al. (2005) が 100〜400 mg C/m^2/時であったと報告している。これらに対し，サゴヤシ栽培土壌からのメタン発生速度については 0.02〜1.4 mg C/m^2/時，CO_2 発生速度については 25〜340 mg C/m^2/時等の報告値がある (Melling et al. 2005a, b)。

　土壌表面からのガス発生速度（あるいは吸収速度）の測定には，ほとんどの場合，チャンバー法とよばれる，円形その他の形状の筒（チャンバー）を土壌あるいは土壌に埋め込んだ枠にかぶせ（図 6-31 下），チャンバー内のガス濃度の経時変化から発生速度を算出する方法が用いられる。チャンバーの大きさは様々であり，イネやヨ

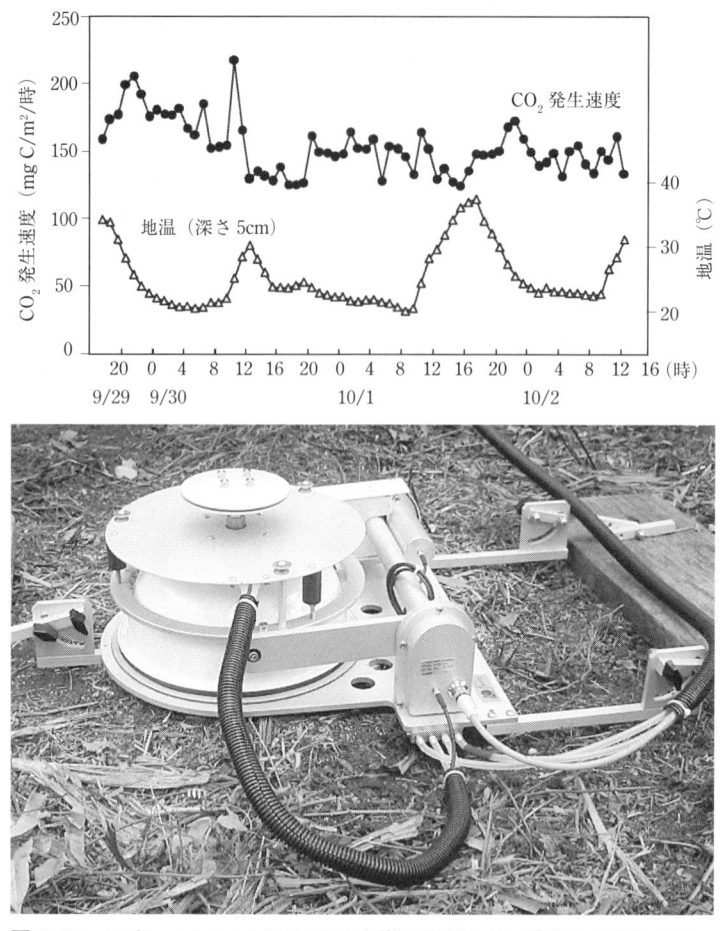

図 6-31 テビン・ティンギのサゴヤシ圃場に設置した土壌からの CO_2 フラックス自動測定装置のチャンバー部（下）および CO_2 発生速度と地温（深さ5cm）の日変化（2006年9月29日～10月2日；上）

シ等の背丈の低い草本植物であれば，植物体を経由したガスの発生速度を測定することも容易である．温帯では温室効果ガス発生速度は地温の影響を受け，季節変化，日変化を示す．一方，トゥビンティンギのサゴヤシプランテーションにおける測定結果（図6-31上）では，泥炭土壌表面からの CO_2 発生速度は明瞭な日変化を示さず，メタン発生速度についても同様の傾向が認められている（Watanabe et al. 2008）．熱帯では一年を通して地温が十分に高く，その変動幅が小さいため，ガス発生速度の主変動要因にはならないのであろう．サゴヤシ栽培土壌と近隣の二次林土壌の比較においても，地温はサゴヤシ栽培土壌の方が常に高かったものの，メタ

表 6-6　施肥量の異なるサゴヤシ栽培土壌からのメタンおよび CO_2 発生速度

処理区	メタン（$\mu g\ C/m^2/$時）	CO_2（$mg\ C/m^2/$時）
無肥料区 [a]	43 ± 32e	43 ± 21
標準施用区 [b]	66 ± 75	43 ± 25
多量要素 10 倍施用区 [c]	90 ± 114	49 ± 25
微量要素 10 倍施用区 [d]	110 ± 156	53 ± 17

[a] 無肥料区を含むすべての処理区にドロマイトを 300kg/ha/ 年を表面施用した.
[b] 467 kg N/ha/年, 124～160 kg P/ha/年, 996 kg K/ha/年, 40 kg Cu/ha/年, 40 kg Zn/ha/年, 2.6 kg B/ha/年.
[c] N, P, K の施用量が標準施用区の 10 倍, 他は標準施用区と同じ.
[d] Cu, Zn, B, Fe の施用量が標準施用区の 10 倍, 他は標準施用区と同じ.
[e] 平均±標準偏差.
Watanabe et al. (2009).

ンや CO_2 の発生速度には差が無いことの方が多かった.

　さて, このプランテーションでは, 1 年間に土壌から吸収される養分量をサゴヤシ葉の展開速度と葉に含まれる各種元素量から推定し, それを補う形で施肥が行われてきた. そのため, 通常の施肥によってサゴヤシの生育が目に見えて促進されることはないが, 施肥量を変えた圃場試験 (Watanabe et al. 2009) では, 尿素, リン鉱石, 塩化カリに由来する NPK の施用量を通常の 10 倍まで増大させた区 (多量要素 10 倍施用区) で植物長が約 1.2 倍程度大きい傾向が認められた. 表 6-6 に示した 4 処理区からのメタン発生速度を比較した結果では, 多量要素 10 倍施用区とともに植物生長に改善のみられなかった微量要素 10 倍施用区からの発生速度が, 標準施用区および無肥料区からの発生速度を上回り, 標準施用区と無肥料区のあいだには有意差は見られなかった. CO_2 発生速度については 4 処理区間でいずれも差は認められなかった. 石灰等を大量に施用して pH が大きく上昇するようなことが起こらない限り (村山 1995), 施肥の有無および施肥量の違いは CO_2 発生速度にとって重要な制御因子ではないのかもしれない. しかしながら, あまり効率的でないサゴヤシに対する生長増大効果とメタン発生量の増大に加え, 別の温室効果ガスである N_2O の発生速度が N 施用の影響を受けている可能性も考慮すると, 単純に施肥量を増やすことは望ましくないといえよう.

　メタン発生速度は雨季に増大する傾向があり, 施肥量の異なる処理区間の差も雨季に認められた. 雨季に差が大きくなる傾向は, 地下水位の変動による土壌の酸化還元状態の変化に起因すると推測される. 実際に, 移植後年数が同じところでは地下水位とメタン発生速度とのあいだに有意な相関が認められた (図 6-32a; Watanabe et al. 2009). 類似の関係はサゴヤシ栽培地以外の泥炭湿地でもしばしば認められているが, 全くの自然状態や十分に排水を行う場合と異なり, サゴヤシ栽培では地下水位を適度に制御することが可能である. 例えば, 図 6-32a によれば

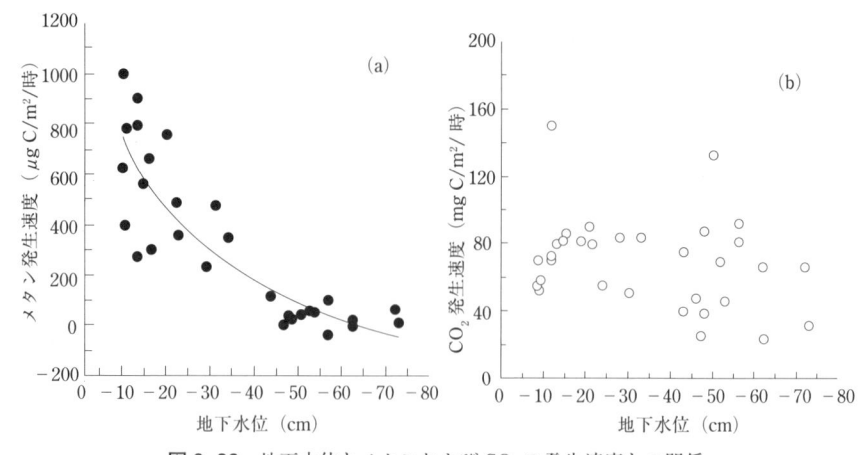

図6-32 地下水位とメタンおよびCO_2の発生速度との関係
a：メタン，b：CO_2．回帰曲線：$y=-376x+1560$ ($r^2=0.759$；$P<0.005$)．
Watanabe et al. (2009)．

地下水位が約-50 cm以下であればメタン発生速度は$100\ \mu g\ C/m^2$/時未満となる一方，CO_2発生速度と地下水位とのあいだには関連が認められない（図6-32b）。したがって，生育が抑制されないレベルで地下水位を低く保つことで，メタンとCO^2の発生量の合計量を最小限に抑えることができると考えられる。

ところで，サゴヤシの主根は破生間隙が発達していることから，水稲と同様，植物体がメタンの通路として機能している可能性がある。そこで，母本よりも扱いやすいサッカーを対象として，土壌のみの場合とサッカーが含まれる場合（サッカーの断面積が測定面積の6～18％に相当）でメタン発生速度を比較したところ，サッカーが含まれる場合の方が2～50倍大きいメタン発生速度を示した（Watanabe et al. 2009）。生長した母本でも同じ現象が見られるかどうか，今後明らかにしていく必要がある。

(2) 栽培管理が土壌および排水の化学的性質に与える影響

トゥビンティンギのサゴヤシプランテーションにおける排水路の水質調査は，1997～2001に移植が行われた七つのブロックで2年間にわたって行い（Miyamoto et al. 2009），最大移植7年後までのデータを得た（図6-33）。水中の溶存有機物濃度は一般的に溶存有機炭素（DOC）濃度で代表される。土壌から周辺水環境への水溶性有機物供給量の変化は，有機物を構成するC，N，S，P等の元素濃度のみでなく，天然水中で有機物と錯体を形成して存在する割合が大きいFe，Al，Zn等の多価金属元素の濃度にも少なからず影響を与えると考えられる。例えば，トゥビンティン

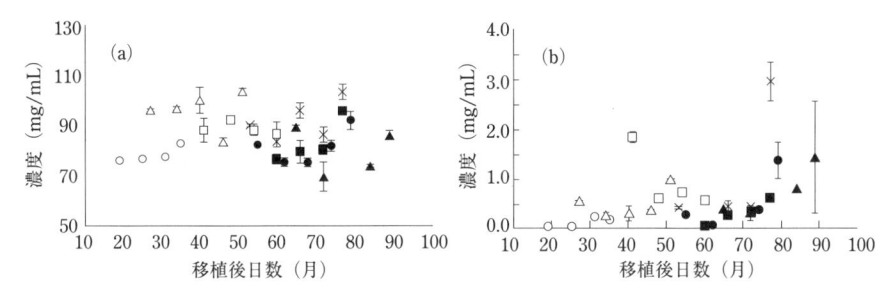

図 6-33 サゴヤシ栽培土壌からの排水中の溶存有機炭素（DOC）および Ca 濃度と移植後月数との関係
a: DOC, b: Ca. 異なるシンボルは異なるブロックのデータを示す。Miyamoto et al. (2009).

ギにおける排水の分析では検出された Fe のうち平均 96％ が有機物結合態として存在していると推定された。しかしながら、サゴヤシ栽培土壌からの排水中の DOC 濃度（図 6-33a）は、全体的に温帯の泥炭湿地で見られる値よりも大きいものの、年を追ってさらに増大することはなく、Fe, Al, Zn 濃度についても増大する傾向は認められなかった。CO_2 発生速度と同様 DOC 濃度に経時変化が認められなかったことは、泥炭分解速度に大きな変化が無かったことを推察させる。その他の重金属 Cu, Cd, Ni, Pb, Cr, Mo の濃度は全ブロック、全測定期間を通して 0.05 mg/L 未満であった。

排水中の Ca（図 6-33b）, K, Mg 濃度は移植後月数とのあいだに正の相関を示した。各ブロック土壌からの供給量が元々同じとはいえないため、統計的に有意とはいってもかなり微妙ではあるが、ドロマイトや肥料成分の一部が溶出し始めている可能性がある。ただし、これら 3 元素は海水中に高濃度で含まれているため、海に近い熱帯の泥炭湿地では水圏生態系への影響は考えにくい。測定した 16 元素（N は未測定）と pH の中で他に移植後月数との関連が認められたものはなかったが、P 濃度が K 濃度とのあいだに有意な正の相関を示しており、施肥の影響評価は今後も継続して行っていく必要があると考えられた。

トゥビンティンギのサゴヤシプランテーションでは、表面散布による雑草との競合を避けるため、サゴヤシから約 1 m の距離に掘った深さ 10〜20 cm ほどの複数（4 カ所以上）の穴に肥料（粒状）を施用している（スポット施肥）。乾季には肥料成分はその場に長く留まり、雨が降り始めると徐々に下方へ浸透し、地下水から排水路へと移行していくと推測される。施肥位置から数 10 cm 離れると多量要素 10 倍施用区や微量要素 10 倍施用区（表 6-6）でも肥料成分の蓄積は検出されないことから、水平方向への拡散はほとんどないと考えられる。肥料への依存度は明らかにされていないが、サゴヤシの根が施肥位置付近もしくはその直下に密集している様子はこれまで観察されていない。また、移植後 5 年目までの圃場では、根量の分布が異な

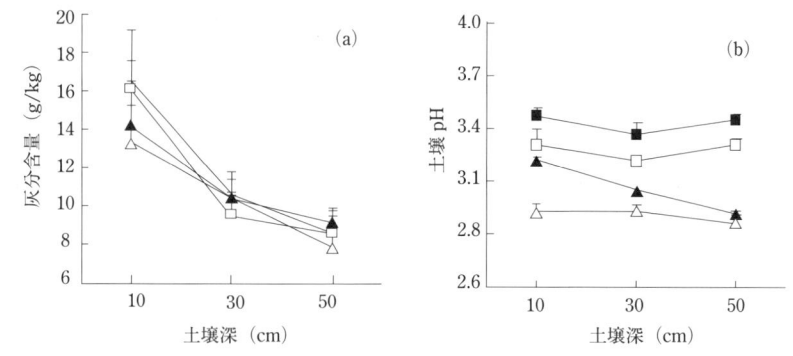

図 6-34 サゴヤシ栽培土壌と隣接二次林土壌の灰分含量と pH (H_2O) の比較
a：灰分含量，b：土壌 pH．▲および△，移植 2 年目のサゴヤシ栽培土壌およびその隣接二次林土壌；■および□移植 5 年目のサゴヤシ栽培土壌およびの隣接二次林土壌．Miyamoto et al. (2009)．

ると考えられるサゴヤシから 1，3，5 m の距離間で土壌の養分元素含量の差異は見られなかった (Miyamoto et al. 2009)．したがって，サゴヤシの生長過程において，発達していく根系が施肥位置近傍以外の土壌からも活発に養分を吸収することで急激に土壌が痩せていくということはないと考えられた．このことはサゴヤシ栽培土壌と近接した二次林土壌のあいだで移植後年数が増加しても養分含量に有意差が見られなかったことからも示唆された．

サゴヤシ近傍土壌を深さ別に調べた結果では，表層 (10～15 cm) 土壌の灰分含量および pH は，深さ 30 cm および 50 cm の層よりも高く，また，わずかではあるがサゴヤシ栽培土壌の pH は隣接二次林土壌の pH を上回った (図 6-34)．Ca，Mg，Fe の含量はそれぞれ灰分含量と正の相関を示した．移植 2～6 年目の表層土壌中の全 Ca，K，Mg 含量はそれぞれ 0.4～2.5，0.2～0.6，0.9～2.5 g/kg であり，Kawahigashi et al. (2003) がマレーシア，サラワク州ムカのサゴヤシ栽培土壌 (泥炭土) に対して報告している値と類似していた．植物が利用しやすく，溶脱もされやすい交換性カチオンが全元素量に占める割合は，Ca 約 30%，K 約 95%，Mg 約 60% と 3 元素間で大きく異なっていたが，これらの値はサゴヤシ栽培の影響を受けていなかった．一方，Fe，Cu，Zn 含量はそれぞれ 0.1～0.4 g/kg，＜0.05～2.8 mg/kg，1.2～5.0 mg/kg で，Funakawa et al. (1996) によるサラワク州スンガイ・タラウのサゴヤシ栽培土壌の分析値よりも全体的に低く，また，深さによる差は認められなかった．これらの元素は元々含量が低いうえ，泥炭中の不溶性有機物に強く吸着することで溶脱を免れているものと考えられる．このことは施肥として与えられている Cu の排水中の濃度がきわめて低い値を維持していることからも推察される．実際に室内実験で泥炭土壌を充填したカラムに Cu，Fe，Zn を添加して水を断続的に浸透させた場合には，Cu は添加量の＜2%，Fe は＜10%，Zn は＜25% に相当す

る量しか溶出してこなかった。先述の微量要素 10 倍施用区では無肥料区，標準施用区とのあいだにサゴヤシの生育に何ら違いが見られず，また，他の圃場試験で金属微量要素の施用量や組成を変えてサゴヤシを生育させた場合にも，処理区間でサゴヤシ葉中の各元素濃度に違いが現れなかったことから（Ando et al. 2007），微量要素がサゴヤシに十分吸収されているとは考えにくい。今後，サゴヤシが効率的に肥料成分を吸収でき，土壌への超局所的な集積をもたらさない新たな施肥技術の開発が重要であろう。

▶ 1節：F. S. ジョン（安藤豊訳），2節：江原宏，3節：山本由徳
4節：角田憲一・佐々木由佳・F. S. ジョン（安藤豊訳），
5節：安藤豊，6節：渡邉彰

第7章

デンプンの生産性

　サゴヤシのデンプン生産性は，年間の面積（ha）当たりのデンプン生産量として求められる。面積当たりの年間デンプン生産量は，年間の ha 当たりの収穫本数と個体当たりの平均デンプン収量との積によって決定される。ha 当たりの収穫本数は，株密度と株を構成する個体密度並びに個々の個体の樹齢構成（収穫適期までの年数）によって異なる。一方，個体当たりの平均デンプン収量は，民俗変種（以下，変種と呼称），気象や土壌，地下水位等の環境条件および栽培条件等によって異なる。

　以下では，まず，サゴヤシ樹幹髄部のデンプン蓄積過程の様相について記述し，さらに個体当たりのデンプン収量の変種間差異，栽培条件や土壌条件による差異について記述する。そして，現状におけるサゴヤシの年間の面積当たりデンプン生産性の推定を行うとともに，他のデンプン生産性作物であるイモ類との生産性の比較を行い，さらに，サゴヤシの潜在生産性について検討する。

1 ▶ 樹幹髄部におけるデンプンの蓄積過程

(1) デンプン収量の測定方法

　収穫対象部位である髄部のデンプンは，実験的には乾燥髄部を微粉状に粉砕して，アルコールで可溶性糖を抽出後，その残渣を酸や酵素分解してグルコース量として求め，それに 0.9 を乗じてデンプン含量とする（化学分析法）。また，細断した髄部を電動ミキサー（ジューサー）で粉砕し，100〜200 メッシュの篩いで抽出し，沈殿したデンプンを天日乾燥後，さらに乾燥機で絶乾して乾燥デンプンとする（ミキサー

法)。この方法では，化学分析法の約80％のデンプンが抽出される（宮崎ら2006）。

一方，サゴ農家では，髄部を様々な粉砕用具によりおがくず状に粉砕して，水をかけながら手あるいは足で揉みだしながら布またはココヤシの果実の繊維等を篩いとして抽出される（8章1節参照）。抽出液は，1晩程度静置するとデンプンが沈殿するので，上澄み液を捨ててデンプンを採集する。これが"ぬれサゴ"あるいは"生サゴ"とも呼ばれる生デンプンで，水分含量は35〜45％である。さらに，"ぬれサゴ"を水分含量が12〜15％程度になるまで天日乾燥する場合もある。このサゴ農家によるデンプン抽出方法では，約60〜80％（Shimoda and Power 1986）あるいは約50％程度（Schuiling 2006；Yamamoto et al. 2007）の抽出効率であるとされている。

このように，表示されているデンプン含量がどのように測定されたものであるかにまず注意する必要がある。

(2) デンプン含量の表示方法

前項(1)のように決定されたデンプン含量の表示方法については，以下のような方法が用いられる。

①髄生重当たりの乾燥デンプン含量（％，gDS/gFW）＝サンプル髄の乾燥デンプン重(g)／サンプル髄生重(g)×100
②髄乾燥重量当たりの乾燥デンプン含量（％，gDS/gDW）＝サンプル髄の乾燥デンプン重(g)／サンプル髄の乾燥重(g)×100
③生髄容積当たりの乾燥デンプン含有量（g/cm^3，gDS/cm^3）＝サンプル髄の乾燥デンプン重(g)／サンプル生髄容積（cm^3）

上記①〜③には，デンプン量を乾燥デンプン重量として求めた場合の例を示したが，"ぬれサゴ"や天日乾燥デンプンとして求めることもできる。また，現実的には，樹幹より髄部のみを取り出してサゴヤシ樹が売買されるものではなく，樹皮部をつけた状態で一定の長さに切断して売買されるので，分母の髄部重や髄部容積の代わりに樹皮部を含めた樹幹当たりの重さや容積が用いられることもある（Jong 1995）。したがって，表示されたデンプン含量が，どのような算出方法によって求められたものであるかに注意することも必要である。

(3) デンプンの蓄積過程

サゴヤシ髄部におけるデンプンの蓄積経過については，マレーシア，サラワク州ダラトの浅い泥炭質土壌（泥炭層の厚さ約30 cm）（Jong 1995）および同ムカの鉱質土壌と浅い泥炭質土壌（同30〜60 cm）（山本ら2003b）において明らかにされている。

表 7-1 生育段階の異なるサゴヤシの樹幹位置によるデンプン含有率の差異

(%)

樹幹位置[1]	生育段階[2]									
	3	4	5	6	7	8	9	10	11	12
1	5.06	13.91	19.93a	19.77a	25.01a	23.43ab	19.94	11.95bc	4.50	5.69
2	1.88	9.12	13.82ab	19.72a	23.79a	25.83a	25.73	15.40ab	5.74	7.24
3	0.78	8.32	9.20bc	17.96ab	25.19a	22.81ab	23.91	16.69ab	6.95	8.50
4	0.49	5.29	2.93cd	13.59ab	21.51a	22.33ab	23.02	18.73a	6.02	9.06
5	0.83	3.26	1.24d	10.99b	13.53b	18.68b	25.48	9.47a	2.13	4.10
Mean	1.85	8.00	9.42	18.35	21.81	22.62	23.62	14.45	5.07	6.92
S.E.(dif)	3.12	5.03	3.07	3.79	3.35	2.22	2.93	2.69	3.93	3.79
C.V.(%)	211	89.2	39.96	28.35	18.8	12.04	17.60	26.4	101	77.5

1) 樹幹の最下部を1とし，最頂部を5として，その間を4等分し，下部より2，3，4とした位置を示す．
2) 表4-1参照．
異なるアルファベット間には5%水準での有意差あり（ダンカンの多重検定）．
Jong (1995).

表 7-2 生育段階の異なるサゴヤシの樹幹位置によるデンプン密度の差異

(g/cm³)

樹幹位置[1]	生育段階[2]									
	3	4	5	6	7	8	9	10	11	12
1	.032	.102	.120a	.137ab	.180a	.167ab	.153	.088ab	.031	.038
2	.004	.069	.100ab	.143a	.193a	.193a	.183	.108ab	.042	.051
3	.005	.064	.060bc	.130ab	.180a	.180ab	.183	.125a	.046	.056
4	.004	.039	.025cd	.097ab	.157a	.153ab	.180	.128a	.042	.064
5	.005	.021	.009d	.080b	.103b	.143b	.180	.063b	.015	.017
Mean	.010	.059	.063	.117	.163	.167	.176	.102	.035	.045
S.E.(dif)	.02	.04	.02	.03	.02	.06	.02	.04	.03	.10
C.V.(%)	227	92.1	35.1	28.9	12.9	14.3	14.4	53.5	97.9	419

1) 表7-1参照．2) 表4-1参照．
異なるアルファベット間には5%水準での有意差あり（ダンカンの多重検定）．
Jong (1995).

また，Yamamoto et al. (2003) は，同ムカとダラトにおいて，鉱質土壌，浅い泥炭質土壌（同20〜120 cm）および深い泥炭質土壌（同300〜450 cm）におけるデンプン蓄積過程の差異について検討している．なお，マレーシア，サラワク州におけるサゴヤシの生育段階の区分は第4章表4-1に示したとおりである．

表7-1と表7-2には，生育段階（第4章表4-1）を異にするサゴヤシ樹の樹幹を基部と最下位の生葉の葉鞘着生位置で切断して，樹幹の最下部と最頂部をそれぞれサンプリング位置1，5として，さらにこの間を4等分した位置（下部よりサンプリング位置2，3，4とする）で厚さ約2 cmの円盤状に樹幹を切り出し，それぞれの部

位に含まれるデンプン含有率（乾燥デンプン重／髄生重×100, %）とデンプン密度（乾燥デンプン重／生髄容積，g/cm^3）を示した（Jong 1995）。なお，デンプン含有率とデンプン密度とのあいだには，非常に高い有意な正の相関関係が認められている（r＝0.970, $p<0.001$）。

　幹立ち直後や幹伸長期の早い時期には，下部ほどデンプン含有率およびデンプン密度が高く，デンプン蓄積が下部より開始され，上部に向かって蓄積されていくことが明らかである。サゴヤシの収穫適期とされる最終幹長到達期（生育段階7）〜開花期（同9）になると，デンプン含有率（14〜26％）およびデンプン密度（0.103〜0.193 mg/cm^3）が最高値に達し，樹幹軸に沿っての上下における差が小さくなる。山本ら（2003b）も上述した Jong（1995）の結果とほぼ同様の樹幹髄部の基部から頂部にかけてのデンプンの蓄積の様相を認めている。そして，果実発育期（同10）になると，各部位のデンプン含有率およびデンプン密度が急速に低下したが，とくに頂部での低下が大きく認められ，この部位のデンプンが果実発育に優先的に使用されたことを示している。さらに，果実成熟期（同11）にかけてデンプン含有率およびデンプン密度は低下するが，各部位の差異は小さくなる。この髄部デンプンの果実への移行に関して，山本ら（2008a）は樹幹基部から開始されるとしており，樹幹頂部から開始するとしている Jong（1995）の報告と異なる結果を得ている。

　収穫適期におけるデンプン含有率（あるいはデンプン密度）の樹幹軸に沿っての分布については，上述した Jong（1995）の結果と同様に差が小さいとする報告（下田ら 1994；山本ら 2003b）と樹幹中央部付近で高いとする報告（Sim and Ahmed 1978；Kraalingen 1986；遅沢 1990）がある。これらの差異の生じる原因としては，収穫適期とした生育ステージや変種による差異，環境条件の影響，さらには樹幹の測定位置の差異等が考えられる。

　次に，樹幹の髄部断面，すなわち髄部の中心部より周辺部にかけてのデンプン含有率の分布を樹齢および樹幹（ログ）位置との関係でみたのが図7-1である（山本 1998a）。この図には樹幹を基部より90 cm の長さ（ログ）に切断し，最下部と最頂部ログおよびその中間に位置するログの各々中央部を厚さ約2 cm の円盤状に切り出し，髄部の中心部（C）と周辺部（P，樹皮より約2 cm 内側）とそれらの中間部の（M）3部位についてデンプン含有率（乾燥デンプン重／髄部乾物重×100, %）を示した。同図より，ログ位置にかかわらず樹齢の若い場合（6〜8年生まで）は中心部で中間部や周辺部に比べてやや高い傾向がみられるが，それより樹齢が進むと髄部中心部と周辺部のデンプン含有率の差は小さくなった。

　収穫適期の樹幹髄部の横断面におけるデンプン含有率については，ここで示したように差がないとする報告（遅沢 1990；Kraalingen 1986）と内部ほど高い（Fujii et al. 1986b；Kelvim et al. 1991）あるいは逆に低い（矢次 1987）とする報告がみられる。このような差異の生じる原因についても，上述した樹幹軸に沿ったデンプン含有率の

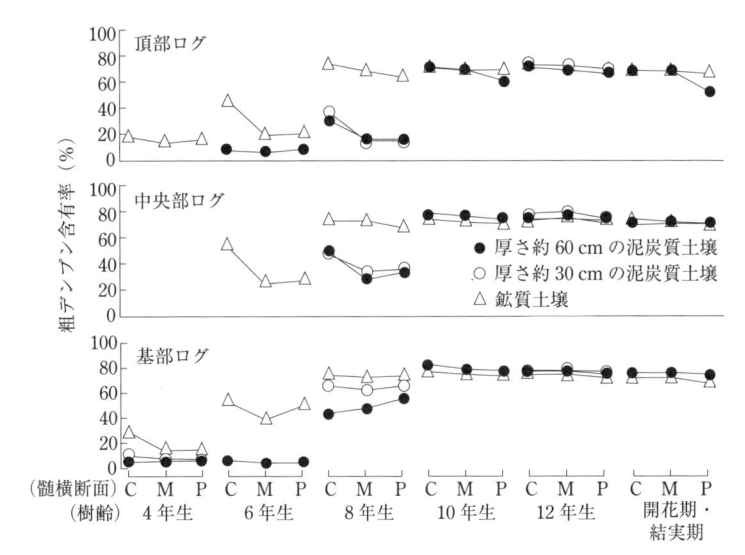

図 7-1 樹齢（推定）を異にするサゴヤシ樹の髄部横断面の位置による粗デンプン含有率の差異
C：中心部，M：中間部，P：周辺部
山本ら（1998a）．

場合と同様に，収穫適期とした生育ステージや供試したサゴヤシ樹の変種の差異，栽培環境および分析試料の採集位置の差異等が関係するものと考えられる。

　上述した各生育時期における各部位別の髄部のデンプン含有率は，乾物率と非常に高い有意な正の相関関係を示し（図 7-2），乾物率よりデンプン含有率の推定が可能と考えられる（Wina et al. 1986；山本ら 2003b）。

　表 7-3 には上に述べた生育段階を異にするサゴヤシ樹のデンプン含有量測定 5 部位の値を平均して，髄部あるいは樹幹当たりの平均デンプン含有率と平均デンプン密度を示した（Jong 1995）。平均デンプン含有率およびデンプン密度ともに幹立ち期（生育段階 3）～最終幹長到達期（同 7）にかけて有意に増加し，収穫適期とされる最終幹長到達～開花期（同 9）の時期では髄部当たりで，それぞれ 21.8～23.6％，0.163～0.176 g/cm^3，樹幹当たりでは 18.6～20.1％，0.15～0.16 g/cm^3 で最大値を示し，これらの時期では有意差は認められなかった。そして，生育段階が開花～幼果期（同 10）あるいは幼果期～果実成熟期（同 11）の時期にかけては急激に低下した。この低下はすでに述べたように，髄部のデンプンが果実の発育に使用されたためと考えられる。このことは，無着果あるいは着果不良樹の果実成熟期に相当した時期の髄部のデンプン含有率が，正常に果実を着けたものよりも著しく高いことからも明らかである（表 7-4）（Jong 1995）。これらの結果は，サゴヤシ髄部におけるデンプン濃度が最大となる時期は，最終幹長到達期～開花期であることを示し

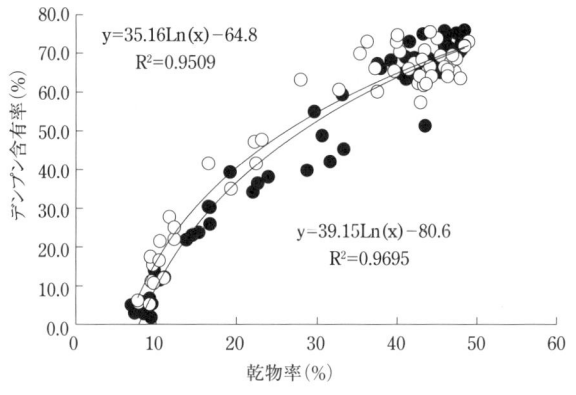

図7-2 髄部の乾物率とデンプン含有率との相関関係
○鉱質土壌, ●浅い泥炭質土壌
山本ら(2003b)を一部改変.

表7-3 生育段階の異なるサゴヤシの髄部および樹幹当たりの平均デンプン含有率と平均デンプン密度の差異

		生育段階[1]									
		3	4	5	6	7	8	9	10	11	12
デンプン含有率	髄	1.85e	8.0cd	9.42c	18.4b	21.8a	22.6a	23.6a	14.5b	5.1de	6.9c
(%)	樹幹	1.47e	6.5cd	7.6c	13.7b	18.6a	19.0a	20.1a	12.1b	4.2de	5.8cd
デンプン密度	髄	0.01d	.06bc	.06bc	.12ab	.163a	.167a	.176a	.10b	.04cd	.05c
(g/cm^3)	樹幹	0.01d	.05c	.05c	.10b	.15a	.15a	.16a	.09b	.03cd	.04c

1) 表4-1参照.
異なるアルファベット間には5%水準での有意差あり(ダンカンの多重検定).
Jong (1995).

表7-4 正常に着果したサゴヤシと着果不良のサゴヤシの果実成熟期における髄部デンプン含有率の差異 (%)

	樹幹位置[1]					
	1	2	3	4	5	平均
正常着果樹	4.50	5.74	6.95	6.02	2.13	5.07
不良着果樹	18.97ab	21.50a	22.59a	21.51a	14.56b	19.9

1) 表7-1参照.
異なるアルファベット間には5%水準での有意差あり(ダンカンの多重検定).
Jong (1995).

表7-5 生育段階によるサゴヤシデンプン収量の差異

	生 育 段 階[1)]								
	3	4	5	6	7	8	9	10	11	12
推定樹齢 （年）	7	8	9	10	11.5	12	12.5	13	14	14.5
デンプン収量 （kg/本）	3.6d	36.9de	49.2cd	128.7b	203.4a	216.6a	219.4a	93.1bc	24.8de	41.8de
年当たりの デンプン収量 （kg/本/年）	0.52e	4.62cd	5.47cd	12.87b	17.69a	18.04a	17.55a	7.16c	1.77de	2.88de

1) 表4-1参照．
異なるアルファベット間には5%水準での有意差あり（ダンカンの多重検定）．
Jong (1995)．

ている。

　Yamamoto et al. (2003) は，土壌の種類によって樹幹髄部のデンプン含有率の急増期が異なり，鉱質および浅い泥炭質土壌では幹立ち後3～6年目に対して，深い泥炭質土壌では4～8年目と遅いとしている。しかし，この深い泥炭質土壌に生育するサゴヤシの樹幹髄部のデンプン含有率の急増期が遅くなったのは，鉱質土壌や浅い泥炭質土壌に比べて生育が遅いためであり，樹幹髄部のデンプン蓄積急増開始期は土壌の種類に関わりなく樹幹長が3 m，樹幹重が250～300 kgであったとしている。

　上述した髄部あるいは樹幹の平均デンプン含有率あるいは平均デンプン密度と，それぞれ髄部（樹幹）重あるいは髄部（樹幹）容積の積によって1樹当たりのデンプン収量が決定される。

　表7-5には1樹当たりのデンプン収量と単位時間当たり（植えつけ後の1年当たり）のデンプン収量を示した。1樹当たりのデンプン収量は，幹立ち期（生育段階3）から最終幹長到達期（同7）の時期にかけて増加し，その後，開花期（同9）の時期まで最大収量（203.4～219.6 kg）を示した。最終幹長到達期～開花期の時期では，収量に有意差はなかった。しかし，開花期～果実成熟期（同11）の時期にかけてデンプン収量は急激に減少した。植えつけ後の年数を加味した1年当たりのデンプン生産量についてみても，1樹当たりのデンプン収量と同様に最終幹長到達期～開花期の時期で17.55～18.04 kg/年で最大値を示した。したがって，このサラワク州での例では，収穫適期は最終幹長到達期～開花期ということになる。

　一般に，髄部内のデンプン含有率あるいはデンプン濃度は，最終幹長到達期頃に最大値に達するので，その後の1樹当たりのデンプン収量の増加は樹幹（髄部）重あるいは樹幹（髄部）容積の増加による（図7-3）(Sim and Ahmed 1978；山本 1998a)。

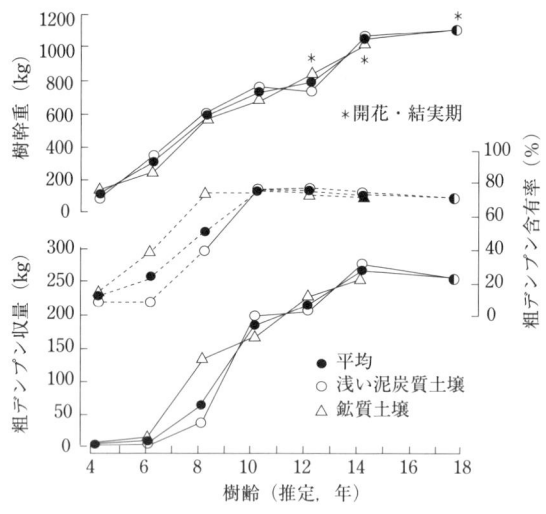

図 7-3　樹齢と樹幹重，粗デンプン含有率および粗デンプン収量

山本（1998a）．

(4) 糖の種類と消長

　サゴデンプンは樹幹髄部に蓄積されるが，このデンプンは葉による光合成産物が糖として髄部に転流してきたものである。これまでに，樹幹髄部の糖とデンプンの動態については，樹齢を異にするサゴヤシ樹の樹幹軸に沿って部位別に髄部の全糖含有率とデンプン含有率の変化が調査されている（山本ら 2003b）。それによると，樹幹髄部の全糖含有率は，基部から頂部にかけて高い値を示すが，デンプン含有率が最大値に達すると部位別の差は小さくなった（図7-4）。また，樹幹当たりの髄部平均全糖含有率をみると，幹立ち直後の樹齢が若い場合には，40％前後の全糖含有率を示すが，樹齢の進行に伴ってデンプン含有率が増加するとともに全糖含有率は急速に低下して，デンプン含有率が最大値を示す頃には2〜3％程度となった。このことは，サゴヤシでは樹幹がある一定の生育段階に達した後に急速にデンプン合成が盛んとなり，その後は一定の合成速度が維持されることを示している。そして，各部位別のデンプン含有率は全糖含有率と非常に高い有意な負の相関関係を示した（図7-5）。

　一方，サゴヤシ髄部の糖の種類やその樹齢に伴う動態の報告例は少ない。これまでに，Wina et al. (1986) は，インドネシアのサゴヤシ髄部の糖とデンプンの分析をして，糖の種類はスクロース，グルコース，フルクトースであり，マルトースは認められなかったことを報告しているが，これら各糖の生育に伴う推移や樹幹

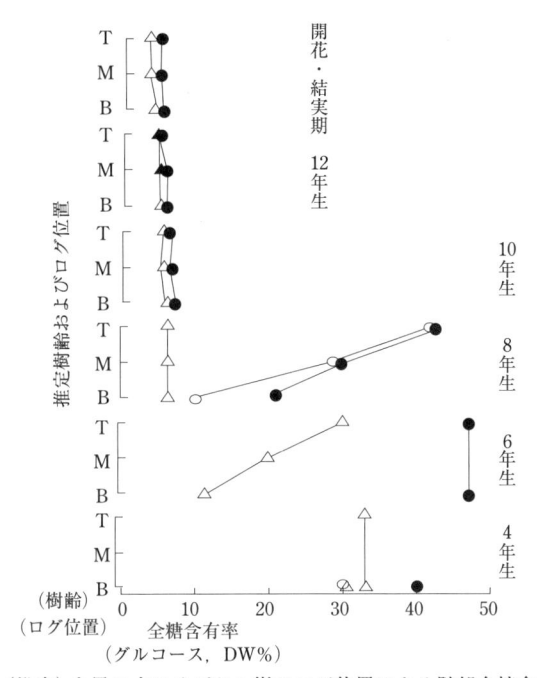

図7-4 樹齢(推定)を異にするサゴヤシ樹のログ位置による髄部全糖含有率の差異
B：基部，M：中央部，T：頂部
○：厚さ約60 cmの泥炭質土壌　●：厚さ約30 cmの泥炭質土壌　△：鉱質土壌
山本ら(1998a).

髄部位置の濃度分布などについては検討されていなかった。そこで，Yamamoto et al. (2010) は，マレーシア，サラワク州ムカ地域で採取した樹齢を異にするサゴヤシ樹幹髄部の各種糖の構成および生育に伴う髄部内での変化などについて検討した。すなわち，幹立ち後2～10年の個体を選び，各個体の基部，中央部，頂部から髄部を採集して，全糖とデンプン含有率を求め，さらに全糖については高速液体クロマトグラフで糖の種類を同定するとともに，各糖含有量を定量した。その結果，サゴヤシ髄部では生育期間を通じて，グルコース，フルクトース，スクロースの3種類の糖がアルコール可溶性糖の大部分を占めていることが認められ，Wina et al. (1986) と同様の結果が得られた (図7-6)。また，デンプン含有率と糖合計値には有意な負の相関関係が見られ ($r = -0.971$, $p < 0.001$)，グルコース，フルクトース，スクロースとデンプン含有率の間にもそれぞれ有意な負の相関関係が認められた。

表7-6に示したように，幹立ち直後(幹立ち後2年生樹)の髄部デンプン含有率は低かったが，この樹齢が若い時期は40%前後の全糖含有率を示し，樹幹の中央部，頂部で高い含有率がみられた。生育とともに各部位の含有率が増加し，その後の樹幹伸長の旺盛な時期(同5～6年生樹)には，デンプンが基部より蓄積し，年数の経

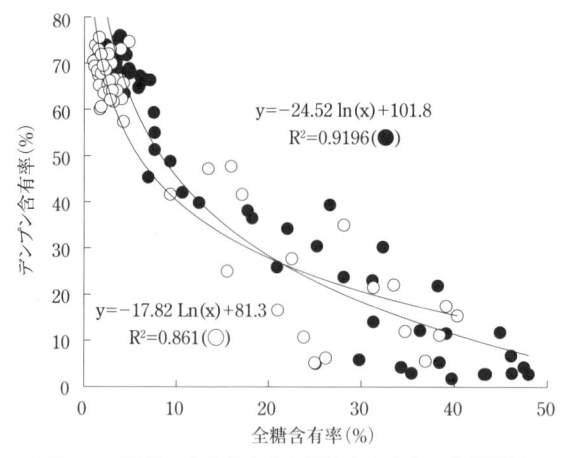

図 7-5 髄部の全糖含有率と澱粉含有率との相関関係
○鉱質土壌, ●浅い泥炭質土壌
山本ら（2003b）を一部改変.

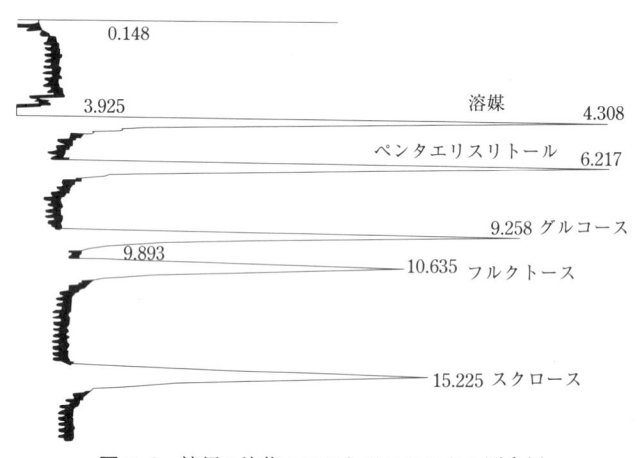

$y = -24.52 \ln(x) + 101.8$
$R^2 = 0.9196 (●)$

$y = -17.82 \ln(x) + 81.3$
$R^2 = 0.861 (○)$

0.148
3.925
溶媒 4.308
ペンタエリスリトール 6.217
9.258 グルコース
9.893
10.635 フルクトース
15.225 スクロース

図 7-6 糖類の液体クロマトグラフによる測定例

過とともに頂部に向かって蓄積する傾向が認められた．幹立ち後 7～8 年後では基部，中央部，頂部の差がみられなくなり，幹立ち後 10 年生樹では，各部位とも最高値に達した．このように，樹齢の進行に伴ってデンプン含有率が増加するとともに糖合計値は急速に低下する関係については，山本ら（2003b）の報告と同様の傾向が認められた．

　同定された各糖の集積傾向（表 7-6）については，樹齢の比較的若い時期（幹立ち後 2～5 年生樹）では，髄部のデンプン含有率が 100 g/kg 以下の樹幹の中央部，頂

表7-6 サゴヤシ樹幹髄部の糖とデンプン含有率

樹齢[1] (年)	ログ数	分析 髄部 位置	糖の種類[2]	(高速液体クロマトグラフ法)			ソモギー法
			フルクトース	グルコース	スクロース	合計値	デンプン
			(g/kg)				(g/kg)
2	1	中央	87.9(23)	265.5(71)	21.1(6)	374.5	49
2	1	中央	91.9(21)	281.8(65)	58.6(14)	432.3	34
4.5	3	基部	9.8(9)	15.3(14)	82.3(77)	107.4	504
		中央部	69.7(19)	212.1(57)	90.9(24)	372.7	81
		頂部	89.1(31)	201.6(69)	0.4(0)	291.1	100
4.5	3	基部	5.3(6)	19.4(23)	59.0(71)	83.7	526
		中央部	62.2(20)	250.0(80)	0.7(0)	312.9	95
		頂部	65.6(18)	210.5(58)	86.9(24)	363.0	107
6.5	5	基部	ND	ND	51.4(100)	51.4	812
		中央部	1.9(5)	ND	34.4(95)	36.3	757
		頂部	26.4(11)	99.3(42)	112.5(47)	238.2	398
7.5	6	基部	1.7(3)	ND	51.6(97)	53.3	682
		中央部	ND	ND	40.7(100)	40.7	752
		頂部	8.3(15)	1.8(3)	46.1(82)	56.2	682
8.5	8	基部	0.9(3)	ND	26.2(97)	27.1	872
		中央部	0.5(2)	ND	27.9(98)	28.4	860
		頂部	8.9(12)	21.5(30)	42.6(58)	73.0	657
10	9	基部	ND	ND	26.0(100)	26.0	781
		中央部	ND	ND	13.5(100)	13.5	744
		頂部	0.7(23)	ND	2.3(77)	3.0	868
10	9	基部	ND	ND	30.2(100)	30.2	791
		中央部	ND	ND	24.0(100)	24.0	662
		頂部	ND	ND	6.0(100)	6.0	773
10	9	基部	ND	ND	3.0(100)	3.0	686
		中央部	1.0(53)	ND	0.9(47)	1.9	841
		頂部	0.4(2)	ND	24.4(98)	24.8	871

1）：幹立ち後の推定年数.
2）：括弧内の数字は全糖含有率（合計値）に対するパーセント．ND：検出限界以下．
Yamamoto et al. (2010).

部ではグルコースの含有率は200〜280 g/kgであり，全糖の60〜80％を占めていた．フルクトースは，幹立ち後2年生樹では80〜90 g/kgでグルコースについで高く，スクロースが最も低く，幹立ち後4〜5年生樹になると，グルコース，フルクトースが比較的高く推移する傾向であったが，スクロースが高くなる部位もみられた．また，幹立ち後4〜5年生樹の樹幹の中央部，頂部ではグルコース含有率が高く，基部では，全糖含有率は他部位と比較して低いが，スクロースの割合は全糖の

表 7-7 生長点およびその基部側組織におけるプラスチド—アミロプラスト系の様相

生長点からの距離	プラスチドの形状(平均直径)等	アミロプラストの形状(平均直径)等
生長点近傍	球状(1 μm 以下).分裂しているものも存在.	球状(2.4 μm で変異小)
10 cm	球状(1 μm 以下).分裂しているものも存在.	球状(4.0 μm で変異小)
20 cm	ごくまれに存在	球状(5.5 μm で変異小)
40 cm	なし	球状(6.3 μm で変異小)
60 cm	なし	球状(7.6 μm で変異小).楕円体や表面一部に突起を有するものや,分離・分割しているものも存在.
茎最下部	なし	楕円体(13.5 μm で変異大).表面一部に突起を有するものや,分離・分割しているものも存在.

新田ら(2002).

約70%と高かった。この時期は,まだデンプン含有率も低く,合成された糖は樹体生長のための成分として利用される割合が大きい時期であると推察された。幹立ち後6~7年後には,各部位とも全糖含有率の低下がみられ,全糖に対するスクロースの割合が高くなり,グルコース,フルクトース割合が低下した。樹幹部へのデンプン蓄積の急増開始期は,土壌の種類や栽培条件によって異なるが,この時期から糖が急減し,デンプン蓄積が活発になったことが推察され,各部位とも含有率が 600 g/kg 以上になった。幹立ち後10年生樹では,各部位とも全糖含有率は 30 g/kg 以下であり,大部分がスクロースで存在しており,デンプンは高濃度に蓄積し,ほぼ最大値に達していることが認められた。

以上のように,サゴヤシ髄部の糖含有率は幹立ち直後には40%前後と非常に高い値を示すが,髄部へのデンプンの蓄積とともに低下して,収穫時期には2~3%となった。また,サゴヤシ髄部の糖の種類は生育期間を通してスクロース,グルコース,フルクトースの3種類が認められたが,これらの構成割合は生育ステージによって異なり,幹立ち直後にはグルコース,フルクトースの割合が高いが,デンプン蓄積とともにスクロースの割合が高くなることがわかった。

(5) 柔細胞におけるデンプン粒の発達

a. アミロプラストの大きさ

デンプンは茎中心部の基本柔細胞内のアミロプラストと呼ばれる細胞小器官に蓄積される。サゴヤシの場合,1個のアミロプラストに1個のデンプン粒が含まれる

ため，アミロプラスト中のデンプン粒の存在様式は単粒と呼ばれる。したがって，サゴヤシで一般に"デンプン粒"と呼ばれるものは植物学的にはアミロプラストである。

荻田ら (1996) は，樹齢3, 5, 8 および 13 年生の茎中心部基本柔細胞におけるアミロプラストを観察した。その結果，アミロプラストの長径は，樹齢 3 年生個体では直径 5～20 μm であるが，5 年生個体では 20～30 μm と大きくなり，さらに 8 年生あるいは 13 年生個体では多くが 30 μm 以上となると報告している。Jong (1995) は，幹立ち直後，最終幹長到達期および果実成熟期 (第 4 章表 4-1) の茎中心部基本柔細胞におけるアミロプラストの長径を測定し，生育段階の進んだものほど長いことを，また，樹齢が若いと頂部では小さいが，樹齢が進むと茎の長軸方向の位置による差が小さくなることを報告している。一方，Fujii et al. (1986a) は，樹齢が若くてデンプン粒が小さい場合には，抽出後の沈澱速度が遅く，デンプンの回収効率が劣るとしている。

インドネシアやマレーシアのマーケットなどで一般に販売されている"ぬれサゴ"や精製サゴデンプンを走査電子顕微鏡で観察すると，多くのアミロプラストは長径およそ 30～50 μm の楕円体や紡錘体である。川崎 (1999) および川上 (1975) の報告によりサゴヤシのアミロプラストを他の植物の単粒のアミロプラストと比べると，コムギ (2 次デンプン粒長径：2～8 μm，1 次デンプン粒長径：20～40 μm) やヤマノイモ (長径：20 μm 程度) よりは大きいが，ジャガイモ (長径：10～90 μm) や食用カンナ (長径：40～100 μm) よりは小さい。また，1 個のアミロプラストに複数個のデンプン粒が含まれる複粒と比べると，イネ (長径：2.0～8.0 μm)，サツマイモ (長径：8.0～36.0 μm)，サトイモ (長径：0.13～0.42 μm) よりは大きい。54 種の作物のアミロプラストの大きさを調べた Jane et al. (1994) の報告を考え合わせると，サゴヤシのアミロプラストは単粒のなかでは中～大に位置する大きさである。

b. プラスチド―アミロプラスト系の形成と増加

アミロプラストの前駆体はプラスチドである。プラスチドにデンプンが蓄積されるとアミロプラストと呼ばれるが，走査電子顕微鏡観察でも両者の区別が明瞭でない場合があることから，両者を総称してプラスチド―アミロプラスト系と呼ばれる場合がある (川崎ら 1999)。

新田ら (2000b, 2002) によると，サゴヤシの茎中心部基本柔組織において，プラスチドは生長点およびその基部側 20 cm までの柔組織で形成・増殖される (表 7-7)。またアミロプラストは，生長点およびその基部側 20 cm までの柔組織において形成されるのに加えて，生長点の基部側 60 cm よりも基部側の柔組織において分離・分割し数が増える。このように，プラスチド―アミロプラスト系の数は，生長点およびその近傍と，生長点の基部側 60 cm よりも基部側の二つの茎部分で増加する。

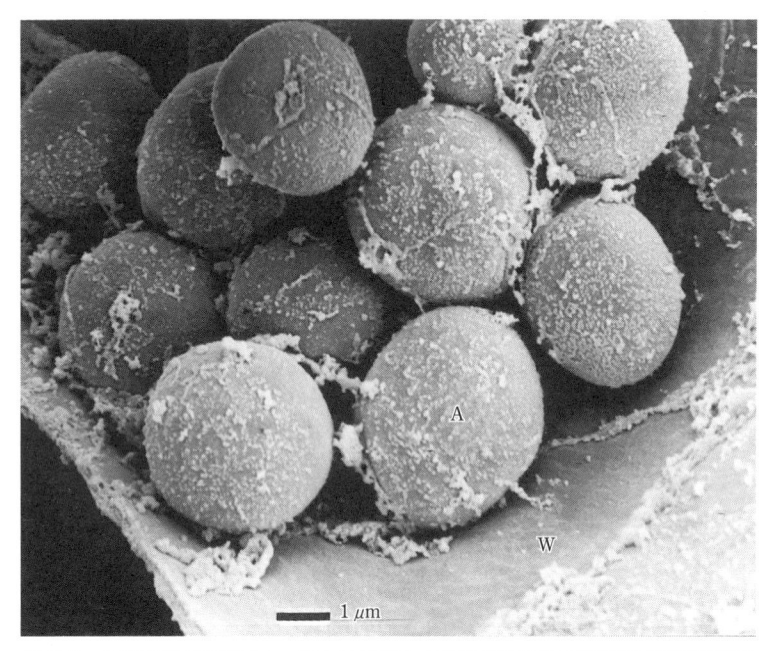

図7-7 生育初期の変種 Rotan における茎中心部基本柔組織の走査電子顕微鏡写真
アミロプラストは楕円体や紡錘体で，表面がなめらかなものが多い．A：アミロプラスト，W：細胞壁．
新田ら (2000b)．

c. アミロプラストの増殖様式

サゴヤシのアミロプラストの増殖様式はいずれの変種（民俗変種）でも同様である。以下，インドネシア，スラウェシ州クンダリ地区で採取した変種 Rotan の茎中部の場合を例に示す（新田ら 2000b）。

生育初期のアミロプラストは，楕円体や紡錘体で，表面が角張らずになめらかなものが多い（図7-7）。生育中期には，楕円体や紡錘体の一部に突起を有するアミロプラストが多数認められる（図7-8a, b）。また，楕円体や紡錘体のアミロプラストの一部が分離した状態か，分離する直前と思われるアミロプラストが多数認められる（図7-8a, b）。分離したアミロプラストの分離面は，きわめて平滑である。2ヶ所以上で分離するアミロプラストも認められる。分離したアミロプラストや，分離直前と推定されるアミロプラストでは，多くの場合，その表面に突起は認められない（図7-8a, b）。

これらのことから，アミロプラストの増殖は以下のように起こるものと考えられている（図7-9）。①プラスチドにデンプンが蓄積する（プラスチドのアミロプラスト化），②アミロプラストの表面に突起が形成される，③突起の基部が生長して，突

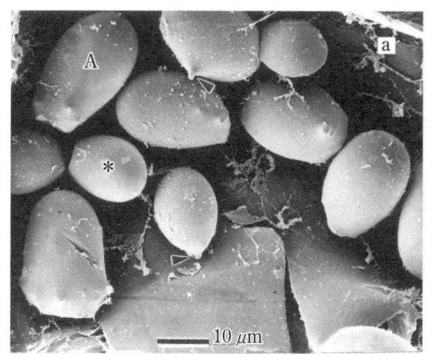

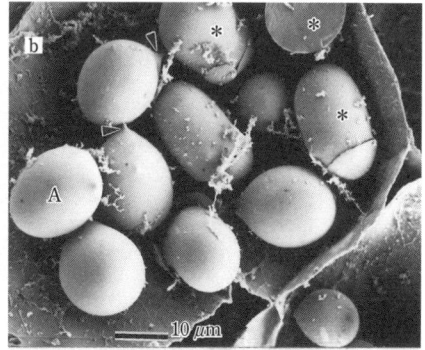

図7-8 生育中期の変種 Rotan における茎中心部基本柔組織の走査電子顕微鏡写真

突起を有するアミロプラストや，分離後か分離直前の状態と思われるアミロプラストが多数認められる．A：アミロプラスト，▲：突起．＊：分離直後か分離直前の状態と思われるアミロプラスト．
新田ら（2000b）．

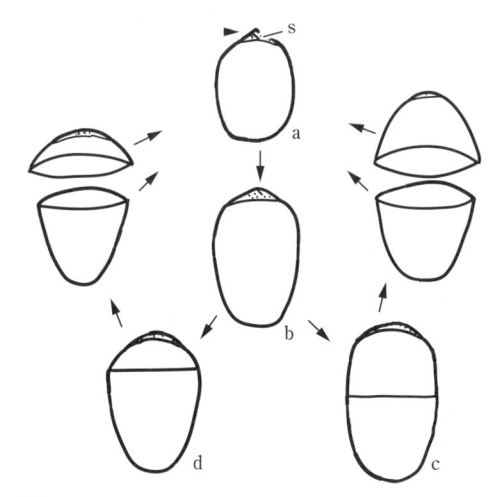

図7-9 アミロプラストの分離・分割過程の模式図

アミロプラストは，表面に突起が形成される (a)，突起基部が生長して，突起側の稜がなだらかになる (b)，生長したアミロプラストの長軸方向の中間 (c) か，中間よりも突起側の部分 (d) で分離が起こる，が繰り返されて増殖すると考えられる．S：ストロマを有する部分，▲：突起．
新田ら（2000b）．

起が外側に押し出されるとともに，突起側の稜がなだらかになる，④生長したアミロプラストの，長軸方向の中間か中間よりも突起側の部分で分離・分割が起こる。なお，この突起の内部にはストロマが局在するものと考えられている。また，このようなアミロプラストの分離・分割は，生育中期以降のアミロプラストや生育初期の大型のアミロプラストで認められる。なお，アミロプラストは，維管束に近い柔

図7-10 生育中期の変種 Rotan における茎中心部基本柔組織の走査電子顕微鏡写真

アミロプラストは，図の下方に走向する維管束から遠い柔細胞内のものほど大きい．
A：アミロプラスト．
新田ら（2000b）．

組織内のものほど小さく，維管束から離れた柔組織内のものほど大きい（図7-10）。生育後期のアミロプラストは，大きさや形状が変化に富む種々の大きさのアミロプラストが混在しているうえ，アミロプラストの分離・分割も起こっている（図7-11）。

このように，サゴヤシの茎中心部基本柔組織において，アミロプラストの大きさや形状は生育初期には変異は小さいが，生育が進むにつれて変異が大きくなる。

d. アミロプラストの大きさおよび数の茎部分および変種による差異

アミロプラストの大きさおよび数は，茎の部分や変種で差異が認められる（Mizuma et al. 2007）。サゴヤシの起源地に近い，インドネシア，パプア州ジャヤプラ近郊スンタニ湖畔に生育するサゴヤシ6変種の場合を例に示す（図7-12，7-13）。アミロプラストの長径は，全変種で茎頂部よりも中部・基部で長い（図7-12）。また，変種 Rondo と Para は茎基部で長径が短く，分離・分割が茎中部よりも基部側で活発に起こることを示している。一方，アミロプラストの短径も全変種で頂部よりも中部・基部で長い（図7-12）。

茎中心部基本柔組織の単位横断面積当たりのアミロプラストの数は，全変種とも茎頂部で中部や茎部に比べて多い（図7-13）。

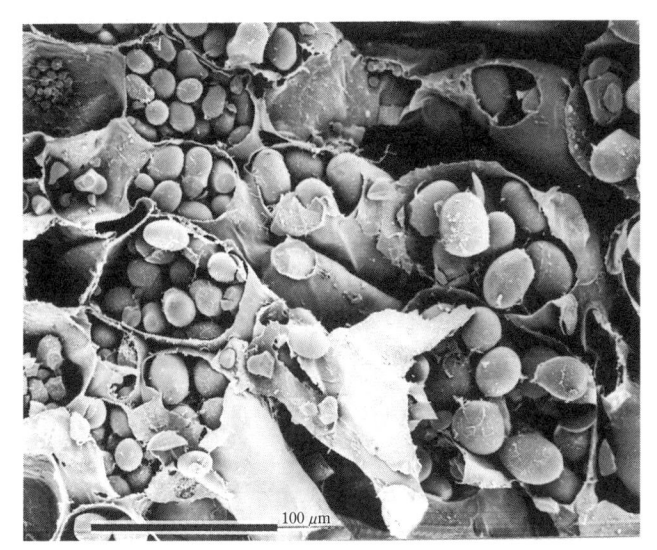

図7-11 生育後期の変種 Rotan における茎中心部基本柔組織の走査電子顕微鏡写真
分離後か分離直前のアミロプラストが多数認められ，アミロプラストの形状や大きさは変化に富んでいる．
新田ら (2000b).

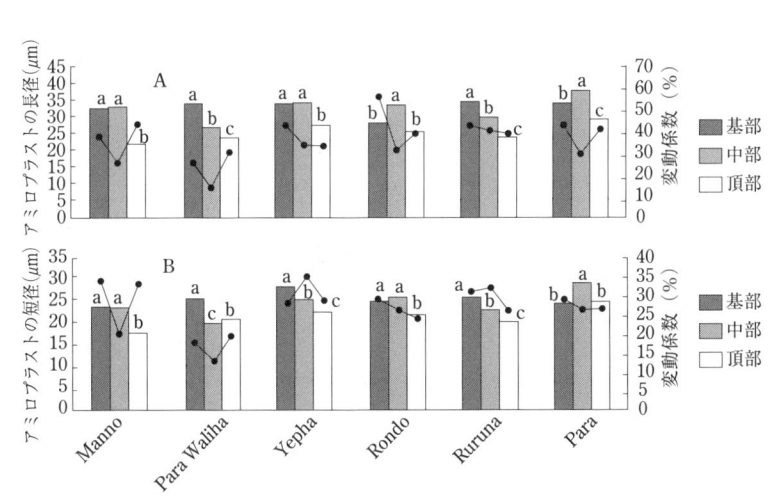

図7-12 茎の位置列アミロプラストの長径 (A) と短径 (B) およびその変動係数
各変種内で同一アルファベットを含む間にはフィッシャーの LSD 法による 5% 水準で有意差がないことを示す．
Mizuma et al. (2007) を改変.

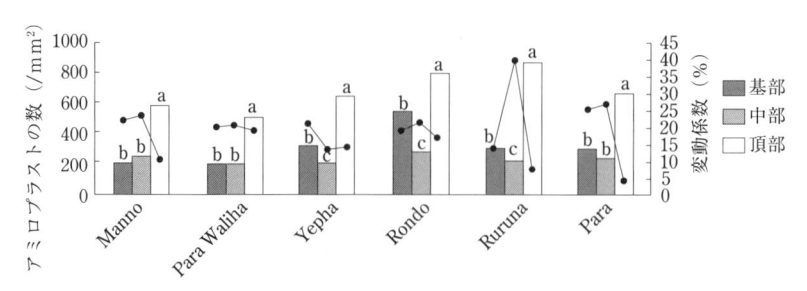

図 7-13 茎の位置による茎中心部基本柔組織の単位横断面積当たりのアミロプラストの数とその変動係数

各変種内で同一アルファベットを含む間にはフィッシャーの LSD 法による 5% 水準での有意差がないことを示す。

Mizuma et al. (2007) を改変。

2 ▶ サゴヤシのデンプン生産性

(1) 個体当たりのデンプン収量

a. 変種 (Folk variety)

　サゴヤシの種類は，その起源地とされているニューギニア島のインドネシア，パプア州やパプアニューギニア並びにインドネシ，アマルク州において多数が報告されている（1章1節 (2) 参照）。これらの種類の遺伝的差異はどの程度であるかは現在のところ不明であり，民俗変種 (Folk variety) と呼ぶべきであることが提唱されている（山本 2005）。デンプン収量は，民俗変種（以下，変種と呼称）間で異なることが報告されているが，注意しなければならないことはデンプン収量がどのような方法で測定されたかおよび測定対象樹の樹齢がデンプン収量が最大となる最終幹長到達期〜開花期にあったかどうかである。

　変種のうち，現地で野生種と呼ばれている種類は栽培種に比べて収量が低い。下田は，パプア・ニューギニアのセピク川流域で野生種 (Wakar) は栽培種（デンプン収量；109〜279 kg）に比べてデンプン含有率および髄部容積の両者が小さく，デンプン収量は 0〜41 kg と低いことを報告している（日本 PNG 友好協会 1985）。柳舘ら (2007) は，インドネシア，パプア州ジャヤプラ近郊のスンタニ湖畔に生育するサゴヤシのうち，野生種とされている二種の Manno [Manno Besar（大きい Manno の意味，MB）と Manno Kecil（小さい Manno の意味，MK）] は，他の栽培種に比べてデンプン含有率が低いこと (MB, MK) および樹幹重が軽いこと (MK) のためにデ

ンプン収量が栽培種に比べて低く，特に MK では収量が 100 kg 以下でほとんど収穫されないと報告している。これらの野生種では，収穫適期の開花期においても髄部の糖含有量が高く，糖からデンプンへの合成過程に問題があることが推定されている（柳館ら 2007）。

栽培種についてのデンプン収量の変種間差異を検討した報告例は少ない。Shimoda and Power (1986) は，パプアニューギニア，セピック川下流域における半栽培林での栽培変種 6 種（Ketro, Anum, Makapun, Kangrum, Ambutrum, Awir-Koma）のデンプン収量調査を行っている。この調査では，一定の容積の髄部が採集され，そこに含まれているデンプン含有量をミキサー法によって測定された。そして，各変種の髄部容積とデンプン密度（髄部 100 ml 当たりの乾燥デンプン重）から 1 樹当たりのデンプン収量が試算された。その結果，6 変種の収量は 106〜279 kg を示したが，この差異は髄部容積，デンプン密度の差異の他に，調査樹の生育ステージの差異も関係している。

山本ら（2000, 2006c, 2008a, b）および Yamamoto et al. (2005) は，インドネシア，パプア州ジャヤプラ近郊のスンタニ湖畔（8 変種），マルク州セラム島（同 5 変種），南東スラウェシ州クンダリ（同 3 変種）の，Yanagidate et al. (2008) は西カリマンタン州ポンチアナ（同 2 変種）のサゴヤシ変種のデンプン収量を比較した。これらの調査では，収穫適期樹（花芽形成期〜結実期）が選ばれ，また髄部サンプルを同一の方法で採集し，化学分析によりデンプン収量が評価された。スンタニ湖畔の 8 変種（Yepha, Para, Ruruna, Osukulu, Folo, Pane, Wani, Rondo）のデンプン収量は 150〜975 kg と著しい差異が見られたが，収穫まで年数の短い早生種である Rondo（収量：150〜200 kg）を除くと，他の変種の収量は 300 kg 以上を示し，個体変異が大きく認められた（Yamamoto et al. 2005, 山本ら 2006c）。Rondo の収量は，上述した野生種の MB とほぼ同程度であった。また，変種のうち，最多収は Para の 975 kg であった（Yamamoto 2006）。この Para のデンプン収量に関して，さらに 858 kg（Yamamoto 2006）および 835 kg（Saitoh et al. 2004）の報告例があり，今までに調査されたサゴヤシ変種の中では最多収種と考えられる。マルク州セラム島では，主要な栽培種 4 種（Ihur, Tuni, Makanaru, Molat）の栽培変種間の収量（500〜600 kg）に有意な差異は認められなかった（山本ら 2008a, b）。しかし，セラム島では，この調査で報告されていない早生種の栽培種 Duri Rotan は収量が劣るものと推定された（Louhenapessy 博士 私信）。クンダリでは，Molat と Tuni の収量（270〜365 kg）に比べて，早生種の Rotan の収量（142 kg）が明らかに低かった（山本ら 2000）。ポンチアナの 2 種の変種（Bembang, Bental）のデンプン収量（280〜330 kg）には，差異は認められなかった。そして，この 2 種のサゴヤシの収量水準は，マレーシア，サラワク州ムカおよびダラトの収量水準とほぼ等しかった（Yanagidate et al. 2008）。

江原ら（1995b）もインドネシア東部島嶼部において，デンプン収量（28〜608 Kg/

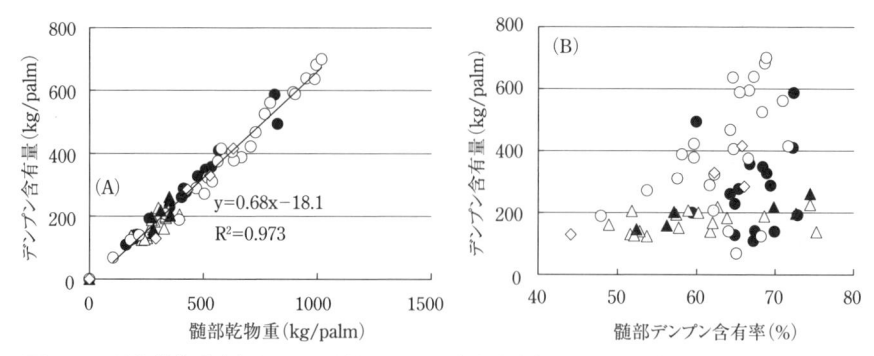

図 7-14 髄部乾物重 (A) あるいは髄部デンプン含有率 (B) とデンプン含有量 (収量) との関係
△：マレーシア，ジョホール州バツ・パハおよびサラワク州ムカとダラト，◇：インドネシア，リアウ州トゥビンティンギ島，●：インドネシア，南東スラウェシ州クンダリ，▲：インドネシア，マルク州アンボン，○：インドネシア，パプア州ジャヤプラ近郊．
山本 (2006a)．

本) に 57% の変異を認めている．

　これらの変種のデンプン収量の差異を樹幹重（髄部重）と髄部乾物重当たりのデンプン含有率に分解してみると，デンプン収量の変種間差異はおもに樹幹重（髄部重）の差異に基づくことが明らかである（図 7-14）（山本 2006a）．

　表 7-8 には，今までに報告されているサゴヤシの個体当たりの収量について一覧表として示した．デンプン収量の測定方法によって収量が大きく異なるので，その点を考慮する必要がある．

b．土壌の種類

　サゴヤシは鉱質土壌のみならず，貧栄養で pH が低く，さらに年間を通して地下水位が高く，雨季には湛水する泥炭質土壌においても生育が可能である．しかし，土壌の種類に関わりなく，年間を通して常時湛水するようなところでは，幹立ちが不可能となったり，幹立ち後の生育が不良となり，デンプン収量は無または著しく低位となる (山本 1998a)．

　土壌の種類，特に鉱質土壌と泥炭質土壌に生育するサゴヤシのデンプン生産性の比較がマレーシア，サラワク州において行われた．Sim and Ahmed (1978) は，両土壌ともデンプン収量が最大となったのは開花期直後であり，樹幹当たりのデンプン収量は鉱質土壌で 189 kg，泥炭質土壌では 179 kg で大差がなかったとしている．一方，Kueh et al. (1991) は，Anderson Series の泥炭質土壌（泥炭層の深さ 150 cm 以上）と鉱質土壌に生育するサゴヤシのデンプン収量を比較し，泥炭土壌に生育するサゴヤシはデンプン含有率が 56.5% と低かったが，樹幹長が 24% 長く，デンプン収量は 277 kg を示し，鉱質土壌のサゴヤシの 219 kg より高くなったとしてい

表7-8 マレーシア，インドネシア及びパプア・ニューギニアの個体当たりのデンプン収量

国	州・地域	デンプン収量[1] (kg/本)	調査本数	報告者(年)	備考
(伝統的方法及びミキサー法)					
マレーシア	サラワク州ムカ	83～179	5	Sim and Ahmed (1978)	泥炭質土壌
	サラワク州ムカ	123～189	4	Sim and Ahmed (1978)	鉱質土壌
	サラワク州ムカ	166	—	Tie et al. (1987)	深い泥炭質土壌
	ジョホール州バツ・パハ	185	—	Flach and Schuiling (1989)	
	サラワク州ムカ	209～227 (218)*	2	前田ら (1992)	浅い泥炭質土壌
	サラワク州ムカ	184*	1	前田ら (1992)	鉱質土壌
	サラワク州ダラト	203～219 (214)*	10	Jong (1995)	浅い泥炭質土壌
インドネシア	マルク州セラム島 #	272	—	Wallace (1885)	
	イリアン・ジャヤ州 #	113～158	—	Barrau (1959)	
	マルク州セラム島 b	165	—	Ellen (1979)	
	南スラウェシ州ルウ #	95～445 (203)	31	遅沢 (1990)	
	ジャワ西部州ボゴール	55	—	Haska (2001)	
	マルク州セラム島 b	18～188 (68)	41	笹岡 (2006)	
パプア・ニューギニア	東セピック州 #	219～240 (229)	2	Lea (1964)	
	東セピック州 #	13～99 (48)	18	Dornstreich (1973)	
	東セピック州セピック川上流域 b	28～205 (87)	7	Townsend (1974)	
	西部州フライ川流域 #	62～303 (221)	10	Rhoads (1980)	
	ガルフ州プライ・デルタ #	38～359 (134)	18	Ulijaszek (1981)	
	西部州オリモ #	29～104 (66)	8	Ohtsuka (1983)	
	東セピック州セピック川下流域 #	106～278 (198)*	8	Shimoda and Power (1986)	栽培種のみの値
	西部州シウハマソン b	28～265 (125)	19	須田 (1995)	
(化学的分析法)					
マレーシア	サラワク州ムカ	277	—	Kueh et al. (1991)	深い泥炭質土壌
	サラワク州	219	—	Kueh et al. (1991)	鉱質土壌
	ジョホール州バツ・パハ	124～200	4	山本ら (1998b)	
	サラワク州ムカ	126～226	13	Yamamoto et al. (2003)	
インドネシア	北マルク州ハルマヘラ	201～608 (384)	6	江原ら (1995b)	
	南東・北スラウェシ州クンダリ，マナド他	28～512 (231)	5	江原ら (1995b)	
	リアウ州トゥビンティンギ島	129～416	4	山本 (1998b)	
	南スマトラ州バレンバン	231～305 (268)	2	江原・溝田 (1999)	
	西スマトラ州パダン	182.～189 (186)	2	江原・溝田 (1999), 内藤ら (2000)	
	南東スラウェシ州クンダリ	109～587	17	山本ら (2000)	
	西スマトラ州シベルート	151～245 (195)	3	内藤ら (2000)	
	リアウ州トゥビンティンギ島	225	1	Saitoh et al. (2004)	
	西カリマンタン州ポンチアナ	100	1	Saitoh et al. (2004)	
	パプア州ジャヤプラ近郊	835	1	Saitoh et al. (2004)	
	パプア州ジャヤプラ近郊	34～975	37	Yamamoto (2006)	
	西カリマンタン州ポンチアナ	250～380 (283)	6	Yanagidate et al. (2008)	
	マルク州セラム島	339～747 (515)	11	山本ら (2008a)	

1) 乾燥デンプン．カッコ内は平均収量．# ; 遅沢 (1990) より引用．b ; 笹岡 (2006) より引用．* ミキサー法による．

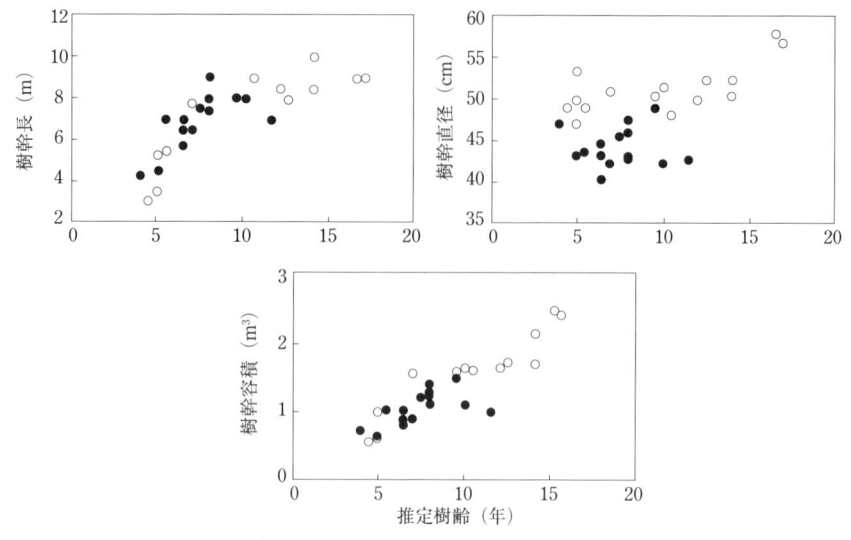

図7-15 樹齢と樹幹長,樹幹直径および樹幹容積の関係
○遮光無し ●遮光有り
山本(1998b).

る。しかし,平均収穫まで年数は,前者で12.7年,後者で9.8年であり,1年当たりのデンプン収量はそれぞれ21.8 kg,22.3 kgで差はほとんど認められなかった。Yamamoto et al. (2003)は,鉱質土壌,浅い泥炭質土壌(20〜120 cm)および深い泥炭質土壌(350〜450 cm)に生育するサゴヤシのデンプン収量を比較した。それによると,樹幹重はそれぞれ899,830,734 kgで深い泥炭質土壌に生育するサゴヤシで劣ったが,デンプン含有率は55,59,70％となり,深い泥炭質土壌のサゴヤシで高く,その結果,デンプン収量は164〜180 kgで土壌による差は認められなかった。但し,この場合にも収穫迄年数は深い泥炭質土壌で鉱質土壌や浅い泥炭質土壌に比べて4〜5年長いことから,1年当たりのデンプン生産量は,深い泥炭質土壌で最も劣った。なお,深い泥炭質土壌に生育するサゴヤシのデンプン含有率が最も高くなったのは,この園の開園後年数が短く,樹幹密度が低く,光条件が良かったことが原因として推定された。

c. 株内遮光

サゴヤシは,吸枝の植えつけ後活着し,生育が進むと多数の吸枝を基部より発生する。発生した吸枝は生育し,幹立ち後,母樹に続いて収穫対象個体として生育するが,間引きをせずに放置すると株内の競合が著しくなって,幹立ち年数の遅れや生長の悪化,さらにはデンプン収量の低下となる。図7-15には,インドネシア,

リアウ州トゥビンティンギ島の半栽培サゴヤシ園において，樹幹長が3m以上の個体を対象として株内の遮光（対象個体が他の幹立ち後の個体によって囲まれた状態で生育している）の有無が樹幹長，同直径および容積に及ぼす影響を推定樹齢との関係で示した（山本 1998b）。遮光下で生育している個体は，そうでない個体と比べて樹幹長には大差ないが，樹幹直径が細くなっていることが明らかである。その結果，樹幹容積も遮光下の個体で劣る傾向が見られた。これらのサゴヤシのうち，幹立ち後7年目で収穫適期と考えられた個体について，デンプン収量を調査した結果，遮光下に生育しているサゴヤシでは，デンプン含有率は60％前後で非遮光下で生育しているサゴヤシと差は認められなかったが，上述した樹幹直径の差に基づく樹幹容積あるいは樹幹重の差により，非遮光下のサゴヤシのデンプン収量の約1/3となった。

以上の結果は，サゴヤシ園における吸枝の調整がデンプン生産性向上の上で重要であることを明確に示している。

d. 海岸からの距離

サゴヤシはある程度の耐塩性を示し，汽水域での生育が可能である。しかし，海水が頻繁に進入するところでは生育不良となり，幹立ちしないとされている。山本ら（2003a）は，インドネシア，リアウ州トゥビンティンギ島に生育するサゴヤシについて，海岸からの距離（2，15，20および100m以上）と生育，デンプン収量との関係について検討した。同島は平坦で，海岸部は浸食が進み，サゴヤシは海岸の海に直面した場所にも生育しているが，大潮時には海水の侵入を受けている。調査対象としたサゴヤシは，いずれも抽だい期から開花期の収穫適期樹であった。海岸から20m以内に生育しているサゴヤシでは，樹幹長が5〜6m，同直径が42cmであり，100m以上離れた場所に生育するサゴヤシ（内陸部のサゴヤシ）の9〜11m，46〜52cmに比べて生育が劣り，樹幹重は470〜570kgで，内陸部のサゴヤシの1140〜1710kgに比べて著しく劣った。一方，髄部のデンプン含有率は，海岸近くに生育するサゴヤシで65〜84％を示し，内陸部のサゴヤシの66％に劣ることはなかった。その結果，デンプン収量は，おもに樹幹（髄部）重の差により，海岸より20m以内のサゴヤシは，86〜150kgで内陸部のサゴヤシの284〜416kgの約1/2〜1/5程度となった。サゴヤシ小葉の無機成分含有量の分析結果より，海岸から20m以内に生育しているサゴヤシでは，海岸に近いほど水溶性のナトリウム（Na）およびマグネシウム（Mg）が高く，海水の影響が認められた（山本ら 2004a）。

これらより，海岸近くに生育するサゴヤシで，海水の侵入の影響を受ける場合には，海水により樹幹の生長が劣り，その結果，デンプン収量も低位となるものと考えられた。

表7-9 栽植密度が定植後9年目のサゴヤシ樹幹生産量と髄部容積に及ぼす影響

栽植密度 (m×m)	栽植本数 (本/ha)	樹幹形成率 (%)	母樹の樹幹数 (本/ha)	母樹より発生した樹幹数 (本/ha)	母樹の髄部容積 (m³/本)	髄部容積 (m³/ha)		
						母樹	母樹より発生した樹幹	合計
4.5	494	35.2	174	5	0.2	35.7	1.0	36.7
7.5	178	80.6	144	45	0.3	43.5	9.9	53.5
10.5	91	94.4	86	137	0.4	33.0	35.9	68.9
13.5	55	100.0	55	110	0.4	20.8	29.2	50.0

Jong (1995) を改変.

e. 標高

サゴヤシは海抜0〜700 m付近まで分布すると報告されている (Flach 1977；Rasyad and Wasito 1986)。しかし，標高によるサゴヤシのデンプン生産性の差異について検討した報告はほとんどない。笹岡 (2006, 2007) は，インドネシア，マルク州セラム島中央山岳地帯のコピボト山 (標高：1577 m) とビナヤ山 (標高：3027 m) のあいだに延びるマヌセラ峡谷に点在する山村の一つであるマヌセラ村 (標高：730 m) でサゴヤシのデンプン生産性の調査を行った。当村の標高は，サゴヤシの限界標高付近と考えられる。収穫適期 (抽だい期〜結実期) に，伝統的方法によって抽出された1本当たりの平均デンプン収量 (乾燥デンプン) は68 kg (n=41) であり，この値は，セラム島沿岸部の平均収量である165 kg (Ellen 1979) に比べて著しく低い。デンプン収量の算出されたサゴヤシの平均樹幹長は7.4 m，同直径は51 cmであり，低地のサゴヤシと比べて樹幹長はやや劣るが直径は太く，樹幹容積には遜色ない。したがって，標高の高いマヌセラ村のサゴヤシの低収要因は，髄部のデンプン含有率が低いためと推定されるが，この点についてはさらに検討を要する。

f. 栽植密度

栽植密度がサゴヤシのデンプン収量に及ぼす影響について検討した報告はみられない。栽植密度は，面積当たりの収穫本数と個々の樹幹のデンプン収量を通して収量に影響を及ぼすと考えられる。Jong (1995) は泥炭質土壌において，栽植密度を4.5〜13.5 mの正方形植えとして生育への影響について検討した (表7-9)。その結果によると，面積当たりの樹幹形成本数および髄部容積は10.5 mの正方形植え区 (91本/ha) で最大値を示した。デンプン含有率と栽植密度との関係についての報告例はないが，収穫適期のデンプン含有率は極端な栽植密度を除いて大きく変化しないとすると，デンプン収量も髄部容積が最大となる栽植密度付近で最高となるものと推定される。

(2) 面積当たりのデンプン収量

サゴヤシは野生から半栽培状態のものが利用されている場合が多く，栽培サゴヤシ林は少ない。さらに，野生から半栽培サゴヤシ林の生育状態は，純林あるいはそれに近いものから，種々の多種の樹木との混成林となっている場合など，その生育状態には著しい変異がみられる。Zwollo（1950）と Wttewall（1954）は，インドネシア西イリアン州のサゴヤシ自然（野生）林における他樹種の占有面積割合は 30～50％であったと報告している（Flach 1980）。

a. 自然（野生），半栽培および栽培サゴヤシ林におけるサゴヤシの株数および生育ステージ別個体数

サゴヤシ林におけるサゴヤシの株数や生育時期別の個体数についての調査事例は著しく少ない。表 7-10 には，インドネシア，マレーシアおよびパプアニューギニアにおけるサゴヤシ自然（野生）林，半栽培および栽培林における ha 当たりの株数並びに生育ステージ別の個体数を示した。ha 当たりの株数は，100～417 株で約 4 倍の差異が見られ，自然林での株数が多い傾向にあるが，半栽培林と栽培林の差異は明瞭ではない。自然林や半栽培林での株数の差異は，変種による個体の大きさや他樹種の占有割合が関係しているものと考えられる。なお，これらのサゴヤシ林のサゴヤシ変種の構成について，インドネシア，パプア州イナンワタンの自然林の例（Luhulima et al. 2006）では 4 変種が，また同州ワロペンの半栽培林の例（Istalaksana et al. 2006）では 3 変種から構成されており，構成種の割合には大きな偏りがみられる（表 7-11）。特に，イナンワタンの自然林では，Bibewo の割合が 90％以上と高い。また，ワロペンの半栽培林では，May の割合が最も高いが，この変種はほとんど利用されることはなく，デンプンが白い Ndosa がおもに利用されるという。

幹立ち期以前のロゼット期の個体数については，ha 当たり約 500～5000 本と著しい差異がみられるが，サゴヤシ林の種類による一定の傾向は認められない（表 7-10）。このロゼット期の個体について，生育前期と後期に分けて調査した報告によると，サゴヤシ林の種類に関わりなく，ロゼット期前期から後期に生育が進むと個体数が急減していることがわかる（表 7-10）。ロゼット期前期から後期にかけての急激な個体数の減少は，競合による枯死や動物害および成熟樹の伐採時の被害によるものと推定される。

幹立ち期以降の，いわゆる樹幹形成期以降の個体数は，ha 当たり 187～788 本と変異が大きいが，自然林で栽培林に比べて多い傾向が見られる。ha 当たりの株数が異なるので，1 株当たりの幹立ち期以降の平均個体数をみると，1.0～3.3 本となり，この値もサゴヤシ林の種類による差異は認められない。下田・パワー（1992a）は，サゴヤシのロゼット期から幹立ち期へのスムースな移行のためには，サッカー

表7-10 サゴヤシ自然(野生)林，半栽培林及び栽培林における株数と生育ステージ別個体数(ha 当たりの値)

調査国・州	調査場所	サゴヤシ林の種類	株数	萌芽立ち期以前個体数 R[1]前期	R後期	合計	幹立ち期個体数 幼株(a)	成木(b)	収穫可能成木(c)	(a)+(b)+(c)	合計個体数	報告者
I[2]・西イリアン州	西イリアン州	自然	217	—	—	—	—	—	24	—	—	Wttewaal (1954)
I・パプア州	カウレ	自然	380	1605	135	1740	75	245	60	380(1.0)[4]	2120	Matanubun et al. (2006)
I・パプア州	イナンワタン	自然	417	—	—	4898	387	326	75	788(1.9)	5686	Luhulima et al. (2006)
PNG・東セピック州	セピック川下流域	半栽培	236	—	—	—	46	—	14〜17	—	—	日本PNG友好協会 (1984)
PNG・東セピック州	セピック川下流域	半栽培	136	—	—	—	212	—	—	—	—	日本PNG友好協会 (1984)
I・南スラウェシ州	ルウ	半栽培	100	878	126	1004	—	—	14〜34(21.5)[3]	187(1.9)	1191	運沢 (1990)
M・サラワク州	サラワク州	半栽培	239	—	—	1887	203	77	42	322(1.3)	2209	Tie and Kalvim (1991)
I・パプア州	フロヘン	半栽培	117	—	—	468	173	91	125	389(3.3)	856	Istalaksana et al. (2006)
M・ジョホール州	パツ・パハ	栽培	120	2984	623	3607	—	—	—	297(2.5)	3904	渡辺 (1984)
I・南東スラウェシ州	ケンダリ	栽培	169	—	—	2256	—	—	11.0〜34.3(22.0)	228(1.3)	2484	Yanagidate et al. (2009)

[1] ロゼット期. [2] I：インドネシア, PNG：パプア・ニューギニア, M：マレーシア. [3] 平均値. [4] 株当たりの平均本数.

表7-11 サゴヤシ自然林と半栽培林における構成変種株数と割合

サゴヤシ林の種類	サゴヤシの変種	株数 (株/ha)	(%)
自然林[1]	Bosairo	5	1.2
	Mola/Igo	21	5.0
	Edidau	9	2.2
	Bibewo	382	91.7
	合計	417	100.0
半栽培林[2]	May	64	54.7
	Ndosa	48	41.0
	Umbei	5	4.3
	合計	117	100.0

1) Luhulima et al. (2006) より作成. 2) Istalaksana et al. (2006) より作成.

の間引きや枯葉の除去，他樹木の除去など，株内の光条件を良くする管理が重要であることを指摘している。表7-10に示したha当たりの幹立ち期以降の個体数にサゴヤシ林の種類による明瞭な差異が認められなかったことは，栽培林においても栽培管理がほとんど行われていないことを如実に示している。

収穫適期の個体数については，14～125本/haと10倍に近い差異がみられるが，サゴヤシ林の種類による収穫本数の差異は明かではない（表7-10）。収穫適期個体数の多少には，収穫頻度，収穫期の個体の大きさの変種間差異，栽植密度，栽培管理の程度等，多くの要因の関与が考えられるが，今後，サゴヤシプランテーションなどでの計画的な収穫本数の確保のためには，収穫本数に関与する要因についての詳細な検討が必要である。

b. 自然（野生），半栽培および栽培サゴヤシ林におけるデンプン収量

表7-12には，今までに報告されているサゴヤシのha当たり・年間デンプン収量を示した。この表に示されている値は，いずれも現地の伝統的方法によってデンプンが抽出されたもので，乾燥デンプンとしての収量を示している。年間のデンプン収量は，自然（野生）林では0.8～15.5 t/ha，半栽培林では1.5～37.0 t/ha，栽培林では一例であるが2.8～6.6 t/haの範囲にある。パプアニューギニアのセピック川下流域の自然林と半栽培林では，0.8～1.9 t/haと年間のデンプン収量が他の地域に比べて著しく低い値を示している。これはおもに収穫本数が10～17本/haと少ないことに起因している。また，インドネシア，パプア州ワロペンの半栽培林では，37 t/haと著しく高い値がみられる。これらの最低，最高値を除くと，サゴヤシ林の種類によるデンプン収量の差異は小さく，栽培林が自然林よりもデンプン生産性が優る傾向も見られない。自然林と比べて栽培林や半栽培林のデンプン生産性が高

表7-12 サゴヤシの年間デンプン生産量（ha 当たり）

調査国・州	調査場所	サゴヤシ林の種類	株数 (本/ha)	収穫可能本数 (本/株)	(本/ha)	デンプン収量[1] (kg/本)	(t/ha/年)	報告者
I[2]・西イリアン州	西イリアン州	自然	217	0.11	24	120	2.9	Wttewaal (1954)
PNG・東セピック州	セピック川下流域	自然	—	—	14~17	60	0.8~1.0	日本PNG友好協会 (1984)
I・パプア州	イナンワタン	自然	417	0.18	75	130~207	9.8~15.5	Luhulima et al. (2006)
I・パプア州	カウレ	自然	380	0.16	60	130~259	7.8~15.5	Matanubun et al. (2006)
PNG・東セピック州	セピック川下流域	半栽培	—	—	10	154~192.5	1.5~1.9	日本PNG友好協会 (1984)
M・サラワク州	サラワク州	半栽培	202	0.50	102	166	17	Kueh et al. (1991)
I・南スラウェシ州	ルウ	半栽培	100	0.14~0.34 (0.22)[3]	14~34.2 (21.5)[3]	200	2.8~6.8 (4.3)[3]	運沢 (1990)
I・パプア州	フロペン	半栽培	117	1.07	125	56~296	7.0~37.0	Istalaksana et al. (2006)
I・リアウ州	トゥビン・ティンギ	栽培	100	0.24~0.45	24.1~44.7	118~197	2.8~6.6	Yamamoto et al. (2008)

[1] 各地域の伝統的抽出方法によって求めた乾燥デンプン収量。[2] I：インドネシア，PNG：パプア・ニューギニア，M：マレーシア。[3] 平均値。

表7-13 サゴヤシの潜在デンプン生産力

改善方法	株間距離 (m)	成熟樹数 (本/ha)	デンプン収量 (kg/本)	デンプン収量 (t/ha/年)
自然林[1]	7×7	24	120	2.9
デンプン抽出方法の改善	7×7	24	185	4.4
自然林の改良 (1)	7×7	55	185	10.2
自然林の改良 (2)	7×7	136	185	25.2
最善の栽培管理	6×6	138	185	25.5

1) Zwollo (1950), Wttwaal (1954).
Flach (1980) を一部改変.

いといえないことは，サゴヤシの栽培管理が十分に行われていないことに起因しているものと推定される．

これらの点に関連して，Flach (1980) は，サゴヤシ自然林のデンプン収量2.9 t/ha/年を，デンプンの抽出方法の改善により4.4 tに，さらに栽培管理による改善を徹底することにより収穫本数を増加させ，10.2 t〜25.2 tまで向上できるとしている（表7-13）．また，栽培林においても，栽培管理の徹底により25.5 tの収量が可能であるとしている．この25.5 t/ha/年のデンプン生産量は，栽植密度6 m×6 m（278株/ha）で，各株より隔年毎に収穫が可能で，ha当たりの収穫本数が138本，1本当たりの平均デンプン収量が185 kgとして算出している．しかし，6 m×6 mのような高密度で，隔年毎に株当たり1本の収穫適期株を確保するような栽培管理方法は困難であり，また，1樹当たりのデンプン収量を200 kg近く確保することも困難との見方もある（佐藤 1986）．

c. サゴヤシ林における長期的なデンプン生産力の推定

上述したサゴヤシ林におけるデンプン収量は，調査当該年における現存のサゴヤシ収穫可能本数と平均デンプン収量から推定されたものである．しかし，今後，サゴデンプンを工業原料的に利用する場合には，向こう何年かにわたる面積当たりの年間デンプン生産量の推定が必要となる．長期間にわたる年間の面積当たりのデンプン収量は，①面積当たりの年間幹立ち個体数，②年間の樹幹伸長速度，③収穫期の樹幹長，④平均デンプン収量から推定が可能となる．これらの要因のうち，①の面積当たりの年間幹立ち個体数は，(a) サッカー発生数×(b) 生存率×(c) 幹立ち率によって決定される．これらの要因に関する調査例はほとんどないが，Shimoda and Power (1986) は，パプアニューギニア，東セピック州セピック川下流域での調査より，サッカー発生数は変種による差異よりも株の樹勢による差異が大きいこと，発生したサッカーのかなりのものが枯死していることを報告している．また，幹立ち率については，株密度が高く，過剰なサッカーが発生している条件や枯葉や

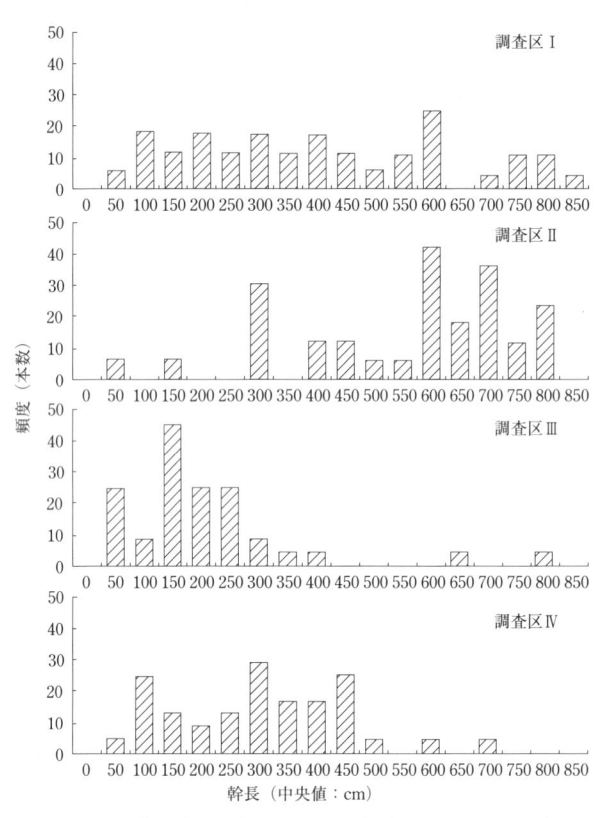

図 7-16 各調査区の幹長の頻度分布（ha 当たりの本数）
遅沢（1990）.

枯枝により太陽光が林床に到達しにくい条件下で低下するとしている。
　一方，現存するサゴヤシ林の樹幹形成期以降の個体については，一定面積の中に生育している個々の個体の樹幹長を測定し，さらに年間の平均樹幹伸長速度と収穫期の平均樹幹長から，面積当たりの年間の収穫本数の推定が可能となる。遅沢（1990）は，インドネシア，南スラウェシ州ルウ地方の半栽培サゴヤシ林において，この方法を適用し，経年的な収穫可能本数の推定を行っている。まず，サゴヤシ林の4ヶ所で小面積（0.16〜0.24 ha）内に含まれる樹幹形成期以降の個体について樹幹長を測定し，ha 当たりに換算した 50 cm ごとの長さ別の頻度分布を図 7-16 に示した。個々の調査区の樹幹長別頻度分布をみると，調査区によって異なり，調査区 I では比較的均等な分布を示したが，その他の調査区（II〜IV）では不均等な分布を示した。この調査区4区を平均した樹幹長別の分布は，かなり平均化され分布を示した（図 7-17）。本調査地であるルウ地方では，年間平均約 1 m 樹幹が伸長し，さら

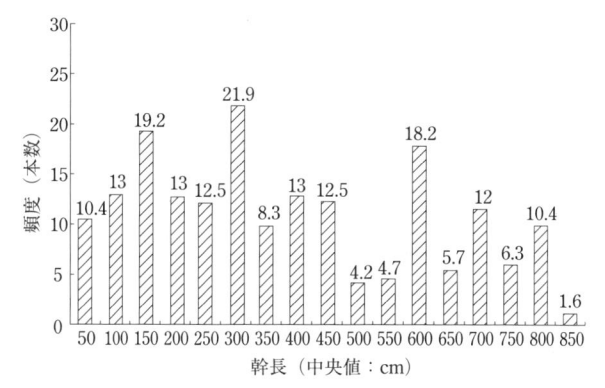

図 7-17　幹長の頻度分布

4 調査区の平均（ha 当たりの本数）．
遅沢（1990）．

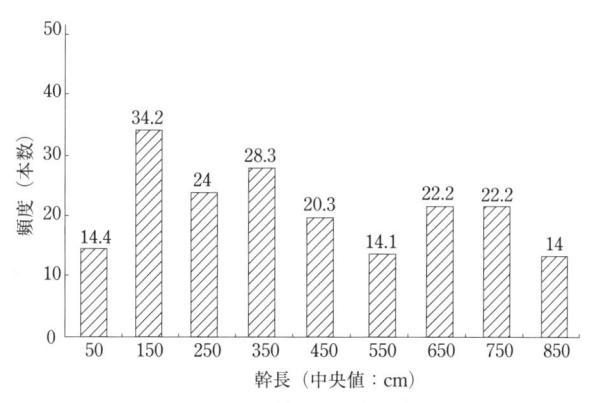

図 7-18　幹長の頻度分布

4 調査区の平均（ha 当たりの本数）．
遅沢（1990）．

に収穫期の平均樹幹長は約 8 m であることから，1 m ごとの樹幹長頻度分布をみると図 7-18 の通りである．この図に示された個体数は，今後，向こう 9 年間の経年的な収穫可能本数を示しており，年間の収穫可能本数は 14～34.2 本/ha（平均 21.5 本/ha）となる．この値に，当地域の平均デンプン収量の 200 kg を乗じると，年間のデンプン収量は 2.8～6.8 t/ha（平均 4.3 t/ha）となる．すなわち，年間のデンプン生産量には 2 倍以上の差異が見られ，デンプンの安定供給の点から問題が残る．

　Yanagidate et al.（2009）は，インドネシア，南東スラウェシ州クンダリのサゴヤシ栽培林において同様の調査を行い，2006 年から 2015 年にかけての年間デンプン生産量は平均 9.0 t/ha（本調査では，デンプン収量は化学的分析によっているために高い

値となっている）であるが，デンプン生産量は，13.5 t/ha から 4.3 t/ha へと経年的に低下する傾向を示すとしている。そして，このような不均等な年間デンプン生産量は，収穫本数の不均等によるものであり，安定的な年間デンプン生産量を維持するためには，サッカー調整による樹齢別樹幹数の適正な維持管理の重要性を指摘している。

同様の調査がインドネシア，リアウ州トゥビンティンギ島で，土壌の種類（浅い泥炭質土壌と深い泥炭質土壌）と開園後の年数（7～25 年）の異なる三つのサゴヤシ栽培園において行われた（Yamamoto et al. 2008）。

この報告では，当地の収穫慣例に従い，2 年ごとの ha 当たりのデンプン生産量を 6 カ年にわたって推定した。この結果によると，経年的なデンプン生産性は，おもに収穫可能本数によって決定され，年次とともに増加する園（開園後 25 年目の浅い泥炭質土壌の園），逆に低下する園（開園後 18 年目の深い泥炭質土壌の園），および増加後低下する園（開園後 7 年目の浅い泥炭質土壌の園）の三つのタイプがみられた。そして，このようなデンプン生産性を決定する経年的な収穫本数の確保のためには，サッカーの間引きをはじめとするサゴヤシ園の管理が重要であるとしている。

下田は，サゴヤシ林のサッカー植えつけ（あるいは発生）後収穫までの平均年数の期間（A）における ha 当たりの年間デンプン生産量（Y）が次式によって求められるとした（日本パプアニューギニア友好協会 1984）。

$$Y = (C \times S) y / A$$（但し，C；ha 当たりの株数，S；株当たりの幹立ち本数，y；1 本当たりのデンプン収量）

そして，収量を向上させるためには，S に計画性を持たせることが最も重要であり，そのためには発生するサッカーの調整が必要であると述べている。

3 ▶ 他のデンプン作物との生産性の比較

サゴヤシは，デンプン資源作物であるので，他のデンプン作物である禾穀類やイモ類とそのデンプン生産性を比較した例が見られる。

まず，長戸・下田（1979）は，サゴヤシの ha 当たりのデンプン生産量を，Flach（1977）の報告を基に自然林 7 t/ha，半栽培林 11 t/ha，栽培園 17.6 t/ha（Flach によって示されている値は 25.5 t/ha であるが，植えつけ後収穫まで年数を加味している）と仮定して，世界の主要デンプン作物（トウモロコシ，ジャガイモ，サツマイモ，キャッサバ，稲，小麦）との生産力をカロリーベースで比較している。それによると，1975～1977 年の各作物の世界の平均値を 100 とした場合のサゴヤシの指数は，栽培園

表7-14 主要なイモ類とサゴヤシの生産力の比較

作物 (文献)	高収量例 (t/ha)	(生育日数)	同左カロリー換算量 (10^3 kcal/ha/日)	世界平均収量 (t/ha)[1]	(生育日数)	同左カロリー換算量 (10^3 kcal/ha/日)
キャッサバ (CIAT 1969)	100.0	305	416	9.2	330	35
サツマイモ (IITA 1976)	43.1	122	354	9.2	135	68
タロ (Pucknett *et al.* 1971)	128.7	365	339	5.4	120	43
サゴヤシ (Flach 1977)	25.0[2]	365	275	—	—	—
ヤム (Rehum *et al.* 1976)	60.0	275	193	9.8	280	31
バナナ (Purseglove 1972)	75.0	365	155	12.5	365	26

1) FAO Production Year Book (1976). 2) 乾燥デンプン.
Flach (1980) を改変.

685～1679,半栽培林428～1050,自然林272～668であり,サゴヤシのカロリー生産力は,世界の主要デンプン作物と比較しても著しく高いことがわかる。Flach (1977) は,サゴヤシとイネと比較しての生産力の差異は,生産炭水化物の利用部位への分配率がサゴヤシで優ることにあるとしている。

また,Flach (1980) は,サゴヤシのデンプン生産力を25 t/ha/年として,バナナを含む熱帯産のイモ類との生産力の比較を1日当たりのカロリーベースで行っている(表7-14)。熱帯イモ類の世界の多収記録と比較して,サゴヤシの生産力 (275×10^3 Kcal/ha/日) はキャッサバ,サツマイモ,タロイモに比べて劣るものの,ヤムイモおよびバナナには優っている。さらに,これらイモ類の世界の平均収量と比較すると,サゴヤシの生産力は著しく優る。サゴヤシの自然林および半栽培林のデンプン生産量を,それぞれ7 t/ha/年,11 t/ha/年とする (Flach 1977) と,1日当たりのカロリー生産量は,それぞれ77×10^3 Kcal,121×10^3 Kcalとなり,半栽培林のみならず,自然林の生産力はイモ類に比べてかなり高い。

山本 (2009) は,サゴヤシのデンプン生産性を代表的なデンプン作物であるキャッサバ,サツマイモ,ジャガイモと比較した (表7-15)。表7-15には,2002年のFAO統計より,上記の3種のイモ類の収量の世界平均値と最高収量を示した国の値,さらに今まで記録されている多収穫記録を示した。一方,サゴヤシについては,栽植密度を10 m×10 m (100株/ha) として,収穫期に達したサゴヤシ園を想定して,毎年,全株 (Case A),1/2株 (Case B) および1/3株 (Case C) から1樹ずつ収穫で

表7-15 サゴヤシとイモ類とのデンプン生産性の比較

作物	収量[1] (生重, t/ha) 平均	最高	多収記録 (生重, t/ha)	含水率 (%)	デンプン含有率[2](%)	デンプン収量 (乾燥, t/ha/年) 平均	最高	多収記録
キャッサバ	10.7	25.6 (インド)	100 (CIAT)[2]	70.3[5]	30〜33[7]	3.2〜3.5	7.7〜8.4	30〜33
サツマイモ	13.9	26.6 (エジプト)	50 (PNG)[3]	66.1[6]	15〜30[8]	2.1〜4.2	4.0〜8.0	7.5〜15
ジャガイモ	16.1	45.9 (オランダ)	126 (USA)[4]	75.8[5]	10〜30[9]	1.6〜4.8	4.6〜13.8	12.6〜37.8
サゴヤシ A[10]	127.6[11]	251.7	350	56.6	22.1	28.2	55.6	77.4
サゴヤシ B	63.8	126.9	175	56.6	22.1	14.1	28.0	38.7
サゴヤシ C	42.5	83.9	117	56.6	22.1	9.4	18.5	25.9

1) FAO統計 (2002). 2) Flach (1980). 3) Evans (1996). 乾物重を含水率66.1%として生重に換算した. 4) Evans (1996). 5) 矢次 (1987). 6) 香川 (2001). 7) 前田 (1998). 8) 坂井 (1999). 9) 梅村 (1984). 10) A, B, Cは, 栽植密度10 m×10 m (100本/ha) 下で毎年, それぞれ全株, 1/2及び1/3の株から成熟個体が収穫できたと仮定した場合を示す. 11) 樹幹生重.
山本 (2009) を改変.

きたと仮定し，さらにインドネシア，マレーシアの主要サゴヤシ生育地帯の調査例から，平均樹幹重を1276 kg，最高樹幹重を2517 kgとし，さらに多収記録としてはインドネシア，パプア州ジャヤプラ近郊のスンタニ湖畔の変種Paraで記録された3500 kgを用いた．各イモ類のデンプン含有率は生イモ重当たりの，サゴヤシについては樹幹（樹皮＋髄部）生重当たりの乾燥デンプン含有率として示した．そして，イモ類およびサゴヤシの生重収量とデンプン含有率より，世界平均，最高並びに多収記録での乾燥デンプン収量を算出した．サゴヤシの平均デンプン収量は9.4〜28.2 t/haであり，収穫本数を最も低く見積もったCase Cの9.4 t/haは，イモ類の平均デンプン収量の3.5〜4.8 t/haに比べて約2倍あるいはそれ以上の高い値を示した．最高デンプン収量についても，サゴヤシの18.5〜55.6 t/haは，イモ類の8.0〜13.8 t/haに比べて著しく高かった．一方，多収記録におけるデンプン収量を比較すると，イモ類は15〜38 t/haを示し，特にキャッサバとジャガイモはそれぞれ33 t, 38 t/haと高い値を示した．サゴヤシの多収記録でのデンプン収量は，26〜77 t/haで，Case Aではイモ類よりも著しく高く，Case Bではキャッサバやジャガイモの多収記録とほぼ匹敵する収量となったが，Case Cではサツマイモに比べると明らかに高いが，キャッサバやジャガイモに比べると低い値を示した．

　これらより，サゴヤシのデンプン収量水準は，イモ類に比べて高いと推定されるが，多収記録にみられるように潜在収量については，サゴヤシの多収性変種を用いた栽培試験により，結論されるべきであると考えられる．

表7-16 サゴヤシの収量水準及び潜在収量

Level	デンプン収量 (kg/palm)	栽植密度					
		10×10 m (100株/ha)			8×8 m (156株/ha)		
		収穫適期株 (株/ha/年)			収穫適期株 (株/ha/年)		
		100	50	33	156	78	52
1	100	10	5	3.3	15.6	7.8	5.2
2	200	20	10	6.6	31.2	15.6	10.4
3	300	30	15	9.9	46.8	23.4	15.6
4	500	50	25	16.5	78.0	39.0	26.0
5	600	60	30	19.8	93.6	46.8	31.2
6	800	80	40	26.4	124.8	62.4	41.6

山本 (2006a).

4 ▶ サゴヤシの潜在収量

　作物の理論的多収性（潜在収量）は，多収性品種（変種）の育種や栽培条件の改善により現実の収量水準を向上していく上での指標として重要である。表7-16には，実用的に考えられるサゴヤシの栽植密度（10 m×10 m，8 m×8 m，6 m×6 m）の条件下で，1樹当たりの平均デンプン収量を今までに報告されている変種による100～800 kg（乾燥デンプン）の100 kg毎として，各株からの年間収穫本数を3段階（全株，1/2株，1/3株から毎年，1本ずつ収穫が可能）とした場合のha当たりのデンプン生産量を示した（山本 2006a）。同表より，デンプン生産量は栽植密度が10 m×10 mで毎年1/3株から収穫可能で，1樹当たりの平均デンプン収量が100 kgの場合の3.3 t/haから栽植密度6 m×6 mで毎年全株から収穫が可能で，1樹当たりの平均デンプン収量が800 kgの場合の222.4 t/haまで，約67倍の差異が見られる。この表は，今後のサゴヤシのプランテーション開発に際しての目標収量の設定に有効である。しかし，栽植密度が高くなると，株内さらには株間の競合が強くなり，特にデンプン生産性の高い変種では，デンプン収量と密接に関連する生育量の確保が難しく，さらに各株から毎年収穫することは困難となると予想される。表7-16に取り上げた各栽植密度下で，植えつける変種や栽培管理技術によって，年間の収穫本数と1樹当たりの平均デンプン収量水準をどの程度確保できるかは，サゴヤシ研究の最重要課題の一つであると考えられる。

　　▶ 1節 (1)-(3), 2-4節：山本由徳，1節 (4)：吉田徹志，1節 (5)：新田洋司

第8章

デンプンの抽出と製造

1 ▶ 伝統的抽出方法

(1) 伝統的デンプン抽出方法の基本形態

　サゴヤシの幹（茎）に貯蔵されているデンプンを抽出する手法は単純ではあるものの，この形態に地域性を持っていることが分かる。これは民族固有のデンプン利用，ローカル資源の利用や経済的要素の違いが影響して地域特有な作業形態を形成してきたものと考えられる。そこで地域の伝統的抽出方法を調査して，この技術，手法のグループ化を図り地域分布の違いの背景を考えてみることにする。

　伝統的抽出方法の基本作業工程はサゴヤシ伐採切り出し，幹の小片化（ログ），幹割り，髄の粉砕，デンプン濾し（髄屑の水洗い），デンプン抽出，水切り，容器詰めとなっている。これらの作業には伝統的資源を利用し，工夫された道具が使用される。そこで，いくつかの地域における抽出手法を紹介する（表8-1）。

(2) 抽出手法の形態の相違

　サゴヤシのデンプン含有量は開花直前が最も多いとされている。地域の人々はそれぞれの伐採時期の判断基準を持っている。例えば，インドネシアの南東スラウェシではサゴヤシの頂点の葉が白くなる（粉を吹く）時，若い葉の中肋が黒くなる時，幹に小穴を開けデンプンの詰まり方と樹皮の厚さで判断するなどの方法がとられている（西村1995）。また，作業はサゴヤシの生育地で伐採し，その場所で抽出を行

表 8-1　サゴ髄の粉砕とデンプン濾しの作業形態

地域	サゴ髄粉砕	デンプン濾し	タイプ
ニューギニア島	削斧	手による抽出	ニューギニア
マレーシア	おろし器	足による抽出	マレー
スラウェシ島	削斧	足による抽出	中間型
フィリピン	削斧	手による抽出	混合型

Nishimura and Laufa (2002).

う場合と，粉砕したオガクズ状の髄屑を抽出作業場所に集めて行う場合とがある。抽出作業の場所は川岸や沼の周辺で水の得られる場所に抽出装置を設置して，通常数人でグループを組み作業を行う。

(3) 髄粉砕作業

インドネシア，南東スラウェシ州クンダリ県のデンプン抽出方法は輪切りにした幹，あるいはログの髄を細かく砕くことから始まる。砕く道具は木や竹から作られている手製の削斧（木槌）である。地域によって柄の長さや形が多少異なるが，打点の頭には鉄のリングがはめられている。フィリピンでは曲がった一本の木から作っているものや竹を湾曲に曲げたものもあるが，自然の材料を利用したものである。作業は手によって削斧で端から粉砕していく。この形態は一般的にニューギニア島や東インドネシア，フィリピン等で広く見られる形態である。しかし，インドネシア，南スラウェシ州のバル県，スマトラ島やこれより西側地域，カリマンタン，東マレーシアのサラワク地域では髄の粉砕をおろし器あるいはヤスリの原理で粉砕する（Yamamoto et al. 2007）。さらにおろし器をドラム状にして回転させ粉砕する道具もある。最近ではこれにモータをつけた粉砕機によって作業のスピード化と容易化を図っている。このサゴヤシの髄粉砕作業において幹を固定しておくか，幹片を動かすかという作業の違いもある。

(4) デンプン濾し（髄屑の水洗い）

デンプンの抽出は粉砕された髄屑を水洗いして，デンプンを取り出す方法である。デンプンを含んだ水は水槽に貯められ，デンプンは沈殿しこれを集める。水槽はヤシの髄を切り取った幹の舟型容器などが用いられる。このデンプン抽出装置や方法にも地域性が見られる。インドネシアやマレーシアではデンプンを含んだ髄屑を人が入れる大きなザルやネットを敷いた容器に入れて，水をかけながら足で髄屑を踏んでデンプンを抽出する。または浅い四角の箱の底にネットを張りその上に材料をいれて，足で踏みながら水洗いする。濾し器の材料はネットの上に若いココヤ

シの繊維状樹皮（シュロの茎皮繊維ようなもの）の自然材料を濾す篩材料として使用していたが，今ではナイロンネットが多く使われている。このようにスラウェシ島やマレーシアなどの東南アジアでは一般的に水洗いを足で行う方法が取られている。一方，ニューギニアでは手を使う方法が取られている。この抽出装置は長方箱型，または筒型の樋を腰の高さに設置し，緩いスロープをつけて低い方の樋の端にネットを張り，この手前に足でやるときと同じように繊維状樹皮を置くこともある。ネットを張った下に水受け（桶）を置きデンプン含んだ水を貯める。抽出作業は樋のネット前に髄屑を置き，水をかけながら手で押しながら洗う。もっと簡単なものはシリンダー状の縦割り半分を搾り台として，端にネットを張り手で洗う方法である。また，フィリピンのミンダナオ島では手で搾るように抽出するが，ネットをつるしてその中のサゴ髄屑を手で搾りデンプンを抽出する方法と網または布を敷いた上で，水をかけて手で搾る方法が行われている。

(5) デンプンの容器詰め

髄屑から分離されたサゴデンプンは抽出水受け容器の底に沈殿する。受け容器はサゴ髄を取った茎であったり，直方形箱であったりする。興味のあるのは舟型の容器である場合がある。これは現地の人たちが利用している道具を使用しているものである。容器に沈殿しているデンプンを取り出し，水切りをした半乾燥の状態で容器に詰める。このときの容器はサゴヤシの幹表皮やバナナの葉で編んだものなど現地で入手できる材料を使い，これを紐で縛って容器詰めとする。また，さらに手を加え，再度晒した後に乾燥をし直して粉の状態にする場合もある。

(6) 抽出手法の地域的相違と分類

この抽出システムにおいて，いくつかの作業で地域的な違いがある（Nishimura and Laufa 2002）。サゴヤシの原産地がニューギニア島でありこれが周辺の東南アジアや大洋州諸島に広がっていったと考えられる（Ehara et al. 2003a）。この考えに沿って抽出技術やシステムを調べ，①髄破砕の道具と方法，②抽出装置と抽出方法との2点の技術に注目した。データから髄粉砕と水洗いについて2形態と中間型／混在型の4区分が可能となった。基本2形態の一つはニューギニア型で，もう一つはマレー型である。そして技術が混ざっている中間型と混在型の存在である。これを表8-1にまとめて，形態の詳細を次に述べる。

ニューギニア型

手で削斧を使って髄を破砕し，水洗いは抽出装置に置いた髄屑を手で搾りデン

図 8-1 サゴ髄の削斧による粉砕作業
パプアニューギニア.

図 8-2 削斧による粉砕作業
インドネシア,南東スラウェシ州.

図 8-3 おろし器型の髄粉砕作業
インドネシア,リアウ州
(撮影:山本由徳氏).

図 8-4 抽出作業:手によるサゴ髄の水洗い
パプアニューギニア.

図 8-5 抽出作業:手による水洗いと抽出装置
インドネシア,ソロン.

図 8-6 抽出作業:足による髄の水洗い
インドネシア,南東スラウェシ.

プンを洗い出す(サゴ固定型)。この作業を座ってやるのが一般的である。
　デンプン抽出は洗い流す装置を作り,この上で髄屑を手で搾る方法がとれる。横型で採集する方法である。(図 8-1, 8-4, 8-5 を参照)

マレー型

　サゴの幹から皮をはぎ髄片として,これを下ろし/ヤスリ型の道具で粉砕する。さらにこの形が改良されてトゲの付いたドラムの回転で粉砕し,モータエンジンによる機械化が図られている(サゴ移動型)。
　デンプン抽出は籠または箱に入れた髄屑を足で水洗いする,縦型の採集方法である。(図 8-2, 8-3, 8-6 を参照)

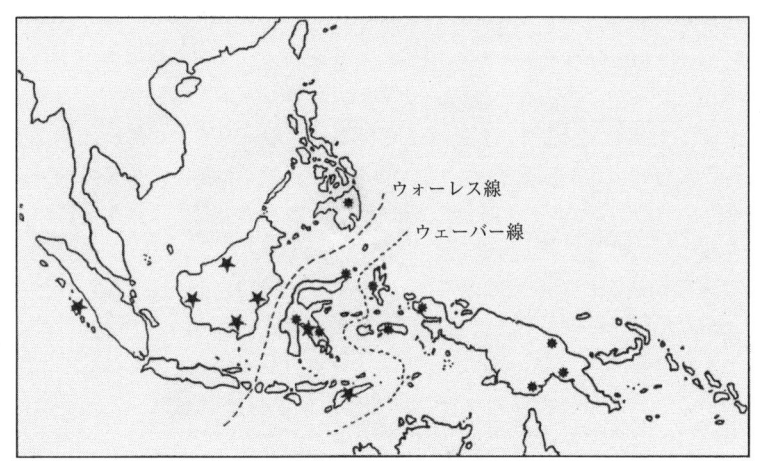

第 8 章 デンプンの抽出と製造 | 241

図 8-7 サゴデンプン抽出方法の地域相違区分図
●手による抽出 ★足による抽出.

中間型（スラウェシ型）
　髄屑作成はサゴ固定型の削斧によるが，水洗いは足による縦型によることから，両技術が混ざった中間型と考えられる。（図 8-2, 8-6 参照）

混在型（フィリピン型）
　髄屑作成は削斧（立ち型）によるサゴ固定型で行い，水洗いは縦型の水洗いと横型の水洗いがあり，いずれも手で搾る方法が取られている。

以上の地域的違いの理由を考えてみることにした。

(7) 技術，手法の違いの背景と考察

　抽出方法の違いを調べるとニューギニア型が手を使い濾すのに対して，マレー型は足を使って濾す違いがある。各地域の手の方法と足の方法の分布を調べてみると生態の違いを示すウォーレス線とウェーバー線で分けることができる（図 8-7）。また，サゴ髄の破砕，髄屑の作成はサゴの原産地とされるニューギニア島で削斧によって行うことからこれがオリジナルな技術と考えられる。破砕爪でおろす型があるがこれはヤスリ型でありサゴ片を移動させる方式で，ドラム粉砕型へと発展し，破砕作業の効率化を図ったと考えられる。おもにスラウェシ島以西で発達したものと考えられる。この二つの技術からサゴ原産地とされるニューギニアでの手法がウォーレス，ウェーバー線を越えることでサゴデンプン抽出の合理化が図られたものと考えられる。ここで考えられるのはサゴデンプンをどのように利用するかであ

る。ニューギニア型は主食として自家用小規模型である。しかし，マレー型はより商業的となり，能率性をもとめた形態であると考える。また，他の理由として民族的な点からマレー型では商業に長けたブギス人の存在が重要と考える。両手法の接点が，南東スラウェシ周辺であると考える。さらにフィリピンの場合は混合型と考えられる。飢餓作物または菓子としての位置づけが強く小規模，少量の抽出のために能率を考慮しないニューギニア型に近い形態を示しているが，抽出装置についてはマレー型の（足洗い）の構造である。

以上の現地調査から原産地であるニューギニアでの技術が西へ行くことによって，より商業化した技術，手法に発達したものと考えられる。この区分けはウォーレス，ウェバー線付近と考えられる。また，自給用か商品用かでも技術の選択の変わっていることが分かる。ニューギニア型はより小規模で自給用であるのに対して，マレー型は商業型として発展したものと考えられる。

伝統的サゴデンプン抽出方法は現地における主食としての重要性，作業規模の大きさ，商業（換金）目的の要素によって，技術・装置の組み合わせがそれぞれの地域の型としてできたものと考えられる。

2 ▶ デンプン工場における抽出方法とデンプンの製造工程

サゴヤシの髄（pith）には豊富なデンプンとともに繊維や可溶糖，ポリフェノール類が含まれており，デンプンとそれ以外の成分を分離する必要がある。

マレーシアのサラワク州は，サゴデンプン精製工場による集約的なサゴデンプン製造を盛んに行っている地域の一つとして挙げられる。近年は工場の大型化が進み，300〜500 t/月程度の能力を有する。インドネシアではイリアンジャヤやハルマヘラ，スマトラにデンプン工場がある。一方，パプアニューギニア，タイ南部では大規模なデンプン工場はみられない。

(1) デンプンの精製プロセス

工業的デンプン精製プロセスは，詳しくは大野がまとめたもの（大野 2003）があるが，ここでは「運搬」「剥皮」「磨砕」「抽出・分離」「精製」の各工程に分類して説明する。

a. 運搬工程

原料となる成熟したサゴヤシは，プランテーション又は自生地にて伐採され，約

図 8-8　サゴログ
（撮影：大野明氏）.

図 8-9　ロータリーカッター
（撮影：大野明氏）.

1 m 程度の長さに切り出される。この丸太をサゴログ（sago log, 図 8-8）と呼び，トラックまたは筏に組んでデンプン工場まで運搬される。

　サゴヤシの髄にはデンプン以外にグルコースやスクロースなどの可溶糖が樹液の中に含まれている。そのため，切り出されたあとに長時間放置すると，酸化により生成したポリフェノールによるデンプン粒の着色や微生物による腐敗に伴う悪臭やpHの低下が起こり，サゴデンプンの品質低下を引き起こす。

b. 剥皮工程

　運搬されたサゴログは，樹皮を剥離される。樹皮は厚さ 15～30 mm 程度で固く，デンプンはほとんど含まれていない。規模の小さなデンプン工場では，人力で斧等を使い樹皮を剥離するが，スクリューミルやロータリーカッターなどによる機械化が行われている。スクリューミルは，ログを縦に 4～6 片に割り，樹皮を残して髄を破砕・分離する。作業には数人を必要とする。一方，ロータリーカッター（図8-9）は，ログを回転させながらカッターで樹皮を削り取る。コンベアシステムと組み合わせることにより，1 名のオペレーターがすべての作業を行うことができ，連続操業を行うことができる。なお，過去にはハイドロミルやロータリースライサー，シリンダー型押出デバーキング機などが用いられたが，あまり活用されなかったようである。

　機械化が進んだことにより，剥皮工程の処理時間が短縮され，デンプン収率の向上や品質確保がなされるようになった。

　なお，鉄製品と髄が触れ合うと，酸化鉄によると考えられる紫色の着色が見られる（Fujii et. al 1986b）。

図 8-10　ラスパー
（撮影：大野明氏）．

図 8-11　ハンマーミル
（撮影：大野明氏）．

c. 磨砕工程

　髄に含まれる豊富なデンプンは，繊維にとらえられた形で存在している．そこで，ラスパー（細長いノコギリ歯を回転するドラムに植え込んだもの，図 8-10）の磨砕機に髄を入れ，水を注ぎながらドラムを回転させて磨砕し，デンプンを抽出する．磨砕後にデンプンと繊維分に分離するが，繊維分にはまだ多くのデンプンが含まれているので，さらにハンマーミル（内部にハンマーを擁したドラムを回転させることにより粉砕を行う，図 8-11）などを用いて粉砕し，デンプンと繊維を分離する工程を繰り返す．これにより収率が上昇するが，繊維も細かくなり精製時に十分除去する必要がある．

d. 抽出・分離工程

　磨砕された髄にはデンプンと繊維が含まれており，これを分離する必要がある．繊維には粗いもの，微細なもの，その中間のものがあり，荒いものと中間のものはシーブベント（図 8-12）や回転ふるいを，それぞれ 20〜30 メッシュと 50〜80 メッシュ程度の目を用いて数回繰り返して繊維を分離する．進んだ工場ではスーパーデカンターを用いてデンプンを水に懸だくさせた状態であるデンプン乳と繊維を分離する．

　分離した繊維にはまだ付着デンプンがあるため，ロータリースクリーン（ふるいを水平方向に旋回させて分別，図 8-13）などでそれらを回収の後，スクリュープレス（円筒型をしたストレーナーの内部でスクリューを回転させて原料を連続脱水する，図 8-14）等で脱水し，廃棄されるが，まだ多くのデンプンが繊維に残っている．

e. 精製工程

　これまでの過程を経て得られたデンプン乳にはまだ微細な食物繊維が含まれている．多段液体サイクロン（デンプン乳を円筒形容器の円周方向に高速で供給し，遠心力

図8-12 シーブベント
(撮影：大野明氏).

図8-13 ロータリースクリーン
(撮影：大野明氏).

図8-14 スクリュープレス
(撮影：大野明氏).

図8-15 多段液体サイクロン
(撮影：大野明氏).

図8-16 スパーデカンター
(撮影：大野明氏).

によりデンプン粒子を沈降分離濃縮する，図8-15)やデラバル型遠心分離機(デンプン乳を連続して遠心・濃縮する)，スーパーデカンター(図8-16)などが単独もしくは併用されて，精製されたデンプン乳を調整する．

精製後，デンプン乳は気流乾燥機による熱風乾燥が行われる．乾燥後，サイクロ

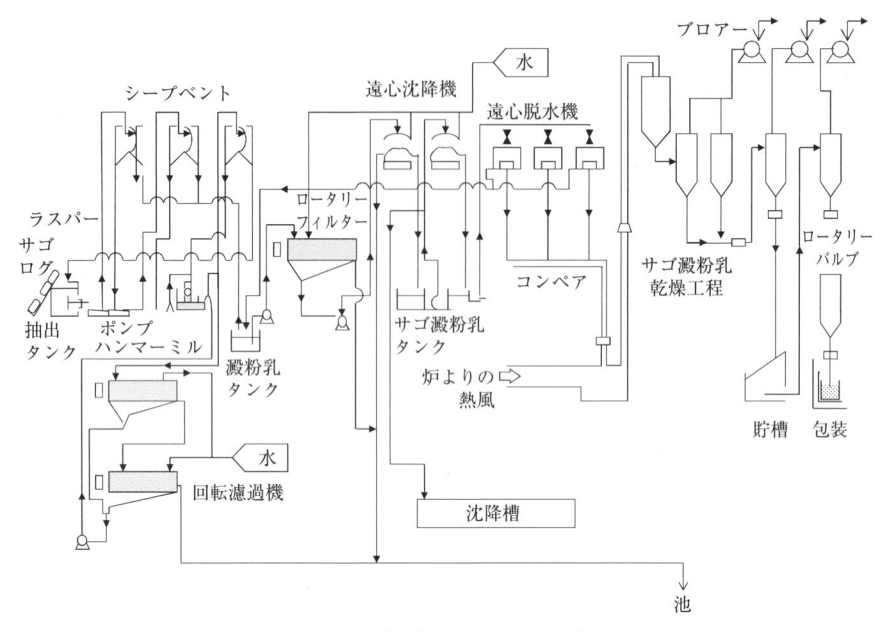

図 8-17 サゴ澱粉工場における製造工程
大野（2004）（我妻，1994 を改編）より作成．

ンにより乾燥デンプンは回収され，篩い分けの後に包装される．

上記のフローについて，我妻がまとめたものが図 8-17〔大野 2004（我妻 1994 を改編）〕である．

(2) 今後に残された課題

a．原料管理

原料となるサゴログは工場周辺の河川にて繋留されて保管されることが多い．髄にはポリフェノールが多く含まれており，ポリフェノールオキシダーゼにより酸素と反応して褐変化を起こす．長期間保存することにより褐変化が進み，デンプン品質の面から好ましくない．さらに放置すると，腐敗が始まり，サゴゾウムシの幼虫などによる食害が始まり，原料として使用できなくなる．よって，サゴログは切り出し後 1 週間以内に使用することが望ましい．

b．水管理

デンプン製造に用いる水は，清浄である方が良い品質となる．マレーシア，サラワク州にあるサゴデンプン製造工場近辺の河川水は混濁している．ミョウバンなど

の凝集剤を用いた沈殿法によるプロセス水が利用されていることもあるが，ポリフェノールによる着色を考えた場合，水質汚濁に十分注意を払う条件のもと，漂白作用のある二酸化硫黄を利用することがデンプンの品質を向上するのに有用であろう。漂白デンプンは2008年の時点で，米国では食品添加物，日本および欧州では食品として取り扱われている。

　他方，精製に用いた際に排出される水についても管理する必要がある。排水は細かく砕かれた繊維，抽出できなかったデンプン，そしてポリフェノールが含まれており，腐敗が容易に起こり，着色もしている。これまでは，排水処理として沈殿池が利用される程度にとどまっているが，これは近隣への腐敗臭などの環境悪化を引き起こしており，今後は積極的な廃液処理が望まれる。また，見方を変えると廃液には豊富な炭水化物が含まれているともいえ，バイオマスとしての利用を行うことにより，廃棄物処理ではなくさらなる別製品生産に結び付く可能性がある。

3 ▶ 世界におけるサゴデンプンの生産量

(1) サゴヤシの生育・栽培面積

　サゴヤシはタロやバナナあるいはパンノキと同じように最も古くから利用さてきたと考えられている（高村1990）が，これまで東南アジアやメラネシアの産地国においても主要な作物として扱われたことはなく，現在でも生育面積，栽培面積あるいは生産量に関する情報は各国の農業統計などにも十分な資料が整っているわけではない。Flach (1997) がまとめた International Plant Genetic Resources Institute (IPGRI) 刊行物によれば，世界におけるサゴヤシ生育面積は約250万haとみられている（表8-2）。そのうち225万haが自然林，22.4万haが栽培（多くは半栽培の状態を含む）林である。国別でみると，インドネシアが約140万ha，パプアニューギニア (PNG) が102万haを占め，次いで，マレーシアが4.5万haほどである。マレーシアでは東マレーシアが約4万haであり，半島側の西マレーシアが0.5万haである。いずれの地域も自然林として存在しているものが多く，栽培あるいは半栽培のものは全体の10％程度である。

　Land Custody and Development Authority (LCDA) によれば，マレーシアにおける現在の商業的なサゴヤシプランテーションの面積は約1万ha，小規模農家が所有するサゴヤシ園は6万haとみられており，合計して約7万haとなる (Sahamat 私信)。1974年における西マレーシアのサゴヤシ分布は6158haで，そのうちジョホール州が4362haであったの対して (Agricultural Land Use in Malaysia；国際協力事業団

表 8-2 サゴヤシの推定生育面積

国・地域	自然林 (ha)	栽培林* (ha)
パプアニューギニア	1,000,000	20,000
東セピック州	500,000	5,000
ガルフ州	400,000	5,000
他州	100,000	10,000
インドネシア	1,250,000	148,000
パプア州	1,200,000	14,000
マルク州	50,000	10,000
スラウェシ島		30,000
カリマンタン		20,000
スマトラ島		30,000
リアウ諸島		20,000
ムンタワイ諸島		10,000
マレーシア		45,000
サバ州		10,000
サラワク州		30,000
西マレーシア		5,000
タイ		3,000
フィリピン		3,000
他の国々		5,000
合計	2,250,000	224,000

*：半栽培を含む．
Flach (1997) より作成．

1981a より），1994 年のジョホール州農業統計（Jabatan Pertanian Negri Johor 1994）によれば，州内全域のサゴヤシ栽培面積は 270.7 ha であり，農地全体に占める割合は 0.02％と生育面積が減少している。2008 年現在のマレーシアにおけるサゴヤシの生育面積は前出のごとく約 7 万 ha と先の IPGRI 刊行物にある推定よりも多く，この 10 年間に増加方向で推移したことが窺われる。

一方，インドネシア農業省の統計（Secretariat of Directorate General of Estates 2006）に記載されているサゴヤシ栽培面積（積極的に利用されている生育面積と理解される）はいずれも小規模農家所有によるものであり，2006 年の集計では全インドネシアで 9 万 9445 ha と約 10 万 ha である（表 8-3）。IPGRI の資料にある栽培（半栽培）林と比較しても 4.9 万 ha 弱の減少がみられたことになるが，情報ソースのカテゴリー分けが必ずしも同一でない可能性もありこの点は明確ではない。南カリマンタン州を例に取ると，1981 年の国際協力事業団の報告書をみると，南カリマンタン州農業局では合計 5572 ha のサゴヤシ生育面積を自生林が 2397 ha，栽培地が 3175 ha と分けて認識している。表 8-2 にあるように IPGRI ではカリマンタンのサゴヤシはすべて栽培のカテゴリーで扱っており，表 8-3 に示すインドネシア農業省の統

表 8-3 インドネシアにおけるサゴヤシ栽培面積とデンプン生産量（2006年）

州　名	栽培面積 (ha)	生産量 (t/年)
アチェ特別州	10,372	2,585
北スマトラ州	0	0
西スマトラ州	0	0
リアウ州（含周辺諸島）	59,174	9,409
ジャンビ州	4	1
南スマトラ州	0	0
ベンクル州	0	0
ランポン州	0	0
スマトラ全域	69,550	11,995
ジャカルタ首都特別州	0	0
西ジャワ州	0	0
バンテン州	0	0
中部ジャワ州	0	0
ジョクジャカルタ特別州	0	0
東ジャワ州	0	0
ジャワ全域	0	0
バリ州	0	0
西ヌサトゥンガラ州	0	0
東ヌサトゥンガラ州	0	0
ヌサントゥンガラ全域	0	0
西カリマンタン州	4,980	922
中央カリマンタン州	0	0
南カリマンタン州	5,847	810
東カリマンタン州	15	5
カリマンタン全域	10,842	1,737
北スラウェシ州	3,692	498
ゴロンタロ州	62	6
中部スラウェシ州	7,467	898
南スラウェシ州	3,987	1,001
西スラウェシ州	2,534	288
南東スラヴェシ州	480	18
スラウェシ全域	18,222	2,709
マルク州	22	5
北マルク州	294	10
パプア州	515	132
西パプア州	0	0
マルク＋パプア全域	831	147
インドネシア全域	99,445	16,588

インドネシア農業省 Secretariat of Directorate General of Estates 発行 Tree Crop Estate Statistics of Indonesia 2004～2006 SAGO より作成：生産的なサゴヤシの面積を栽培面積とした．

表8-4 インドネシア中部および東部におけるサゴヤシの生育面積

州　名	面積（ha）
パプア（イリアンジャヤ）	270,300
マルク	50,000
リアウ	31,605
北スラウェシ	19,890
中央スラウェシ	75,000
西カリマンタン	2,420

Harsanto (1987) より作成．1979～1985年のデータを含む．

計では南カリマンタンのサゴヤシ5847haが生産的なサゴヤシ林として集計している．このような差異はあるものの，いずれにしてもインドネシア全体では概ね10～15万haのサゴヤシが比較的積極的に利用されているとみて大きな誤りはないと考えられる．Flach (1997) によれば，自然林として見積もられている世界のサゴヤシ生育面積225万haはサゴヤシが優先するいわゆる良い状態のサゴヤシ林であり，それ以外も含めると全体では600万haにも上ると推定されている．Harsanto (1987) は生育面積を約74万haと見積もっている（表8-3に示した地域の合計は44万9215ha）．Bintoro (2008) は近著の中で，インドネシアにおけるサゴヤシ生育面積について，いくつかの引用から71万6000ha (Soedewo and Haryanto 1983) や85万ha (Soekarto and Wiyandi 1983)，あるいは41万8000ha (Manan and Supangkat 1984)，さらにはパプア州（旧イリアンジャヤ州）森林局の600万haという推定などを紹介している（表8-5）．パプア州内についてはHaryanto and Suharjito (1996) によれば，マノクワリ県に1万5000ha，ソロン県およびメラウケで10万haのサゴヤシ林が存在する．2006年10月17日付のジャカルタポストによれば，マルク州では3万1360haのサゴヤシプランテーションが計画されており，現在は6000haで栽培管理が行われている．

(2) デンプン生産量

IPGRI刊行物によれば，西マレーシアでは1990年代初頭には1万1000tの生産があった (Othman 1991)．現在では生産の中心は東マレーシアであり，サラワク州では5万tの乾燥デンプンが生産されている［Jong (1995) によればサラワク州は約5万tのデンプンを輸出している］．150万haにおよぶ泥炭湿地の有効利用を目的に，1982年には研究施設が設置され，ムカ川流域に7700haの規模で世界最初の商業プランテーションが開かれた．1993年にはオヤ川流域に2番目のプランテーションが1600haの規模で開かれている．サバ州では小規模エンジンのロータリーラス

表8-5 インドネシアにおけるサゴヤシの推定生育面積

島（諸島）	面積（ha）	出　典
パプア（イリアンジャヤ）	4,183,300	Darmoyuwono (1984)
	800,441	Henanto (1992)
	1,471,232	Kertopermono (1996)
	4,371,590	Haryanto and Pangloli (1994)
マルク	30,108	Darmoyuwono (1984)
	47,600	Universitas Pattimura (1992)
	41,949	Kertopermono (1996)
	30,048	BPPT* (1982)
スラウェシ	45,540	Keropermono (1996)
	49,700	Haryanto and Pangloli (1994)
スマトラ	31,872	Kertopermono (1996)
	71,900	Haryanto and Pangloli (1994)
カリマンタン	2,795	Kertopermono (1996)
	2,000	Haryanto and Pangloli (1994)
	〜50,000	
ジャワ	262	BPPT* (1982)

Bintoro (1999) より作成.

*: BPPT (Badan Pengkajian dan Penerapan Teknologi: Agency for the Assessment and Application of Technology).

ピングを持つ工場があり，日産200〜500 kgの乾燥デンプンを生産している．また，マレーシアにおけるサゴヤシ産業は食料としてのデンプンに各種の工業的利用を含めると，全体で10万2600 t/年となる（Bujang and Ahmad 2000a, b）．

インドネシアではIPGRI刊行物によれば，パプア（イリアンジャヤ）州のビントゥニにある民間企業P. T. Sagindo Sari Lestariが年間3万6000 tの生産能力を有するフローティングプラントを稼動させている．食品産業センター（1991年）の資料によれば，パプア（イリアンジャヤ）で展開するDjajanti Groupの工場は年間6万tの生産能力を有する．マルク州ハルマヘラ島のカオには半官半民のINHUTANI Iが乾燥デンプン日産30 t，年間6000 tの生産能力をもつ工場を操業していたが，1994年以降は設備のメインテナンスが困難となり十分な能力を発揮できていない．食品産業センター（1991）の報告書をみると，マルク州のP. T. INHUTANIの生産能力は9000 t/年，パプア（イリアンジャヤ）州のP. T. Sagindo Sari Lestariは3万6000 t/年（第1段階，第2段階では50万 t/年を予定），P. T. Sari Alam Guna Utamaが7万2000 t/年，P. T. Bumi Sempurna Taniが4万 t/年となっている．この時点で，インドネシア政府は年間10数万 tのサゴデンプン育成策を進行，二次目標を60万 t余りとし，マレーシアの輸出量の数倍を目指して事業展開を計画していた．ところが，インドネシア農業省によれば，現在のデンプン生産量は表8-3の政府統計にみられるように全国で1万6588 tである（Secretariat of Directorate General of

表 8-6　PNG におけるサゴヤシの州別生産量

州　名	生産量 (t/年)
ウエスタン	12,940
ガルフ	10,369
セントラル	588
ミルネベイ	1,676
オロ	1,624
南ハイランド	2,405
エンガ	104
西ハイランド	7
チンブー	166
東ハイランド	3
モロベ	572
マダン	5,288
東セピック	23,484
サンダウン	16,711
マヌス	4,575
ニューアイルランド	1,797
東ニューブリテン	0
西ニューブリテン	222
ブーガンビル	431
合　計	82,962

Brouke and Vlassak（2004）より作成.

Estates 2006）。しかしながら，政府統計にある全インドネシアで約 1.7 万 t の生産量というのはいかにも少ないように思われる。地域別にみると，表 8-3 ではリアウの 9409 t，アチェの 2585 t に次いで南スラウェシが 1001 t と多い。南スラウェシではボネやパレパレおよびルー地域を中心として 2 万 5000 ha のサゴヤシ林が広がり（Maamun and Sarasutha 1987），ha 当り 8.4 t の乾燥デンプンが生産されているともいわれている（Flach 1997）。このように，統計資料のソースによって生産量の値には違いがみられる。Barie（2001）はインドネシアにおけるサゴヤシの潜在生産量を 50 万 t，実際の生産量は 20 万 t と述べているが，東マレーシアのサラワク州だけでも 5 万 t 以上の生産があることを考えれば，インドネシア全域で 20 万 t という数字は概ね妥当といえよう。

　地方行政機関からの情報をみれば（江原 1997），リアウ州ベンカリス県工業局資料（Bengkalis Dinas Perindustrian 1996）：サゴヤシ生育・栽培面積（作物としてサゴヤシを利用している面積：栽培，半栽培，自然林からの利用を含む）は 1 万 2576 ha。1992 年に収穫が行われたのは 9460 ha，ぬれサゴ生産量は 22.8 t/ha，1993 年は 9494 ha で収穫が行われ，収量は 23.4 t/ha となっている。リアウ州全体では生育・栽培面積は 2 万 1794 ha，平年ぬれサゴ収量は 20.2 t/ha（1996 年 12 月 10 日付 Riau Pos の新

聞記事より）であり，年間の ha 当たり収量はベンカリス県で約 3 t 多い。ベンカリス県ではサゴヤシ生育地とデンプン精製工場が接近していることから，原材料の供給が比較的安定しているものを考えられ，年間の単位面積当たり収量の差異との関連が窺われる（江原 1997）。1996 年時点でベンカリス県内のサゴデンプン精製業の経営体は 59 社，年間のデンプン精製能力は 4 万 338 t とされており，1995 年の実際の精製量は 3 万 9426 t とほぼ能力どおりに稼動していた。1995 年当事ベンカリス県ではサゴデンプン加工業においては製麺（sohun：ビーフン状の乾麺）業 4 社，製菓業 4 社が創業しており，総生産量は 11 万 952 kg であった（江原 1997）。いずれの業者も家内工業的な小規模の工場である。

リアウ州インドラギリヒリール県とリアウ大学の調査によれば，トゥンブラハンを含む同県におけるサゴヤシ生育面積は 1 万 2366ha であり，1995 年のぬれサゴ収量は 1.125 t/ha と低く，生産量は 1 万 3920 t であった（BPPD TKII INHL・UNRI-FAPETA 1996）。同県のトゥビンティンギー島ではシンガポールの Kea Holding 社傘下にある National Timber and Forest Product 社が 2 万 ha のサゴヤシ栽培を拓くことを目指して 1996 年からプランテーション事業を展開している。

PNG のサゴデンプン生産量はオーストラリア国立大学によれば 2000 年で 8 万 2962 t となっている（Bourke and Vlassak 2004）。東セピック州が 2 万 3484 t/年と突出して生産が多く，次いでサンダウン州が 1 万 6711 t/年，マダンが 5288 t/年とニューギニア島北側の太平洋に面した州で生産が多い（表 8-6）。

1 節：西村美彦，2 節：三島隆，3 節：江原宏

第9章
デンプンの特性と利用

1 ▶ サゴデンプンの特性

　サゴヤシ（*M. sagu*）の樹幹に蓄積されるサゴデンプンは，1本の幹から約200 kgの乾燥デンプンが採取される。古くから熱帯地域の人々の主食として知られてきたサゴヤシは（佐藤1967），他の栽培作物と競合しない熱帯湿地に生育し，水稲やキャッサバに比べてデンプン生産性が高く，未利用デンプン資源として注目されている。

　サゴデンプンの理化学的性質および構造的特徴の解明は，馬鈴薯，トウモロコシ，緑豆，クズ，ワラビ，甘藷，小麦などのデンプンを対象として，顕微鏡観察，X線回折，アミロース含量およびアミロペクチンの鎖長分布，β-アミラーゼ・プルラナーゼ法による糊化度，膨潤力・溶解度，ラピッドビスコアナライザーによる粘度測定などから研究されている。またデンプンゾル，ゲルの物性変化からサゴデンプンの糊化・老化特性も明らかになっている。これらの結果から，サゴデンプンは馬鈴薯デンプンに似た粘度特性を示すが，ゲル特性はトウモロコシデンプンに似ているなど，地下デンプンと地上デンプンの両方の性質を併せ持つ非常に興味深い性質を示すデンプンであることが明らかになった。さらにサゴデンプンは日本のクズやワラビデンプンに似た透明性や粘度，ゲルの硬さを示すことから，これらの代替デンプンとしての利用に期待が寄せられている。実際にわらび餅やくずきり，くず桜などをサゴデンプンで調製したところ，透明で，粘弾性に富む美味しい製品が得られ，家庭で手軽に作れる和菓子としても喜ばれている（高橋・貝沼2006）。同様にブラマンジェやパイフィリング，麺状食品，膨化食品などへの応用で，食感の良い製

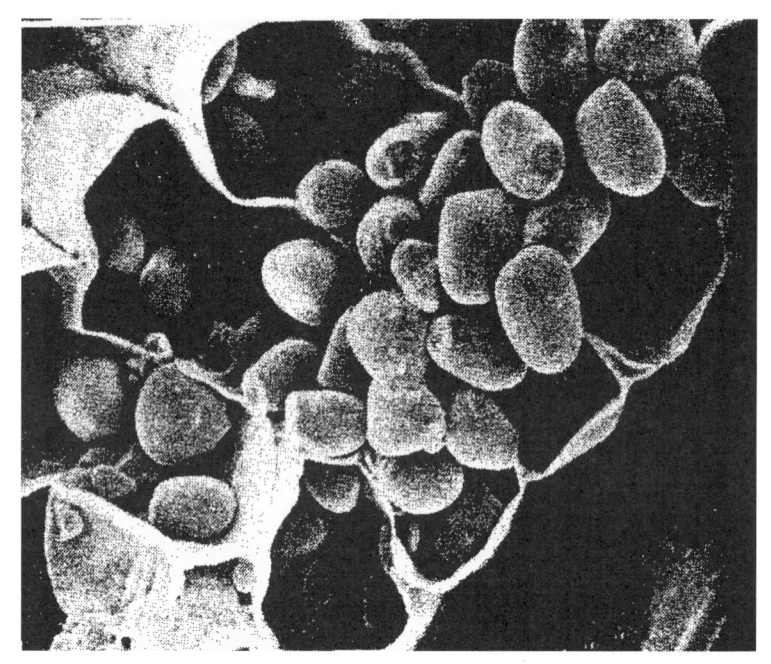

図 9-1 サゴヤシ髄部柔細胞中のデンプン粒．(SEM)×200
（撮影：貝沼圭二氏）．高橋ら(1981)．

品が得られており利用が期待されている．さらにデンプン蓄積ヤシ類やサゴヤシの種類（民俗変種，以下「変種」と表示）の違いによってデンプンの性質に大きな違いがあるのかなど，大変興味深い結果についても述べる．

(1) サゴデンプンの理化学的性質

a. デンプンの形状

貝沼がサラワクで採取したサゴヤシ髄部柔細胞の走査型電子顕微鏡写真（図9-1）から，サゴデンプンは楕円またはその一部が欠けた形のつりがね型で，平均粒形は35 μm と大きく，甘藷や馬鈴薯デンプンに近い．サゴヤシの樹幹中のデンプンの分布は均一なものではなく，導管より少し離れた部分にデンプンが貯蔵されている．また幹中のデンプン粒や幹から取り出されたデンプンは多くのものが損傷を受けており（図9-28），これらは伐採されたサゴヤシの幹が長時間水中に貯留され微生物の繁殖，酵素反応などにより損傷を受けることによるものと考えられる（高橋ら 1981）．

図9-2 サゴ，緑豆，馬鈴薯およびトウモロコシデンプンのフォトペーストグラム

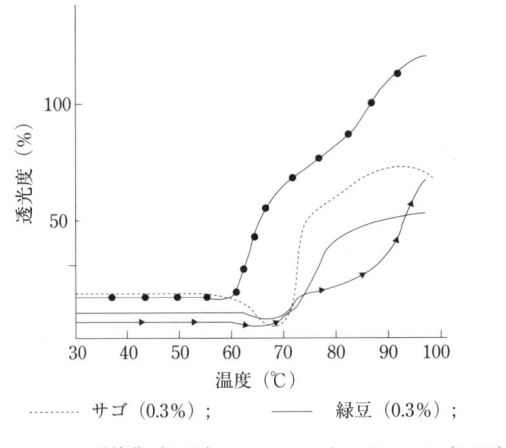

凡例： サゴ (0.3%)； 緑豆 (0.3%)； 馬鈴薯 (0.4%)； トウモロコシ (0.2%)

高橋ら (1981).

b. デンプンの透光度

図9-2からフォトペーストグラフィーによる透光度減少温度は，馬鈴薯デンプンは56℃，サゴデンプンは58℃，トウモロコシデンプンは64℃そして緑豆デンプンは65℃を示す。貝沼ら(1968)はデンプン粒の偏光十字の消失はデンプン粒内での分子の配向性の乱れに起因するという考え方に基づき，フォトペーストグラフィーによる観察は，デンプン粒の加熱糊化の際の単なるデンプン粒の膨潤による透光度変化だけでなく，それ以前に起るデンプン粒内での微細な構造変化を反映しているとしている。これによると，サゴデンプンでは58℃で透光度が減少し始めるが，これは加熱によってミセルの配向性が乱れデンプン粒が膨潤し始めた温度と考えられる。デンプン粒の体積増加が透光度の低下となり，サゴデンプンは低下が最も大きい。そしてデンプン粒の偏光十字はこの温度から徐々に消失し始め，フォトペーストグラムの次の変曲点72℃の時にはほとんど完全に全粒子が偏光を消失していると考えられる。

c. 膨潤力および溶解度

デンプン粒を多量の水の中で加熱する際に，乾燥デンプン1gが何gの水を吸水し，何%のデンプンが熱水中に溶解するかを，60，70，80および90℃の各温度別に示したものが膨潤力および溶解度である。馬鈴薯デンプンは90℃における膨潤力が100と大きく溶解度も100%と高いのに対し，トウモロコシデンプンは膨潤力22，溶解度は26%と低く，90℃でも膨潤・溶解しにくいデンプンである。サゴデ

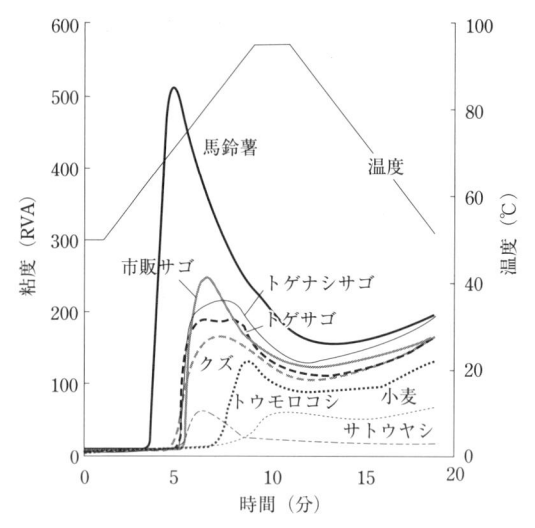

図9-3 各種デンプンのラピッドビスコアナライザー
（RVA）曲線
濱西ら（2002）より改変.

ンプンは膨潤力が40，溶解度が53％と根茎デンプンと種実デンプンの中間の値であり，馬鈴薯デンプンに次いで膨潤・溶解しやすいなど特徴的な性質といえる。

d. アミロース含量およびアミロペクチンの鎖長分布

サゴデンプンのアミロース含量は26％とトウモロコシデンプンに近いことを示した。しかし，ゲル濾過法により求めたアミロペクチンの鎖長分布から得られた長鎖長区分 Fr. II，または物性との関連が高いとされる Fr. III /Fr. II はタピオカデンプンに近似した値であった（高橋・平尾1994）。

e. β-アミラーゼ・プルラナーゼ法による糊化度

ビスコグラフィーで調製した糊および一定条件下で糊化させた糊について，貝沼ら（1981）のβ-アミラーゼ・プルラナーゼ法により糊化度を測定した結果，サゴデンプンは70℃付近で糊化度の急上昇が認められ，馬鈴薯デンプンに次いで低温で糊化しやすいことが示された。しかしその後はトウモロコシや緑豆のデンプンに近似した緩慢な糊化過程を示し，糊化に要する温度範囲は広い（高橋ら1983）。

f. ラピッドビスコアナライザーによる粘度

各種デンプンの加熱時の粘度を図9-3に示した（濱西ら2002）。この図から市販サゴ（研究室調製），トゲナシサゴ（本サゴ），トゲサゴは馬鈴薯デンプンに次いで粘

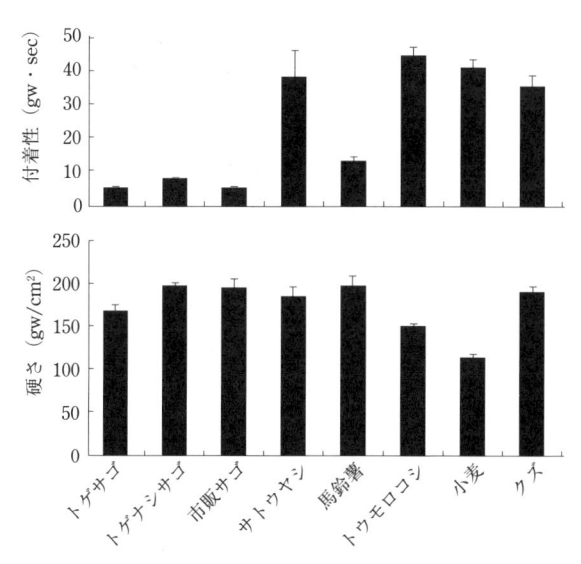

図9-4 テンシプレッサーによる各種デンプンゲルの硬さおよび付着性

宮崎 (1999) より改変.

度が高く、クズデンプンに近い粘度を示した。これに対し同じ熱帯産ヤシ由来デンプンであるサトウヤシ (*Arenga pinnata* を代表とする) デンプンの粘度曲線は試料中最も低く、小麦デンプンに近い粘度を示した。

g. サゴデンプンゲルの物性

サゴデンプンのゲルの硬さは図9-4から馬鈴薯、クズ、サトウヤシのデンプンゲルに近い値であり、付着性は馬鈴薯デンプンゲルに近い値である (宮崎1999)。また緑豆やトウモロコシデンプンのゲルは低温保存時の離水が多いのに対し、サゴデンプンゲルの離水は馬鈴薯デンプンに次いで少なく、調理・加工への利用に効果的といえる (高橋ら 1981)。

一方、クリープメーターによる静的測定から、サゴデンプンゲルは甘藷デンプンに比べて軟らかく粘性があり、馬鈴薯デンプンに比べて流れにくい性質を示した。

h. サゴデンプンゲルの動的粘弾性

レオログラフゲルを用いた動的粘弾性測定 (表9-1) からサゴデンプンゲルは、硬さに相当する E'、粘りに相当する E'' ともに小さく馬鈴薯、甘藷、トウモロコシのデンプンに比べて軟らかいゲルであり、$\tan\delta$ (E'/E'') はトウモロコシデンプンが小さい値で弾性体を示したのに対し、サゴデンプンは大きい値で試料内部の粘

表 9-1　各種デンプンゲルの動的粘弾性

デンプンゲル	貯蔵弾性率 E' $\times 10^3$ (dyn/cm^2)	損失弾性率 E'' $\times 10^3$ (dyn/cm^2)	損失正接 (tan δ) E''/E'
サゴ	2	1.4	0.70
馬鈴薯	10	4.2	0.42
甘藷	7	3.5	0.50
トウモロコシ	45	0.9	0.02

高橋・平尾 (1994).

性的要素の強いゲルといえる (高橋・平尾 1994)。

(2) 「属」および「変種」の違いとデンプンの性質

　トゲサゴデンプンは形状やアミロース含量，熱分析における熱的性質，ゲルの物性においてはトゲナシサゴデンプンと近似していた。しかし，クロツグ属 (*Arenga*) のサトウヤシデンプンの粘度特性はトゲナシサゴとは大きく異なる特徴がある。すなわち，サトウヤシデンプンの加熱糊化時の粘度は非常に低いが (図 9-3)，その糊の硬さはトゲナシサゴに近く (図 9-4)，ゲル化に要する時間は非常に短い。またそのゲルを低温に保存した場合，透明なゲルは時間の経過に伴ってトウモロコシデンプンと同じ白色となることから (図 9-5)，トウモロコシデンプンと同様の調理に適するといえる。またゲル化が速いことからゲル化剤としての利用に期待できる。一方，トゲナシサゴのデンプンゲルは馬鈴薯デンプンに近く透明であり，低温保存による白度の変化も少ない。このようにヤシの幹に蓄積されるデンプンでも属が異なると粘度およびゲル特性，透明度は大きく異なることが明らかとなった (濱西 2002)。江原 (1998) はサトウヤシデンプンを食している地域では「サトウヤシデンプンは質が良くサゴデンプンのように赤く着色せず味は小麦粉に近い」といわれており，価格もサゴデンプンに比べて高いことを報告している。

(3) サゴヤシの生育段階および部位におけるデンプンの理化学的性質の変化

　Jong (1995) は栽培研究の立場からサゴデンプン蓄積について，「デンプン収量は開花期まで増大し，デンプン集積は幹の基部から頂部に移行する」と報告している。デンプン最大収量は幹の最大生長段階と開花段階とのあいだの 11.5〜12.5 年であり，デンプン最大収量は樹幹重量の 18〜20％に相当する。そして生育最終段階では果実の生長のためにほとんどのデンプンが頂部に移送され，樹幹に残るデンプン

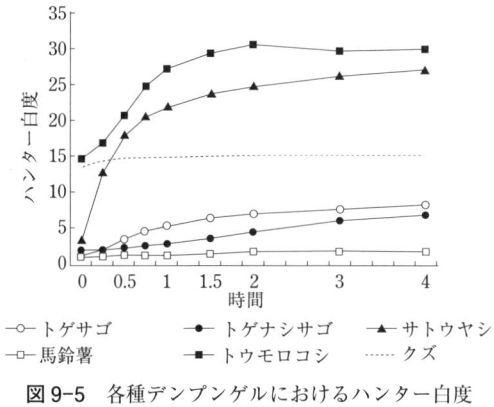

図9-5 各種デンプンゲルにおけるハンター白度の経時変化（室温保存）

濱西（2002）より改変.

量は4〜9％と急激に減少する」と報告した。濱西ら（1999，2000）はJongから提供された35種のサゴデンプンについて研究し，生育段階や部位には明らかに差異が認められたことを次のように報告している。「根元部から作られたデンプンは樹幹上部に比べて，糊化しやすく，加熱時の粘度は高く，糊の透明度は高く軟らかいゲルを形成すること，また最も特徴的な性質を示したのは，生育最終段階の14.5年木の上部のデンプンであり，このデンプンは透明度が低く，最も硬いゲルを形成した。このことからこの上部のデンプンは小粒で結晶性が高く代謝され難いため幹中に残存したと考えられた」。これら一連の研究成果は，これまで不明であったサゴデンプン蓄積のメカニズムを探る上での糸口になると考えられた。

このように，サゴデンプンは理化学的性質や調理科学的面からも優れた特性をもつことが明らかとなり，ゲル状食品，ブラマンジェやパイフィリング，麺状食品，膨化食品など幅広く利用できると考えられる（高橋ら 1995）。サゴデンプンは調理や加工用として有用なデンプン素材であり，今後サゴヤシのプランテーション化が進み（大野 2003），純度の高いサゴデンプンの入手が可能となり，サゴデンプンの特性を活かした様々な利用が進展する日を待ち望んでいる。

表 9-2 サゴ食の利用の実態

	名称	地域	調理法	利用の現状
サゴ澱粉	レンペン	東インドネシア，ハルマヘラ島西海岸	生のサゴデンプンを土器製の型に流し入れて焼いたものを長期保存する．	○
	パペダ	マルク州のセラム島	生のサゴデンプンに同量の熱湯を注ぎ，手早くかきまぜてできた糊状のものをスープにおとして一緒に食べる．	○
	レンペン	スマトラ，リオウ州	水溶きしてココナツと塩少々で味付けした生サゴを中華鍋で蒸焼きにする．	×
	クルプン		①パペダと同様にスープに浮かせる．②スープに混ぜ込み，全体を粥状にする．	×
サゴの二次加工品	サグ・ルンダン		2ミリ程の粒状に乾燥したサゴのこと．茹でて，ココナツミルクに茶色のヤシ砂糖を加えひと煮立ちさせたところに入れる．	◎
	サグン		日本のあられと似ている．	
	サゴ・ヌードル		サゴヤシのデンプンのヌードル状．	

高橋・平尾（1992），増田（1991）より作表．　　　　　　　　　　　　　　　　◎非常に

2 ▶ サゴデンプンの利用

(1) サゴデンプンの利用の現状

　マルコ・ポーロの東方見聞録の一節に，「優秀なデンプンのとれる樹がある．非常に丈の高い樹だが，樹皮は薄く，内部にぎっしり穀粉がつまっている……」というくだりがあり，サゴヤシが初めて紹介された文献とされている（貝沼1981）．サゴヤシが生育する地域では，古くから様々な形でサゴデンプンが食されてきた．表9-2に示したように東インドネシア，ハルマヘラ島西海岸やマルク州セラム島などの地域では，現在もレンペン，パペダのようにサゴデンプンそのものを調理し，主食や保存食としている（高橋・平尾1992）．その他，様々な生菓子や焼き菓子等も作られている（山本2006b）．しかしながら，昔に比べると主食が米に代わるなど，サゴデンプンを主食とする地域は減少している（高橋・平尾1992）．（本章2節 (2) 参照）

a. 日本における調理上の利用

　我国では，18世紀にすでに沙弧米（さごべい）の語彙で辞典類に採録されており，鎖国が完成された後にサゴの粒を粥にして味わったという記録がある（市毛・石川 1984）。サゴの粒，すなわちサゴパールはタピオカパールとともにゼリーやプディング，スープの浮き身などに用いられてきた。Perles du Japon（秋山 1966）として料理書にも記されており，見た目の美しさとともにその独特の食感が喜ばれている（高橋・貝沼 1989）。サゴパールを用いた料理名をあげてみると次のようである。Consommé au Perles, Consommé au Sagou, Pudding de Sagou l'Anglaise, Sagou au Vin Rouge, Sago Custard Pudding, Veal and Sago Soup, 鮮奶酉米軟糕（シエンナイシーミールアンガオ）（高橋・貝沼 1989）。これらはいずれもサゴパールを用いたものであり，サゴデンプンの利用に関する記録は見当たらない。

b. 日本におけるサゴデンプンの利用

　現在，日本ではサゴデンプンはインドネシアおよびマレーシアから輸入されている。2009年財務省貿易統計によると年間で1万5383 t（インドネシア1404 t，マレーシア1万3979 t）輸入されている。デンプン糖の製造又はデキストリン，デキストリングルー，可溶性デンプン，ばい焼デンプン若しくはスターチグルーの製造に使用するものは関税率が無税であり，輸入されたサゴデンプンのほとんどが酸化などの加工が施され，使用されている。酸化デンプンは，生のデンプンと比較すると糊化開始温度が低く，低粘度であり老化しにくく，漂白効果により白度が向上する。このように加工が施された形で日本では，うどん，ラーメン，日本そばなどの麺類，餃子・焼売の皮などの打ち粉としての利用がほとんどを占める。酸化サゴデンプンは，茹で湯への溶出が少なく，茹で湯の濁り，粘度の上昇が抑えられ，茹で湯の取り替え回数を減らすことができると言われている。その他としては，詳細な研究はなされていないが，小麦粉の代替として，アレルギー対応食品としても販売されているようである。食品以外には，工業用および飼料用として用いられている（本章2節(3)，4節参照）。近年では，その高いデンプン生産性からバイオエタノールの原料として注目され，その具体的利用に向けて動き始めている。

　このように，日本では積極的に食品としてサゴデンプンを利用しているとはいい難い。品質の問題，他のデンプンとの競合，さらに生デンプンを輸入する際にかかる関税の問題など様々な原因があげられる。より高品質のサゴデンプンが得られ，そしてサゴデンプンの調理学的特性が周知されれば，大いに利用の場は広がるであろう。

c. サゴヤシ変種デンプンの利用

　従来，サゴヤシはトゲナシサゴ（本サゴ）と，トゲサゴに大きく分けられてきたが，

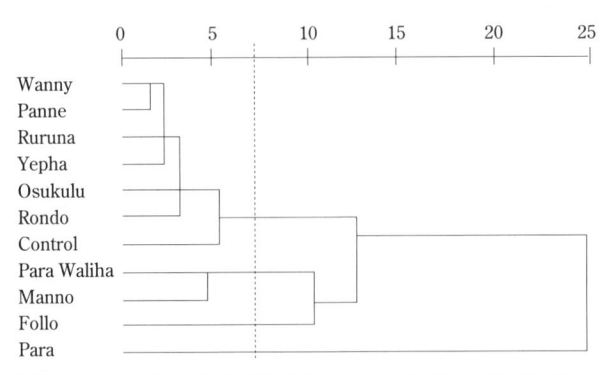

図 9-6　デンプンの理化学性のクラスター分析によるデンドログラム（基部）

濱西ら（2007）．

現在ではトゲの有無にかかわらず1種として扱われる。インドネシアのマルク諸島からニューギニア島にかけては多くの民俗変種が報告されている（7章2節参照）。サゴデンプンの変種間の差異を明らかにすることは，今後のサゴヤシプランテーションの設計においてヤシの選択や生産されるデンプンの性質および収量に関係する基礎データとなることから，サゴデンプンの今後の利用の幅を広げる上でも重要である。近年，その研究の一部であるが，濱西ら（2006，2007），平尾ら（2006）が変種間の性質の差異について報告した。インドネシア，パプア州の中で，特に多数の変種の存在が確認されているジャヤプラ近郊から採取された10変種のサゴデンプンの理化学的性質および物性について比較検討し，アミロース含量，粘度特性値およびデンプンゲルの物性からクラスター分析（最近隣法）を行い，変種デンプンおよび調理学特性の分類を試みた（図9-6）。デンドログラムの横軸の示す距離は試料間の類似度を表している。クラスター分析の結果より変種デンプンを四つのグループに分類することができた（表9-3）。

① Wanny，Panne，Ruruna，Yepha，Osukulu，Rondo：アミロース含量23.4〜25.2％。10試料の中では中間の粘度および物性値を示した。
② Para Waliha，Manno：これら2変種は後の調査で同じ変種であることが明らかとなっているが，アミロース含量はPara Waliha 27.1％，Manno 22.5％と大きく異なる。しかし，粘度特性および物性は近い性質を示し，粘度が高く，デンプンゲルの凝集性が高く，老化しにくい性質を示した。したがって，粘度が求められるあんかけなどへ利用できると考えられる。
③ Follo：アミロース含量は26.7％と高く，デンプンゲルは硬く，最も老化しやすい性質を示した。したがって，ブラマンジェのようなゲル状食品に適すると

表9-3 4グループに分類した民族変種のデンプンの特徴

グループ	試料名	アミロース含量（％）	粘度特性およびデンプンゲルの物性	
1	Wanny Panne Ruruna Yepha Osukulu Rondo	23.4〜25.2	・中間の粘度およびゲルの物性 ・Controlに近似の性質	
2	Para Waliha Manno	27.1 22.5	・粘度が高い ・凝集性の大きいゲル ・老化しにくい	→あんかけ
3	Follo	26.7	・硬いゲル ・最も老化しやすい	→ゲル状食品
4	Para	24.8	・粘度が低い ・軟らかいゲル ・最も老化しにくい	→ゾル状食品

濱西ら（2007）.

考えられる。

④ Para：アミロース含量は24.8％を示し，粘度が低く，デンプンゲルは軟らかく，老化しにくい性質を示した。したがってソースやとろみ剤などのようなゾル状食品に利用できると考えられる。

このように，同じサゴデンプンでも変種により，その性質が異なることが明らかとなり，今後のサゴデンプンの利用に際し，貴重なデータとなることが期待される。

d. サゴデンプンの性質に及ぼす添加物の影響

デンプンを実際の調理に用いる場合はデンプンのみでなく，タンパク質，脂質，糖などが加わり，より複雑な系となる。これらの相互作用に関する研究はデンプンを用いる調理・加工食品の特性を知る上で重要となってくる。これら各成分の相互作用に関する研究は高橋ら（1983，1985a），高橋・渡辺（1983），平尾ら（1998，2002，2003，2004a）などがある。これらの研究から，次のようなことが明らかとなっている。

①タンパク質添加の場合

デンプンに大豆タンパク質を添加した場合，馬鈴薯デンプンは粘度の低下が著しく，ゲルの硬さ・破断力は増加を示した。トウモロコシデンプンでは粘度変化はわずかであるが，ゲルのテクスチャーは明らかに低下した。これらに対しサゴデンプ

ンは膨潤力および溶解度が低下し抑制傾向を示したが，粘度やゲルのテクスチャーに与える影響は少なく，馬鈴薯やトウモロコシのデンプンに比べて大豆タンパク質添加の影響を受けにくいといえる（高橋・渡辺 1983）。また BAP 法による糊化度の測定から，いずれのデンプンにおいても大豆タンパク質添加による糊化の遅れが示され，サゴヤシと馬鈴薯のデンプンは加熱初期に認められた。これに対し，トウモロコシと緑豆のデンプンは高温時に糊化の遅れが示され，加熱初期ではむしろ大豆タンパク質添加の方が高い糊化度を示すなど，デンプンの種類により糊化に及ぼす大豆タンパク質添加の影響は異なることが明らかにされた（高橋ら 1983）。シルクフィブロイン添加の影響はサゴデンプンに関しては大豆タンパク質添加と同様の結果であった（平尾ら 2004a）。

②タンパク質，油脂およびショ糖添加の場合

タンパク質の他に油脂およびショ糖を加えた系による研究では，Scheffé の単純格子計画法に従い，サゴデンプン，分離大豆タンパク質，大豆油の各配合比で加熱過程の粘度，ゲルのテクスチャー，保型性，離漿量の測定，ならびに官能評価を行っている。その結果，デンプンの水準の高いものは最高粘度が高く，ゲルの硬さ，弾力性は大となり，離漿量は減少した。分離大豆タンパク質の水準が高いほど保型性および付着性は大きい値を示したが，大豆油の水準の高い場合は逆に硬さ，弾力性および保型性が低下し，離漿量は増加した（平尾ら 1998）。また，サゴデンプン，分離大豆タンパク質，大豆油の配合比にショ糖を用いて調製したブラマンジェの官能評価では色，風味，硬さ，弾力性，付着性，滑らかさおよび総合評価の項目でデンプン 9％，分離大豆タンパク質 3％，大豆油 4％の配合比で調製したブラマンジェが最も好まれる結果となった（平尾ら 2002）。

(2) 食料としての利用

サゴデンプンは東インドネシアが原産地とされているが，マルコ・ポーロの「東方見聞録」から，この当時のスマトラにもサゴデンプンを主食とする人々がいたとされている。インドネシア半島からマレー半島，ジャワ島東部は稲作地域で米食であったが，フィリピンのミンダナオ島南部とボルネオ島北部，スラウェシ島北部，マルク島諸島においてサゴヤシは主要な産物であり，これらの地域では 20 世紀半ばまで最も重要な食糧資源の一つとして利用されていた（平尾 2001）。しかし，インドネシア，南東スラウェシ州などでは政治的支配層の米食民族ジャワ人の影響を受け米食が増加しており，サゴデンプンが常食されているセラム島でも主食が米食に変わったことで，重要な未利用資源として期待されているサゴデンプンの利用が減少する（増田 1991）という，皮肉な結果となっている。このような状況でも，サ

ゴデンプンは一部地域において今でも調理・加工への利用が行われており，具体的な利用法を検討することにより今後もサゴデンプンの食料への利用は続けられる。

a. 生産地のサゴデンプン利用

生産地域におけるサゴデンプンの調理・加工法としては，①スープに混ぜ込み粥状にして，②熱湯で糊状に練り魚スープに浸して，③焼成してクッキーあるいはパン状にして，④湿サゴデンプンを球状・麺状の二次製品にして利用されてきた。具体的な調理・加工名としては，①はクルプン (Kurupun)，②はパペダ (Papeda)，ランダン (Randang)，③はレンペン (Lempeng)，ケロポ (Keropo)，シノリ (sinoli)，④はサゴパール (Sago pearl)，海老煎餅クルプック・サグ (Kerupuk sagu)，麺状に加工したサゴヌードル (Mie sagu) などがある。増田 (1991) は東インドネシアのハルマヘラ島西海岸ではレンペンが，マルク州セラム島ではパペダが利用されており，スマトラのリオウ州ではレンペンやクルプンが現在利用されなくなったが，サゴデンプンの二次製品であるサゴパール，クルプック・サグ，サゴヌードルは現在でも利用されていると報告している。マルク州セラム島については山本ら (2008b) が現地調査を行い，アンボン島とともに現在でもサゴデンプンを主食とし，パペダ，レンペン，シノリに用いているとしている。また西村 (2008) はニューギニア文化とアジア文化の接点となるフィリピンミンダナオ島東部の調査を行っており，ここでは主食というよりも菓子・非常食としてサゴデンプンが利用されているという。

近年，マレーシア，サラワク州では，従来の方法に加えてハイフルクトースシロップ，グルタミン酸，キャラメル，パンの原料として (Bujang 2000b)，また架橋後の小麦粉とともに麺類の製造に利用 (Puchongkavarin et al. 2000) するなどの新しい利用法も開発されている。

このようにサゴヤシ生産地では現在でも，昔ながらの利用法を守りながら新しい加工・利用法が開発されていることから，サゴデンプン利用文化は確実に次代に伝承していくと期待される。

次にインドネシア，リアウ州スラットパンジャンで行われている加工・利用法を具体的に述べる（平尾ら 2008）。

①トゥプン・クエ (Tepung Kue(h))

　　ケーキ（クッキー・餅）用粉。サゴデンプンで酪酸臭を消し，クローブ，ジャスミン，バニラの粉末を混ぜ，使いやすい粉として売られている。

②ソーフン (Sohun)

　　ビーフン状の乾燥麺（図9-7）。鍋で高粘度の糊液を練って作り，細い麺状に成型し天日で乾燥させる（図9-8）。ビーフンのように戻して利用する。

図 9-7　サゴデンプン麺「ソーフン」の調製法
(撮影：田中秀岳氏).

図 9-8　ソーフン

図 9-9　ミー・サグ

図 9-10　クエ・バンクィット

③ミー・サグ（Mie Sagu）

　サゴデンプンで作った半乾燥麺。一部糊化させたサゴデンプン糊にデンプンと水を入れて混和し，麺状に成型して製造する（図 9-9）。サゴデンプンの精製度合いで色が異なる。焼きそばのようにソースで味つけをする場合が多い。

④クエ・バンクィット（Kue(h) Bangkit）

　旧正月用のクッキー。サゴデンプンにタピオカデンプンを混ぜて鍋で熱した後，砂糖とココナッツジュースを混捏し，成型後焼成する。型で抜いたり，色をつけた物もある（図 9-10）。

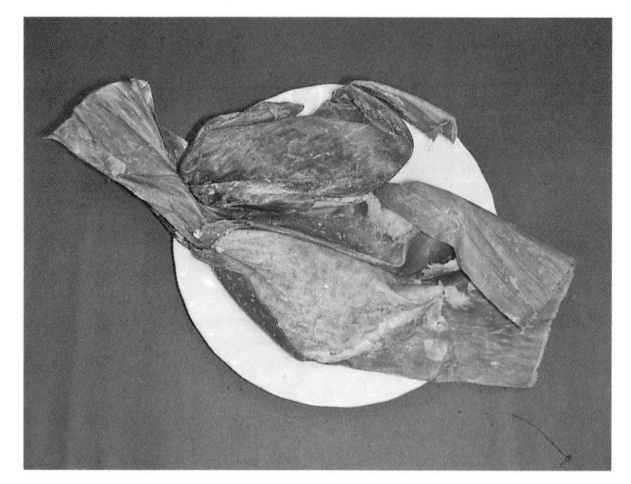

図 9-11　クエ・ピサン

図 9-12　クルプック・サグ

⑤ クエ・ピサン（Kue(h) Pisang）

　ちまき状にしたバナナ餅をいう。サゴデンプンと砂糖，ココナッツ，バナナを熱湯で練り，餅状にしたものをバナナの葉に包んで蒸す，あるいは石焼きにする（図 9-11）。

⑥ クルプック・サグ（Kerupuk sagu）

　サゴデンプンで作った煎餅。デンプンを糊化させて薄くのばし，成型する。油で揚げることによって，大きく膨化するサゴチップス。色づけしたものもある（図 9-12）。

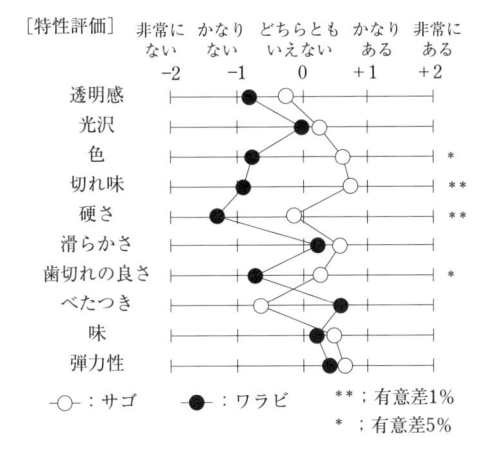

[特性評価]　非常に　かなり　どちらとも　かなり　非常に
　　　　　　ない　　ない　　いえない　　ある　　ある
　　　　　　-2　　 -1　　　 0　　　　 +1　　 +2

透明感
光沢
色　　　　　　　　　　　　　　　　　　　*
切れ味　　　　　　　　　　　　　　　　　**
硬さ　　　　　　　　　　　　　　　　　　**
滑らかさ
歯切れの良さ　　　　　　　　　　　　　　*
べたつき
味
弾力性

─○─：サゴ　　─●─：ワラビ　　**；有意差1%
　　　　　　　　　　　　　　　　 *；有意差5%

図 9-13 サゴデンプンを用いたわらび餅の官能評価
高橋・平尾（1994）．

以上のように，インドネシア，リアウ州スラットパンジャンでは古来よりの調理・加工法を現代の生活状況に合わせて手軽に用いている．これらの加工商品は食品市場において販売されている．

b. サゴデンプン利用の検討

サゴデンプンを糊化させた場合，そのゲルは透明で離水が少なく，粘弾性に富み，保型性があるなどの特性を持つため，食品への利用を検討した多くの研究がある．

①わらび餅

早春の和菓子として親しまれ，透明でなめらかな舌触りやのどごしの良さ，見た目の涼しさを提供する食物として広く親しまれている．本来はワラビデンプンを用いるが 1 kg 約 1 万 2000 円と高値であり，現在は甘藷デンプンを主成分としたワラビ粉が市販されている．そこで，サゴデンプンを用いて「サゴ餅」を調製したところ，わらび餅に比べて色，切れ味の良さ，硬さ，歯切れが良く（図 9-13），独特の粘弾性のあるテクスチャーになった．これまでわらび餅はワラビデンプンの代替として甘藷デンプンを用いられてきたが，透明度を必要とする調理ではむしろサゴデンプンが優れており，特有のピンク色がきな粉と調和する．サゴ餅は家庭で手軽に作れる和菓子としても今後大いに利用したい調理品である．なおサゴデンプンを用いてサゴ餅を作る場合の要点は，高温で撹拌加熱を継続することであり，そのことにより糊化が進み，粘弾性のある食感の良い，老化しにくい製品が得られ，嗜好性が高い（高橋・平尾 1994；

[特性評価] [嗜好]

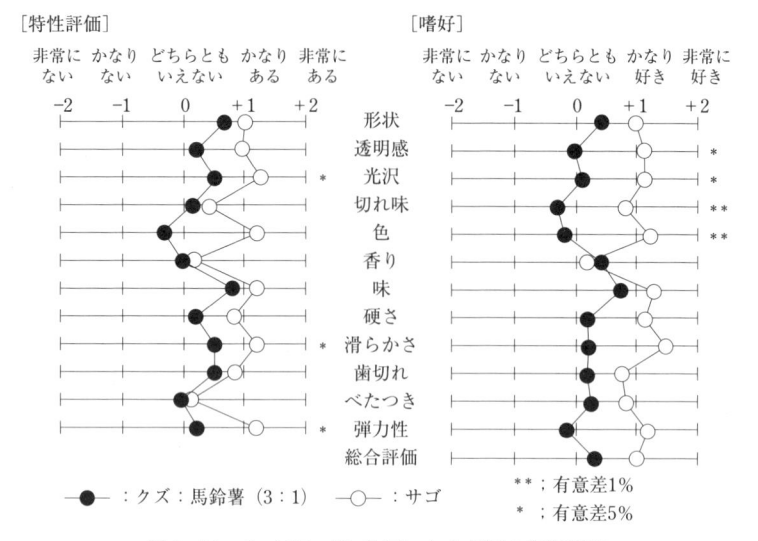

図9-14 サゴデンプンを用いたくず桜の官能評価

高橋・平尾 (1994).

Hamanishi et al. 2002b)。

② くず桜

　くず桜はデンプン衣が作りやすく，あんが包みやすく成形しやすく，食べたときの衣とあんの硬さの調和がよく，透明感があるなどの性質が要求されるため，一般にはクズデンプンを原料として作られている。クズと馬鈴薯デンプンを3：1の割合に混合した作業性の優れたくず桜（寺元・松元1966）を対照とし，サゴデンプンを用いたくず桜を作りやすさと官能評価から検討したところ，サゴデンプンを用いたものは作りやすさ，成形性，保型性に優れているなどの利点が示され，対照に比べてなめらかで弾力性があり，透明度，色，切れ味などで高い嗜好性が得られた（図9-14）。これはサゴデンプンの流れにくい性質や粘弾性に富み透明で離水が少ない性質が，くず桜の調理操作や成形しやすさ，保型性に適したといえる。サゴデンプンは軟らかさのあるゲルで，衣と餡の硬さの調和も良いなどの効果がある（高橋・平尾1994）。

③ くず切り，粉皮（フェンピー）

　中国料理に用いられる粉皮は緑豆デンプンを原料として作られ，生または乾燥品が市販されている（高橋ら1995）。日本では「くず切り」の名前で知られ，クズや馬鈴薯のデンプンが原料として用いられ，歯ごたえの良さ，和え衣になじみやすいなどの性質が要求される。サゴデンプンを用いた粉皮の硬さは，馬鈴薯粉皮と近似し，クズ粉皮より硬く，緑豆粉皮の約1/2の値である。乾燥さ

せると硬く，こしが出て歯切れのある粉皮となる（大家ら 1990）。
④胡麻豆腐

　　胡麻豆腐はクズデンプンにすり胡麻を加えて加熱糊化したもので，精進料理には欠かせない調理の一つである。サゴまたはクズデンプンにすり胡麻の代わりにきな粉を 30% 加えて豆腐を調製したところ，サゴデンプンを用いた豆腐はクズデンプンを用いたものに比べて，光沢はやや劣るが，切れ味がよく，形状が好まれ，胡麻豆腐においてもクズデンプンの代替として利用できる（高橋・平尾 1994）。

⑤くず蒸しようかん

　　クズ粉または小麦粉に小豆あんを混ぜて作る蒸しようかんは，ねっとりした食感が喜ばれる。サゴデンプンを用いた蒸しようかんはクズデンプンを用いたものに比べ，軟らかく，付着性が少なく，色，甘さ，味，弾力性，総合評価の項目でくず蒸しようかんと同様に好まれた（濱西ら 2002）。

⑥ブラマンジェ

　　「白い食べ物」の意でトウモロコシデンプンに砂糖・牛乳を加えて加熱糊化させたデンプンプディングを英国風ブラマンジェという。この英国風ブラマンジェにサゴデンプンを用いた場合，トウモロコシデンプンに比べて離水が少なく保型性に優れ，べたつきのないすっきりした舌ざわりが得られた（平尾ら 2002）。ココアや抹茶添加による影響も少なく，保型性が増し，食味，食感が向上したことから，サゴデンプンはトウモロコシデンプンと同様にゲル化剤として利用できる（平尾ら 2003）。

⑦パイフィリング

　　パイフィリングとは焼いたパイ皮に流し入れる中身をいい，切り口の美しさ，保型性が必要であるため，従来よりトウモロコシデンプンあるいは小麦粉が用いられてきたが，低温保存時に老化しやすく，離水が多いなどの難点がある。サゴデンプンを用いたフィリングは離水が少なく保型性が良い上に，トウモロコシデンプンを用いたものに比べて硬さ，弾力性，総合評価において好まれ，パイなどのフィリングとしても活用できる（平尾ら 2005）。

⑧パン・マフィン

　　マフィンの調製から，サゴデンプンはトウモロコシあるいは馬鈴薯のデンプンに比べて膨化がよく，きめの均一な弾力のある製品が得られたことから，サゴデンプンは膨化調理食品に広く利用できることが明らかとなった。サゴデンプン 100% に活性グルテンを加えて調製したパンは，官能評価の結果からも他のデンプンに比べて外観，弾力，軟らかさの点で好まれる傾向を示した（大家ら 1987）。

⑨サゴビスケット

[特性評価] [嗜好]

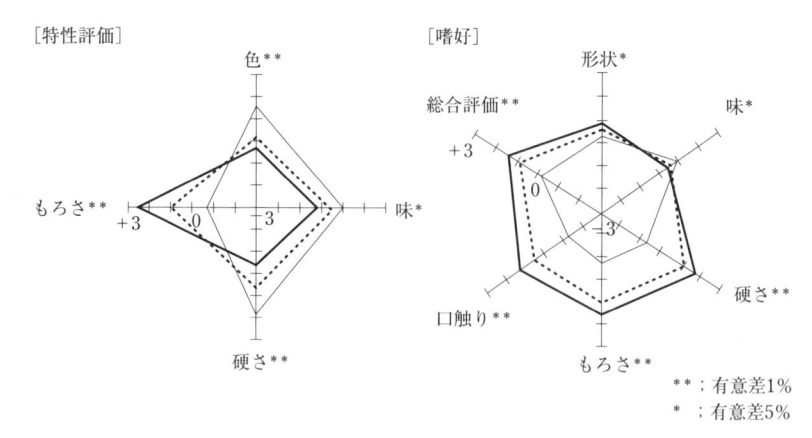

―― コントロール（小麦粉）； ‥‥‥ 25%サゴデンプン置換； ━━ 50%サゴデンプン置換；

＊＊：有意差1%
＊：有意差5%

図 9-15 サゴデンプン置換量の異なるビスケットの官能評価
平尾ら（2004b）.

　ビスケットは小麦粉，バター，砂糖，卵を基本材料として作る焼菓子であり，サクサクとしたもろさのある食感が好まれている。英国風のアロールートビスケットを調製する際に小麦粉の25%または50%をサゴデンプンに置換したサゴビスケットは，馬鈴薯，トウモロコシのデンプンに比べて，膨化がよく軟らかく，もろさのある製品が得られた。またサゴデンプンの置換量が多いほど，それらの特性が増した。官能評価を行ったところ，サゴデンプンを置換したビスケットは小麦粉のみに比べてもろさがあり，嗜好において形状，味，硬さ，もろさ，口ざわり，総合評価の項目で有意に好まれ，特に50%置換クッキーは嗜好性が高かった（図9-15）。

　さらにサゴビスケットはバター量を45%に増すことにより20%のものよりも膨化がよく，軟らかさ，もろさを増し，官能評価の硬さ，もろさ，舌触り，総合評価の項目においても有意に好まれた。しかし，サゴデンプンの置換量が多くなるほどバターの使用量が少なくてももろいビスケットが得られ，バターを半量まで減量でき，エネルギー軽減効果があった（平尾ら 2004b）。

⑩ハルサメ

　サゴデンプンの理化学的性質よりサゴデンプンは優れた製麺適性をもつと考えられたことから，加圧押出式によるハルサメの調製を試みた（高橋ら 1985b, 1986, 1987, Takahashi 1986）。サゴデンプンを用いたサゴハルサメは透明でこしのある，べたつきのない製品が得られ，ハルサメとして好ましい性状を示した（高橋・平尾 1992）。また市販の日本産押出式ハルサメに比較して外観，食感，総合評価においてより好まれる傾向を示し，サゴデンプンはハルサメの原料と

して有用なデンプンと考えられた。一方，分離大豆タンパク質の添加効果も認められ，サゴデンプンに分離大豆タンパク質5%添加により溶解度は抑制され（高橋・平尾1993)，市販の中国産ハルサメに近似の物性を示す製品が得られた。

サゴデンプンに卵黄粉末を添加したハルサメは付着性の増加が著しいことから，マヨネーズやソースで和えるなどの調理に適すると考えられた（高橋・平尾1992)。

⑪サゴパールの加熱方法

サゴパールは湿サゴデンプンを撹拌しながら球状とし半糊化状にローストした二次製品で，タピオカパールよりも小粒で半透明の真珠状をしている。パール状デンプンは形状の美しさとともに滑らかで歯切れのよい食感が得られることから，スープの浮き身，ゼリー，プディングに用いられるが，煮崩れしやすく芯が残りやすいなどの調理上の問題点がある。表面デンプンの煮とけや煮崩れがなく歯切れの良い食感のパールを簡便に調理するための加熱方法として，ポット（魔法瓶）を用いて熱湯にタピオカパールを振り込み撹拌後3〜4時間（温度保持機能付のポットでは1.5〜2時間）放置するポット法を推奨している（平尾ら1989)。サゴパールは直径が約3 mmであるため，同様のポット法により約20分間程度で弾力のあるサゴパールが得られており（平尾・高橋1996)，温度保持機能付のポットではさらに時間の短縮が見込まれる。これらポット法は鍋を用いて煮る方法に比べて加熱中の撹拌や加水などの手間がかからず，焦げつかないなどの調理操作上の利点も大きい。このように戻したサゴパールはゼリーやプディング・スープの浮き身として利用される。

以上のように，馬鈴薯デンプンとトウモロコシデンプンの中間の性質を持つサゴデンプンは，透明感があり，やわらかく，しなやかなゲルを形成し，添加物の影響を受けにくく，離水が少ないなどの利点を持つ。サゴデンプンおよびその二次加工品はあらゆる食品に利用することができ，今後も大いに期待される食品である。

(3) 工業原料としての利用

デンプンの工業原料としての利用用途は非常に多岐にわたり，量的に少ないものまで含めると2000種類以上になると言われている。しかし，サゴデンプンの用途に関しては，おもに種々の加工が行われ，生産地での主食や一般食品として消費されていること，湿サゴデンプンを粒状に加工し，表面を糊化・乾燥したサゴパールとして国内外で消費されていること，タピオカデンプンの代用として，グルタミン酸ソーダ，デンプン糖，加工デンプン原料として用いられていることが報告されている程度である（矢次1987)。さらに，他のデンプン（甘藷，馬鈴薯，トウモロコシ，

表 9-4 平成 12 デンプン年度のデンプンの総合需給表（単位：千トン）

	種別	甘藷	馬鈴薯	コーン	輸入デンプン	小麦	計
供給	前期持越	4	9				13
	出回量（生産量）	64	223	2,553	157	29	3,026
	政府払い下げ						
	計	67	232	2,553	157	29	3,038
需要	水あめ，ぶどう糖，異性化糖	61	129	1,612	63		1,865
	水産練製品		19	3		12	34
	繊維，製紙，段ボール			256		3	259
	加工デンプン		8	354	79		441
	ビール			153			153
	グルタミン酸ソーダ				6		6
	食用・その他	6	76	175	9	14	280
	計	67	232	2,553	157	29	3,038
政府買い上げ							
翌期持越		0	0	0	0	0	0
合　計		67	232	2,553	157	29	3,038

農林水産省 (2002).

小麦等)に比べて生産量が少なく，生産が特定の地域に限られることから，世界レベルでの生産量やサゴデンプン特有の用途と消費量に関する統計は残念ながらない。そこで，本項では，おもに食品工業以外におけるデンプンの工業原料としての利用について一般的な利用および今後に期待される利用について述べる。

a. デンプンの特性と工業的利用法

前述のようにデンプンの用途は非常に幅広いが，その利用方法はおもに以下の三つに大別することができる。

①デンプンの高分子特性を利用する方法

　デンプンの高分子特性に関係する糊化温度，膨潤度，粘度安定性の違いを利用し工業原料として用いる。この特性を用いた用途は，食品・水産練製品，接着剤，製紙・繊維産業におけるサイズ剤などから，医薬，捺染，鋳物，印刷インクの乾燥剤などと非常に幅広い。デンプンの起源（種類）により特性が異なる。

②デンプンをグルコースやマルトースに分解して利用する方法

　デンプンを加水分解すると，グルコースやマルトースが得られる。これらの糖類は水あめ，ブドウ糖として用いられ，おもに食品原料として用いられる。

③デンプンを発酵原料として利用する方法

　　デンプンそのものを用いて発酵するビール工業のような場合と，デンプンを加水分解して得られたグルコースを発酵原料とする場合があり，おもに食品原料として用いられる。

b. 日本におけるデンプンの利用

　表9-4に平成12年度（2000年10月～2001年9月）の日本のデンプン総合需給表を示す（農林水産省2002）。供給量のうち，トウモロコシデンプンが約84％を占め圧倒的に多く，ついで馬鈴薯デンプン，甘藷デンプン，小麦デンプンとなる。輸入デンプンにはマレーシア等から輸入されたサゴデンプンが含まれているが，量的には非常に少ない。一方，総需要量303万8000tのうち，食用としての利用は，水あめ・ブドウ糖・異性化糖，水産練製品，ビール，グルタミン酸ソーダ，食用・その他を合わせ233万8000tであるのに対し，食用以外の工業原料としての利用は，天然デンプンとして繊維，製紙，段ボール産業で用いられているほか，加工デンプンとして70万tが用いられ，総需要量の約23％が工業原料として用いられている。

c. おもな産業での利用

① 繊維工業

　繊維工業におけるデンプンおよび後述の加工デンプンの利用は，経糸（たて糸）糊，捺染糊および仕上げ糊に用いられる。経糸糊は製織をするための準備工程（経糸糊づけ）で用いられ，製織効率や製品品質の向上を目的として，繊維の毛羽伏せ，強度，伸度，柔軟性，平滑性の改善，さらには耐摩耗性（包合力）の向上に用いられる（高橋1987a）。経糸糊には広範囲にわたる特性を付与することが必要であることから，天然のデンプンの他，加工デンプン，セルロース誘導体および合成ノリをベースとして，これにワックス，オイル，界面活性剤等を配合し，必要により防黴剤や糊液改質剤等が添加される。近年，合成糊剤としてポリビニルアルコールの使用が増加してきたが，デンプンは合成糊剤に比べて安価であることから，ポリビニルアルコールとブレンドして紡績糸の糊として使われている。

　捺染は，染料もしくは顔料を添加した糊剤を媒体として，布地や製品に模様を現す染色方法であり，糊剤の主成分にデンプンが用いられている。捺染に用いられる糊剤として必要な特性として，①染料や染色助剤（酸，アルカリ，酸化還元剤）と濃厚系で相容性や安定性が高いこと，②図柄を版型に忠実にシャープにプリントできる尖鋭性を保持するために，適切な流動性や浸透性を有すること，③煮熱処理などにより染料が糊液から布地へ容易に移行し染着しやすいこと，などが挙げられる。捺染用糊剤としてデンプンの特性をまとめると以下の通りである（代田1973）。

天然デンプン　古くから小麦，トウモロコシ，タピオカデンプンが用いられてきたが，単独では，浸透性，流動性，耐薬品性，脱糊性に劣ることからトラガントガムやアルギン酸ナトリウムなどを添加して用いられてきた。また，米粉や米ぬかは友禅染の糊剤として用いられている。

デキストリン　トウモロコシデンプンから製造されたブリティッシュガムは耐薬品性が高いが，還元性を有しているのでこれに鋭敏に反応する染料は使用できないが，抜染や防染には有用な糊剤である。

デンプン誘導体　天然デンプンの欠点を補うために各種の加工処理を行い捺染適性が向上している。ヒドロキシル化デンプンは，冷水可溶で耐薬品性，被膜の柔軟性，脱糊性に優れているが，流動性にやや欠けるので，添加剤の併用で反応性染料の糊剤として用いられている。

織布は漂白，染色した後に適度のはりや風合いをつけるために，仕上げとして糊づけされる。この場合も織布の種類や目的により糊づけの方法は浸漬，塗布，霧吹きなどと異なるが，糊剤は経糸糊とほぼ同じものが使われる。白色度を増加させるために，蛍光染料や青みつけ剤を添加することもある。

洗濯用糊剤は，仕上げ剤としてのほか，布地への防汚性の付与を目的として使われ，デンプン使用量も多い。カルボキシルメチルデンプンやカルボキシルメチルセルロースが優れている。

②製紙工業

製紙工業においてデンプンは，おもに表面サイズ剤とコーティング剤として利用される（朝倉 1987）。表面サイズは，デンプン，ポリビニルアルコール，カルボキシメチルセルロース等の接着剤を紙表面に塗布し，紙表面に露出している繊維の接着，紙表面の平滑性の向上と印刷適性（にじみ止め）の改良を目的として行われる。表面サイズ剤としては溶液濃度が高く，低粘度であることが要求される。そのため一般には酸化デンプンや酵素変性デンプンが使用される。

紙の表面に微細な顔料粒子（クレー，炭酸ナトリウム，二酸化チタンなど）をバインダーとともに塗布することを顔料コーティングという。この方法で製造された紙をアート紙，コート紙とよび，紙表面が非常に平滑であり印刷適性に優れた紙となる。一般にバインダーとしては，デンプン，牛乳カゼイン，ダイズタンパク等の天然物とポリビニルアルコール等の合成物がラテックスと混合し用いられてきた。バインダーとしてのデンプンには高濃度，低粘度の性能が要求されるため，酸化デンプンや酵素変性デンプンが用いられている。

③段ボール産業

段ボールとは，波形に成形した中しん板紙の片面または両面にライナー（段ボールの表裏，複両面または複々両面段ボールの中層に用いる板紙）を貼り合せたもので，ライナーと中しんの接着には，デンプンが用いられてきている（小倉 1987a）。段ボー

表9-5 加工デンプンの変性方法による分類

変性方法		加工デンプン
化学的変性	分解	デキストリン，酸処理デンプン，酸化デンプン
	誘導体	架橋デンプン，エステル化デンプン，エーテル化デンプン，グラフト共重合体
物理的変性		α-デンプン，分別アミロース，湿熱処理デンプン
酵素変性		デキストリン，アミロース

小倉(1987b).

ルの張り合わせには高い初期接着強さが必要であり，デンプン単体では接着強さがでないことから，Stein Hall法により接着される．Stein Hall法では接着剤は，アルカリにより糊化したデンプン液であるキャリアー部とデンプンを懸濁した液であるメイン部からなる．キャリアー部は初期接着時のデンプンの糊化温度の低下と糊化速度の増加に寄与し，メイン部はデンプンの糊化による粘着力の増加に寄与する．これらを混合後，中しん段頂部に塗布，加熱によりメイン部の未糊化デンプンを急速に糊化することにより高い初期接着力が発現する．

d. 加工デンプン

デンプンはその高分子特性を生かし，幅広く工業原料として用いられているが，さらにその機能を強化したもの，従来デンプンが持たなかった機能を新規に導入したものなどが開発されている．そのような新たな機能を持ったデンプンを総称して加工デンプンをいう．加工デンプンは表9-5に示すように変性方法により3種類に分類され，加工処理によって改質された機能と用途は表9-6に示すとおりである．

①デキストリン

デキストリンのおもな工業的用途は，接着，繊維である．これらの用途では，常温における糊化・溶解，高濃度溶液の製造，用途に適切な粘性・粘着性が必要な性質とされる．デキストリンはデンプンを無機酸と共に加熱を行うことにより製造される白色デキストリンおよび黄色デキストリン，無触媒もしくはアルカリを添加し高温焙焼することによって製造されるブリティッシュガムの3タイプがある．無機酸触媒によるデンプン分子のデキストリン化機構を図9-16に示す(Schoch 1967)．反応の初期の低温(110～120℃)においては，おもに酸による加水分解によりアミロース，アミロペクチンとも低分子化が生じ白色デキストリンが得られる．さらに高温(150℃以上)になると，低分子化したデンプンセグメントが再重合し，分枝度の高い構造をとり，黄色デキストリンと

表 9-6　加工デンプンの機能と用途

機能	加工デンプン				
	デキストリン	酸化デンプン	α-デンプン	誘導体	分別アミロース
常温糊化・溶解	A, B, T		B, T, F	F, T	
加熱不溶（疎水化）				F, Ph	F
保水・粘弾性	A, T		F	F, T	A, F
電気特性		P		Fl, P	
乳化保護コロイド		P		F	
耐老化性	A			F, P, T, A	
耐薬品・機械性	T	A		A, T	A, F
高濃度利用	A, B	A, T, P			
被膜性	A	T, P		T, P	F, T
接着・粘結	A, Ph	T, P	B	A, T, P, Ph	T, Ph
熱可塑性				M	
溶剤可溶化				C, M	
生理活性				Ph	
ゲル化性			F		F

A：接着, B：粘結, C：塗料, F：食品, Fl：凝沈剤, P：製紙, Ph：医療, M：成形, T：繊維.
小倉 (1987b).

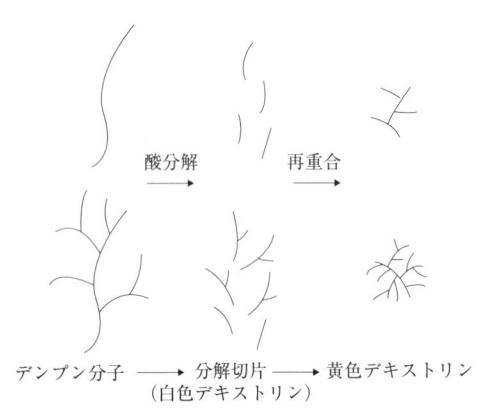

図 9-16　デンプンのデキストリン化機構
小倉 (1987c) を改変.

なる．白色デキストリンは冷水への溶解度が90%程度であり，老化性が高く，繊維の仕上げやサイジング剤，紙の表面サイズ剤やクレーコーティングおよび接着剤に用いられる．黄色デキストリンでは冷水への溶解性が99%以上となり，高い粘着性を示すことから，セルロース系素材の接着剤，水溶性フィルムのほか，再湿型接着剤，鋳造鋳型，練炭，モルタルの粘結剤および医薬品などに用いられる．

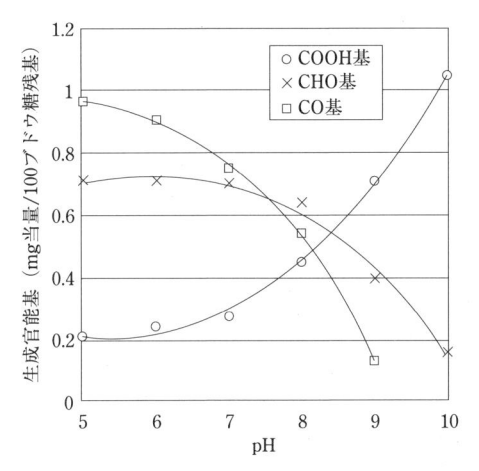

図 9-17 酸化反応時の pH による官能基の生成
高橋（1987b）を改変.

②酸化デンプン

　酸化デンプンはデキストリンと共に古くから工業化が行われた加工デンプンであるが，その製造の容易さと用途の多様性から，今日でも多くの産業で用いられている。酸化デンプンは原料デンプンに酸化剤を反応することにより製造されるが，工業的には酸化剤として次亜塩素酸ナトリウム，原料デンプンとしてトウモロコシデンプンを用いることで製造されている。約45%濃度のデンプン懸濁液に希水酸化ナトリウム溶液を加えて，pH を 8～11 に調整し，40～50℃に加温した後，有効塩素濃度 10% の次亜塩素酸ナトリウム水溶液を添加して酸化を行う。酸化反応の進行に伴い，図 9-17 に示されるようにデンプン分子内にカルボキシル基，カルボニル基の生成が進行する（Epstein and Lewin 1962）。酸化反応はデンプンを構成するグルコース残基の炭素もしくは水酸基で生じるが，カルボキシル基およびカルボニル基の形成量は反応系の pH に強く依存し，中性域ではカルボニル基の生成速度が高く，アルカリ性域ではカルボキシル基の生成速度が高い。これらの官能基量は酸化デンプンの物性に強く影響することから，製造時における pH の適性管理が重要な製造因子となる。

　酸化デンプンは製紙工業における表面サイズ剤として非常に多く用いられているほか，繊維工業での綿糸のサイジング剤や仕上げ剤，建築材料の接着剤や結合剤としても用いられている。

③アセチル化デンプン

　デンプンを酢酸，無水酢酸，酢酸ビニル等の反応試薬によりエステル化したものがアセチル化デンプンであり，アセチル基の置換度によって物性が変化す

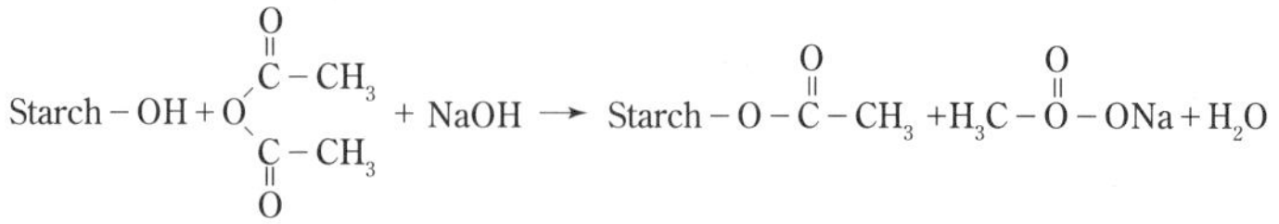

$$\text{Starch-OH} + \underset{\underset{O}{\overset{\|}{C-CH_3}}}{\overset{\overset{O}{\|}}{O\overset{}{\diagdown}\overset{C-CH_3}{}}} + \text{NaOH} \longrightarrow \text{Starch}-O-\overset{\overset{O}{\|}}{C}-CH_3 + H_3C-\overset{\overset{O}{\|}}{O}-ONa + H_2O$$

図 9-18 無水酢酸によるアセチル化反応

$$\text{Starch-OH} + H_2C=C\overset{H}{\underset{O-\overset{\overset{O}{\|}}{C}-CH_3}{\diagdown}} \longrightarrow \text{Starch}-O-\overset{\overset{O}{\|}}{C}-CH_3 + H_3C-\overset{\overset{O}{\|}}{C}-H$$

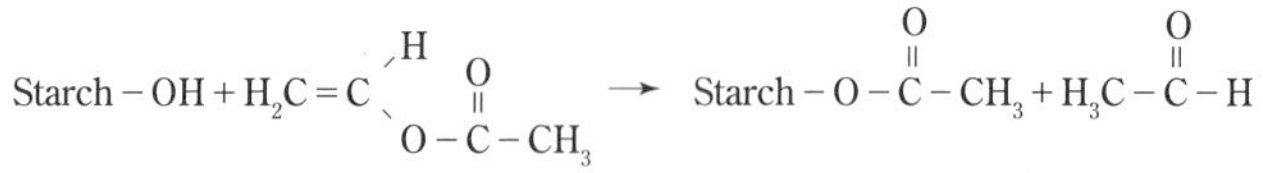

図 9-19 酢酸ビニルによるアセチル化反応

$$\text{Starch-OH} + Cl-CH_2-\overset{\overset{O}{\|}}{C}-O-H \xrightarrow{\text{NaOH}} \text{Starch}-O-CH_2-\overset{\overset{O}{\|}}{C}-O-Na + NaCl + H_2O$$

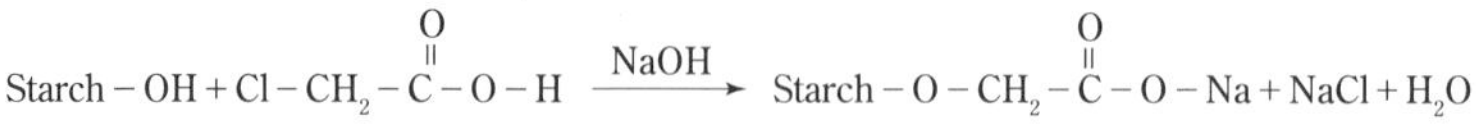

図 9-20 モノクロル酢酸によるデンプンのカルボキシメチル化反応

る。質量増加率 40% 以上の高置換度のアセチル化デンプンは水に不溶となり，氷酢酸，ハロゲン炭化水素などの有機系溶媒に可溶となる。高置換度アセチル化デンプンは溶液法により製造され，デンプンを氷酢酸中 118℃ で加熱・還流することにより質量増加率 42% 程度のアセチル化デンプンが製造できるが，重合度の低下も同時に起こる。また，ピリジンと無水酢酸をデンプンの 3.2 倍，3.7 倍量添加し，100℃，1.5〜3 時間反応することにより，重合度の低下が少なく置換度が 3 に近いアセチル化デンプンを得ることができるが，ピリジンと無水酢酸の回収費が高いことが欠点となる。

低置換度アセチル化セルロース（置換度 0.2 以下程度）は，糊化に加熱を必要とするが未処理デンプンに比べると糊化温度は低い。糊液は冷却してもゲル化せず，透明で耐老化性が高い。低置換度アセチル化デンプンの製造には図 9-18 と図 9-19 に示す二つの方法が有効である。図 9-18 は無水酢酸によるアセチル化反応を示している。デンプンの懸濁液の pH を 7〜11 に調整し，室温で反応を進める。図 9-19 はデンプン懸濁液の pH を水酸化ナトリウムもしくは炭酸ナトリウムにより 7.5〜12.5 に調整し，酢酸ビニルを添加し，20〜50℃ で反応を行う。アセチル化反応が終了した後，pH を下げて副生するアセトアルデヒドを架橋反応に用いることもできる。低置換度アセチル化デンプンは，質量増加率 2.5% のものであれば食品の増粘剤や保型剤として用いられ，工業的には繊維のサイジング剤，紙の表面サイズ剤，クレーコーティング剤に用いることができるが，特徴あるエーテル化デンプンや安価な酸化デンプンに対して競合力は低い。

④カルボキシメチルデンプン

カルボキシメチルデンプンは冷水に溶解する高分子電解質で，図 9-20 に示

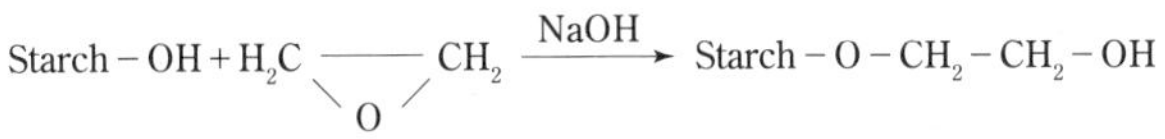

$$\text{Starch-OH} + \text{H}_2\text{C}\underset{\text{O}}{-\!-\!-\!-\!-}\text{CH}_2 \xrightarrow{\text{NaOH}} \text{Starch-O-CH}_2\text{-CH}_2\text{-OH}$$

図 9-21　ヒドロキシエチルデンプンの生成反応

すように，水酸化ナトリウムの存在下でモノクロル酢酸を反応することにより製造される。低置換度の加熱糊化型のものでも，高分子電解質の特徴として粘度が高く，置換度 0.15 程度以上のもので冷水可溶となる。食品の増粘剤，繊維のサイジング剤，粘結剤等の用途が考えられるが，同用途に使われるカルボキシメチルセルロースの溶液安定性，粘度，接着性，フィルム強度等に比べ劣ることから，機能的には競合は難しい。しかし，カルボキシメチルセルロースに比べ低置換度で冷水可溶となることから，価格が安く，繊維工業における捺染ノリとして用いられる。

⑤ ヒドロキシエチルデンプン

ヒドロキシエチルデンプンは，図 9-21 に示すようにデンプンとエチレンオキシドとの反応により製造される。工業生産は液相反応により行われており，低置換度ヒドロキシエチルデンプン（置換度 0.1 以下）は濃度 45％のデンプン懸濁液に膨潤抑制剤として食塩を対液量あたり 2～3％，触媒として水酸化ナトリウムを 0.4～0.5％混合した後，所定量のエチレンオキシドを添加して反応することにより製造される。ヒドロキシエチル基の導入により，親水性が増加し，糊化温度は低下することから，分子レベルでの分散，溶解が可能となる。糊液の安定性，保水性，透明性，フィルムの成形性が向上することから，段ボール用接着剤，製紙工業での内部添加剤，表面サイズ剤として使用されている。また，反応を終了したデンプン懸濁液に酸処理を行うことにより，流動性やフィルムの強度，伸度を増加することができる。

⑥ その他の加工デンプン

上述の加工デンプンの他に，α-デンプン，ジアルデヒドデンプン，リン酸デンプン，カチオンデンプン，架橋デンプン，グラフトデンプン等がおもに繊維工業，製紙産業等で用いられている。

e. 今後に期待される工業的利用法

① 生分解性プラスチック原料

プラスチックは成型性，耐久性，強度特性に優れた材料であり，我々の生活には欠かせない材料となっている。2005 年における日本のプラスチックの生産量を図 9-22 に示す。代表的なプラスチックであるポリエチレン，ポリプロピレン，ポリ塩化ビニルの生産量を合計すると，総生産量の約 60％に達する。しかし，その他に分類されるプラスチックの一部を除き，日本で生産されるプラスチックは石油資

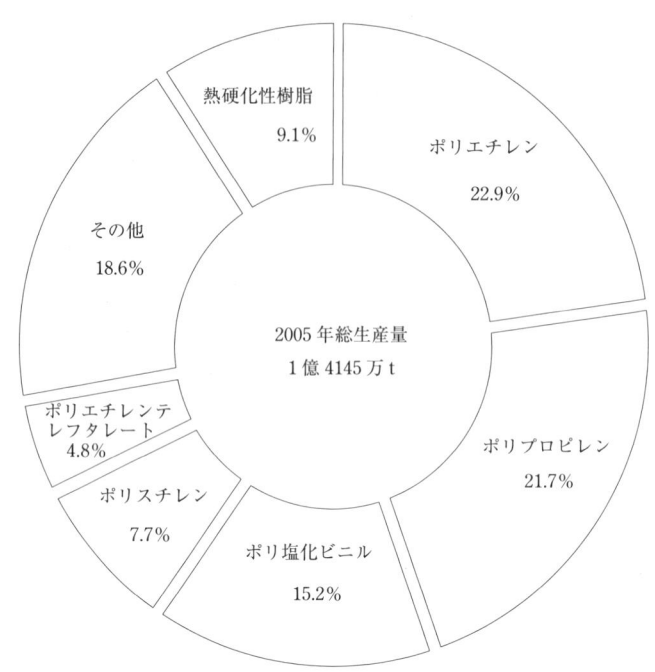

図 9-22 日本におけるプラスチックの総生産量（2005 年）
経済産業省発表資料（2005 年）より作成.

円グラフ：2005 年総生産量 1 億 4145 万 t
- ポリエチレン 22.9%
- ポリプロピレン 21.7%
- ポリ塩化ビニル 15.2%
- ポリスチレン 7.7%
- ポリエチレンテレフタレート 4.8%
- その他 18.6%
- 熱硬化性樹脂 9.1%

表 9-7 生分解性プラスチックの分類

タイプ	物質名
微生物生産型	ポリ 3-ヒロドキシブタン酸（P (3HB)） 3-ヒドロキシブチレート-co-3-ヒドロキシバレレート（P (3HB-co-3HV)） 3-ヒドロキシブチレート-co-3-ヒドロキシヘキサノエート（P (3HB-co-3HH)） 3-ヒドロキシブチレート-co-4-ヒドロキブチレレート（P (3HB-co-4HB)）等
天然物系型	アセチルセルロース，ニトロセルロース 等
化学合成型	ポリ乳酸（PLA），ポリカプロラクトン（PCL），ポリブチレンサクシネート（PBS），ポリブチレンアジペート（PBA） 等

生分解性プラスチック研究会（2006a）より作成.

源を原料としている。原油の可採年数は 50〜60 年とされており，今日多量に生産されている石油資源由来プラスチックは遠からず枯渇する可能性が高い枯渇性資源を多量に消費することにより生産されていることになる。また，プラスチックの大きな特徴の一つである高い耐久性は，環境の変化により，その化学組成や化学構造が変わらないことを意味し，廃棄した後も分解することなく自然環境中に残る。こ

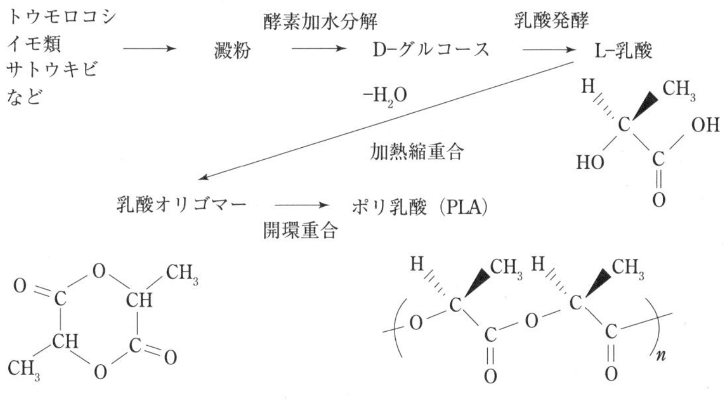

図9-23 デンプンからのポリ乳酸の製造方法
生分解性プラスチック研究会 (2006b).

れは，生態系における物質循環の阻害となるほか，様々な生物への悪影響，廃棄物の埋め立て処分場の短命化を促すことにつながる．さらには焼却廃棄時には温暖化ガスである二酸化炭素を排出する．石油由来プラスチックを取り巻く上記のような背景から，持続的生産が可能な原料を用い，廃棄後は速やかに生態系の物質循環に取り込まれるプラスチック，すなわち生分解性プラスチックの開発が行われるようになった．今日，工業レベルで生産されている生分解性プラスチックは原料および製造方法により大きく3種類に分類される（表9-7）．このうち，合成系生分解性プラスチックに分類されるポリ乳酸は，デンプンを原料として合成されている．その製造方法の一例を図9-23に示す．ポリ乳酸の製造は，トウモロコシや小麦等のデンプン作物からデンプンを採取し，採取したデンプンを酵素もしくは酸により加水分解して得られるグルコースを乳酸菌により発酵し，乳酸を得る．乳酸を加熱重縮合しラクチドとし，これを開環重合することによりポリ乳酸を合成する．ポリ乳酸の物理学的特性を表9-8に示す（三井化学 2007）．石油由来プラスチックであるポリスチレン，ポリエチレンテレフタレートおよびポリプロピレンに比べて，ポリ乳酸は引張強度，曲げ強度，曲げ弾性率が高く優れた力学的性質を備えているが，引っ張りに対する伸びが小さいことから固い材料である．また，軟化温度，熱変形温度が低いことから耐熱性に劣り，用途が限定される．これらの欠点は添加剤の開発などの方法で改良されているが十分とは言えず，今後さらなる物性の向上が必要である．さらに，汎用プラスチックの価格が150円/kgであるのに対し，生分解性プラスチックの価格は400〜600円/kg程度 (2007年) といわれており，価格的に競合は難しい状況になっている．日本政府は政策として2010年を目処に200円/kg程度にすることを目標としていることから，原料，糖化プロセスや重合プロセスの効率化等の製造工程の改良が今後も必要となるであろう．

表9-8 ポリ乳酸および汎用プラスチックの物性

評価項目	単位	試験方法 ASTM	PLA (H-100J)	GPPS	PET	PP (ホモ)
MFR (190℃)	g/10min	D-1238	11	-	-	30 (230℃)
引張強度	MPa	D-638	70	45	59	38
伸び率	%	D-638	4	3	300	50
曲げ強度	MPa	D-790	100	76	90	46
曲げ弾性率	MPa	D-790	3700	3040	2640	1700
アイゾット衝撃強度	J/m	D-256	29	21	60	30
ロックウェル硬度	(L) (R)	D-785	84 115	- 106	- 110	- 100
ビカット軟化温度 (9.8N)	℃	D-1525	59	98	79	150
熱変形温度 (0.45MPa)	℃	D-648	53	75 (1.82MPa)	68	120

注：PLA：ポリ乳酸，GPPS：一般用ポリスチレン，PET：ポリエチレンテレフタレート，PP：ポリプロピレン．
三井化学 (2007)．

② バイオエタノール原料

人類による様々な活動に伴って排出される温室効果ガスにより世界の平均気温は年々増加傾向にあり，地球温暖化は環境問題のなかでも大きな問題の一つとなっている。地球温暖化の防止を目的として1997年に気候変動枠組条約に基づき「気候変動に関する国際連合枠組条約の京都議定書」（以下，京都議定書）が議決され，各国は温室効果ガスの排出の削減目標値を達成することが定められ，2008年4月から5年間の第1約束期間に入っている。一方，京都議定書では再生可能資源，すなわち植物バイオマス由来の二酸化炭素は，光合成により再び植物の生長に消費され，その収支はゼロとなることから，地球の温暖化には寄与しないという「カーボンニュートラル」という考え方が確立しており，植物バイオマスを石油資源の代替資源として用いることが提唱されてきている。

古来，デンプンは発酵原料として用いられてきており，例えば，米に麹をつけデンプンを糖化した後，酵母により発酵することにより清酒，つまりエタノールが製造されている。デンプンから製造されたエタノールを燃焼してもカーボンニュートラルの考え方から温室効果ガスの排出はカウントされないことになる。そのため，ガソリンの代替燃料としてバイオエタノールが世界レベルでも使われ始めている。燃料用バイオエタノールは，ガソリンに対し5〜100容積%添加され，用いられている。

2005年の世界におけるバイオエタノールの総生産量は4620万m^3であり，アメリカとブラジルの生産量で約70%を占めている。ブラジルではサトウキビ（低分子

糖類)から製造されているのに対し,アメリカではおもにトウモロコシを原料として製造されている (Lynn et al. 2006)。

今日,従来から工業生産に用いられるデンプンは,その量,質ともにある程度安定したニーズがある。しかし,環境問題(特に地球温暖化)を背景としてデンプンの新たな用途が開発されてきており,従来のデンプン(トウモロコシ,小麦,甘藷等)は食糧資源に加え工業資源としても需要が増加している。サゴデンプンは生産量も小さく,生産地域も限られることから地元での消費(おもに食用)が中心であったが,デンプン生産効率の高さや熱帯低湿地でも生産できる特徴を生かし,国際的なニーズに対応できる体制(安定供給や価格など)を整えれば,今日の状況は,食糧資源としてのみならず工業資源としてもシェアを大きく増加させるチャンスであると考えられる。現在,サゴデンプンは生分解性プラスチックやバイオエタノールの原料として工業生産レベルでは用いられてはいないが,サゴヤシの特徴に着目し,これらの原料として利用することを試みている研究もあり(石崎ら 2002),今後の進展が期待される。

(4) 飼料としての利用

日本国内においてサゴデンプンの飼料への利用は,ほとんど実用化されてない。サゴデンプンを用いた飼料開発には,種々の問題がある。

a. 飼料へのデンプン添加の目的

従来飼料へのデンプンの利用は多くは炭水化物源として動物飼料に処方されていた。しかし現在ほとんどの炭水化物源としては,ホール小麦,一番粉から裾粉までの糠分の異なる小麦粉,もしくはイモ類を直接与える場合が多い(森本 1979)。精製デンプンを直接使用する時は特別な配合飼料の成型,賦形剤,展着剤の目的で使用され,その延長としてデンプンの糊化特性が期待される場合に利用される。しかし,穀類,イモ類等から抽出精製されたデンプンが添加された飼料は高価格となるため,代用乳や人工乳,ペット飼料と魚餌など高価な飼料以外は使用されにくく,飼料ペレットの物性が商品の特徴になっている場合だけである。特別な配合飼料として,EP (Extruder pellet) ペレット,ソフト EP,高吸水性初期飼料,モイストペレット等があり,馬鈴薯デンプンの吸水性,豆デンプンのスポンジ性,タピオカデンプンの耐崩壊性,小麦デンプンの硬さ等の飼料に出現する物性を各飼料メーカーで使い分けている。その際使用するエクストルーダー(飼料押し出し成型機械)の軸の本数,軸の周速度やダイ圧力や温度でできた飼料ペレットの物性が異なるので,その差を埋めるために原料デンプンの種類を使い分ける。

また飼料に吸油させる為に,親油性の加工デンプンや低糊化温度の加工デンプン

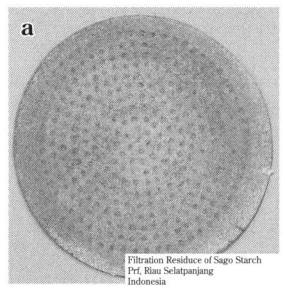

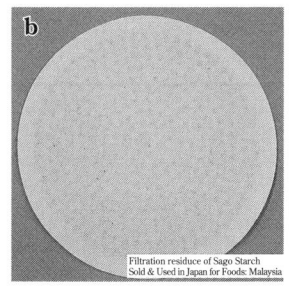

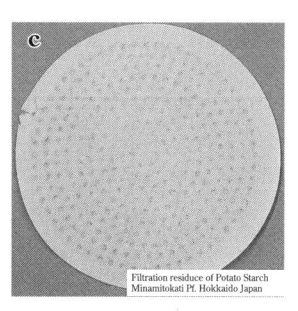

図 9-24　デンプンのろ過残渣
a：インドネシア産サゴデンプン，b：マレーシア産食用サゴデンプン，c：馬鈴薯デンプン．

が使用されている。その延長線上でサゴデンプンが検討される。多くの研究者やエンジニアがサゴデンプンの糊化後のセット性や不溶性を利用する目的で検討してきたが，実現にいたらない原因は粘度の振れ，価格，精製純度であった。

サゴデンプンはデンプン原料として価格的に魅力的な商品でない。価格の順番に並べると馬鈴薯デンプン (24) ＞サゴデンプン≧甘藷デンプン (6) ≧タピオカデンプン (36) ＞小麦デンプン＞コーンデンプン (250) の順に並ぶ (括弧内の数字は 2007 年度の国内デンプン消費量 (単位万 t))。

b. サゴデンプンの特徴

サゴデンプンの冷却ゲル特性は優れている。飼料設計する際，値段に見合う特徴を見出せず実際にはほとんど使用されない。食品利用も同様であるが，粘度の振れ，夾雑物の多さと，タピオカより高い価格では製品設計に用いる優位性が得られない。図 9-24 の写真はデンプンのろ過残渣である。サゴデンプンは非常に土肉が多いことがわかる。日本国内で食用に販売されているサゴデンプンは漂白され，色は白いが，土肉がポテトやタピオカに比して多い。サゴデンプンを飼料レベルで輸入し利用すると，粘度のバラつきや夾雑物に悩まされる。加工食品への応用でも同様の問題があり，夾雑物の多いサゴデンプンは特に粘度が低く白度も低い。洗浄や漂白が不完全な場合は，飼料ペレット作成時，加水し加熱までの時間が長いと生 (β) の状態で酵素により変性され，糊液の粘度が変化する場合が出てくる。これは貝沼らの発見したサゴヤシ特有のカビ由来酵素によるためである (Kainuma et al. 1985)。粘度が落ちるサゴデンプンは概して，液化酵素等で加水分解し，ろ過残渣を検査すると木片や土肉が多く見うけられ，現地市販サゴデンプンを直接輸入し使用することは躊躇された。

表 9-9 サゴデンプンの特徴

		マレーシア, イガン州 ppm	インドネシア, リアウ州 ppm	日本市販品 ppm
陽イオン	K	47	56	564
	Na	105	8	64
	Ca	55	154	162
	Mg	17	30	50
	Fe	5.1	4.5	2.7
白度		82	64.5	84.2
灰分%		0.14	0.16	0.14
粗タンパク%		0.01	0.07	0.03
ビスコグラフによる粘度特性 (6%濃度)				
粘度上昇開始温度 (℃)		71	82	70.5
最高粘度 (B.U.)		560	30	650
最低粘度 (B.U.)		300	20	260
50℃時の粘度 (B.U.)		500	50	600
ブレークダウン (B.U.)		46.4	33.3	60

c. 市販サゴデンプンの特徴

近年, マレーシア, インドネシアから日本に食用で持ち込まれるサゴデンプンは, 貝沼 (1986) の方法を研究実行している。サゴヤシの幹を磨砕し木質繊維を分離直後, 初期段階で酸により酵素を失活させ, 水酸化カリウムにて pH が調節された製品が見受けられる。原子吸光分析結果よりカリウムが多い製品が高い粘度値を示す。表 9-9 の原子吸光分析の結果からもそれが推測される。また, カルシウムやナトリウムが 100 ppm を超える場合は漂白が行われていると見受けられる。デンプンの還元末端が酸化されるため, メチレンブルー等のカチオン染料にて染色顕鏡すると確認できる (木尾 1998)。リアウ州にて収穫されたサゴデンプンは, この表から見て, 粘度が他の産地に比べ極端に低く, 糊化温度が 80 ℃ と高いのは, 酵素により粘度が下がり, 糊化温度を示す粘度の発現が遅くなったためと思われる。これについて, 木尾 (1997) は酸性下でデンプン乳を処理後, pH を中性に調整すると粘性が再度発現する事を報告している。後述する索餌物質の基材としてリアウ州のこのタイプのサゴが高濃度で糊化できるため都合が良かった。しかし, いつも一定の分解度のものが手に入れられなかった。そのため生 (β) の状態で酸化処理して現在は使用している。

サゴデンプンは馬鈴薯デンプンほど高い粘性をもたず, トウモロコシデンプンほど安価でない。デンプンの糊化物性を活かし比較的高い原料が使用される魚餌のEPペレットやモイスト飼料を作る際もサゴデンプンは使われない。高価なポテトデンプン程のゲル特性に追いつけないし, タピオカデンプンに比して特徴が乏しい

表9-10 養魚用EPペレットの特性

デンプンの種類	密度	膨化率	硬さ	吸水時間	水中崩壊時間
	g/cm^3	%	KgF	min	hr
タピオカ	0.25	180	6.45	10	0.5
サゴ	0.23	160	6.45	9	1.0
ポテト	0.23	160	7.00	8	1.0
豆デンプン5:タピオカ5	0.35	160	7.26	7	2.0

ためと思われる。特性を出さない炭水化物源としては酵素で分解して吸収能を上げたもの（デキストリン）も，トウモロコシや甘藷，タピオカに比して高価なため原料として使用されない。また土肉が多く，セライト等のろ過材の消耗も激しい。EP水産飼料や実験動物の人工飼料で，エクスパンションペレットやハードペレット，モイストペレットというでき上がったペレット物性を問う餌は特有の物性を持つタピオカデンプンや小麦デンプン，馬鈴薯デンプンが高価にもかかわらず利用される昨今である。比較的高価に売買される養魚飼料やペット用の飼料にその傾向がある。

d. デンプンの種別による養魚用EP（Extruder pellet）ペレットの物性

　サゴデンプンを飼料に応用しようと試みられた例は多くある。その1例として，ブラウンミール70％，魚油20％，デンプン10％，乾燥オカラ1％，グルテン1％にて2軸同方向回転エクストルーダーにて調製した養魚用EPペレットの諸性質を表9-10に示す。サゴデンプンを用いた飼料は硬さや吸水時間，水中崩壊時間がタピオカより優れていたにもかかわらず，馬鈴薯デンプンに比べて特徴が出にくかった。また複数の飼料メーカーでは，アセチル化デンプンの置換度を0.07まで上げれば後がけ油の吸着量が上がり，水中崩壊時間も2時間以上持つとの報告をしているが，そこまで置換度を上げると馬鈴薯デンプンより高価になるため，実用にいたっていない。サゴデンプンは糊液を冷却すると硬いゲルを作る面白い粘性を持つにもかかわらず国内で飼料に使用されることはなかった。理由は夾雑物が多くまた粘度がバラつき，品質が安定しないことによるものと思われる。

　しかし国外に目を移すと，インドネシアやマレーシアではエビや魚類のEPに広く飼料に使用されている。国際協力機構でニューギニア・ハイランド養殖センターに派遣された堀内専門職員（養殖飼料）の報告書（堀内1998）では，市場で市販されている湿サゴのデンプンを鯉科の初期飼料の炭水化物源に5％使ったところ良い結果がでたことから，これを引き続き指導するとしている。

図 9-25　ディスク乾燥機

e. 索餌物質のフレークへの応用

現在日本にて実用レベルで飼料に用いられているサゴデンプンは猫の餌料や魚餌に添加される索餌誘引物質がある。静岡の株式会社ジャパンフレイバーでは，マグロの内臓や血合部を含む廃魚肉をタンパク分解酵素や自己消化にて液化し，濃縮後これにデンプンを加え，加熱糊化しフレーク状に乾燥している。非常に潮解性があるため通常のデンプン糊液では濃度が上げられず，フレーク状にし難い。また粘度の低いデキストリンでは濃度は上げられるが，潮解性が出て商品の品質が一定にできない。酸処理した粘度の落ちたサゴデンプンを 20%程度の高濃度で糊液を作り賦形材として乾燥賦形機（ディスクドライヤー）にてフレーク状にする。ここで使用されるサゴデンプンは次亜塩素酸処理で低粘度化されたもので，酸化度 10 程度とのことである。加熱ディスク状で水分が飛び，スクレーパーにて剥ぎ取りサゴデンプンフレークを得るが，落下後放熱するとサゴ特有のセット力が次亜塩素酸塩による処理でさらにゲル化力が増し，潮解する前に固まり粉砕篩別が可能になる。（株）ジャパンフレイバーの川島社長のご好意で，ディスク乾燥機の写真をとらせて頂いた。10 枚の加熱ディスク両面に高濃度のデンプン糊液を吹きつけ上部のホースより減圧脱気して乾燥を進める（図 9-25a）。図 9-25b にスクレーパーが見え，図 9-25c の写真が 20 本のノズルである。このサゴデンプンの酸化度ではデンプンは乾燥機の表面にある時は飴状だが，剥がれると直ぐに固まりフレーク状になる。これより酸化度が高いと飴のように粘り飴状で粉砕や篩別できず，酸化度が低いとフィルム状になり，空気中の水分で団子になる。この酸化度で初めてフレーク状のマグロのフレーク顆粒ができる。国内で作られる猫の飼料や一部養魚飼料の索餌にも利用されている。

デンプン抽出段階でのフミン物質を含まない十分な量の清水の使用により，白度の高い夾雑物の少ないサゴデンプンが得られるであろう。雨水にて精製されている様な，品質の高いサゴデンプンが多量に輸入されるようになれば，今までの欠点が解決され，このデンプンの持つ特異な物性を生かした動物飼料や食品に広く利用されるようになるだろう。

3 ▶ サゴデンプンの潜在的利用性

(1) サゴヤシ研究における長戸公先生の貢献

　世界のサゴヤシ研究は現在日本が中心的な役割を果たす所まで進んできている。1976年の第一回国際サゴシンポジウムの頃から考えると隔世の感がある。

　この間，長門公先生のサゴヤシ研究に対するご支援が非常に重要な役割を果たしている。1976年ボルネオ島のクチン市でのシンポジウムに参加した後，先生からご連絡を頂き，世界のサゴヤシ研究の現状とサラワクにおけるサゴの栽培および加工の状況をお話した。その後先生は「サゴヤシは21世紀の世界の食糧問題に大きく貢献する熱帯作物である」という強い信念を持たれ，その研究に多額の私財を投入された。日本におけるサゴヤシ研究の基礎を作り，「サゴヤシ・サゴ文化研究会」初代会長を務められた。これが現在のサゴヤシ学会の前身である。

　熱帯地域におけるデンプン生産作物としての可能性に早くから着目され，その研究の振興に尽くされたご功績ははかりしれないものがある。現在のように石油代替エネルギーとしてバイオエタノール生産が世界の潮流となり，大規模アルコール製造にデンプンが用いられ始めている時，サゴヤシの高いデンプン生産能力を利用することは，世界の食糧問題，エネルギー問題解決に大きく貢献するものと思われる。汽水域にまでに及ぶ広大な熱帯湿地で栽培される数少ない作物としてのサゴヤシの潜在性および可能性は非常に大きい。

　わが国には自生するサゴヤシは皆無であるのに，国際サゴシンポジウムへの研究者の派遣，サゴヤシ研究へ資金援助，また1985年，2001年には東京，つくばにおいてサゴ国際シンポジウムを開催し，そのプロシーディングを刊行できたのもひとえに長門基金のご支援によるものである。

(2) 日本におけるサゴヤシおよびサゴデンプン研究

　第一回国際サゴシンポジウム"Sago―資源としての熱帯湿地"以前は，サゴヤシは特異な熱帯植物として一部の熱帯農学者や人類学者がそれぞれの分野の研究対象にするに過ぎない植物であった。このシンポジウムは世界から約70名の参加者を得て行われ，サゴの人文科学的，自然科学的な背景などが始めて取り上げられて総合的な討論が行われた。筆者はサゴデンプンの特徴，利用特性についての話題提供を依頼され，デンプン科学的な特徴と利用の可能性を講演した。このシンポジウムの目的は太陽エネルギーの強い熱帯湿地におけるバイオマス生産の有効性を明らか

にしようという企画によるものであった．アジア財団とマレーシア，サラワク州政府の後援のもと，シンポジウムはマレーシア大学の Stanton 教授を会頭にして行われ，サゴに関する広い分野の報告と今後のサゴの研究および産業化への可能性を指摘したサラワク州政府に対する勧告も同時に行われた（貝沼 1977）．

シンポジウムの概要は "Sago '76" というプロシーディングの形で発行され，日本からは「日本におけるデンプン利用の現状」（Kainuma 1977）と「パプアニューギニアにおけるサゴイータ」（Ohtsuka 1977）の論文が掲載された．

この後，サゴシンポジウムも各国で開催され，日本からの参加者も増え，1984 年に FAO によるサゴ専門家会合がインドネシア国ジャカルタ市で開催され，国際的にも注目を浴びる熱帯作物になってきた．

日本においても熱帯資源の利用に大きな関心を喚起し，国際協力事業団による「さご椰子開発協力調査」が開始された．この調査の目的は調査地域におけるサゴヤシの分布および賦存量，利用状況などを調べ，将来民間企業などが開発協力を行うための基礎的な情報を収集するものであった．調査団は，佐藤孝神戸大学名誉教授のリーダーシップの下に数次にわたって派遣された．筆者は一次「マレーシア，インドネシア」および二次「パプアニューギニア，シンガポール，マレー半島」の調査団に加わったが，この際の報告書は日本におけるサゴヤシ研究の初期の貴重な資料となっている（貝沼 1981；国際協力事業団 1981b, c）．

Sago '76 に始まった国際的な連携はその後も続き現在にいたっている．日本においても 1985 年に東京で「Sago '85—人類を飢餓から，地球を破壊から守る—」を開催し，また 2001 年にはつくばにおいて「Sago2001—南と北の新しい架橋—」というシンポジウムを開催した．いずれのシンポジウムも 1985 年および 2001 年当時の最新の情報を含むプロシーディングとして発行されている．

(3) サゴデンプンの特徴と利用特性

a. サゴヤシのデンプン生産性

サゴは熱帯湿潤地帯における高効率のデンプン生産植物である．管理されずに自生しているサゴからのデンプン生産量は年間 2〜6 t/ha 程度であるが，管理条件下でのデンプン生産量はかなり高い．佐藤ら（1979）の試算によれば，10 m × 10 m の間隔で植林を行い，12 年目から収穫が始まる場合には 1 ha から 100 本が収穫され，1 本あたりのデンプン収穫量を 200 kg と算定して 20 t/ha のデンプンが得られることになる．それ以後は毎年 40 本/ha が収穫されデンプンとして 8 t/ha が半永久的に続くという計算になる．

一方，マレー半島 Batu Pahat での植林実験の結果，ヘクタール当たり 100〜138 本の収穫が可能であり，生産性の高い株を選抜して植林した場合には，ヘクタール

あたりデンプンとして 24 t/ha 収穫できることが示されており，サゴヤシのデンプン生産潜在性は非常に高い (Flach 1977)。

同様に熱帯地域で栽培されているデンプン生産作物であるキャッサバの世界平均収穫量は 12 t/ha で，デンプン含量は 20～30% であるのでデンプン生産から考えるとサゴよりかなり低い。また現在世界で最も多くデンプン製造用に栽培されているトウモロコシの米国における単位収穫量 10 t/ha に比較してもサゴデンプンの生産性は高い。このような観点からもサゴのデンプン製造作物としての潜在性は非常に大きい。また熱帯湿地という他の作物の栽培に向かない土壌条件で生育することもサゴの持つ可能性の素晴らしさである。

一方では，サゴヤシは植えてから 10 年経過して最初の収穫が可能という短所があり，サゴヤシ栽培の産業化が大きく遅れた原因となっている。しかし，一度植林した後は吸枝 (sucker) を管理することにより 2 年ごとに収穫が可能になるという優れた性質を持っている (Kainuma 1982)。

b. サゴデンプンの構造および利用特性

サゴデンプンは生産量が少量のために世界マーケットにおいてデンプンの特性に応じた独自の用途は未だ十分に開発されていない。日本においてサゴデンプンは加工貿易という名目でマレーシアから輸入され，低価格の輸入デンプンとして加工デンプン原料や糖化産業の原料になりブドウ糖，ソルビトール，ビタミンCなどに変換されていた。ヨーロッパにおいては，古くからサゴデンプンは家庭の調理用デンプンとして用いられていたが，第 2 次世界大戦中に輸出港のシンガポールが閉鎖され，このルートが途絶えた。その後はヨーロッパにおいてはキャッサバ，馬鈴薯，トウモロコシなどのデンプンが家庭用調理デンプンの主流になったとされている。

Sago '76 に発表したサゴデンプンの物性，組成などの特徴をまとめたダイヤグラムが図 9-26 である (Kainuma 1977)。サゴデンプンは流動学的には甘藷デンプン，キャッサバデンプンに近い性質を持っているが，老化特性，アミロース含量などはトウモロコシデンプンに近い性質である。最近の測定装置であるX線光電子分光光度計や原子間力顕微鏡による観察から最表面部分の構造 (図 9-27) が明らかになり，表面に無数の小さな突起が観察され馬鈴薯デンプンの表面構造と類似していることが分かった (Hatta et al. 2002)。

その後本章に取り上げられている共立女子大学の高橋研究室の精力的な研究によりサゴデンプンの高分子としての利用特性，特に調理科学的な特徴と利用上の可能性が明らかになってきた。重複を避けるために詳しい内容は他に譲るが，サゴデンプンの一つの特徴はわが国において希少デンプンとして高価になっているクズデンプン，ワラビデンプンに非常に近いことが判明した (Takahashi 1986；Hamanishi et

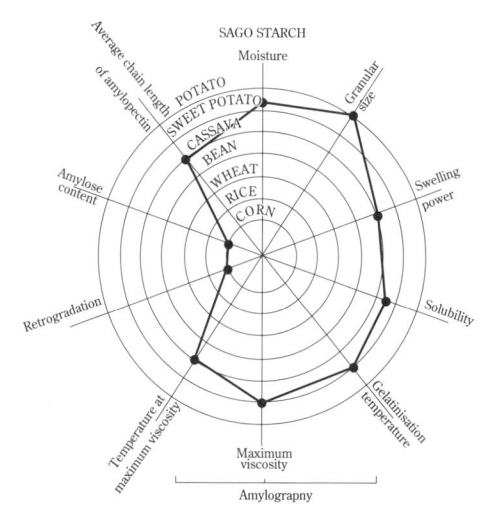

図 9-26 デンプンダイアグラムから見たサゴデンプンの種々の性質

貝沼 (1977).

図 9-27 原子間力顕微鏡 (AFM) で観察したサゴデンプンの最表面の構造

Hatta et al. (2002).

×3,000

図 9-28 デンプン製造中に酵素分解を受けたサゴデンプン
貝沼（1986）．

al. 2002a；Hamanishi et al. 2002b)。

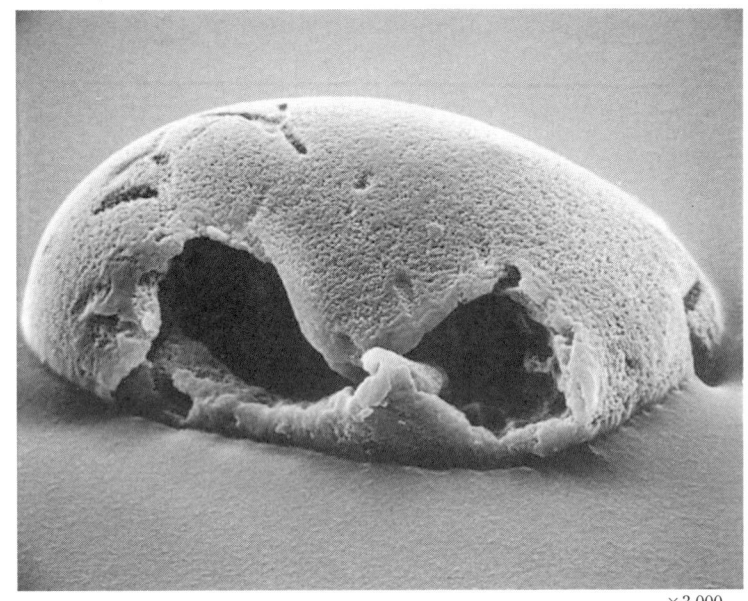

c. サゴヤシから分離した黒かび—*Chalara paradoxa*—

　筆者は，1976年にサラワクにおいて小型のデンプン製造工場を訪問した際に，川に繋留されているサゴの丸太の切断面が黒いカビに覆われ，カビは丸太の切断面を溶かして，内部まで繁殖していることを観察した。工場から持ち帰ったサゴデンプンを走査型電子顕微鏡で観察すると酵素により分解を受けたデンプン粒が多く存在することを認めた（図9-28）。

　後にパプアニューギニアの調査を行った際に，持ち帰ったサゴヤシ樹幹の試料から数種の微生物を分離し，その中に黒かび *Chalara paradoxa* と同定された1株を発見した。*C. paradoxa* は，他の微生物アミラーゼに比較して生デンプンの加水分解性が異常に高い酵素を分泌するものであった。分離した株を *C. paradoxa* PNG-80 と命名して，酵素の特性と利用可能性を研究した。結果として分かったことは，*C. paradoxa* PNG-80 は α-アミラーゼとグルコアミラーゼの2種の酵素を分泌して，その共同作用でデンプン粒を未加熱の状態で効率よく分解することであった（Kainuma et al. 1985；Kainuma 1986；Monma 1989）。中間工業規模の酵素生産を 10 kL タンクで行った基礎実験の結果，本酵素の生産は培養中にサゴデンプン粒が存在す

ると強力に誘導されることが明らかになった。

　本酵素を用い生デンプンからのアルコール発酵の基礎研究（Mikuni et al. 1987）を行い，当時進行していた農林水産省のバイオマス変換プロジェクト（農林水産省 1991）の一環として生米，生甘藷を原料とした清酒，コメ焼酎，芋焼酎の製造実験に供した。現在バイオエタノールの生産が国家プロジェクトとして進んでいるが，この中でも是非試してみたい酵素である。

(4) サゴデンプンの将来像

a. 国際マーケットにおけるサゴデンプン

　サゴデンプンは国際マーケットにおいては，未だ十分に認識されていない。
　そのおもな原因は

①サゴデンプンの全生産量が少ない。
②他の工業的に生産されたデンプンに比較して，精製度が低く品質が一定していない。
③原木が広く散逸しており集荷に手間がかかる。
④作物として生育に10年間が必要で収穫までに時間がかかりすぎる。

などの問題が常に指摘されてきているが，これらが解決された時にはデンプンとしてのサゴデンプンの特殊用途が開発されるであろう。

　サラワクにおいてデンプン製造の指導をしている大野（2003）によれば，サラワク州で約2万haの農家管理のサゴヤシ林のほかに，サラワク州政府の直轄プロジェクトとして，1988年よりサゴヤシのプランテーションが始められ，1998年現在2万5000haの計画のうち約9000haの植林が完了し，さらに進行中である。最終計画としてサラワク州だけで8万5000haの植林計画になっている。

　インドネシアにおいてもリアウ州において2万haという広大な面積の植林が計画され，2001年には8000haの植林が終了して，年間2000haの規模で拡大している（Jong 2002b）。

　これらの植林の成果として将来収穫が安定し，高品質のデンプンの工業的大量生産が行われる場合に，サゴデンプンはアジア熱帯湿地を利用するデンプン資源として，現在国際デンプンマーケットの主流になっており，北米，ヨーロッパなどを中心に発展してきたトウモロコシデンプンに十分比肩しうるデンプン資源に成長できるものと期待される。

b. サゴデンプン製造工場の合理化

　1981年に出された国際協力事業団の調査報告書における提案および1984年に

ジャカルタで開催された FAO によるサゴヤシ専門家会合において筆者が提案したサゴヤシが工業原料になるために解決すべき問題点は以下のようなものであった。①優秀樹の選抜と管理された植林，②水路を備えて円滑に原料木を運搬できる輸送船の設置，③移動型磨砕工場を含む効率的なデンプン製造装置の導入，④デンプン工場とパイプラインで結ぶ発酵工場の建設などのシステム化の確立であった。このような条件が整った際にサゴヤシは世界規模で工業原料となりうる作物になるであろう。現在サラワク，スマトラにおいて進行しているサゴヤシの植林はこの考え方に近いものである。我妻（1994）および大野（2003）によれば，デンプン製造工場のシステムもシーブベント，遠心沈降機，遠心脱水機，噴霧乾燥機などを装備した近代工場がサラワクに建設され，各工場で月産 300～500 t のデンプン製造が行われ，品質も安定してきている（図 8-17）。

c. 熱帯性バイオマスとしてのサゴヤシ

すでに述べたようにサゴヤシは単位面積当たりのデンプン生産能力が他の作物と比較しても非常に高い。現在トウモロコシのアルコール化が世界の大きな話題になっているが，これに対応できる熱帯産のデンプン資源であろう。しかし，サゴを主食として生活している人々も多く，食糧との競合を避けなければならないが，バイオマス生産量が大きいことからアルコール発酵の格好な原料になるであろう。精製度の低いデンプンをアルコール発酵原料にすることは可能であるが，異性化糖，オリゴ糖などの付加価値の高い糖化製品に変換する場合には後段の精製にコストがかかる問題が残る。

一方，食糧と競合しないことを考えるならば大量のデンプンを含んでいるデンプン抽出残渣の酵素分解原料としての利用である。サゴヤシの樹幹は木材に比較すると大部分が柔組織からなっている。この成分の酵素分解性についての研究は少ないが今後大きな研究課題になるであろう。

Sasaki et al.（2002a）によれば，デンプン抽出残渣の成分は，リグニン含量が低く，且つ 30％以上のデンプンが残っている。木質バイオマスの加水分解，エタノール発酵の工程で最も困難な問題は，前処理でリグニンを分離し，セルロース，ヘミセルロースを酵素分解する工程である。この点から考えてもデンプン抽出残渣はサゴデンプン工場にアルコール工場を併設することにより効率的に利用可能なものとなる。

現在進行しているサゴヤシの広大な植林の成果が見えた時に'76 年のシンポジウムに謳われた "Sago 一資源としての熱帯湿地" が 30 年を経過して実現するものと思われる。このためには樹幹の糖化の問題は避けて通れない。この処理とデンプン製造が両立した時にプランテーションが本当の意味で成功したことになる。

▶ 1節：高橋節子，2節（1）：近堂（濱西）知子，（2）：平尾和子，（3）：近江正陽，（4）：木尾茂樹，3節：貝沼圭二

第10章

多面的利用

1 ▶ 葉の利用

　米を主食としてきた我が国で，稲藁を生活の中に活用してきたのと同じように，古くからサゴヤシのデンプンを食用としてきた人たちは，その葉をも生活用品の材料として利用してきた。大きな葉は，その部位ごとに質が異なり，彼らはそれぞれの部位の特長を生かして，種々の用途に活用している。
　ここでは，その一例として，マレーシア，サラワク州に住む民族，メラナウ族が葉を利用する方法について紹介する。

(1)　サゴヤシの葉の部分ごとのメラナウによる名称

　メラナウ族は，魚とサゴヤシを中心とした食生活を持っていた。サゴヤシを栽培するとともに，サゴヤシの葉を生活に利用してきた。部位ごとに用途が異なり，そのため，サゴヤシの葉の部位をいくつか呼び分けている。
　葉全体をダーアン・バラウ (da'an balau) と呼ぶ。ダーアンがサゴの葉を指しており，バラウは植物としてのサゴヤシのことである。なお，サゴヤシを呼ぶとき，現地でしばしば耳にするルンビア (rumbia) はマレー語である。
　ダーアンは小葉 (leaflet) も含んでいるが，おもに葉柄 (petiole) と葉軸 (rachis) を中心として指す場合が多い。現地では，英語を用いる場合，葉柄・葉軸を「枝 (branch)」，小葉を「葉 (leaf)」と呼ぶが，ダーアンはまさにその「枝」の語の感覚で，葉が含まれる場合もある。

図 10-1 サゴヤシの葉で作られた日用品（idas は下に敷いたマット）

　葉軸の葉鞘部の皮をよく利用するが，それはスマット（smat）と呼ばれる。これは，細く裂いて竹の皮のように編む。葉鞘基部は特にウカップ（ukap）と呼ばれる。正確に呼ぶときはウカップ・ダーアン・バラウ（ukap da'an balau）である。この皮は，厚い経木のような感触がある。この葉鞘基部，外側の表皮下に間隔を開けて並ぶ維管束をタジュイ・ウカップ（tajui ukap）と呼ぶ。
　小葉（leaflet）はダウン（daun）である。おもに，屋根を葺くのに用いる。
　小葉の中肋のことをタガイ（tagai）と呼び，この部分だけを取り出し，竹ひごのような使い方をする。
　ちなみに，現地で利用する湿った状態のサゴヤシデンプンをセイ（sey）と呼ぶ。これを粒状にして炒ったもの，食用とするものが本来のサゴヤシ（sago）である。

(2) サゴヤシの葉の具体的な用途

a. スマット（smat：葉鞘の皮）の利用

　サゴヤシの葉の葉鞘の皮を縦に細く裂いて編む。堅く，一見，竹のようにも見えるが，竹よりも柔らかく，製品には弾力がある。また，節がない。スマットは表（表皮側）の方が色合いが濃く（時間がたつと黄土色〜茶色となる），裏（柔組織側）は白っぽいので，色の違いを利用し，柄を作ることもある（図 10-1）。

図 10-2　サゴ葉鞘基部の皮で作った upak

イダス（idas）　スマットで密に編んだ筵のようなもの。サゴヤシのデンプンを水から掬い取って水を切るのに用いる。筵の周囲は木の皮で縁取りし，ラタン（籐：ヤシ科トウ属などの蔓性ヤシの総称）の皮で縫う。

タパン（tapan）　スマットを密に編んで作る。サゴデンプンを粒状にするときに使う。米などを選るときにも使う。縁はラタン（籐）を使う。

パカ（paka）　大きなかご。スマットを粗い目に編んで作る。

キラック（kilak）　スマットで密に編んだかご。

ゲラガン（gelagang）　スマットで編んだ深い入れ物。魚などを入れる。

ババトゥ（babat）　スマットで編んだマットの周りを竹などで丈夫に囲ったもの。部屋の境に用いたり，壁の装飾を兼ねた補強に使う。魚などを飼うときに，池の中にさして，境とするときも使う。

b. ウカップ・ダーアン・バラウ（ukap da'an balau：葉鞘基部の皮）の利用

葉鞘の基部の皮はタケノコの皮（葉鞘）を厚くしたような状態で，木材的な感触を持つ。薄く剥いだあと，乾かして保存する。販売するときには，この状態で売る。加工する前に，1～2 時間，水につけると柔らかくなり，紙のように折ることができる。おもに，水を通さないものに使う。

ウパック（upak）　水飲みや皿に使う（図 10-2）。

タルソン（tarusong）　水をくむときに使う（図 10-1 右上）。

タパウ・ウカップ（tapau ukap）　ウカップで作った笠。タパウは平たい円錐形

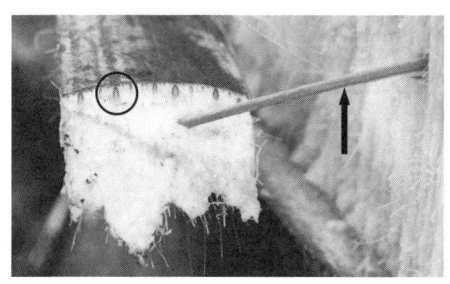

図 10-3 葉鞘基部の維管束（○で囲む）を取り出し（矢印）吹き矢の矢とする

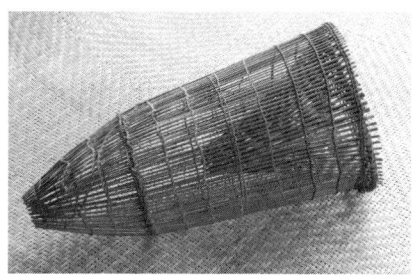

図 10-4 小葉中肋から作った漁具 biga

で直接頭にのせる笠のこと。

このほか，大きなままの台形のウカップを上下交互につなぎ合わせて，小屋などの壁に用いる。

c. タジュイ・ウカップ（tajui ukap：葉鞘基部の維管束）の利用

葉鞘基部の維管束は堅く真っ直ぐなため，これを吹き矢の矢アダン・スプートゥ（adang sput）として用いる。適当な大きさに切り取った葉鞘基部から，周りを削って表皮の裏側の維管束を取り出す。比較的簡単に太さ 2 mm 程度の竹串のような棒がとれる（図 10-3）。長さ 15～20 cm にして先を尖らせ，基部にブロックをつけて矢とする。このブロックは葉鞘内部の柔組織を筒内径（8 mm 前後）とほぼ同じ太さに削ったもので，ウロー・アダン（ulow adang）と呼び，より組織が硬くなる開花後の個体のものがよいとされる。なお，吹き矢の筒は 150 cm ほどで，スプートゥ（sput）と呼ぶ（マレー語では sumpit）。

先に毒を塗り，鳥や猿を打ったという。

d. タガイ（tagai：小葉中肋）の利用

正確に呼ぶときにはタガイ・ダーアン・バラウ（tagai da'an balau）。細長い棒で，かなりの強度がある。

ビガ（biga） 漁具（図 10-4）。
サパー（sapaw） 40 cm 前後に切りそろえて束ねたものを手箒として使う。これは，ココヤシの葉の中肋タガイ・ダーアン・ベンヨウ（tagai da'an benyoh）でも作る。

e. ダウン（daun：小葉）の利用（屋根葺き）

中肋に沿って縦に二つ折りした小葉を，半分に折ってバカワン（bakawan）と呼ぶ

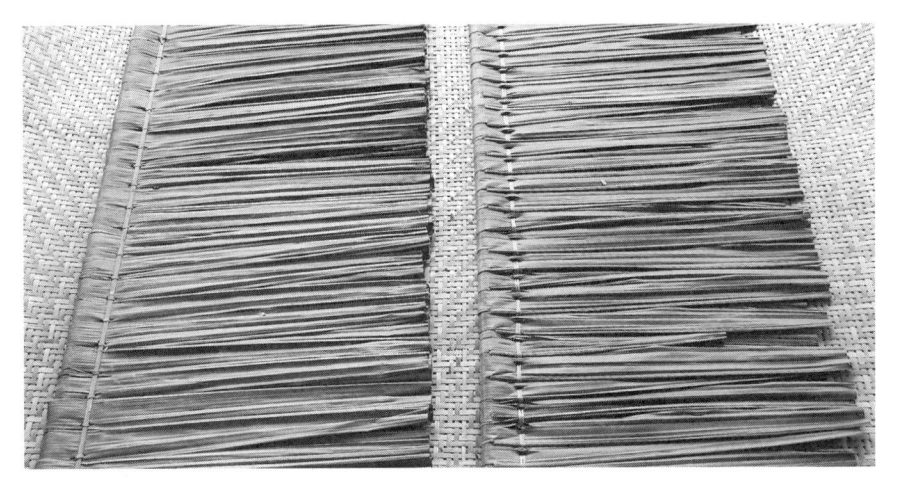

図 10-5 屋根葺きに用いるマット, sapau (マレー語で atap)
左が2枚重ね (sapau sikai), 右は1枚 (sapau japah japah).

軸を挟むように固定する。それを続け, 約 180 cm (約 6 フィート) の軸に小葉をそろえて並べ, 編んで固定したものをサパウ (sapau) と呼ぶ (図 10-5)。なお, アタップ (atap) はマレー語。幅は 55 cm 前後。縦折りした小葉を 1 枚ずつ並べたものをサパウ・ジャパ・ジャパ (sapau japah japah, またはサパウ・ジャパ sapau japah) と呼び, 縦折りした小葉を 2 枚組み合わせて重ね, 一つとして並べたものをサパウ・スィカイ (sapau sikai) と呼ぶ。

サパウを並べて屋根を葺く。屋根の下の方から屋根の形に組んだ木材に紐で結びつけていくが, 現在は釘を使うこともある。

サパウは小葉を 2 枚組み合わせる方が丈夫で, その 2 枚の小葉は, 軸側から 15 cm くらいはしっかりと完全に重ね合わせ, その先はややばらけるようにする。軸から 15 cm くらいのところまでをしっかりと固定するのは水が下に漏らないようにするためである。

サゴヤシの小葉から作ったサパウ・ダーアン・バラウ (sapau da-un balau, マレー語では atap daun rumbia) は, 1 枚ずつ使ったもので 7 年, 2 枚重ねたものでは 10 年持つと言われる。販売するときも 2 枚重ねた方が高い。ニッパヤシの小葉でもサパウ (sapau da-un nyepak, マレー語で atap daun nyepah) を作るが, 耐久性が劣り, 3 年程度しか持たない。

サパウの軸 (bakawan) は, 竹を使うこともあるが, 野生のサラックヤシに似たヤシの葉軸を使うことが多い。ラムジャン (lamujan) と呼ばれるそのヤシは, サラックヤシのような実 (buak) をつけるが, サラックが甘いのに対し, さっぱりとした酸味があるという。葉軸の中間の位置の適当な太さの部分を使う。

図10-6 髄の部分を取り除いた後のサゴヤシの樹皮

軸に小葉を止める編み方は，2枚の小葉を組んで重ねたものの方が，1枚を縦におっただけのものよりも，しっかりと押さえるようにしている。

2 ▶ 樹皮の利用

サゴヤシの髄からデンプンを抽出する地域では，髄を抽出して残った樹皮（図10-6）が，以下のようないくつかの用途に利用されている。

① 燃料
② 住宅用の建材：壁，屋根，柵，床（図10-7）

これらは基本的には，デンプン抽出後に利用しなかった樹皮を使う，という利用法であり，サゴヤシの樹皮の特質を生かした積極的な利用というわけではない。

ただし，利用可能な他の樹皮よりも柔らかい，弾力性があるなどの特徴から，パプアニューギニアの一部の地域では床材として好まれる場合がある。このような地域では，通常はピジン語（トクピシン Tok Pisin）でリムブン（limbum）と呼ばれる木（*Kentiopsis archontophoenix*）の樹皮が床材として使われる（Mihalic 1971）が，サゴヤ

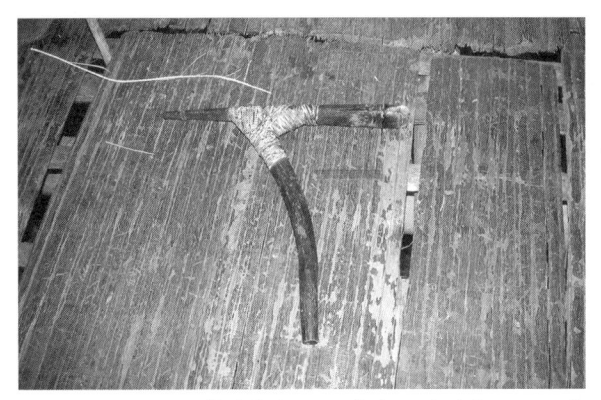

図 10-7 サゴヤシの樹皮を利用した床（サゴを砕くハンマーとともに）

シの樹皮の場合は，これよりも弾力があることから，床材として好まれる。

この他に，サゴヤシを工業的に多量に利用する地域では，利用しない樹皮を積極的に利用しようという試みが行われている。サゴヤシの樹皮をブロック化し，その模様を生かしてインテリア製品として利用したり，壁材やフェンス用の材料などとして利用したりする試みが行われている（Aziin & Rahman 2005）。

3 ▶ 樹幹頂部の利用

先に述べたようにサゴヤシにおいては，樹幹からのデンプンだけでなく樹皮（マレーシアなどでは家内工業的な工場で火力によるデンプンの乾燥に燃料として用いられる他，ニューギニア島では住居の入り口横に掲げる彫り物に使われたりする），小葉，葉柄・葉軸なども様々な用途で利用されている。それに対して，樹幹頂部の利用はほとんどみられない。しかしながら，葉鞘に包まれた未展開の若い葉芽は，"キャベジ"（cabbage）と呼ばれ，タケノコに似た歯触りの野菜として利用されている。いわゆる"パームハート"や"パームキャベジ"の様に食用としての利用である。ほのかな甘みがあり，生食されることもある。

このような樹幹頂部の利用は，南太平洋に分布するコエロコッカス節植物の中にもみられる。フィジーゾウゲヤシ（*M. vitiense*）がそれであるが，葉鞘に包まれた未展開の若い葉芽をソンガシュート（songa shoot：songa はフィジー語でフィジーゾウゲヤシの意）と呼んで，ビチレブ島のナブア地区ではパシフィックハーバーの北側に位置する自然林から切り出したソンガシュートが幹線のクイーンロード沿いの所々

図 10-8　フィジーゾウゲヤシのソンガシュート
上左：ビチレブ島・クイーンズロード沿いナブア地区，上右：スバ市内の市場，中左：未展開の新葉，中右：未展開新葉の縦断面，下：ナンディのセコサラダ．

で売られている（図10-8）。値段は1本3フィジードル程度であり，首都スバの市場でも販売されている。

　ソンガシュートを利用するのはインド系フィジー人であり，カレーの具材とする。ナンディーのリゾートホテルでは，セコサラダ（seko：ヤシの若芽）として提供されている（2002年当時で9フィジードル）。ラテンアメリカでは，*Euterpe*, *Roystonea*, ピーチ・パームなどのヤシの葉芽をパルミト（スペイン語でヤシの芽という意）と呼び，広く食べられており，北米へも缶詰として盛んに輸出されている。一般に樹齢が数年（早くて2~4年）の樹を切り倒してパルミトを得ている。フィジーソウゲヤシの場合，販売されているsonga shootの大きさから判断して，幹立ちから数年を経た樹が収穫されているとみられる。サゴヤシの場合はサッカーの移植から3~4年で幹が生じ，実生からの場合にはそれよりも長い期間を要するといわれる。出葉速度から判断するとフィジーソウゲヤシの生長はサゴヤシと同程度か

やや遅い程度であり，また，本種は実生でのみ繁殖することから，ソンガシュートは樹齢 5～6 年以上の個体から収穫されているものと考えられる．

4 ▶ 果実の利用

　サゴヤシおよびコエロコッカス節植物の地上部は高度に利用されているといえる．果実についても，実生を得る他にいくつかの利用が知られている．先の章で述べているように，サゴヤシは下位葉位の腋芽や地下茎からの不定芽，あるいはサッカーといった栄養系による繁殖と種子からの繁殖の両様式で増殖する．新植する際にはサッカーを用いるのが一般的であるが，規模の大きな栽培を行う場合には大量の移植用サッカーを確保するのは容易でなく，移植材料の不足を補うための方策として実生の利用にも期待が寄せられている．一方で，サゴヤシ種子（果実の状態）の発芽力は低いことが指摘されているが，この点は種子包被組織を取り除き，発芽抑制物質を除去することで対応できるものと考えられる（Ehara et al. 2001）．他方，南太平洋やミクロネシアに分布するコエロコッカス節植物ではサッカーを生じず種子でのみ繁殖するが，発芽率が高く，バヌアツやフィジー，サモアに分布する *M. warburugii* などは胎生種子を生じる（Ehara et al. 2003a）（図 10-9）．

　また，コエロコッカス節のタイヘイヨウゾウゲヤシ（*M. amicarum*）や *M. warburgii* などの種子はサイズが大きく（果実赤道長径でそれぞれ 9 cm 前後，6 cm 前後）（図 10-10），パームアイボリーと呼ばれ，ボタンや工芸品などに使われる（Dowe 1989；Ehara et al. 2003a；McClatchey 2006）（図 10-11）．サゴヤシ属植物の種子の胚乳を構成する貯蔵養分はセルロースで，成熟すると動物の角や象牙のように堅くなる角質内乳であることが，特に種子サイズの大きいタイヘイヨウゾウゲヤシなどでパームアイボリーと呼ばれる由縁である．第二次世界大戦頃まではミクロネシアでは象牙の代わりにタイヘイヨウゾウゲヤシの胚乳部分が印鑑の材料として使われたことがあるが，現在では，ペンダントトップや置物などを製作する材料となっている（図 10-11）．バヌアツでは，*M. warburgii* の未熟な果実そのものを素材として，貝殻と組み合わせて首飾りなどにもする（図 10-11）．

　その他サゴヤシの果実については，乾燥させて着色するなどしてフラワーアレンジメントの材料とすることもある（図 10-12）．また，インドネシア・南スマトラ州のバンカ島ではサゴヤシ果実が，整腸作用を期待して漢方薬的に使われるともいうが，検証した例はみられず，薬事的効果についてはほとんど情報がないのが実情である．

図 10-9　*M. warburgii* の発芽果実
サモア・ウポル島.

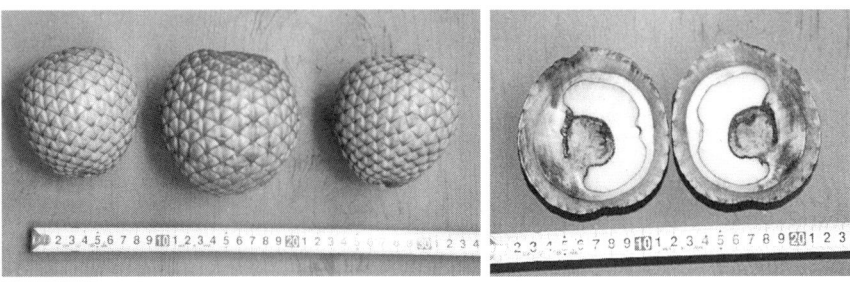

図 10-10　タイヘイヨウゾウゲヤシの果実（左）および縦断面（右）
ミクロネシア・チューク島.

図 10-11　*Coelococcus* 節植物の果実や胚乳を原料とする工芸品
胚乳：左，中央上タイヘイヨウゾウゲヤシ（ミクロネシア・ポンペイ），中央下— *M. warburgii*（ヴァヌアツ・ポートビラ），果実：右— *M. warburgii*（ヴァヌアツ・ポートビラ）．

図 10-12 サゴヤシ果実を使ったフラワーアレンジメント
インドネシア・西ジャワ.

5 ▶ デンプン抽出残渣の利用

(1) サゴヤシからのデンプン抽出工程とサゴ残渣の生成

　サゴヤシからのデンプン採取は，自生する（おもに栽培を行っていない）地域では，現地民自ら行い，プランテーション等で栽培されている地域ではおもにデンプン製造工場で行われる。基本的なプロセスは両者とも同じであるが，デンプン製造工場では製造工程の大部分が機械化されている。図 10-13 に工場におけるデンプン製造プロセスの 1 例のフローを示す（大野 2004）。サゴヤシの樹幹は大まかに分けるとデンプンを蓄積する髄部と樹皮から構成されている（図 10-14）。髄部はおもに柔細胞により構成され，柔細胞中にデンプン粒を蓄積する。デンプン粒は，生育年数に増加に伴い，その直径が増加する（荻田ら 1996）。伐採後，長さ 1 m 程度のログに玉切りされ，剥皮が行われる。剥皮工程は工場によっては機械化されている場合もあるが，現地民の現金収入のために，"1 本幾ら"で契約され，手作業で行っている

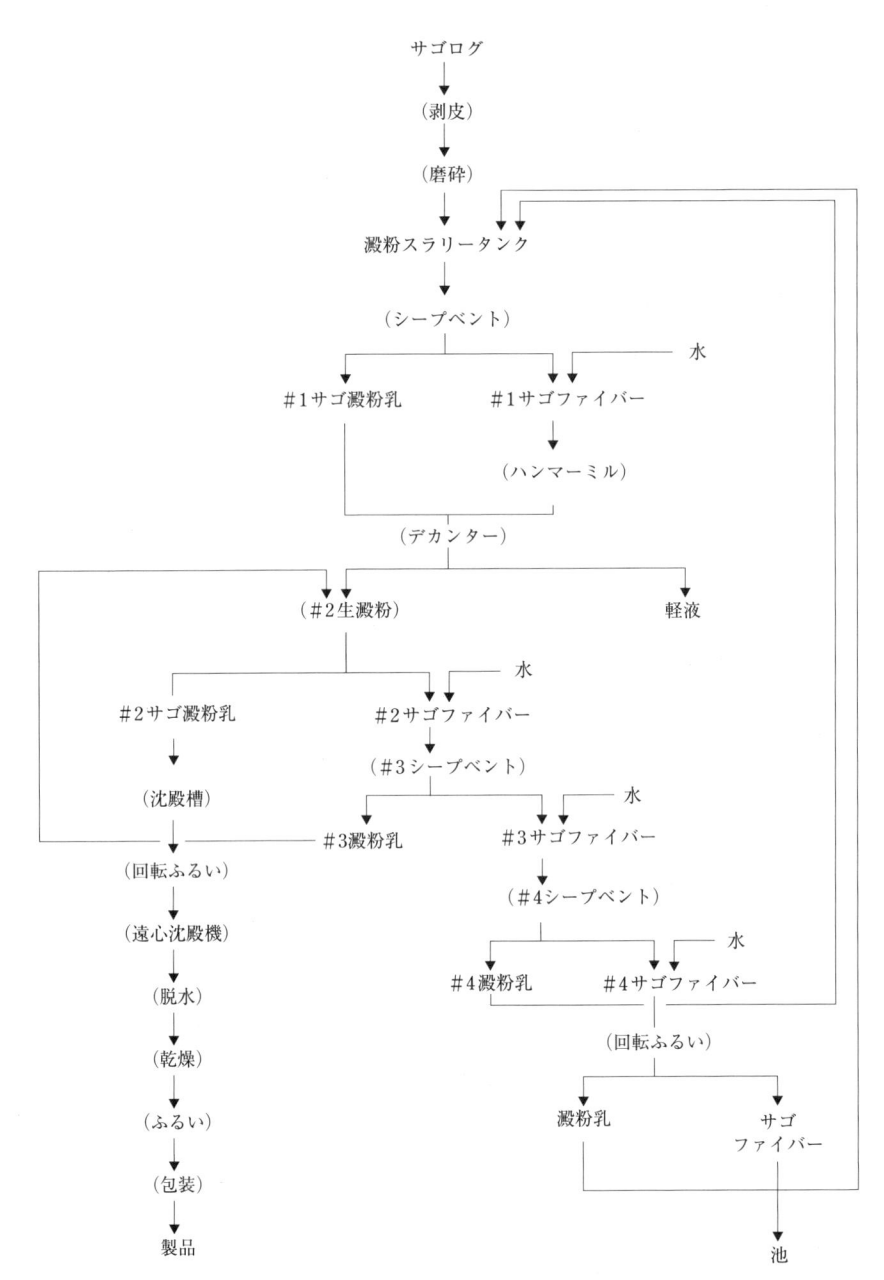

図 10-13　サゴデンプン工業のフローシート

大野（2004）．

図 10-14 サゴヤシ樹幹の横断面
白色部が髄部，外周部が樹皮．

場合も多い（図10-15）。斧を使って剥皮するが，樹皮は堅く，非常に重労働である。剥皮された髄部は柔らかく，ハンマーミルやラスパーにより粉砕され，デンプン抽出工程に送られる。粉砕された髄部は水に晒され，濾過，遠心分離をなどによりデンプンと残渣に分離される。この操作を3～5回程度繰り返し，ドライヤーや天日により乾燥し，サゴデンプンを得る。抽出工程をより多く繰り返すと，デンプンの収量は増加するが，デンプン中の不純物（おもに柔細胞から出るセルロース繊維）が増加し，デンプンとしての品質が低下する。そのため，すべてのデンプンを抽出することは難しく，デンプン抽出を行った残渣中には少なからずの量のデンプンが残っている。デンプンを採取した後の残渣（以下，サゴ残渣と記す）は，産業レベルでの用途はなく，大部分は，廃棄されている。

図10-16にサゴ残渣の外観を示す。乾燥したサゴ残渣は，長さ1～5 mm，幅0.5～1 mmの細い筒状形態，もしくはそれらが凝集した球状をしている。デンプンの収量は髄部の乾燥重量に対して30％以下という低い値であり，残りの約70％は残渣として廃棄されているのが現状である。表10-1はサゴデンプンの生産が工業的に行われているマレーシア，サラワク州からのサゴデンプンの国別輸出量を示している（Department of Agriculture Sarawak 2005）。サラワク州のデンプン年間生産量は約5万トン程度であると推定されることから，州内で年間約11万tのサゴ残渣が

図 10-15　人力による剥皮工程

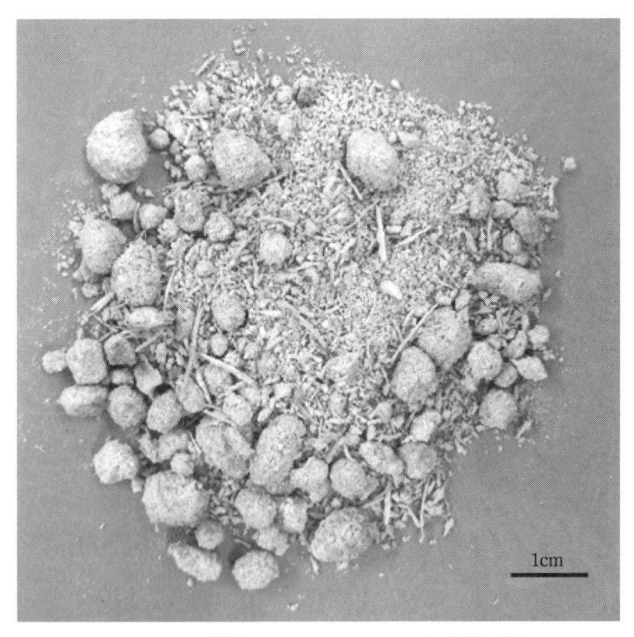

図 10-16　乾燥したサゴヤシデンプン抽出残渣

表10-1 マレーシア，サラワク州のサゴデンプンの国別輸出量

(単位：千トン)

輸出国	年				
	2001	2002	2003	2004	2005
中国	0	0	0.14	0.15	0
インドネシア	0.09	0.07	0.07	0.07	0
日本	8.00	8.10	7.36	8.38	12.77
マレーシア（半島）	15.68	18.11	18.62	24.91	23.30
マレーシア（サバ州）	0.81	0.60	1.30	0.91	0.67
シンガポール	4.47	5.56	4.47	5.08	5.78
台湾	0	0	0	0	0.29
タイ	1.45	2.00	2.88	2.81	1.62
アメリカ合衆国	0.71	0	0.04	0.13	0.29
ヴェトナム	0	0	0.22	0.53	0.62
合計	31.21	34.44	35.10	42.90	45.33

Department of Agriculture, Sarawak (2005).

廃棄されていることになる。工業資源として多いか少ないかは判断が難しいところだが，バイオマス資源としての特性を明らかにすれば新たな利用も可能であると考えられる。しかし，サゴデンプンに関する研究は多くの研究者によって行われているが，デンプンの2倍以上の量が排出・廃棄されているサゴ残渣の特性や利用に関する研究は非常に少ない。

(2) サゴ残渣の化学的特徴と物理的特性

サラワク州ムカにあるデンプン生産工場（Nitei Sago Industry Co. Ltd）で採取したサゴ残渣中の化学成分の分析結果の1例を表10-2に示す（Sasaki et al. 2002a）。サゴ残渣にはホロセルロースが最も多く含まれ，未抽出のデンプンも多く残っていることが明らかとなった。一方で，リグニンは一般的な木本植物に比べ少ない。また，デンプンおよびセルロースの含有率が高いことから，構成単糖はグルコースが多く，これらのことがサゴ残渣の利用におけるポイントとなると考えられる。

このような成分的特徴を有するサゴ残渣の利用の一つの方向性として，化学修飾により様々な機能を付与することが考えられる。また，化学修飾による機能化では反応薬剤との反応効率が重要な因子となり，粉末化の程度により反応効率が変わることから，まず，サゴ残渣の粉砕性について明らかにした。その結果を図10-17に示す。対照材料として用いたスギ辺材は国産針葉樹材の中でも密度が低く，比較的機械的な加工を行いやすい樹種である。スギ材，サゴ残渣とも粉砕時間の増加に伴い，粉体のサイズが減少するが，スギ材は10分程度の粉砕では100 mesh以上

表 10-2　サゴヤシ髄部および残渣の化学組成（%）

	ホロセルロース	ヘミセルロース	デンプン	リグニン
髄部	14.4	12.9	54.1	1.4
残渣	20.6	19.8	30.9	5.1
スギ	48.6	24.7	—	32.3
ブナ	53.8	30.2	—	23.5

Sasaki et al. (2002a).

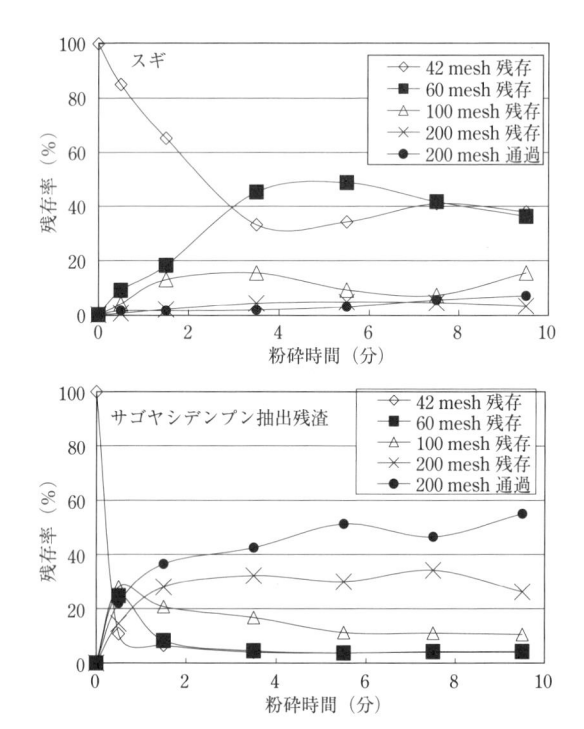

図 10-17　スギ材およびサゴヤシデンプン抽出残渣の粉砕性
Sasaki et al. (2003).

ふるいを通るサイズに粉砕することは難しい。一方，サゴ残渣は 2 分程度の粉砕時間で 200 mesh のふるいを通るサイズに粉砕でき，スギ材に比べ短時間で微粉砕が可能であり，これは粉砕に要するエネルギーが少なくことを意味する。さらには微粉砕化によりサゴ残渣中のセルロースの結晶性が低下することも明らかとなった（Sasaki et al. 2003）。サゴ髄部や残渣の構成細胞の観察から，残渣はおもに柔細胞から構成され，仮道管をおもな構成細胞とする樹種に比べ，粉砕性が高いことが推定された。

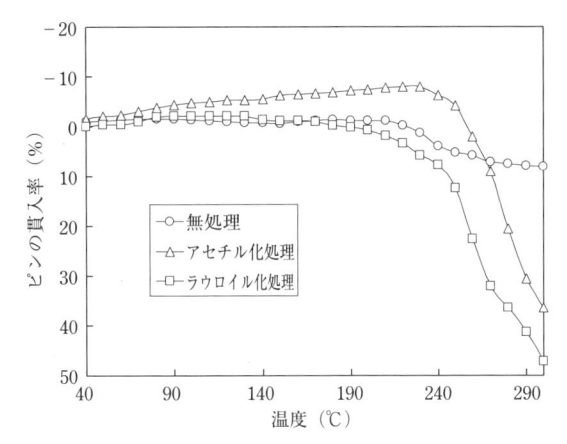

図 10-18 無処理およびアセチル化処理，ラウロイル化処理サゴ残渣の熱軟化曲線

Watanabe et al. (1997)；佐々木ら (2003) のデータから作成.

(3) 化学修飾による熱可塑化

　植物資源の化学修飾は，反応する化学種により様々な機能を付与することができる。その一つとしてサゴ残渣に熱可塑性を付与すること，すなわちプラスチック化が試みられた。植物の細胞壁はセルロース，ヘミセルロース，リグニンを主成分として構成されている。そのうち最も量的に多いセルロースは β-D-グルコースが結合し，直鎖状となった高分子である。一方，熱可塑性を示す高分子材料は，加熱により高分子主鎖の熱運動が起こり，固体から液体へと状態変化する。しかし，セルロースは立体規則性が高く，分子鎖間（グルコース残基の水酸基間）で水素結合を形成することから，加熱しても水素結合により高分子主鎖の熱運動が阻害され，融点もしくはガラス転移点（T_g）以下の温度で熱分解が生じ，熱可塑性は示さない。しかし，セルロース中に多数存在する水酸基を非極性基で置換することにより，植物体に熱可塑性を付与できるという報告が多数ある。木本植物に対してはアセチル化 (Shiraishi and Yoshioka 1986)，ラウロイル化 (Funakoshi et al. 1979)，ベンジル化 (Kiguchi 1990) などによる熱可塑化が報告されている。

　微粉化され，セルロースの結晶化度が低下した，すなわちセルロース鎖間の水素結合量が減少したサゴ残渣をアセチル化およびラウロイル化処理によって熱可塑性の付与を行った。アセチル化処理では十分な熱流動性が発現しなかったのに対し，ラウロイル化処理では，スギ材よりも高い反応量が得られ，熱軟化性も発現し（図10-18），シート状に成形が可能であった (Watanabe and Ohmi 1997；Ohmi et al. 2003)。また，ラウロイル化サゴ残渣から熱圧によって調製されたシートを土壌中

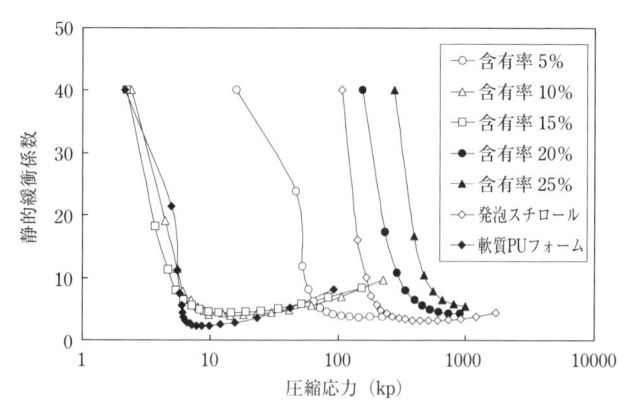

図 10-19　サゴ残渣含有率が異なるフォームの圧縮応力と静的緩衝係数の関係
近江・斉藤（2007）.

に埋設し，質量変化を経時的に測定したところ，質量の減少が測定され，分解性があることも示唆された（Sasaki et al. 2002b）。

(4) サゴ残渣からのウレタンフォームの調製とその物性

　ポリウレタン樹脂はポリオールとイソシアネート化合物の反応によって製造され，ポリオール（高分子アルコール）とイソシアネート化合物の組み合わせや添加する可塑剤の種類により硬質と軟質に分けられる。フィルム状，シート状，フォーム状に成形が可能であることから，様々な工業分野で用いられている。フォームは材料内に空隙を多く含み低密度であることから，スポンジ，クッション材，緩衝材等に用いられる。植物の主要構成成分であるセルロース，ヘミセルロースも化学構造として水酸基を多数もっていることから，ポリオールとして用いることが考えられ，酸を触媒としてグリセロール／ポリエチレングリコールに溶解した液化物をポリオールとして用いることも研究されている（Shiraishi et al. 1985；Yao et al. 1993）。更新性資源である植物資源を工業材料として用いることは，枯渇性資源である石油の使用量の低減を促すことになる。しかし，植物体の液化反応には比較的高い温度が必要であることから，エネルギーの投入が必要となる面もある。そこで，残渣中にデンプンを含むことに着目し，デンプンのみを熱水で糊化し，イソシアネート化合物を反応することによって，ウレタンフォームの製造を試み，緩衝材料としての特性を評価した（近江・斉藤 2007）。ウレタンフォーム中のサゴ残渣含有率により，図 10-19 に示すように非常に幅広い圧縮応力に対し緩衝特性（静的緩衝係数）を有するフォームが調製できた。適度なサゴ残渣含有率で製造されたフォームは低密度

で，軟質ポリウレタンフォームと同等の緩衝特性が得られた．しかし，サゴ残渣の含有率の増加に伴い，密度が著しく増加し，サゴ残渣含有率が高いフォームについては緩衝材料以外の用途を考える必要がある．

(5) サゴ残渣利用の今後の展開

サゴヤシは木質資源としてデンプンを大量に蓄積・生産する非常に希有な木本植物である．一方，世界的なレベルで見ればデンプン作物としてのサゴヤシは，現状では栽培規模が小さく，生育地域が東南アジアからミクロネシアに限定され，デンプン以外の部位については利用用途が確立していない植物でもある．しかし，近年，バイオマス資源としてのデンプンは生分解性プラスチックやバイオエタノールの原料として需要が高まりつつある．今後，他のデンプン作物の生産の動向によっては，他の植物が生育しない熱帯泥炭土壌で生育することやデンプン生産性の高さが利点となり，サゴヤシは栽培面積を増やし，サゴデンプンの生産量も増加する可能性も十分高いと考えられる．そのため，食品工業以外の分野でもサゴヤシの潜在的なデンプン生産性が注目され始めている．しかし一方では，地球温暖化ガスの削減などの環境問題を背景として，エネルギーやプラスチックなどの工業原料としてのデンプンの需要が著しく増加し，食糧資源としてのデンプンや他の農産物の価格の高騰を促進しているという報道もある．今後はサゴデンプンは食糧として消費され，デンプン生産量の増加に伴い副次的に廃棄量が増加する残渣，葉，樹皮を有効に利用していくことも必要になるであろう．今後は，サゴ残渣のバイオマス資源としての特性が明らかにされ，様々な用途開発がなされることを期待したい．

6 ▶ サゴムシの利用

(1) サゴムシとは

サゴムシとは甲虫のヤシオサゾウムシ類で，サゴヤシの髄に食入している昆虫のことである．サゴヤシが生えている地域の住民は，その幼虫を好んで食べる．場所によっては重要な動物タンパク質源となっている．サゴヤシにはこのほかサイカブトムシ *Oryctes rhinoceros*，クロツヤムシ (Passalidae) なども発生するが，これらはサゴムシとは云わない．英語では sago grub，sago worm，sago weevil などと呼ばれている．ヤシオサゾウムシ類の幼虫は，サゴヤシだけではなく，ほとんどのヤシ類，その他多くの植物を摂食するので，英語では palm weevil と呼ばれる．サ

ゴムシは palm weevil の一種ということになる。サゴヤシに寄生するヤシオサゾウムシ類は1種類ではなく，パプアニューギニアなどでは主としてヤシオオオサゾウムシ *Rhynchophorus ferrugineus* (=*R. signaticollis*) であるが（図10-20），熱帯・亜熱帯アジアでは，その他 *R. bilineatus*, *R. vulneratus* (=*R. schach*, *R. pascha*) などが知られている。ニューギニア島に産するヤシオオオサゾウムシを特に *R. ferrugineus papuanus* と亜種として扱う人もいる。

(2) 生活環

　ヤシオオオサゾウムシの成虫は，サゴの木に傷があるとそこに産卵する。樹皮が無傷であれば，硬い樹皮を通して産卵することはできない。サゴの木は傷つけられるとヤシオオオサゾウムシ成虫を誘引する揮発性物質を放出する。それは障害を受けてから4-6日後に最高に達する（Hallett et al. 1993）。成虫はその臭いに誘引されて傷口に集まり産卵する。ヤシの樹冠部はしばしばサイカブトムシにより食害を受け，生長点が損なわれるが，その食害部から発散する揮発性物質はヤシオオオサゾウムシ成虫を誘引し，産卵を促す。葉柄を切断するとその切り口にも産卵することがある。産卵に際し，成虫は口吻を使ってヤシの組織に深さ5 mmくらいの穴を開け，卵を1個産む。産卵後，穴の入り口はピンク色の分泌物で塞がれる（Corbett, 1932）。ヤシオオオサゾウムシ成虫は強い負の走光性を持っているが，夜間は行動せずサゴヤシの切り口付近の切りくずなどの中に潜んでいる。活動は昼間，特に午前中活発で，飛び回ったり，産卵したりする。午前と午後に活動時間があると云う人もいる（Hagley, 1965）。

　ヤシオオオサゾウムシの卵は，長さ2.5 mm 幅1.1 mm くらいの白色長楕円体である。卵期間は3〜4日である。

　孵化した幼虫はサゴヤシの髄に食入する。食入された髄は褐変し，発酵する。サゴヤシはサイカブトムシによる食害だけでは枯死することは少ないが，そこにヤシオオオサゾウムシが産卵し，孵化した幼虫が髄に入り，トンネルを掘りながら，髄を下方へ食い進んでいくと，枯死をまぬかれない。幼虫は30〜80日かけて成熟する。その間に6-10回の脱皮を行う（Rahalkar et al. 1985）。褐色の頭部とやや薄い褐色の前胸背面以外は，柔軟性に富む黄色味を帯びた白色の厚い膜質の皮膚に覆われており，13体節からなるが脚はなく，体を伸縮し，くねらせて活発に動き回る。脂肪組織が発達しているため，掴むとブヨブヨした感じがする。老熟した幼虫は体長70 mm，幅は最も太いところで20 mm くらいにもなる（図10-21）。

　老熟した幼虫はサゴヤシの繊維を噛んで折り曲げ，綴り合わせて，繭を作る。形は長楕円体で，長さ50〜90 mm，幅20〜40 mm である。繭ができても幼虫はすぐに蛹にならない。幼虫は3〜4日じっとしていて，その間に体が縮んで来る。さら

図 10-20　ヤシオオオサゾウムシ
Rhynchophorus ferrugineus 成虫

図 10-21　ヤシオオオサゾウムシ老熟幼虫

に3〜7日の前蛹期間を経てから，脱皮して蛹になる．蛹は長さがおよそ50 mmで，幼虫に比べると小さくなっている．全体が薄い褐色である．蛹の期間は12〜33日間で，羽化した成虫はさらに4〜17日間繭内に留まり，性的に成熟してから繭の一端を押し広げて出てくる．

　成虫は体長約40 mmで，さらに小さくなっている．ニューギニア島産のものは全身光沢のある黒色のものが多いが（図10-20），他の場所では濃赤褐色のものが多く，red palm weevilと呼ばれている．発達した膜状の後翅を持ち，よく飛ぶことができる．成虫の寿命は長く，雌で76日，雄では133日生存した記録がある（Sadakathulla 1991）．成虫は多数回交尾を行い，雌は交尾後，1〜7日で産卵を始め，1雌の総産卵数は平均275個と云われている．

(3)　採集法

　サゴヤシから髄を削り取った後には，梢の一部，切り株，などが放置される．それにヤシオオオサゾウムシが産卵するので，伐倒2〜4ヶ月後に，斧やブッシュナイフで切り崩すと，幼虫が得られる．これはサゴデンプン採取の副産物であるが，ヤシオオオサゾウムシを発生させるために，サゴヤシを伐倒してそのまま放置することも行われている．このような時には放置したサゴの伐倒木に対し所有権が設定されることが多い．これは原始的養殖ともいえるものである．2〜3ヶ月後には，1本の木から数百gの幼虫が採れる．幼虫採集の作業は先ず樹皮のはぎ取りから始まる．露出した髄を崩していくと（図10-22），褐色に変色した部分が出てきて，その近辺から多くの幼虫を採集することができる．成虫も食べられているが，成虫をまとめて多量に得ることは難しい．放置されたサゴヤシに飛来するものを採集するか，デンプン絞りかすの堆積の中に潜んでいるものを探し出して捕らえる．

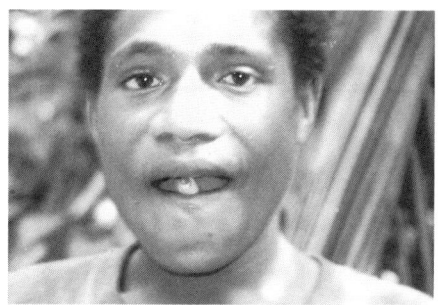

図 10-22　山刀でサゴヤシの幹を切り崩す　　図 10-23　ヤシオオオサゾウムシ幼虫をペロリと呑みこむ少年

図 10-24　ヤシオオオサゾウムシ幼虫のサテー

（4）　調理法

　サゴヤシのある地域の住民は，しばしばヤシオオオサゾウムシ幼虫を生きているまま呑み込む。放置してあったサゴヤシを切り崩す現場に居合わせた子供たちは，幼虫が出てくると先を争って飛びつき，あっという間に口に放り込んで，呑み込んでしまう（図10-23）。これでは味も感じないと思うが，喉を通るとき，あるいは食道をピクピクしながら落ちていく時の感触が好きなのかもしれない。大人でも大体丸呑みで，口の中でもて遊んだりはしない。生きている幼虫を食べるコツは，先ず頭を噛み潰してから飲み込むことで，もたもたしていると，唇や舌に噛み付かれ，ひどい目に会う。ヤシオオオサゾウムシは新鮮なサゴヤシの髄を食べたものは，腸内もきれいで，衛生的に問題はないが，腐敗した髄を食べたものは，腸内にいろいろな微生物がいるので，生で食べるのは危険である。
　幼虫の料理にはサテー，串焼き，蒸し焼き，油炒め，シチューなどがある（図10-24）。

(5) 商品としてのサゴムシ

　ヤシオオオサゾウムシ幼虫を食べている所では，ヤシオオオサゾウムシ幼虫は美味なもの，あるいはご馳走と位置づけられているところが多い。そこで需要が生ずる。人々はヤシオオオサゾウムシ幼虫を自家用に採集するだけでなく，マーケットや露天に出して販売する。価格は他の食品に比べて高いことが多い。

(6) 栄養価

　ヤシオオオサゾウムシ幼虫の粗成分は水分73.4％，炭水化物8.2％，タンパク質6.7％，脂肪11.0％，ミネラル0.7％である。脂肪が最も多いので，これが食べたときの淡い甘みの基であろうと思われる。次いで多いのが炭水化物であるが，これは分析するときに腸の内容物を取り除いていないので，腸内に充満しているサゴの髄組織によることが考えられる。タンパク質含量も多い。そのタンパク質を構成しているアミノ酸ではグルタミン酸が最も多く（全アミノ酸の14.3％），次いでアスパラギン酸（9.1％），ロイシン（9.0％）となっている。重要な必須アミノ酸のうち，スレオニン（4.9％）はかなり含まれているが，シスチン，トリプトファンの含量は非常に少ないので，タンパク質としてはあまり良質とは云いがたい（三橋・佐藤1994）。

(7) 祭りとサゴムシ

　インドネシア，パプア州のアスマット海岸地帯では，多量のヤシオオオサゾウムシの幼虫が消費される儀式が現地住民によって行われていた（Ponzetta and Paoletti, 1997）。儀式における幼虫の交換は友情を結んだものと認められ，和解の祝宴においてなくてはならない役割を演じていた。儀式によって神聖化された幼虫は強い力を吹き込まれているので，子供や，病人や，老人や妊婦は食べることができない。もし食べると，その力に耐えられず，死ぬこともあると信じられた。男でも，その妻が最近子供を産んだような時には，その幼虫を食べると子供に悪いことが起こるのではないかという恐れから食べるのを控えると云われている。イムイまたはイムブイ（imuiまたはimbui），アン（an），フィラウィ（firauwi）と呼ばれる三つの異なった祝宴で，ゾウムシ幼虫が多量に使われた。イムイの場合，2人の男あるいは2人の女のあいだで，幼虫の交換が行われ，ある絆が作られる。これにより二人はパートナーとなり，特別な友情で結びつけられ，それは終生続くとされる。アンの祝宴は，家族間あるいは集落間で，以前に首狩によって失われた平和で友好的な関係を再構築する。フィラウィはバス・スワングス（basu suangkus）とも呼ばれ，戦いで殺された男の仇討ちを象徴する儀式である。

大量のヤシオサゾウムシ幼虫を集めて祭りをすることは，パプアニューギニア南西のボサビ山周辺に住むオナバスル族も行っている．年に1度6月か7月に，幼虫を数十キログラムも集め，バナナの葉で包んで，長さ数メートルに及ぶ巨大なソーセージのようなものを作り，この祭りのために建てられたロングハウスで蒸し焼きにする．それらは幼虫を提供した人，その人と婚姻関係がある人，家族などに配分され，祭りのドンちゃん騒ぎは夜遅くまで続けられる（Meyer-Rochow, 1973）．

> ▶1節：後藤雄佐・新田洋司，2節：豊田由貴夫，3, 4節：江原宏
> 5節：近江正陽，6節：三橋淳

第11章

文化人類学的側面

1 ▶ 根栽文化

(1) 根栽農耕とは

　サゴヤシが人間に利用されている地域の農耕を説明するのに,「根栽農耕」という概念が使われてきた。この概念はカール・サウアーや他の学者によって提唱され,日本の中尾佐助によって発展させられたものである。この概念の大きな特徴は,これまで農業の起源は世界で1カ所,すなわちメソポタミアであり,これが世界へ広がっていったと考えられていたのに対して,農業の起源にはいくつかのタイプがあり,複数の起源地を提唱し,その一つとして東南アジアを起源とする根栽農耕を示したことである。
　中尾 (1966) は世界の農業を四つのタイプとして示したが,それらはそれぞれ以下のような特徴を持つ。

①東南アジア「根栽農耕文化」
　　東南アジアの熱帯雨林地域を起源地として,バナナ,ヤムイモ,タロイモ,サトウキビといった作物を栽培化した。
②メソポタミア「地中海農耕文化」
　　肥沃な三日月地域を起源地として,主たる作物はムギ類を中心とした一年生冬作物である。
③メソアメリカ「新大陸農耕文化」

中央アメリカに起源を持ち，南北アメリカ大陸とその周辺地域に広がった農業。キャッサバやイモ類が栽培されている。
④西アフリカ「サバンナ農耕文化」
アフリカのサハラ砂漠以南のサヘル地帯とよばれるサバンナ地帯を起源とし，イネを含む雑穀をおもに栽培し，豆類も栽培した。

この中の「根栽農耕文化」は東南アジア・オセアニアを起源地とするものであり，種子によらない栄養繁殖を基本としている。パプアニューギニアの中央高地でBC9000年頃の導水溝が発見されており，この頃に植物が栽培されていた証拠とされている。四つのタイプの農業のうち，最も古いタイプの農業であると言われている。

この根栽農耕は，種子栽培の農業といくつかの点で対照をなしている。中尾は根栽農耕の主要な作物として，当初バナナ，ヤムイモ，タロイモを示し，その後，サトウキビ，サゴヤシ，パンノキをつけ加えた。サゴヤシからのデンプン抽出も，この根栽農耕の中で一定の役割を果たしていたと考えられたのである。

中尾によれば，根栽農耕は，単に農産物を生産する農業だけを指すのではなく，農業の過程や作物の加工，その食べ方などをも含んだ広い概念だとしている。中尾は根栽農耕のいくつかの特徴を示している。

①種子によらない繁殖
　　種子ではなく，根分け，株分け，さし木などによって食物の繁殖が行われる。
②倍数体利用が進歩している。
③豆類と油料作物を欠くこと
④堀棒が唯一の農耕のための道具である。

これらの特徴に基づいて，中尾は根栽農耕の発展について，以下のような仮説を唱えている。

①野生の果実，イモ類などの採集
②主要作物の栽培化，そして根栽複合文化の形成
③焼畑農耕とタロイモのための灌漑設備の確立

食料の調理技術も変化した。初期の段階ではバナナや根栽作物を地面に穴を掘り，焼けた石を置いて蒸し焼きにしていた。これは太平洋地域では依然として行われているやり方である。毒がある根栽作物の場合，水にさらして毒抜きを行っていたとされる。これはデンプンを精製するのにも使われた。

この技術は，サゴヤシの研究にとって重要である。中尾によれば，この毒抜き（あるいはあく抜き）の技術が発展し，その後，サゴヤシからデンプンを抽出する技術が得られたと考えられるからである。

中尾によれば，根栽農耕は中国南部かあるいは東南アジアの熱帯雨林地域のどこかが起源であり，そこから周辺の地域に広がっていったと考えられる。彼は以下のような三つの方向を考えていた。

①オセアニア地域へ東方の伝播
②東アフリカやマダガスカル島への西方への伝播
③東アジア地域への北方への伝播

サゴヤシからのデンプンを利用している地域は原則として根栽農耕文化の地域に属しており，共通の要素を持っている。以下，根栽農耕文化の地域における共通の特徴を挙げることにする。

(2) 根栽農耕文化の特徴

a. 多品種栽培

根栽農耕においては多品種の作物を同時に栽培するということが頻繁に見られる。根栽農耕と対立する種子農耕では，単一の品種を広範囲に栽培することが一般的だが，これに対して根栽農耕では，同一の区画で多品種が栽培され，しかもその品種が非常に細かく分類されることが多い（吉田 1985）。例えば，表 11-1 は根栽農耕が実際に行われているパプアニューギニアのセピック地域，クワンガ民族での多品種栽培の現状を示したものである（豊田 2003）。これによれば，ヤムイモはダイジョ（*D. alata*），トゲイモ（*D. esculenta*）に区分され，さらにその中でダイジョは 39 種類に区分され，トゲイモは 38 種類，タロイモは 24 種類，バナナは 65 種類，サゴは 9 種類に区分される。これらの区分はもちろん学術的な区分とは独立したもので，現地の住民の独自の基準による「民俗分類」と呼ぶべきものである。また，区分は現地語で行われているため，この区分は言語集団ごとに異なる。したがって，この区分はクワンガ語を話している約 1 万 3000 人にのみ適応できるものである。住民はこのような多数の区分を把握しており，それぞれの種類を植物が若い段階でもあるいはその一部を見ただけでもほぼ区分をすることが可能である。これらの知識は畑での作業を繰り返すことによって身につける。

これらの多品種栽培を行う理由については，自然科学的な合理性から考えると，繁殖期が異なる作物をそろえることにより常時食料が得られるようにする，あるいは虫害や災害などにより特定の作物が全滅してしまう危険を回避するため，などの理由が考えられるが，住民がこのような理由を意識しているかという問題は，それほど単純ではない。しばしば，多品種栽培について住民が示す理由は，多くの種類の作物を栽培することによって異なる味を求める，などの理由が示される場合があるからである。

表 11-1　パプアニューギニア，ワンジャカ村における作物の民俗分類

品種	民俗品種数	男性	女性
yam (*D. alata*)	39	19	20
yam (*D. esculenta*)	38	16	22
taro	24	24	0
Metroxylon sagu Rottb.	9	5	4
banana	65	31	34

豊田 (2003).

b. 作物の擬人化

　根栽農耕を行っている地域では，農作物はしばしば人のように扱われることがある。例えば，パプアニューギニアでは，ヤムイモを育てるときにヤムイモに対して「私の子供よ」と話しかけると言われている。またヤムイモを育てる時に，大きく育つようにヤムイモをさすって育てる例もある (Kaberry 1941-2)。またヤムイモを植える時には他の作物と一緒に植えるとよく育つという。例えば，ヤムイモを植えるときにタロイモを一緒に植える方がいいという。これはタロイモはヤムイモの子供だと信じられていることによる。ヤムイモはタロイモと一緒だと，家族と一緒だと感じて喜んで大きくなるという。

　このような現象を作物の擬人化 (personification, anthropomorphism) と呼ぶ (Toyoda 2002)。作物を，あたかも人間であるかように扱う現象である。擬人化の例は根栽農耕を行っている地域ではいろいろな点で見られる。

　パプアニューギニアのアベラム民族では，ヤムイモを収穫する祭りの時にヤムイモを人間のように装飾して展示するが，これも作物の擬人化の一例と考えられる。作物に対して品種ごとに性別を付与するのも，これらの擬人化という現象と関連するかもしれない。また，作物として比較的重要度が高いものに関しては性別を区分していると考えられ，重要な作物は擬人化され，これに伴って性別を区分しているとも考えられる。

　もちろん，根栽農耕ではない種子農耕でも，作物の「霊」を信じるような例など，擬人化とでもいうべき現象の例はあるが，根栽農耕では以上のように，より明快な例が存在する。

2 ▶ 「サゴヤシ文化圏」の社会構造

　サゴデンプンを伝統的に利用してきた地域は，東南アジアと南太平洋の一部に広がっている。この地域を「サゴ文化圏」と呼ぶことができるほど，明確に共通の文

図 11-1　パプアニューギニアにおけるサゴ抽出作業

化的特徴があるわけではない。

　これらのサゴデンプンを伝統的に利用してきた地域では、サゴデンプンを主食としてきた地域もあれば、他の作物の収穫が不十分な時に必要に応じてサゴデンプンを採集する地域など、その利用の仕方には変異がある。その中で、伝統的にサゴデンプンを主食としてきた地域、すなわちニューギニア島とその周辺地域では、ある程度共通の文化がある。ここではそこに見られる共通の文化を紹介しておこう。

　サゴデンプンを利用するための物質文化としては、サゴデンプンを抽出するための技術が必要になる。サゴデンプンを細かく砕く技術（しばしば、ハンマー状のものが使われた）が必要であり、水でさらすための容器など、独自の技術が必要であった（図11-1）。

　サゴデンプンはそれだけでは栄養は十分とはならないので、これに魚や野ブタなどがタンパク質源として利用される。サゴデンプンが主食となる地域は湿地である場合が多く、魚をとって食料とされる場合が多い。生業としては漁労・狩猟がサゴデンプン採集を補う形となる。この意味では、サゴデンプンを主食とする地域では、狩猟採集、農耕、牧畜という生業の大分類の基準では、農耕というよりも、採集狩猟に近い性質を持つ。

　サゴデンプンが主食となる地域でも、同時にヤムイモやタロイモなどのイモ類やサトウキビなどが栽培され、これらが食料として利用される場合がある。その意味

ではこのような地域では農耕を行っているという言い方も可能であるが，それは種子農耕ではなく根栽農耕であることから，食料の保存が限定され，財としての蓄積も難しく，富が蓄積されることもなかった。これは社会構造とも関係すると考えられる。

　社会構造の面から見ると，ニューギニア島を含むメラネシア地域（ニューギニア島とその周辺，ソロモン諸島，バヌアツ，ニューカレドニア，フィジー）の特徴は，伝統的に社会的な階層が原則として存在しないという点である。出自による社会的な地位の差は原則として存在しない。この点で，チーフ（首長）と呼ばれるような人物が存在し，首長制という制度が存在するポリネシア地域（太平洋地域のニュージーランド，ハワイ，イースター島を頂点とする三角形に入る地域。トンガ，サモア，タヒチなどが含まれる）やミクロネシア地域（メラネシアの北側。ミクロネシア連邦，マーシャル諸島，キリバスなどを含む）と対照をなしている。メラネシア地域では首長は存在せず（ただしフィジーを除く），一般に他の者と比較して，強い権力を持つ者が存在するのみである。

　このような人たちを文化人類学，民族学ではビッグマン（big man）と呼んできた。その地位は世襲で継承されることもなく，あくまでも個人の資質が周囲に認められることにより，権力を持つようになるのである。その獲得手段は地域によって差があるが，主として儀礼的交換による個人間のネットワークをもとにしたものが多く，他にも富，戦闘能力，弁舌能力などがある。

　ビッグマンの力は，個人的なネットワークを基本とするので，大きな社会組織・政治組織に発展することはない。ポリネシア地域やミクロネシア地域では，社会的な階層が発達し，平民と首長の差が存在する。さらにこれが発展とすると，トンガやヨーロッパ文明と接触する前のハワイのように，王制と呼んでいいような社会体制となる。その政治組織の力の及ぶ範囲は面積においても広くなり，また多くの人口にその力が及ぶこととなる。ニューギニアを中心とするメラネシア地域では，政治的な単位は基本的には集落や言語集団であり，その単位は数百人であり，せいぜい千人を超える程度に及ぶだけである (Sahlins 1963)。

3 ▶ サゴヤシの社会的役割

　サゴデンプンを主食としている地域では，サゴが単なる食料としてだけでなく，様々な社会的役割を果たしている場合がある。ここではそのような事例が多く見られるニューギニア島（パプアニューギニアならびにインドネシアのパプア州）の事例を中心に，サゴヤシの社会的役割ならびにサゴヤシと社会との関わり方を紹介する。

図 11-2　袋に詰めたサゴデンプン

(1) 贈与財としてのサゴ

　社会によっては，特定の農作物が，ある社会的な役割を果たす事例がよく報告されている。例えば特定の農作物が「贈与財」いわゆる「贈り物」として扱われる場合がある。ニューギニア島を中心とするメラネシア地域では，財のやりとりがさかんであり，その際に特定の農作物が贈与財として扱われる。特にヤムイモの場合が多いのだが，サゴヤシも贈与財として扱われる場合がある。

　例えば，結婚の際には，花婿の親族から花嫁の親族に財が贈られることが多い（婚資，brideprice）。この際にはブタが典型的な婚資として扱われるが，サゴヤシを主食としている地域では，サゴデンプンを袋にしたものが，同時に贈られる場合がある（図11-2）。この場合，サゴデンプンは食料の象徴として扱われていると考えられる。

　このような「贈与財」としての農作物は他の農作物と違って特別に扱われる場合が多く，メラネシア地域で典型的な例はヤムイモである。ヤムイモは単なる食料としてではなく，贈り物として象徴的な役割を果たすことが多く，ヤムイモに関連した様々な儀礼が行われる。メラネシア地域では，ブタも同様に象徴的な贈り物とし

図 11-3 祭りで振る舞われるサゴデンプン

て扱われる。婚資がブタ何頭というように表現される場合がある。パプアニューギニア、セピック地域のアベラム民族では、このようなヤムイモ、ブタに対して、「自分のブタは自分で食べてはいけない。自分のヤムイモは自分で食べてはいけない」という格言が明確な形で伝わっている。これは、ブタやヤムイモは原則として他人に贈るものであるということを表現したものである。

地域によっては、サゴヤシもこのような性格を持つ場合があり、その際には「自分のサゴは自分で食べてはいけない」とされる。ただし、このような規則が存在していたのはニューギニア島でも一部の地域のみであり、そのような地域でもこのような習慣は現在ではほとんど行われていない。

(2) 食料の象徴としてのサゴ

サゴを主食とする地域では、結婚式など、人を招待する機会にサゴを振る舞うのが習慣となっている（図 11-3）。パプアニューギニアの海岸部、ソウォム村では、葬儀の際には他の村から集まった人に対してサゴゼリー（サゴ団子、図 11-4）が振る舞われる。死者が若い場合、近親の親族が死者の家族と家でしばらくのあいだ（通常3週間）ともに過ごし、3週間後に親族に感謝の意を示すために盛大な宴を開く。この際にはサゴヤシ1本分のサゴゼリーを振る舞うと言われている。

パプアニューギニアでは、ある人物が死亡した場合、その近親者は喪に服してい

図 11-4 調理されたサゴゼリー（サゴ団子）

ることを表すために，自分が一番好きな食べ物を食べるのを止める，という習慣がある。この際にサゴヤシを主食とする地域では，サゴが典型的な食料として扱われることから，サゴヤシを食べるのを止める場合が多い。止める期間は特に決まっているわけではなく，その当人に委ねられているが，その期間は1年であったり，時にはそれが一生続くこともある。

(3) 大規模な交易

　パプアニューギニアの南海岸に住むモトゥ民族はその西側に住むガルフ地方の人々と「ヒリ」と呼ばれる交易 (Hiri trade) を伝統的に行い，この交易でサゴを得てきた。モトゥ民族の暮らす地域は土壌が貧しく降水量も少ないために，農作物は豊かではなかった。彼らは特産物として他の地域では作れない土器の壺を作っていたが，サゴを得るために，この土器を積んでラカトイ (Lakatoi あるいは Lagatoi) と呼ばれる帆付きの船に乗ってガルフ地方へ出かけるのだった。通常，10月か11月に南東の貿易風が吹く頃，モトゥ民族の有志たちはラカトイ船に乗り，女性たちが作った土器の壺を載せて，300 km ほど離れたガルフ地方へと出発するのであった。そして交易のパートナーから土器の代わりに多量のサゴを得た後，12月か1月の北西のモンスーンを待ち，故郷に帰ってくるのであった。モトゥ民族は近隣ではサゴ

図 11-5　ヒリ・モアレ・フェスティバルのラカトイ船

を得られないために，2，3ヶ月もかかるこの交易によってサゴを得ていたのである。

　このヒリ交易が伝統的な形で行われたのは 1960 年代が最後とされているが，この交易の様子を模した祭りが「ヒリ・モアレ・フェスティバル」としてパプアニューギニアの首都ポートモレスビーで毎年行われている（図 11-5）。

(4)　サゴのジェンダー

　パプアニューギニアの一部の地域では，サゴヤシが雄と雌に分けられる場合がある。例えば，パプアニューギニアのクワンガ民族では，表 11-2 のように 9 種類の区分のうち，雄が 5 種類，雌が 4 種類になる（豊田 2003）。
　これらの性別は生物学的な性とは全く別なものであることから，「ジェンダー」と表現するのが適切だと考えられる。この性区分はヤムイモやタロイモ，バナナなど他の作物にも存在しているのだが，他の作物の性区分から判断すると，基本的に長いものは男性で，短いものあるいは丸いものは女性となることが推察される。ただし，サゴヤシの区分はこのような説明では，十分に説明できない。また作物だけでなく，作物として利用されない植物や石なども男女に区分されることから推察すると，この現象は作物の性というよりは「物」の性であり，基本的に長いものは男

表 11-2 パプアニューギニア,ワンジャカ村におけるサゴヤシの民俗分類

区分		現地名	性別	名称の意味
とげあり	1	naksapmama	f.	繊維がたくさんある
	2	kiermpa	f.	水に早く溶ける
	3	minaku	m.	木のように高く育つ
	4	nakainje	m.	葉が pitpit のようになる
	5	nakusia	m.	ココナツの中のコプラのようだ
	6	nakapsambu	f.	ヒクイドリのようだ
	7	nakafija	m.	葉柄がオウムのように白い
とげなし	1	nakrame	m.	棘がある
	2	krumbuwalau	f.	短い棘がある

注:性別は m. が男性,f. が女性を表す.豊田 (2003).

性で,短いものあるいは丸いものを女性とするという規則と考えられる.物に対する認識の一手段として男性・女性の区別がある,と考えられる (Toyoda 2006).

あるいは,ジェンダーとして分類するという現象を理解するのに,「擬人化 (personification, anthropomorphism)という概念で説明される場合もある.作物の一部は,あたかもそれらが人間であるかのように扱われる場合がある.例えば,パプアニューギニアでヤムイモはしばしば「私の子供よ」と呼びかけられ,大きく育つようにさすったりすることもある.このような「擬人化」という考え方で,作物のジェンダーを考えることも可能である (Toyoda 2006).

(5) サゴデンプン抽出作業の性別役割

サゴデンプンを主食としている地域では,多くの場合,サゴデンプンを抽出する作業は男女のペアで行われる.そしてその作業は,性別によって分担される場合が多い.通常,サゴ抽出作業の前半部分は主として男性によって行われ,後半が女性によって行われる.ニューギニア島の多くの地域では,切り倒すサゴヤシを選択し,これを切り倒し,樹皮をはがし,髄の部分を砕くまでの作業は,男性が行う場合が多く,この後の,髄を水で洗い,デンプンを沈殿させ,デンプンを運搬して保存するまでの作業は女性が行う場合が多い.ただしこの区分は地域によって微妙に異なり,髄を砕く作業を女性が行う地域もある.

この性別の役割分担は,かつては厳密に守られていたが,近年はその区分は曖昧になりつつある.しばしば女性の作業を男性が手伝うことがあるが,それでも他人に見られている場合,男性は女性の作業を手伝うことは少ない.

(6) しつけとしてのサゴ料理法

サゴを主食とする地域では，料理は通常は女性によって行われる場合が多い。サゴの調理法のうち，サゴゼリーは最も一般的な調理法であるが，その調理法は簡単なものではないとされ，女性にとってはこれを身につけることが一人前の女性になる資格であると考えられる傾向がある。

パプアニューギニアのソウォム村では，女性が10歳頃になると，サゴゼリーの調理法を習うのにふさわしい時期だと考えられている。女性は幼少のうちから母親と一緒に過ごし，皿洗いや水くみ，野菜の採集，料理などを手伝う。しかしサゴゼリーの調理法は難しいとされ，調理法に失敗するとサゴが食べられなくなり，無駄になると考えられている。したがって，女性が10歳頃になると母親は何度もサゴゼリーの調理法を教えることになる。15歳頃になるとたいていの女性はサゴゼリーを適切に調理できるようになるのだが，サゴゼリーを適切に調理できるということは，ソウォム村の女性にとって，一人前の女性であるという象徴的な意味合いを持つのである (Toyoda et al. 2005)。

4 ▶ サゴヤシにまつわる神話

サゴデンプンは周知のように現在ではニューギニア島低地域とその周辺の島嶼において主食となっている。ここで主食と言った意味合いは，あくまで住民の食糧源として客観的に最も多い量を占めていることであって，必ずしも住民自身が主観的に自らの基幹作物として位置づけていることとは関係がないということである。この意味合いでの主食としてサゴデンプンに今なお大きく依存している地域の一つに，パプアニューギニア，東セピック州のセピック川流域がある。本稿では，おもにこの流域から採録されたサゴヤシやサゴデンプンに関わる神話・伝説を紹介し検討してみたい。

(1) サゴヤシにまつわる神話の特異性

セピック川流域で採録されたサゴにまつわる神話を検討してみると，ある特異な特徴がみられることに気づかざるをえない。ニューギニア低地域一般と同様にセピック川流域においても，栽培植物としてヤム，タロなどのイモ類，ココヤシ，サゴヤシ，パパイヤ，パンダナス，パンノキなどの果樹類，バナナ，サトウキビが挙げられる。周知のように，これらの栽培植物に大きく依存する農業は根栽農耕と一

括して呼ばれており，ニューギニアも含めて南太平洋全般が根栽農耕圏に属している。この根栽農耕の作物として位置づけられている栽培植物のなかで，ことサゴヤシに関してはその起源神話らしきものが，なぜか語り伝えられていないのである（イェンゼン1966)[1]。サゴヤシは，天地自然と同様に，もともとそこにあったという前提のもとに多くの神話が語り出されている。すくなくともセピック川流域においてはそう言えるであろう。例えばアベラム系ボイケン族では「昔，人々はサゴ打ちをしなかった。ただサゴヤシ木のところへ行ってサゴヤシ幹を叩いてサゴを入手するだけだった」と語られている（McElhanon 1974)。幹を叩いてサゴを手に入れるという方法が具体的にどんなやり方なのかは，さっぱりわからない。カラワリ川上流のアラフンディ族でも「昔，女たちはサゴ打ちをしなかった。サゴヤシを切り倒すことなく，サゴヤシの生えているところに出かけていって，男がサゴヤシの幹の皮を剥ぎ，そこから滴り落ちてくるサゴ・ミルクを女が手で掻きとってバスケットに入れて家に持ち帰るだけであった」（紙村 1998)と語られている。サゴヤシの幹からはたしてサゴデンプンの樹液が滴り落ちてくるものなのかどうか判らないところである。それにしてもともかく神話で語られる限りでは，サゴヤシは元来自然に自生していたと認識されていることが判明する。この点において，そのほかの栽培植物，イモ類やココヤシ，バナナなどが，いかにして現在の人類の作物として手に入ったのかという，原古の神話的出来事がはっきりと語られていることと対照的である。サゴヤシに関わる神話は，ほぼサゴデンプンの入手技術やサゴ料理の方法を神的人物から教授されたと語っているか，あるいは単にサゴデンプン調製過程のどこかで神話的出来事が語られることが多い。だからこそわれわれは根栽農耕文化のなかにおけるサゴヤシの位置づけの特異性に注目せざるをえないのである。

　そうは言っても筆者に今の時点で考えられる理由は，サゴヤシの植物としての特性によっているのかもしれないということだけである。サゴヤシはイモ類やバナナと異なり，細断した種芋を植えつけるのでもなく，また株分けするわけでもなくて，単に芽を湿地に挿しておくだけで，あとはなにも人が世話をするわけではない。同じヤシ科の植物でも，サゴヤシはココヤシなどとは異なり自然に株が分かれ群生する性質がある。筆者はセピック川下流域で広大な野生のサゴヤシの群落を見たことがあるが，川筋に延々とサゴヤシ林が密生して連なっていて，まさかこれが野生のサゴヤシ林とは思ってもみなかったほどであった。だいたいサゴヤシに関する限り野生種か栽培種かは余所者にはわかりにくい。ひるがえって考えてみると，サゴヤシははたして栽培植物と明確に確定できるものなのかどうか，なかなかにむずか

---

[1] 今のところサゴヤシの発生を明瞭に語り伝えているのは，イェンゼンの報告するセラム島のヴェマーレ族のトゥワレ神話だけである。そこではトゥワレの二人の子供がサゴヤシに変身したとされる。このことは逆にヴェマーレ族の事例がはたしてイェンゼンのいう「古層栽培民文化」の典型例であるとする仮説に疑念なしとしない。

しい。農学の故中尾佐助氏は晩年に，狩猟採集とも栽培農業ともいえない中間段階を「あけぼの農業」と呼んでいたが，その「あけぼの農業」段階の作物の一つにサゴヤシを挙げていたと記憶している (中尾 1985)[2]。そうした概念が今なお妥当なものなのかどうかは筆者には不明ではあるが，サゴヤシがそれほどに栽培植物として位置づけることが困難であることは確かなように思われる。このような性質をもったサゴヤシに，他の栽培植物において語られ伝承されてきたような起源神話が明確な形では今のところ見出されていないのも，あるいは当然であるのかもしれない。

そのせいかどうかは不明ながらも，なぜか少なくともセピック地区ではサゴヤシは人々の主観的意識上は基幹作物としては位置づけられていないように思われる。セピック川上流アンブンティ近くのクォマ族では，ヤムイモが基幹作物であるが，量的にはサゴデンプンを圧倒的に多く摂取していてその意味で主食となっている。

(2) イェンゼンの栽培植物起源神話の二類型

栽培植物の起源神話に関しては今のところやはり Jensen (1963) の学説，つまり「プロメテウス型」と「ハイヌヴェレ型」の二つの類型に優るものはないように思われる。「プロメテウス型」とは，古代ギリシャのプロメテウス神話にちなんでいて，ある神的英雄が天界などの異界から穀物種を盗んできて人間にそれを贈与するタイプであり，イェンゼンによれば穀物栽培民文化に固有な作物起源神話であるという。他方で「ハイヌヴェレ型」とは，東インドネシア，セラム島西部のウェマーレ族のバナナから生まれたハイヌヴェレという名の少女の神話にちなんでいて，ある神的人物（イェンゼンはこれをデマ神という）が原古に殺害され，その死体が粉々に細断されて土中に埋められ，埋められた死体の断片が栽培植物に変身し，始めて人間にもたらされたというタイプであり，イェンゼンによれば根栽農耕民文化（イェンゼンはこれを古層栽培民あるいは初期栽培民とみなした）に固有な作物起源神話であるという (Jensen 1963)。イェンゼンは根栽農耕民文化を穀物栽培民文化よりも，人類文化史上，より古層の栽培文化，最も初期の農耕文化とみなしたのだが，この仮説の当否については本稿では問わないでおく。ここでは根栽農耕民文化に固有な作物起源神話が「ハイヌヴェレ型」であることを確認しておけばよい。この点に関しては，イェンゼンの仮説はかなりの妥当性を今なお持ち続けていると思われる。イェンゼンの「ハイヌヴェレ型」神話によって表象される世界像とは，単に殺害された神的人物の裁断された死体から栽培植物が発生したという神話的局面のみにとどまらず，殺害と生殖，生と死，栽培植物，月と女などの相互に意味連関をもつ基本

---

[2] 故中尾佐助氏が 1985 年 12 月 21 日に開かれた国立民族学博物館共同研究「パプアニューギニアにおける社会・文化変容」班（研究代表者：畑中幸子）研究会で，prenatal agriculture の概念で発表された。

的特徴から構成されている一つのまとまった統一された世界像であるという（大林 1977a, b）。本稿では，サゴヤシにまつわる神話としては，どうも死体からのサゴヤシの発生というモチーフは明示的にはみられないものの，それらには生と死，殺害と生殖，栽培植物，月と女などの相互に意味関連をもった特徴がみられることを見ていきたい。

(3) 殺害と生殖，死と生，あるいは殺害されることと新たな生の産出

われわれはセピック地区においてしばしば死と生，殺害と生殖，殺害されることと新たな生の創出といった意味連関をもった神話に出会うことに驚かされる。しかも殺害そのものが利害や怨恨に動機づけられていなくて，実に無機質に，まるで捕食動物が行う営為であるかのように語られていることに一層驚かされるのである。

セピック川中流の一大支流カラワリ川の最上流アラフンディ川にアラフンディ族が住んでいる。筆者が聞き取りをした，かれらに伝わる長大な文化英雄神アペの神話群のある部分に，サゴ料理と人間の生殖器の始まりが明示され，さらに人間は死者と生者から成ることが示唆されている。それによると，湿原でサゴ打ちとサゴ洗い作業をしていた二人の姉妹に会うために，アペが来訪する。アペは当初はサゴヤシに隠れ，さらに全身をサゴヤシ葉で覆い隠していたが，姉妹についには発見される。

　姉妹はその男アペを掴まえて，男の身体にまとっているサゴヤシ葉の衣装を脱がせてみると，そこにはサゴヤシの幹の表皮があった。それも脱がせてみると，樹皮の黒い皮と白い木髄とに分かれた。白い髄は白人となり，黒い皮は黒人になった。こうして世界には白い人と黒い人とができた。(中略) 姉はサゴデンプンを網袋にいれて担いだ。そして姉が先に立ち，次にアペが立ち，しんがりに妹がついて，三人が家に帰って行った。家に着くとただちにアペを床下に隠し，姉妹は黙って家の中に入っていった。家の中には姉妹の夫である黒い犬がいた。姉妹は力を併せて黒い犬をたたき殺し，これからはアペこそが二人の夫であるということにした。殺した犬は家の外に捨てた。その時，姉妹の父母が帰ってきて，犬の死体を見つけた。そして娘に，「おまえたちはどうして犬を殺したんだね？」と聞いた。姉妹は「お父さん，お母さん，きっと今夜おもしろいものがみられるでしょう」とだけ答えた。それから姉妹は外へ出てアペを床下から出した。アペは二人に「あなたたちは家の中では右足を立て膝にし，その右足に右腕をくぐらせて座りなさい。床の上にサゴヤシ葉を敷いて，その上にサゴデンプンの塊を置き，あなたの右手でデンプンの団子を作ってサゴヤシ葉でくるみ，火にかざして焼きなさい。焼き終わったらサゴ団子を床の上に置いて，わたしを呼びなさい。

わたしは家の中に入ってゆくから」と命令した。姉妹がアペの言いつけ通りにすると，アペは家の中に入ってきて，姉妹とその父母，兄弟の見ている前にどっかりと座り，サゴ団子料理を食べた。それを見ていてかれらはみんな幸せな気分になった。アペは「このように男はけっして料理をしないものなのだよ。男は女の料理してくれるものを食べるだけなのだよ」と言った。こうしてアペはかれらの家族となった。しかし妻たちにはまだワギナがなかった。妻の父や兄弟にもペニスがなかった。ただアペだけにペニスがあった。そこでアペは，野鶏の卵を手に入れてそれを二つに割り，姉の下半身につけてワギナをこしらえ，彼女と性交した。同じように妹と兄嫁にもワギナをこしらえてやって，彼女たちとも性交した。そのあとで，野生のタロイモの根茎を取ってきて，イモの先端の皮をむいて小さな穴をあけ，それを姉妹の父や兄弟の下半身につけてペニスにしてやった。アペはかれらにも「夫婦で性交するように，先ほどわたしがしたようにしなさい」と言った。こうして人間は男女の交わりを知った。［1990年8月23日筆者採集，情報提供者：ヤビキ・タパイン，アウイム村］

　この話ではサゴ料理の方法と作法，サゴ料理のテーブル・マナー，そして生殖器の始まりと性交の開始などが，アペという一種の異形のサゴヤシ人間から教えられたと明示的に語られている。しかも姉妹はアペと結婚するために，それまでの夫であった黒い犬を実にあっさりと殺害しているのである。無慈悲というか，無機質というか，なんの情緒的とまどいもない。こうした殺害とは，イェンゼン（1966）が「自然の原初的暴力」と呼んだものであろう。さらにこの話には，人間の死という不可避の運命の始まりも暗示的に示されている。それはサゴヤシ人間であったアペの身体の木皮が黒い人となり髄質が白い人になったという部分である。インフォーマントは，黒い人とはわれわれパプア人で，白い人とはヨーロッパ人であると注釈しているが，筆者はこの注釈は話をおもしろくするためのごく最近の再解釈であろうと考えている。アラフンディ族の図像表現に現れるミミンジャという死者霊が白く描かれるように，白い人とは死者であり，これに対して黒い人とは生者であると解釈すべきであろう。すなわちアペというサゴヤシ人間から現在の人間である生者と死者が生まれたと語っているにちがいない。人間とは生きている人と死んでいる人とから成るのだというかれらの認識を表現しているわけだ。このことは，人間の死ぬ宿命がこの原古の出来事から始まったと示唆しているように思われるのである。

　こうした生と死，殺害と生殖などの相互に意味連関をもった神話的特徴は，セピック川上流ワシクク丘陵に住むクォマ族にもみられる。先述したようにクォマ族の基幹作物はヤムイモではあるが，食料の圧倒的に多くはサゴデンプンに依存している。当然ながらヤムイモの起源神話はちゃんと別に伝えられている。オオワシを

トーテムとするクランに伝承されている主たる神話において，サゴヤシにまつわる神話が次のように語られている。

　精霊堂の横に生えている大木に一羽の巨大なオオワシが棲んでいたが，オオワシが子供をさらって食べるので，人々は一計を案じて二人の男児の兄弟をクンドゥー（片面張り手鼓）の中に隠してオオワシに送りつけ，弟がオオワシを呪術で眠り込ませてオオワシの首のつけ根を手斧で切りつけた。これはいわば「トロイの木馬」型の説話である。さて瀕死の傷を負ったオオワシはそれでも明け方になって飛び立った。

　オオワシは飛んでいったが，サゴヤシ林に落ちた。（中略）二人の男児，サンバアクとクワイガとは，オオワシが落ちた地へと出かけた。その地では，二人の娘がサゴ洗いをしようとしていた。ところがサゴ洗い用の小川の水が流れていなかった。娘たちは上流がどうなっているのかと見に行った。そして目を見張った。そこには巨大なオオワシの死体が横たわっていて流水を堰きとめていたからだ。娘たちはオオワシの死体を動かして，サゴ砕粉塊（サゴヤシ幹髄質部をサゴ打ち器で打ち砕いたもの）のなかに隠した。そしてオオワシの頭の羽毛を取り除いて自分たちの髪飾りにした。そこへ二人の兄弟，サンバアクとクワイガが到着した。二人の兄弟は娘たちに尋ねた，「オオワシがこのあたりにいなかったかい？」と。娘たちは「さあ，知らないわ。オオワシなんてどこにいったのかなんて知らないわ」と答えた。兄弟は「君たちの頭にはオオワシの頭の羽毛がさしてあるじゃないかい。きっと君たちがオオワシの死体を隠したにちがいないと思うんだが」ときつく詰問した。そこで娘たちは観念して，オオワシの死体をサゴ砕粉塊の中から出してきた。二人の兄弟は娘たちに「オオワシの二本の脚はわたしたちが持ってゆくよ。君たちはあとの残ったオオワシの身体の肉を食べたらいいよ」と言った。二人の娘の名はユアスとカヌワヤといった。そして娘たちがサゴ洗いをしていた地の小川の名はワシュカパマシュクといい，今のミノ村の地である。二人の兄弟は二本の脚だけを持って故郷の村に帰ると娘たちに言っておきながら，ひそかに再度娘たちの下へ戻ってきた。その時には娘たちはあらかたオオワシの肉を料理して食べてしまっていた。食べてしまったものはもう返せないので，娘たちは二人の兄弟に「残りの肉とサゴデンプンを担いで，わたしたちの家に一緒に帰りましょう」と申し出た。

　二人の兄弟が娘たちの家へと一緒に帰っていく途中で，兄弟は娘たちに「君たちはビンロウジの実をもっているかい？」と尋ねた。娘たちは「ええ，あるわよ。途中の道端にビンロウジの木があるから，そこになっているわ」と答えた。ビンロウジの木のところに着いたので，兄弟は娘たちに「君たちが木に登ってビンロウジの実を採ってきてください」と要求した。二人の娘はビンロウジの木に登っ

た。ユアスが先に登り，後からカヌワヤが登った。二人の兄弟は地上に残った。そして兄弟はオオワシの脚の爪をビンロウジの木に刺し込んで，爪を木の幹から鉤のように出させた。そうしておいてから，兄弟は「早く降りなさい。ビンロウジの木が倒れそうだから」と娘たちに叫んだ。兄弟はこのように娘たちを騙した。娘たちは騙されて急いで木から降りようとした。まず先にカヌワヤが降り，あとからユアスが降りた。二人ともあまりに急いで降りたので，爪の鉤に下半身を引っ掛けてしまった。先に降りたカヌワヤの陰部はその分だけ大きく裂けた。だからたいへん痛かった。あとから降りたユアスの陰部は小さく裂けたので，それほど痛くはなかった。二人の娘にワギナができたので，兄弟は彼女たちと結婚することにして自分たちの家へ連れてゆくことにした。兄のサンバアカはカヌワヤと結婚し，弟のクワイカはユアスと結婚した。かれらは新しく作ったブッシュ・ハウスに住んだ。たくさんの子供をつくり，そこはやがて大きな村，ヌグルウイ・パルンジュウイとなった。こうしてわれわれグシェンプ氏族ができた。［2003年8月12日トングシェンプ村にて筆者採集，情報提供者：テレンス・ユウェンドゥ・ヤンボカイ］

　以上の神話ではサゴヤシの起源どころか，サゴデンプン採取やサゴ料理法の始まりすら語られてはおらず，ただ神的動物のオオワシの死体がサゴ採取の女たちによってサゴ砕粉塊の中に秘匿されたとあるのみである。しかしながら二人の男児がクンドゥーの中に隠されてオオワシのもとへと送りつけられたという話は，ある種クンドゥーの中に「呑み込まれる」イメージであることは確かであろう。成人儀礼の神話的説明によくみられる話である。その証拠に，二人の男児は才覚を働かせて見事にオオワシ殺害に成功するし，その後に妻となるはずの女と出会って，彼女たちに生殖器を作ってやり結婚をすると語られているのである。小さな男児であったはずが，オオワシを退治するやいなや出会った娘たちを婚姻可能な一人前の女へと変身させられるほどの一人前の男に成長を遂げていたのである。すなわちこのオオワシ退治の冒険譚とは，小さな男の子が一人前の男性へと変身を遂げる成人儀礼でもあった。ここにオオワシという神的動物の殺害と成人式，そして生殖器の発明と結婚という相互に意味関連を持った神話的特徴が明確に表象されているのである。二人の兄弟が出会った娘たちがサゴ採取作業をしていて，オオワシの死体をサゴ砕粉塊の中に隠したという神話的意味，さらになにゆえにオオワシがサゴ林に墜落しサゴ洗いの川を堰きとめて死なねばならなかった意味は何なのであろうか。オオワシの殺害された死体は，一旦はサゴ採取の娘たちによってサゴ砕粉塊のなかに埋められており，そこから新たに発掘され取り出されることによって，兄弟と娘たちが食べられる野獣の肉塊と娘たちのワギナを作るための呪的道具とに変身したのだと考えられる。それのみならず，オオワシの死体はサゴ砕粉塊から取り出されること

によってサゴデンプンにも変身したらしいことが暗示されてもいるようである。なぜなら娘たちはサゴ洗いをしようとしていたのだが，川水は流れておらず，いまだサゴデンプンを抽出できてはいなかったはずなのだ。にもかかわらず二人の男を伴って家路に着いたときには，娘たちはオオワシの肉塊とサゴデンプンを担いでいたからである。すなわちオオワシは殺害されサゴ砕粉塊に埋められてから，新たに獣肉とサゴデンプン，そして呪具とに変身したと考えられる。サゴ洗いの小川の源流は「ワシュカパマシュク」と名づけられた。この名は，ワシュカプがこのオオワシの個人名であり，マシュクは頭を意味するから，これは「殺害されたオオワシの頭」の意味になる。サゴ洗いの小川の源流が「オオワシの頭」という地であり，サゴ砕粉塊をサゴデンプンへと抽出させるための川水の源こそが，オオワシの頭に由来しているらしいことが示唆されている。ちなみにこのオオワシの頭，右翼，左翼，胴体の各々が，四つの氏族の主たるトーテムとなっていることもまた，オオワシの身体の断片から四つの氏族が生成されたことを暗示しているようでもある。かくして殺害されたオオワシの裁断された死体から，獣肉，サゴデンプン，生殖器を発生させる呪具が形成され，さらに四つの氏族も生成されたらしい。そしてこの原古の出来事と強く意味を保った男児の成人儀礼と結婚の成就が行われたと語られているのである。またここでのオオワシによる村の子供の拉致と捕食とはあくまでも肉食の猛禽特有のライフ・スタイルであり，このオオワシの所業に悩んで殺害を計画した人々もまたなんら怨恨を動機とする闘争とはなんの関係もなく，肉食動物の被害に対して狩猟行動の一環として迎え撃ちにしたにすぎない。つまり人間的な戦争といったものではなく，あくまで狩猟なのである。これらは確かにイェンゼンのいう「ハイヌヴェレ型」神話を典型とする古層栽培民文化に固有な世界像を強く表象しているにちがいない。

(4) 月，女，そして栽培植物

ここではサゴヤシにまつわる神話のうち，特に月と女に意味関連した話をみてゆきたい。先にも挙げたワシクク丘陵のクォマ族に次のような神話が伝わっている

　　昔，夜には光がなかった。そのために日中にだけサゴヤシ採りや魚漁を行っていた。一人の女がメンボクワオ湖へ魚取りにいった。魚網で漁をした。湖水の中に光るものがみえた。そして魚網でその光るもの，月を，水から引き上げた。女はその光るものを網袋に入れて帰宅した。そしてサゴデンプン貯蔵用土壺（ノグジャウ）にその光るものを入れておいた。女の夫は，いつも夜中に光のないまま，サゴを食べにやってくる豚を狩っていたが，難しい狩りであった。ある夜，男はノグジャウを覗いてみると，そこは光があふれていた。それが月であった。男は，

ほかの男たちが寝たあとになって，月を持ってサゴヤシ林へ出かけ，サゴを食べに出てきた豚を狩り立てた。そして豚を狩り取ることに成功した。この男の家族のみ月があったので豚を狩ることができた。ほかの家族の男たちにはそれは無理なことだった。

　ある日，この男と妻とはサゴ打ちに出かけ，二人の子供が家に残っていた。そこへ男のイトコが来訪した。かれは二人の子供に「おまえたちは何を食べているのだい？」と尋ねた。二人の子供は「豚を食べているのだよ」と答えた。イトコは「おまえたちはどのようにして豚を狩り獲ることができたのかい？　おまえたちのお父さんはどんな光を持っているのだろう？」と問いただした。子供は「お父ちゃんは月を持ってサゴヤシ林へ出かけるのだよ」と答えた。「お父さんはどこに月を隠しているのかな？」とイトコが尋ねると，「月はノグジャウの中にあるよ」と答えた。イトコは月を欲しいと思い，子供たちに迫った。子供たちはその要求を撥ねつけ木梯子を登って家の中に隠れた。イトコは子供たちを追いかけて家の中に上がった。家の中にはたくさんの土器が並んでいた。最初の土器にはなにもなかった。次の土器にもなにもなかった。そして最後に残ったノグジャウを空けてみると，はたしてそこに月があった。イトコは月を見て，なるほどこれで暗い夜でも豚を見つけることができると了解した。そしてイトコは月を空へ放り投げた。月は高い木の上に落ちてきた。月は怪我をしたので，イトコはパンノキの葉で月の背中を手当てしてやった。このため月にはその傷跡が残った。手当てが済んでから，イトコは再び今度は家の屋根の上に上がって，月を天高く放り投げた。月は雲の上に上がって，もう地上には落ちてこなかった。二人の子供は月が空へ上がってしまったので，嘆き悲しんで泣いた。二人はサゴ採りに出かけている父母を捜してサゴ林を歩き回り，空に月を，川水の中にも月を見て，また泣いた。サゴ団子を身体につけて悲しんだ。子供の父母も月が空にあることを知った。もう月は二人の手に届かないほど空高く上がってしまった。こうしてすべての人々が，夜間にも月の光を手に入れることができるようになった。［1997年8月2日トングシェンプ村にて筆者採集，情報提供者：アラン・ササアップ・クラワール］

　この神話では，月が女によって水中から採取されたこと，その意味で女が月の持ち主であること，そしてその水とはサゴ洗い用の川であること，月を保管しておいたところはサゴデンプン貯蔵用の大型土壺（ノグジャウ）であったこと，その意味でサゴデンプンと強い関連をもっていることが語られている。サゴ洗い用の川の水から採取されるもの，ノグジャウの中に保存されるものとは通例ではサゴデンプンであるから，月とサゴデンプンとはほとんど等値されているといえよう。その月の持ち主は女であった。こうして女性と月とサゴデンプンとが等値される。月は子供た

ちのドジなお喋りのためにイトコの男に奪われ，あまつさえ空高くへ捨てられてしまう。これときわめて類似した神話が西セピック州北岸のアリ島から報告されている。それによればセピック川に住んでいた夫婦がサゴ打ち・サゴ洗いをしてサゴデンプンを採取・保存しておいたところ，妻がサゴの保存してあるところに行ってみると，サゴデンプンの塊が柔らかい光を放つ丸い大きなもの，すなわち月に変わっていたという（ストウクス・ウィルソン 1987）。出所についてはかなり疑問があるものの，ここでは明確にサゴデンプンが月に変身したと語られている。しかもこの話では，月を天へ拉致しさるものは太陽であり，それを妨害しようとした子供二人もついでに月に貼りつけていったとされる（ストウクス・ウィルソン 1987）。月が天へと連れ去られることと子供が拉致されることとが重ねあわされている。つまり太陽の略奪行為による，月と子供の地上界からの分離ということになる。先ほどのクォマ族の神話では月は人の手によって天へと放り捨てられていた。これもまた月の地上からの分離である。子供の運命ということはそこでは語られていない。しかしクォマ族には月の起源神話の別伝に，直接サゴは関わらないが類似の話があり，そこでは月が天へ放擲されるのを制止できなかった子供を，父親が手籠に詰めて川に捨てる。捨てられた子供は川の亀に助けられ，つぎに森で犬に匿われ，最後に雌極楽鳥の養子となって精霊堂と割れ目太鼓を完成させ幸せになったと伝えられている［2006年8月20日採集，情報提供者＝アンブロウス・マウコス］。つまりは捨て子とされた子供は，水界から山界を経て極楽鳥の表象する空界に行ったことになる。子供は親と地上から分離されたのである。あるいは月が地上の人の手によって天へと放逐されたと同様に，子供もまた地上の人の手によって空へと放逐されたともいえよう。アリ島の神話では，太陽という天上の存在によって月と子供とが天へと拉致されるに対して，クォマ族の神話では，人という地上の存在によって月と子供とが天へと放逐・遺棄されたという違いはあるものの，月と子供との永遠に地上からの分離を説いていることで共通している。

　かくして女性とサゴデンプン，月とが相互に強い意味連関をもち，かつその月は女性の生んだ子供とともに天へと永遠に分離されるというモチーフも強く意味連関していることが判明した。月はかくして天へと永遠に昇り，現在の宇宙的秩序が定まったわけでる。同時に天へ去った子供はどういう意味になるのか。子供は親，特に母親の手元から強制的に切り離され，一人前の人へとなるべく長い旅路につくということか。そうであればこれは，成年式を支える観念表象と関連するであろう。あるいは天という他界へと旅立つわけであるから，やはり死ぬということであろうか。そうであればこれは生と死のテーマである。クォマ族の神話では，子供は養母極楽鳥の養子となって精霊堂や割れ目太鼓を完成させて幸せになったと語られているのだから，子供は人間としては死に，極楽鳥の棲む世界で一人前の男に生まれ変わったことを意味しているはずだ。アリ島の神話では，子供は月の頭に貼りつけら

れて天へ拉致されたと語られていて，どうやら月の蔭の起源を意味しているらしい。そうであれば子供は死んで月の一部に生まれ変わったことになり，現在の宇宙的秩序を生成させたことになる。これらには明らかにイェンゼンのいう「古層栽培民文化」固有の世界像の特徴である，ある人物（神的とは言えないかもしれないが）が死ぬ，あるいは殺されることによって新たな生，人間生活のあらゆる秩序を創設するという局面が観察されるのである[3]。

(5) 結論

本稿で検討したパプアニューギニア，セピック川流域においては，サゴヤシの発生と人間によるサゴヤシの初めての入手を語る栽培植物起源神話は見られない。そのかわりに山川草木の一部として先在していたサゴヤシからのサゴデンプン調製過程のどこかで，多くが神的存在（人物や動物），少ない事例でただの人物の殺害が行われ，この原古の殺害事件を契機として人間の死ぬ宿命の発生，サゴ料理法や食事法，生殖器の発生，あるいはサゴデンプンや食肉が発生したとされ，さらに諸クランの生成，成年式と結婚の発生も示唆されている。またサゴデンプン採取中に女性が取得した月をサゴ容器に秘匿していたが，外部の存在（人間や太陽）によって奪取され結局は天へと放逐されてしまい，現在の月のあり方が生成された。その際に子供が人間としては死ぬことになる。こうしてセピックのサゴにまつわる諸神話の特徴は，神的存在の殺害とその死体の裁断，そしてバラバラにされ埋められた死体の断片から栽培植物が発生したとされる「ハイヌヴェレ型」神話素は明瞭な形ではみられないものの，イェンゼンが「ハイヌヴェレ型」神話を生み出したと想定している「古層栽培民文化」固有の世界像を十分に表象していると考えられる。

▶ 1-3 節：豊田由貴夫，4 節：紙村徹

---

[3] Ad. イェンゼン，1966 年，pp. 158。

第12章

21世紀におけるサゴヤシの将来

1 ▶ デンプン原料としてのサゴヤシ

　環境の時代といわれる21世紀は，我々が手をこまねいていれば，資源の枯渇，環境の悪化がさらに加速されるとみられている。この背景には人口増加がある。国際連合（UN）は，2050年には，世界の人口は91億に達すると予測している（図12-1）。人口の圧力は食糧不足をもたらすであろう。しかし，国際連合食糧農業機関（FAO）は，世界の食糧事情がこの30年間で顕著に改善されたことに基づいて，やや楽観的な予測を行っている。それは，この30年間に世界の人口が70％以上も増加したにもかかわらず，1人当たりの食糧消費量は約20％しか増えていない事実に基づいている。途上国では，人口がほぼ2倍に増加したが，慢性的な栄養不良状態に陥っている人口の割合は半分に減り，1995/1997年には18％にまで減少した。しかし，飢餓の絶対人数は依然として高率のままであり，2015年においても，5億8000万人の人々が慢性的な栄養不良に苦しんでいるであろうとFAOは予測する。それでも食糧生産の増加率は人口の増加率を上回るとみているのである。穀物の需要増加分の44％は家畜飼料が占めるのではないかとされ，家畜飼料は，世界の穀物を動かす最も重要な要素となるであろう。

　食糧不足を解決するためには，コムギ，コメ，トウモロコシなどの穀物の収量を増加するか，農地を拡大するしか方法はない。残された農地に適した土地はないに等しいが，一般の穀物にとっては不適な土地であっても生育可能な作物として注目される作物が，デンプンを集積するサゴヤシである。デンプンを集積する作物には，サゴヤシの他にトウモロコシ，キャッサバ，馬鈴薯，甘薯などが挙げられる。2007

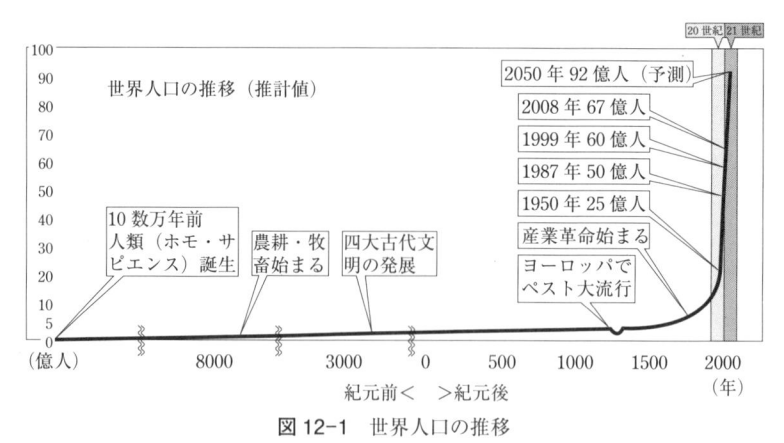

図12-1 世界人口の推移
http://www.unfpa.or.jp/p_graph.html

年におけるトウモロコシの生産量は 7.8 億 t（すべてがデンプンとして加工された場合には 5.5 億 t），キャッサバを主体とするイモ類の生産量は，7.5 億 t（デンプンとして 2.3 億 t），馬鈴薯は 3.2 億 t（デンプンとして 0.5 億 t）で，サゴヤシは，数十万〜百万 t（デンプンとして推計）（図 12-2）にすぎない。サゴヤシの生育地が東南アジアの低湿地に限られていること，サゴデンプン生産地と消費地が近接しているために明確な数値がつかめていないことが，さらに統計的な数値を曖昧にさせている。しかし，サゴヤシを除くデンプン集積作物であるトウモロコシ，キャッサバ，馬鈴薯，甘薯は，通常の畑で栽培され，それらは互いに競合する関係にある。サゴヤシの栽培適地は，低湿地であり，あまり土壌の種類を選ばない。水に含まれる栄養分をみごとに吸収する。もちろん有効な成分がきちんと準備された土壌であれば，サゴヤシはより良好に生育する。サゴヤシの生育地である東南アジアの低湿地には，土壌の pH が低く，地耐力が弱い泥炭土が 2300 万 ha，酸化すると強酸性を呈する酸性硫酸塩土が，670 万 ha が存在し，低湿地で，しかも酸性の強い両土壌に適した作物が求められている。東南アジアの人々は，古くからサゴヤシに注目してきた。マルコ・ポーロの東方見聞録にもサゴヤシが記載されている。

　サゴヤシは，吸枝あるいは種子によって繁殖，栽培できる。吸枝は母樹と同じ性質を持つ個体が得られ，変異が少ないが，実生苗である種子からの繁殖では，形質分離を起こす場合がある。植えつけ後の生長が速く，収穫までの年数を短縮できるため，栽培には，吸枝を用いることが多い。ひとたびサゴヤシの株が形成されると，母樹を収穫後，吸枝が生長し，母樹となり，次世代以降のサゴヤシを形成する。したがって，原則的には，ふたたび植栽する必要はない。これも，他のデンプン集積作物とは異なる優位な点である。こうした優位性に着目して，サゴヤシを研究対象とした学会（サゴヤシ学会 http://www.bio.mie-u.ac.jp/~ehara/sago/sago-j.html）が設

図 12-2 サゴ澱粉

立され，基礎的な研究から応用的な研究まで，強力な個性をもつ学会員がサゴヤシの有効性の PR に努めている。

　低湿地で酸性に強いデンプン作物はサゴヤシしかない（山本 1998a）。サゴヤシは 1 本当たり 200～300 kg の乾燥デンプンをもたらす。これは，ヘクタール当たりの収穫本数を 100 本とすると 20～30 t/ha で，いずれのデンプン作物にも負けてはいない。他のデンプン集積作物の収量は，10 t/ha 程度であり，いかにサゴヤシのデンプン蓄積能力が高いかが理解できよう。

　しかし，サゴヤシは，サゴヤシ以外のデンプン作物とのデンプン生産・販売競争で遅れを取っている。その原因は，成熟に約 10 年を要すること，栽培地域へのアクセスが悪いこと，生産から抽出までの効率的なプロセスが未確立であること，原則的に地産地消のデンプンであるために情報が十分に伝達していないことなどにあると推定される。デンプン生産に必要な原材料が確実にデンプン工場に到着しなければ，サゴデンプン工業は稼動しない（大野 2003）。サゴデンプン生産の近代化，すなわちサゴヤシを持続的に栽培し，安定してデンプンを生産するためには，生産基盤を整備し，サゴログの輸送コストを低減し，サゴデンプンの品質管理（デンプン価，白度など）を徹底しなければならない。マレーシア・サラワク州におけるサゴヤシプランテーション計画は，熱帯泥炭（木質泥炭）を発達させた低湿地林を伐採した跡地をサゴヤシのプランテーション（図 12-3）に変えるもので，世界から注目されている（Land Custody and Development Authority, 2009）。この計画は，1987 年に開始され，2020 年までに 25 万 ha を開発の予定で，約 1.4 万 ha（Mukah 地域 6300ha，

図 12-3 サゴヤシプランテーション(ムカ,サラワク,マレーシア)
1996 年 3 月 6 日(撮影:後藤雄佐氏).

Dalat 地域 4006ha, Sebakong 地域 3640ha)をサゴヤシ植栽可能地域としている。このサゴヤシ栽培地域からサゴデンプンが安定して供給されれば,サゴデンプンの注目度が一段と高くなると予想される(CRAUN Research SDN. BHD., 2009)。

すでに,サゴデンプンの溶解度,加熱による膨潤度などは,甘薯デンプンやタピオカ(マニオカデンプン)に近いことが知られており,このような特性を生かした利用が考えられている。

一方,サゴデンプンの特徴・機能性を生かした新しいデンプン利用法の開発もサゴデンプン需要には欠かせないものとなろう。アレルギー体質の人に対して,アレルギーを発生させにくいデンプン(アレルゲンの少ないデンプン)(辻安全食品 2009)の一つであるとも言われており,サゴデンプンの特徴が生かせれば,新たな需要が期待されるが,そのためには,厳密な検証が必要である(上田 1999)。坂井(1999)は,アレルギーを「ある特定の物質に対して免疫機構が異常に反応すること」と定義して,わが国の 1 歳半の子供の食物アレルギーの発症率は 12.0%であったと報告し,精神的なストレスがアレルギー素因を持つ子供に対して食物に起因するアレルギーの発症や憎悪を促進しているかもしれないと結論している。サゴデンプンの特性を生かした用途として,アレルゲンの少ないデンプンとしての積極的な利用が図られるべき時期が到来したといえよう。

2 ▶ バイオ燃料として期待されるサゴヤシ

　サゴヤシが再び注目されている。世界の化石エネルギー資源には先が見えており，原油の確認可採埋蔵量は8000～1兆2129億バレル（武石2004）といわれ，可採年数は45年程度（小出2007）である。一方の石炭の確認可埋蔵量は9091億トンで，可採年数は155年とされる（外務省2007）。いずれにしても化石エネルギー資源は最終的に枯渇する方向にある。2006年1月のブッシュ大統領の一般教書は，2025年までに中東から輸入している原油の75％以上を代替することを目標とするクリーン・エネルギーの研究開発予算の大幅増加を発表したもので，バイオ燃料への注目度に拍車がかかった（図12-4）。

　ほとんどすべての化石エネルギー資源を諸外国に依存するわが国は，なんらなす術がないのであろうか。わが国では，地球温暖化防止，循環型社会形成，戦略的産業育成，農山漁村活性化などの視点から「バイオマス・ニッポン総合戦略」が2002年12月に閣議決定され，バイオマスの利活用がわが国政府の方針となった（農林水産省2009）。バイオマス・ニッポン総合戦略では，バイオマス輸送用燃料の利用を促進するため，国が率先して導入スケジュールを示し，利用に必要な環境を整備することとした。特に，国産バイオマス輸送用燃料の利用を促進するために，①関係省庁が連携して利用実例を創出する，②原料農産物などの安価な調達手法の導入や関係者の協力体制を整備する，③低コスト高効率な生産技術を開発する（バイオマス量の多い農作物, 木質系からのエタノールなど）こととした。さらに，2006年3月には，これまでのバイオマス利用の状況や2005年2月の京都議定書発効などの「バイオマス・ニッポン総合戦略」策定後の情勢の変化を踏まえて，総合戦略の見直しを行い，国産バイオ燃料の本格的導入，林地残材などの未利用バイオマスの活用などによるバイオマスタウン構築の加速化等を図るための施策を推進している（表12-1）。

　原油価格の高騰は，輸送用バイオ燃料の導入をさらに加速させている。価格競争力から比較してみる。ガソリンの製油所出荷価格は66円/Lであるが，ガソリン税を加算すると120円/Lとなる。一方，ブラジル産のエタノール（Cost Insurance and Freight（CIF）価格：商品が買主の指定する場所に届いた時点でその商品の所有権が買主に移転する取引条件での価格）は税込みで97円/L（ガソリン税抜き）であり，飼料価格に準じた価格を原料価格とすると，糖みつを原料としたエタノールは90円/Lに規格外小麦を原料としたエタノール98円/L（ガソリン税抜き）とされ，いずれもガソリンよりも安価となる。ガソリンと競争するには，ガソリン税の免減を必要とする。しかし，このような試算から，コメ，ムギ，トウモロコシ，糖みつ，テン菜などからいわゆるバイオ燃料を製造する計画が現実的なものとなってきた。すでに米

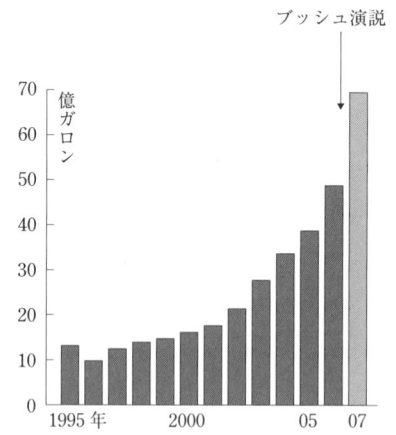

図 12-4 米国におけるエタノール生産量の推移

米国では，トウモロコシエタノールの年間生産量が 2006〜2016 年の間に倍増すると予想される．

表 12-1 わが国におけるバイオマス利用

	量 (千 t)	利用率%	(2010 年目標%)	未利用部分ののエネルギーポテンシャル（石油換算）
廃棄物系バイオマス	298,000	72	(80)	530 PJ (4,000 千 kL)
未利用バイオマス	17,400	22	(25)	
資源作物	なし	−	−	240 PJ (6,200 千 kL)

http://www.maff.go.jp/j/biomass/b_energy/pdf/kakudai01.pdf

国ではトウモロコシばかりでなく，多くの穀物から燃料用エタノールの生産（小泉 2006）が検討され，農産物の価格が上昇してきた（図 12-5）(OECD/FAO 2007)．余剰農産物と輸出補助金の削減は，農産物市場の長期的な構造変化の要因となる．しかし，重要な視点は，エタノール，バイオ燃料などの代替エネルギーの生産に穀物，砂糖，脂肪種子，植物油がますます利用されるようになってきたことである．シカゴ市場では 2007 年 1 月以降，トウモロコシが 10 年半ぶり，大豆が 1 年半ぶりの高値である．これは，不作による品不足で価格が上昇しているわけではない．米国 2006 年度のトウモロコシ生産量は，過去 3 番目の豊作で，約 2 億 6800 万トンが見込まれている．それにもかかわらず，1 月 16 日には，値幅制限の上限であるストップ高まで上昇し，終値は 1 ブッシェル（トウモロコシ約 25 kg）＝4 ドル台に乗せた．エタノール生産に使われるトウモロコシは前年度より 3 割以上多い過去最高の約 5500 万 t に達する見通しで，10 年前には生産量の 6％に過ぎなかったが，現在

穀物等の国際価格の推移（2009年4月まで）

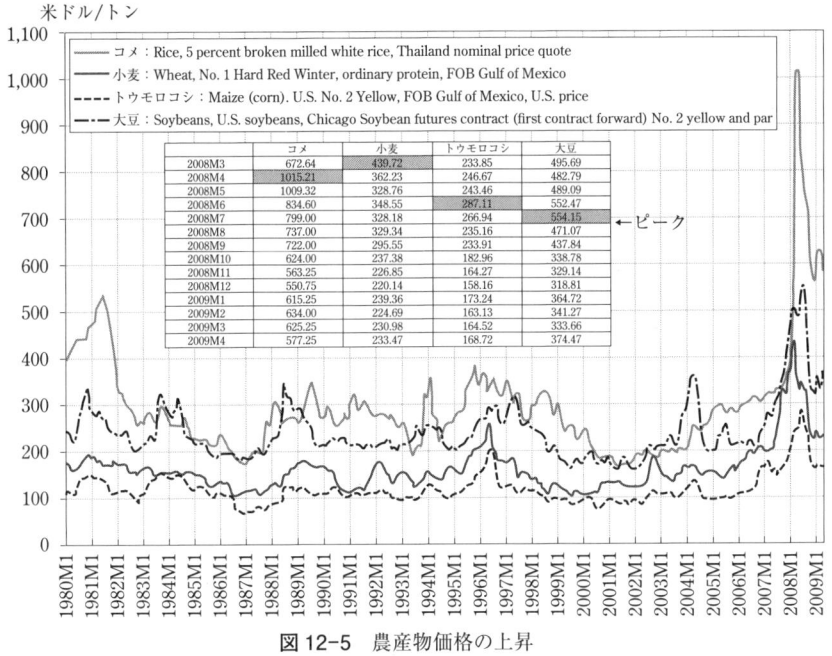

米ドル/トン

	コメ	小麦	トウモロコシ	大豆
2008M3	672.64	439.72	233.85	495.69
2008M4	1015.21	362.23	246.67	482.79
2008M5	1009.32	328.76	243.46	489.09
2008M6	834.60	348.55	287.11	552.47
2008M7	799.00	328.18	266.94	554.15	←ピーク
2008M8	737.00	329.34	235.16	471.07
2008M9	722.00	295.55	233.91	437.84
2008M10	624.00	237.38	182.96	338.78
2008M11	563.25	226.85	164.27	329.14
2008M12	550.75	220.14	158.16	318.81
2009M1	615.25	239.36	173.24	364.72
2009M2	634.00	224.69	163.13	341.27
2009M3	625.25	230.98	164.52	333.66
2009M4	577.25	233.47	168.72	374.47

図12-5　農産物価格の上昇

(注) 月次データ.
(資料) IMF Primary Commodity Prices.
http://www2.ttcn.ne.jp/honkawa/4710.html

は約20％にまで達するようになった。ダイズもまた高値となり1月12日の終値で1ブッシェル（ダイズ約27 kg）＝7ドル台で取引されている。中国などの途上国の飼料需要の拡大を背景に，干ばつ，凶作，米国におけるバイオエタノール需要の急増，投機資金の流入などに影響され，主要穀物がいずれもかつてないほど高騰した。価格上昇のピークは，小麦については2008年3月，コメ4月，トウモロコシは6月，大豆は7月であった。ピークの後，高値水準が継続していたが，9月のリーマン・ブラザーズの破綻を契機とした米国初の世界金融危機と世界的な景気後退の影響で大きく値が下がっている。過去の水準に比べれば高値であるが，今後は，どの程度の水準で底を打つかが注目されている。2009年1月には価格は低下に転じた（Google Ads 2009）。この穀物価格の高騰は，パンや納豆などの直接の加工食品の他に，油脂価格にも影響を与え，さらに，とうもろこし価格は飼料価格を通じて酪農製品や食肉の価格に影響を与え，多くの食品価格を押し上げた。しかし，わが国は，輸入デンプンなどと国内産いもデンプンとの価格調整（機構売買と生産者支援）を行っており，サゴデンプンの価格は大きくは変動しなかった。

図 12-6　バイオマス利用
http://www.maff.go.jp/j/biomass/b_energy/pdf/kakudai01.pdf

　サゴヤシから生産されるサゴデンプンはもっぱらマレーシア，インドネシアで生産されているが，生産されたサゴデンプンの現地における消費量が明確でないために，正確な生産量は不明である。しかし，サラワク（マレーシア）から輸出されたサゴデンプンの総量は，1992年以来約5万tである（LCDA 2009）。サゴデンプンの価格は，30年のあいだに，約8～9倍のトン当たり800リンギット（1リンギット=31.74円）にまで上昇している。ヘクタール当たりの年間収量は，トウモロコシ8.6 t，コメ5 t，ムギ5 t，テンサイ59 t，サトウキビ62 t，サゴヤシ20 tである。これらの作物原料からエタノールを生産するとすれば，トウモロコシ3.4 kL/ha，コメ2.4 kL/ha，ムギ2.0 kL/ha，テンサイ5.9 kL/ha，サトウキビ0.65 kL/ha，サゴヤシからのエタノールの製造は，ごく少量行われており，変換量は不明であるが，コメの変換率と同様としても8 kL/haのエタノールを生産できる可能性がある。

3 ▶ バイオマスを資源として利用できるサゴヤシ

　サゴヤシは，これまでもバイオマス資源として有効に利用されてきた。サゴヤシバイオマスすべてが資源として利用可能である。サゴヤシ葉は，繊維の強い柔構造を持ち，葉肉組織が密に充填されていることから，耐久性に富み，屋根葺き材（12-6）として永く利用されてきた（阿部 1994）。また，サゴヤシ樹皮は，天日乾燥して，フェンスや敷物として利用されている。さらに一部は炭化して，活性炭としても利用されてきた。しかし，汽水地域で採取されたサゴヤシバイオマスにはかなりの塩化ナトリウムNaClが含まれており，焼却炉の腐食を発生させることもあり，

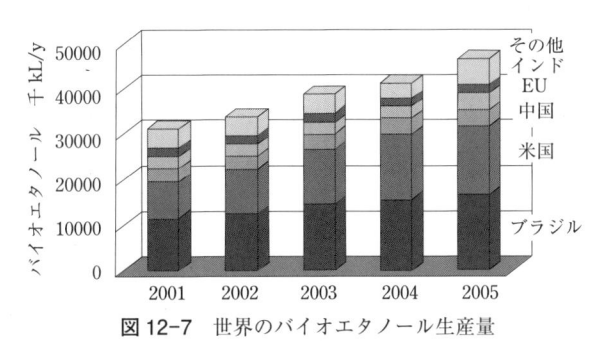

図 12-7 世界のバイオエタノール生産量
http://www.maff.go.jp/j/biomass/b_energy/pdf/bea_04.pdf

野外で焼却されている。

　サゴヤシバイオマスの新たな利用法の開発はサゴヤシの将来を決定づける可能性がある。デンプン抽出残渣，サゴヤシ葉あるいは樹幹からバイオ燃料（エタノール）や生分解性プラスチックを創出する試みがなされ始めた（Watanabe and Ohmi 1997）。

　バイオ燃料ブームに火をつけたのは，ブッシュ米国大統領であった（粟井ら 2007）。2007年の一般教書演説で，ガソリン消費量の20％を今後10年間で再生可能燃料に置き換えるとの方針が示されると，補助金（州政府）の支援もあり，ダイズからトウモロコシへの転換でトウモロコシの作付面積が拡大し，食用トウモロコシが燃料用トウモロコシに回され，ダイズ価格もトウモロコシ価格も高騰し，2006年までのトウモロコシ価格は2ドル/ブッシェルであったが2007年から2倍の4ドル/ブッシェルで推移している。世界のバイオエタノール生産量を図 12-7 に示す。食料原料であるサトウキビ，トウモロコシから生産されているバイオ燃料から未利用資源からのバイオ燃料生産に変換することが求められている。サゴヤシバイオマスは極めて大きい（2t生重/本）。1本のサゴヤシから200 kg程度のデンプンが抽出されるが，サゴデンプン抽出残渣には，未だ50％程度のデンプンが残存しており，その他のバイオマスよりもエタノールに変換しやすく，未利用資源であるサゴデンプン抽出残渣からエタノールを生産できる可能性（Nadhry et al. 2009）があり，研究が進められている。

　わが国におけるプラスチックの生産は，1999年に1500万tに達し，国内消費量は1000万tを超えている。したがって，国内に発生するプラスチック廃棄物は約1000万tと見込まれる。生産されるプラスチックの29％はポリエチレン，20％はポリプロピレン，17％はポリスチレン，13％は塩化ビニル，21％がその他のプラスチックである（図12-8）。廃棄されたプラスチックの21％は焼却され，33％は埋め立てに，残りの46％は有効利用されているが，材料として再利用されるプラスチックは全廃棄プラスチックの14％に留まっている。このような状況下で，廃棄物とならないプラスチック，すなわち生物によって分解されるプラスチックを求め

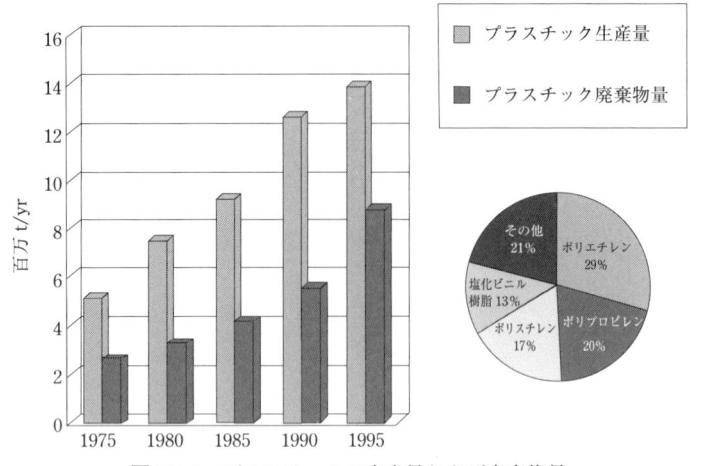

図 12-8 プラスチックの生産量および廃棄物量

政府資料等普及協会 (2003).
http://eco.goo.ne.jp/business/csr/navi/p_recycl01.html

る声が高くなった。生分解性プラスチックであれば，土壌に埋設すると最終的に水と二酸化炭素に分解されるため，廃棄物の発生を抑制できること，燃焼させても通常のプラスチックなどよりも発生熱量が低く，光合成で吸収した炭素を二酸化炭素として放出する点でカーボンニュートラルであること，バイオマス由来の原料を使用すれば，化石燃料資源の節約に役立つことなどに後押しされて，生分解性プラスチックの製造が進められることになった。しかし，一般のプラスチックに比べて価格が高かったこと，用途が限定されていたことなどから，市場の拡大は鈍く，必ずしも順調とはいえない（図 12-9）。生分解性プラスチックは，天然物系，微生物系，化学合成系（石油由来），化学合成系（天然物由来）などに類別されているが，これまでの主流は PBS（ポリブチレンサクシネート）などの化学合成系（石油由来）であった。しかし，最近では「自然環境中で生分解」する点よりも「植物バイオマス由来」である点が強調され，サゴヤシバイオマス由来のプラスチックの製造が試みられた（Sasaki et al. 1999；Sasaki et al. 2002a, b）。生分解性プラスチックを普及させるための最大の阻害要因は価格である。現状では生分解性プラスチックは 400〜600円/kg であり，一般的なプラスチック価格（150 円/kg 程度）と比較すると高価である。2010 年までに価格を 200 円/kg まで低下させることを目標に，価格低下を実現するためには，原料面でのコスト低減や設備の大型化などが鍵を握る。なお，リサイクルコストまで含めて考えた場合，汎用プラスチックとの価格差は縮小するとみられ，こうした比較評価が広まれば一層の需要拡大が期待される（表 12-2）。生分解性プラスチックは，フィルム，シート，日用品・雑貨，容器，発泡製品などへ

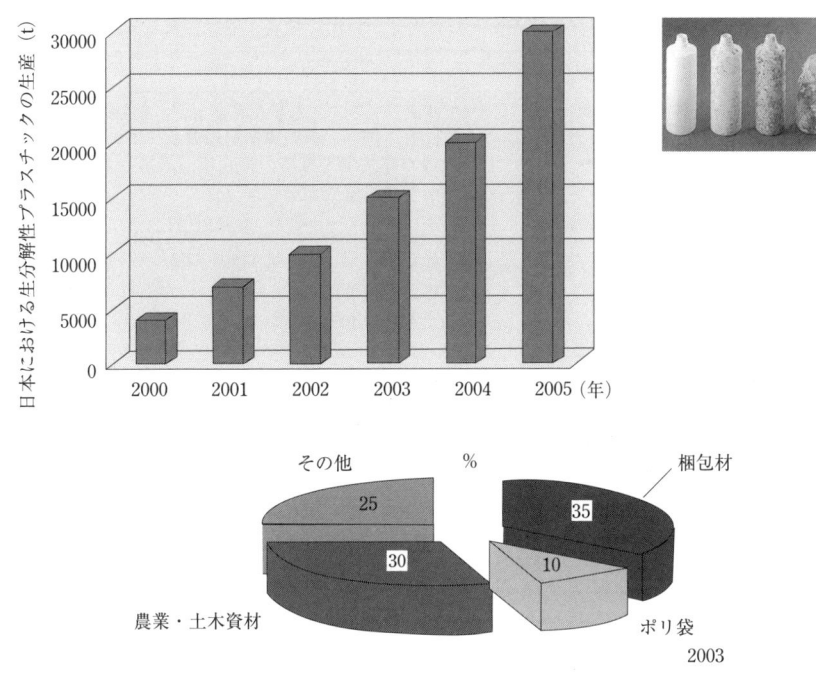

図 12-9 わが国における生分解性プラスチックの生産
政府資料等普及協会 (2003).

の需要が考えられる。

サゴデンプン抽出残渣には，かなりの程度のデンプンが残存しており，このデンプンが有効なバインダーとして働き，分解性に優れたプラスチックをもたらす (Okazaki and Toyota 2003a; Okazaki and Toyota 2003b)。確実にサゴヤシバイオマス利用の将来は切り開かれており，今後の研究によっては，そのスピードは一段と加速されることになろう。

4 ▶ サゴヤシへの期待

サゴヤシへの期待が加速される中で，サゴヤシの生産からサゴデンプンをはじめとするサゴ製品の生産を確実なものとするためには，サゴヤシクローンの収集，選抜を行い，用途に応じた最適なサゴヤシを選抜する必要がある（佐藤 1993）。バイオテクノロジーは，これまでの育種技術を大きく変える一つの原動力となろう。優良クローンの洗い出しが完了すれば，これまでの常識を打ち破る力を生み出すと考

表 12-2 生分解性プラスチックの実用化・利用の拡大が期待される分野

分野	資材	用途
環境中で利用される分野	農林水産用資材	マルチフィルム,移植用苗ポット,釣り糸,魚網等
	土木・建築資材	断熱材,山間・海中等回収困難な土木工事の型枠,土留め等荒地・砂漠の緑化用,工事等の保水シート,土嚢,植生ネット等
	野外レジャー製品等	ゴルフのティー,釣り（疑似餌等）
使用後回収・再利用が困難な分野	食品包装用フィルム・容器	生鮮食品のトレイ,即席食品容器,ファーストフード容器,弁当箱等
	衛生用品	紙オムツ,生理用品等
	事務用品・衣料その他	ペンケース,芯ケース,髭剃り,歯ブラシ,コップ,ごみ袋,水切り,クッション材,衣服等
特殊機能を活かした分野	除放性を利用した被覆材	医薬品・農薬・肥料・種子等の被覆材
	保水性・吸水性を利用した素材	砂漠・荒れ地等での植林用素材,コンポスト化の水分調整材
	生体内分解性を利用した医療関連製品	手術用縫合糸,骨折固定材,医用フィルム,医用不織布等
	低酸素透過性・非吸着性を利用した機能性包装資材	食品用包装フィルム,飲料用パックの内部コーティング等
	低融点を利用した接着剤	包装・製本・製袋の際に用いる接着剤

政府資料等普及調査会 (2003).

えられ,サゴヤシが他のデンプン作物を凌駕し,世界のデンプン需給を一変させる可能性を秘めているといえる。

▶岡崎正規

資料　国際サゴシンポジウム開催及びプロシーディング一覧

第1回；マレーシア，クチン（1976.7.5-7）
・Sago-'76: Papers of the 1st International Sago Symposium "The equatorial swamp as a natural resource"(Tan, K. ed.), Kuching, 1977, pp.330.

第2回；マレーシア，クアラルンプール（1979.11.15-17）
・Sago: the equatorial swamp as a natural resource (Proceedings of the 2nd International Sago Symposium) (Stanton, W. R. and M. Flach eds.), Martunus Nijhoff, London, 1980, pp.244.

第3回；日本，東京（1985.5.20-23）
・Sago-'85: Proceedings of the 3rd International Sago Symposium (Yamada, N. and K. Kainuma eds.), The Sago Palm Research Fund, Tokyo, 1986, pp.233.

第4回；マレーシア，クチン（1990.8.6-9）
・Towards Greater Advancement of the Sago Industry in the '90s: Proceedings of the 4th International Sago Symposium (Ng, T. T., Y. L. Tie and H. S. Kueh eds.), Lee Ming Press, Kuching, 1991, pp.225.

第5回；タイ，ハジャイ，ソンクラ（1994.1.27-29）
・Fifth International Sago Symposium (Subhadrabandhu, S. and S. Sdoodee eds.), Acta Horticulture, No. 389: 1-278. 1995.

第6回；インドネシア，パカンバル（1996.12.9-12）
・The Future Source of Food and Feed: Proceedings of the 6th International Sago Symposium (Jose, C. and A. Rasyad eds.), Riau University Training Center, Pekanbaru, 1998, pp.270.

第7回；パプア・ニューギニア，ポートモレスビー（2001.6.27-29）
・Sago as Food and Renewable Resource for the New Millennium (The 7th International Sago Symposium). Proceedings 刊行なし．

第8回；インドネシア，ジャヤプラ（2005.8.4-6）
・Sago Palm Development and Utilization: Proceeding of the 8th International Sago Symposium (Karafir, Y. P., F. S. Jong and V. E. Fere eds.), Universitas Negeri Papua Press, Manokwari, 2005, pp.266.

第9回；フィリピン，オルモック（2007.7.19-21）
・Sago: Its Potential in Food and Industry: Proceedings of the 9th International Sago Symposium (Toyoda, Y., M. Okazaki, M. Quevedo and J. Bacusmo eds.), TUAT Press, Tokyo, 2008, pp.238.

その他；日本，筑波（2001.10.15-17）
・New Frontiers of Sago Palm Studies: Proceedings of the International Symposium on SAGO (SAGO 2001) *A New Bridge Linking South and North* (Kainuma, K., M. Okazaki, Y. Toyoda and J. E. Cecil eds.) , Universal Academy Press, Tokyo, 2002, pp.388.

引用文献

Abbas, B., M. H. Bintoro, H. Sudarsono, M. Surahman and H. Ehara 2006. Haplotype diversity of sago palm in Papua based on chloroplast DNA. pp. 135–148. In: Karafir, Y. P., F. S. Jong and V. E. Fere (eds.), Sago Palm Development and Utilization: Proceedings of the 8th International Sago Symposium. Universitas Negeri Papua Press, Manokwari.

Abbas, B., H. Ehara, M. H. Bintoro, H. Sudarsono and M. Surahman 2008. Genetic diversity of sago palm (*Metroxylon sagu*) in Indonesia, based on genes encording the biosynthesis of waxy starch. pp. 35–44. In: Toyoda, Y., M. Okazaki, M. Quevedo and J. Bacusmo (eds.), Sago: Its Potential in Food and Industry: Proceedings of the 9th International Sago Symposium. TUAT Press, Tokyo.

Abdullah, C. S. 2007. Sarawak sago industry: Challenge and direction. 9th International Sago Symposium, Leyte.

阿部登　1994．ヤシの葉の構造とその耐久性．Sago Palm, 2: 7–12.

秋山徳蔵　1966．新フランス料理全書．有紀書房，東京，1411 pp.

Alang, Z. C. and B. Kirshnapillay 1986. Studies on the growth and development of embryos of the sago palms (*Metroxylon* spp.) in *vivo* and in *vitro*. pp. 121–129. In: Yamada, Y. and K. Kainuma (eds.), Sago-'85: Proceedings of the 3rd International Sago Symposium. The Sago Palm Research Fund, Tokyo.

Anderson, J. A. R. 1961. The ecology and forest types of the peat swamp forests of Sarawak and Brunei in relation to their silviculture. Ph. D. thesis, University of Edinburgh, 191 pp.

Ando, H., D. Hirabayashi, K. Kakuda, A. Watanabe, F. S. Jong and B. H. Puruwant 2007. Effect of chemical fertilizer application on the growth and nutrient contents in leaflet of sago palm at the rosette stage. Japanese Journal of Tropical Agriculture 51: 102–108.

Andriesse, J. P. 1972. The soils of West-Sarawak (East Malaysia), with soil map memoir 1 and 2. Soil Survey Division Research Branch, Department of Agriculture, Sarawak, East Malaysia, 415 pp.

朝倉五佐雄　1987．製紙工業と澱粉．『澱粉科学ハンドブック』（二國二郎監修，中村道徳・鈴木繁男編集）pp. 579–582．朝倉書店，東京．

粟井桜子・胡童・淀江佳純　2007．バイオエタノールブーム．http://web.hc.keio.ac.jp/~fk062544/finance/resume/39.pdf#search='バイオエタノールブーム'

Aziin, K. A., and A. Rahman 2005. Utilizing sago (*Metroxylon* spp) bark waste for value added products, ecodesign. pp. 102–106. 4th International Symposium on Environmentally Conscious Design and Inverse Manufacturing, 2005.

Barie, B. 2001. Improvement of nutritive quality of crops by-products using bioprocess technique and their uses for animals. E-seminar by International Organization for Biotechnology and Bioengineering.

Barrau, J. 1959. The sago palm and other food plants of Marsh Dwelers in the South Pacific Islands. Economic Botany, 13: 151–159.

Beccari, O. 1918. Asiatic palms-Lepidocaryeae. Annals of the Royal Botanical Garden, Calcutta, 12: 156–195.

Bellwood, P. 1985. Prehistory of the Indo-Malaysian Archipelago. Academic Press, 400 pp.

Bintoro, H.M.H. 1999. Pemberdagaan tan arno sagu sebagai pengan alternatit dan bahan baku agroindustri yang potensial dalam rangk Ketahanan pangan Nasior Orasi Ilmiah Guru Besa Tetap Ilmu Tanaman Perkebunan Fkultas Pertarian, Institut Pertanian Bogor. Bogor, 11 Sept. 1999, 69 pp.

Bintoro, M. H. 2008. Bercocok tanam sagu. IPB Press, Bogor, 71 pp.

Bleeker, P. 1983. Soils of Papua New Guinea. Australian National University Press, Canberra, 352 pp.

Bourke, R. M. and V. Vlassak 2004. Estimates of Food Crop Production in Papua New Guinea. The Australian National University, Canberra. (http://rspas.anu.edu.au/lmg/pubs/estimates_food_crop.pdf)

Bowen, H. J. M. 1979. Environmental Chemistry of the Elements. Academic Press, London, 348 pp.
BPPD TKII INHL・UNRI-FAPETA 1996. Studi inventarisasi dan identifikasi potensi areal pengembangan sagu di kabupaten Indragiri Hilir. Badan Perencanaan Pembangunan Daerah Tingkat II Indragiri Hilir dan Facultas Pertanian Universitas Riau, Pekanbaru. Laporan Awal, 104 pp.
BPPT 1982. Hasil surveipotensi sagu di Kepulanuan Maluku (Bagian I). Kerjasama BPP Teknologi dengan Unversitas Pattimura.
Bujang, K. B. and F. B. Ahmad 2000a. Production and utilisation of sago starch in Malaysia. pp. 1–8. In: Bintoro, H. M. H., Suwardi, Sulistiono, M. Kamal, K. Setiawan, and S. Hadi (eds.), Sago 2000: Proceeding of the International Sago Seminar. UPT Pelatihan Bahasa–IPB, Bogor.
Bujang, K. B. and F. B. Ahmad 2000b. Production and utilisation of sago starch in Malaysia. Sago Communication 11: 1–6.
Burnet, M., P. J. Lafontaine and A. D. Hanson 1995. Assay, purification, and partial characterization of choline monooxygenase from spinach. Plant Physiology, 108: 581–588.
Cabalionm P. 1989. *Metroxylon*, Vanuatu Palm. pp. 178–180. In: Dowe, J. L. (ed.), Palms of the South-West Pacific. Palms and Cycad Societies of Australia, Milton.
知念やよい・宮崎彰・濱田収三・吉田徹志・Y. B. Pasolon・山本由徳・F. S. Jong 2003. 樹齢に伴うサゴヤシ根量の変化. 熱帯農業, 47(別1): 21–22.
Corbett, G. H. 1932. Insects of coconuts in Malaya. Dept. Agr. General, Ser. No. 10, Caxton Press, Kuala Lumpur, 106 pp.
CRAUN Research SDN. BHD. 2009. http://www.craunresearch.com.my/HTML/Info%20On%20Sago/Info%20On%20Sago_%20Introduction.htm
Darmoyuwono, K. 1984. Application of remote censing inventory and mapping of sago palm distribution. The expert consultation on the development of sago palm and product (Jakarta), 24 January.
De la Fuente, J. M., V. Ramírez-Rodríguez, J. L. Cabrera-Ponce and L. Herrera-Estrella 1997. Aluminum tolerance in transgenic plants by alteration of citrate synthesis. Science, 276: 1566–1568.
Dengler, N.G. and R.E. Dengler, D.R. Kaplan 1982. The mechanism of plication inception in palm leaves: histogenetic observations on the pinnate leaf of *Chrysalidocarpus lutescens*. Canadian Journal of Botany, 60: 2976–2998.
Department of Agriculture Sarawak 2005. Agricultural Statistics of Sarawak, 26–29.
Dowe. J. L. 1989. Palms of the South-West Pacific: their origin, distribution and description. pp. 1–154. In: Dowe, J. L. (ed.), Palms of the South-West Pacific. Palms and Cycad Societies of Australia, Milton.
Driesen, P. M. 1980. Peat soils. pp. 49–53. In: Problem soils: their reclamation and management (Technical paper 12). International Soil Reference and Infromation Centre, Wageningen.
江原宏 1997. インドネシア・リアウ州のサゴ生産：サゴヤシの形態的特長とベンカリス県におけるサゴデンプン産業の現状と課題. Sago Palm, 5: 24 24.
江原宏 1998. サゴヤシの種および生態種（型）の分化. 1. 外部形態の差異. 2) インドネシア・北スラウェシのサゴ.（山本由徳編, 澱粉資源作物サゴヤシの分布域における種分化, 生育環境と澱粉生産力の評価に関する研究）トヨタ財団研究成果報告書, pp. 17–19.
江原宏 2005. 第8回国際サゴヤシシンポジウム（EISS2005）レポート. 熱帯農業, 49: 386–387.
江原宏 2006a. サゴヤシ属植物の地理的分布と種分化. 熱帯農業, 50: 229–233.
江原宏 2006b. 資源植物の多様性.『栽培学』（森田茂紀・大門弘幸・安部淳編著）朝倉書店, 東京, pp. 25–28.
江原宏 2006c. サゴヤシ種子の構造と発芽の過程. Sago Palm, 14: 38–41.
江原宏・溝田智俊 1999. インドネシア西部におけるサゴヤシのデンプン生産性の変異と遺伝的背景並びに生育環境. 平成10年度日本学術振興会熱帯生物研究助成事業研究成果報告書, 71pp.
江原宏・溝田智俊・S. ススアント・広瀬昌平・松野正 1995a. インドネシア東部のサゴヤシ生産：形態形質の変異と生育環境. 熱帯農業 39(別1): 11–12.
江原宏・溝田智俊・S. ススアント・廣瀬昌平・松野正 1995b. インドネシア東部のサゴヤシ生産：デンプン収量の変異と土壌環境. 熱帯農業, 39(別2): 45–46.

Ehara, H., S. Kosaka, T. Hattori and O. Moria 1997. Screening of primers for RAPD analysis of spiny and spineless sago palm in Indonesia. Sago Palm, 5: 17-20.

Ehara, H., C. Komada and O. Morita 1998. Germination characteristics of sago palm seeds and spine emergence in seedlings produced from spineless palm seeds. Principes, 42: 212-217.

Ehara, H., S. Susanto, C. Mizota, S. Hirose and T. Matsuno 2000. Sago palm (*Metroxylon sagu*, Arecaceae) production in the eastern archipelago of Indonesia: Variation in morphological characteristics and pith-dry matter yield. Economic Botany, 54: 197-206.

Ehara, H., O. Morita, C. Komada and M. Goto 2001. Effect of physical treatment and presence of the pericarp and sarcotesta on seed germination in sago palm (*Metroxylon sagu* Rottb.). Seed Science and Technology, 29: 83-90.

Ehara, H., S. Kosaka, N. Shimura, D. Matoyama, O. Morita, C. Mizota, H. Naito, S. Susanto, M. H. Bintoro and Y. Yamamoto 2002. Genetic variation of sago palm (*Metroxylon sagu* Rottb.) in the Malay Archipelago. pp. 93-100. In: Kainuma, K., M. Okazaki, Y. Toyoda and J. E. Cecil (eds.), New Frontiers of Sago Palm Studies: Proceedings of the International Symposium on SAGO. Universal Academy Press, Tokyo.

江原宏・松井もえ・内藤整 2003. NaCl 濃度処理下におけるサゴヤシの Na$^+$ の吸収移行について. サゴヤシ・サゴ文化研究会第 12 回講演要旨集, pp. 35-36.

Ehara, H., S. Kosaka, N. Shimura, D. Matoyama, O. Morita, H. Naito, C. Mizota, S. Susanto, M. H. Bintoro and Y. Yamamoto 2003a. Relationship between geographical distribution and genetic distance of Sago Palms in the Malay Archipelago. Sago Palm, 11: 8-13.

Ehara, H., H. Naito, C. Mizota and P. Ala 2003b. Distribution, growth environment and utilization of *Metroxylon* palms in Vanuatu. Sago Palm, 10: 64-72.

Ehara, H., H. Naito, C. Mizota and P. Ala 2003c. Agronomic features of *Metroxylon* palms growing on Gaua in the Banks Islands, Vanuatu. Sago Palm, 11: 14-17.

Ehara, H., H. Naito and C. Mizota 2005. Environmental Factors Limiting Sago Production and Genetic Variation in *Metroxylon sagu* Rottb. pp. 93-103. In: Karafir, Y. P., F. S. Jong and V. F. Fere (eds.), Sago Palm Development and Utilization: Proceeding of the 8th International Sago Symposium. Universitas Negeri Papua Press, Manokwari.

Ehara H., M. M. Harley, W. J. Baker, J. Dransfield, H. Naito and C. Mizota 2006a. Flower and pollen morphology of spiny and spineless sago palm in Indonesia. Japanese Journal of Tropical Agriculture, 50: 121-126.

Ehara, H. H. Naito, A.J.P. Tarimo, M.H. Bintoro and T.Y. Takamara 2006b. Introduction of sago palm seeds and seedlings into Tanzania. Sago Palm, 14: 65-71.

江原宏・柴田博行・内藤整・W. Prathunmyoto 2006. NaCl 濃度処理下における *Metroxylon* 属植物の Na$^+$, K$^+$, Ca$^+$, Cl$^-$ の吸収と部位別分布. サゴヤシ・サゴ文化研究会第 12 回講演要旨集, pp. 56-57.

Ehara, H., H. Shibata, H. Naito, T. Mishima and P. Ala 2007. Na$^+$ and K$^+$ concentrations in different plant parts and physiological features of *Metroxylon warburgii* Becc. under salt stress. Japanese Journal of Tropical Agriculture, 51: 160-168.

Ehara, H., H. Shibata, W. Prathumyot, H. Naito and H. Miyake 2008a. Absorption and distribution of Na$^+$, Cl$^-$ and some other ions and physiological characteristics of sago palm under salt stress. Tropical Agriculture and Development, 52: 7-16.

Ehara, H., H. Shibata, W. Prathumyot, H. Naito, T. Mishima, M. Tuiwawa, A. Naikatini and I. Rounds 2008b. Absorption and distribution of Na$^+$ and some ions in seedlings of *Metroxylon vitiense* H. Wendl. ex Benth. & Hook. f. under salt stress. Tropical Agriculture and Development, 52: 17-26.

Elbeltagy, A., K. Nishioka, T. Sato, H. Suzuki, B. Ye, T. Hamada, T. Isawa, H. Mitsui and K. Minamisawa 2001. Endophytic colonization and in planta nitrogen fixation by a *Herbaspirillum* sp. isolated from wild rice species. Applied and Environmental Microbiology, 67: 5285-5293.

Ellen, R. F. 1979. Sago subsistence and the trade in spices: A provisional model of ecological succession and imbalance in Molluccan history. pp. 43-74. In: Burnham, P. C. and R. F. Ellen (eds.), Social and Ecological Systems. Academic Press, New York.

Epstein, J. A. and M. Lewin 1962. Kinetics of the oxidation of cotton with hypochlorite in the pH range 5-10. Journal of Polymer Science, 58: 991-1008.

Evans, L. T. 1996. Crop Evolution, Adaptation and Yield. Cambridge University Press, New York. pp. 288-289.

Ezaki, B., R. C. Gardner, Y. Ezaki and H. Matsumoto 2000. Expression of aluminum-induced genes in transgenic arabidopsis plants can ameliorate aluminum stress and/or oxidative stress. Plant Physiology, 122: 657-666.

FAO 2002. FAOSTAT: http:// faostat.fao.org/site/567/default.aspx#ancor

FAO 2006. World reference base for soil resources 2006, A framework for international classification, correlation and communication. FAO, Rome. 128 pp.

Felenstein, J. 2001. PHYILIP, ver. 3.6. University of Washington, Seattle.

Flach, M. 1977. Yield potential of the sago palm and its realization. pp. 157-177. In: Tan, K. (ed.), Sago-'76: Papers of the 1st International Sago Symposium "the Equatorial Swamp as a Natural Resource", Kuching.

Flach, M. 1980. Comparative ecology of the main moisture-rich starchy staples. pp. 110-127. In: Stanton, W. R. and M. Flach (eds.), Sago: the Equatorial Swamp as a Natural Resource (Proceedings of the 2nd International Sago Symposium). Martinus Nijhoff, London.

Flach, M. 1981. Sago palm resources in the northeastern part of the Sepik River Basin. Report of a survey, Energy Planning Unit, Department. of Minerals & Energy, Konedobu, pp. 5-11.

Flach, M. 1983. The sago palm, FAO Plant Production and Protection Paper 47, AGPC/MISC/80, FAO, Rome, 85pp.

Flach, M. 1997. Sago palm. *Metroxylon sagu* Rottb.: Promotiong the consevation and use of underutilized and neglected crops. 13. International Plant Genetic Resources Institute, Rome, 76 pp.

Flach, M. and D. L. Schuiling 1989. Revival of an ancient starch crop: a review of the agronomy of the sago palm. Agroforestry Systems, 7: 259-281.

Flach, M. and D. L. Schuiling 1991. Growth and yield of sago palms in relation to their nutritional needs. pp. 103-110. In: Ng, T. Y., Y. L. Tie and H. S. Kueh (eds.), Towards Greater Advancement of Sago Industry in the '90s: Proceedings of the 4th International Sago Symposium. Lee Ming Press, Kuching.

Flach, M., F. J. G. Cnoops and van G. C. Roekel-Jansen 1977. Tolerance to salinity and flooding of young sago palm seedlings. pp. 190-195. In: Tan, K. (ed.), Sago '76: Papers of the 1st International Sago Symposium, "the equatorial swamp as a natural resource", Kuching.

Flach, M., D. W. G. van Kraalingen, and G. Simbardjo 1986a. Evaluation of present and potential production of natural sago palm stands. pp. 86-93. In: Yamada, N. and K. Kainuma (eds.), Sago-'85: Proceedings of the 3rd International Sago Symposium. The Sago Palm Research Fund, Tokyo.

Flach, M., K. den Braber, M. J. J. Fredrix, E. M. Monster and G. A. M. van Hasselt, 1986b. Temperature and relative humidity requirements of young sago palm seedlings. pp. 139-143. In: Yamada, N. and K. Kainuma (eds.), Sago-'85: Proceedings of the 3rd International Sago Symposium. The Sago Palm Research Fund, Tokyo.

Fong, S. S., A. J. Khan, M. Mohamed and A. M. Dos Mohamed 2005. The relationship between peat soil characteristics and the growth of sago palm (*Metroxylon sagu*). Sago Palm, 13: 9-16.

Fujii, S., S. Kishihara and M. Komoto 1986a. Studies on improvement of sago starch quality. pp. 186-192. In: Yamada, N. and K. Kainuma (eds.), Sago-'85: Proceedings of the 3rd International Sago Symposium. The Sago Palm Research Fund, Tokyo.

Fujii, S., S. Kishihara, H. Tamaki and M. Komoto 1986b. Studies on improvement of quality of sago starch, part II: Effect of the manufacturing condition on the quality of sago starch. The Science Reports of Faculty of Agriculture, Kobe University, 17: 97-106.

福井捷朗 1984. 東南アジア低湿地の土地利用. 東南アジア研究, 21：409-436.

Funakawa, S., K. Yonebayashi, F. S. Jong, E. C. Oi-Khun 1996. Nutritional environment of tropical peat soils in Sarawak, Malaysia based on soil solution composition. Soil Science and Plant Nutrition, 42: 833-843.

Funakoshi, H., N. Shiraishi, M. Norimoto, T. Aoki, H. Hayashi and T. Yokota 1979. Study on the thermoplasticizaion of wood. Holzforshung, 33: 157-166.

古川久雄 1986. パタンハリ川流域低湿地の農業景観：その 2. 農業景観の展開. 東南アジア研究, 24 (1)：65-105.

古川純・馬建鋒 2006. 植物栄養学研究へのゲノム科学のインパクト：3. 植物のミネラルストレス研究におけるプロテオミクスの応用. 日本土壌肥料学雑誌, 77：109-114.

Furukawa, N., K. Inubushi, M. Ali, A. M. Itang and H. Tsuruta 2005. Effect of changing groundwater levels caused by land-use changes on greenhouse gas fluxes from tropical peat lands. Nutrient Cycling in Agroecosystems, 71: 81-91.

外務省 2007. 世界の石炭埋蔵量，生産量，可採年数. http://moga.go/mofaj/gaiko/energy/pdf/d-1.pfd#search='石炭の埋蔵量'

Girija, C., B. N. Smith and P. M. Swamy 2002. Interactive effects of sodium chloride and calcium chloride on the accumulations of proline and glycinebetaine in peanut (*Arachis hypogaea* L.). Environmental and Experimental Botany, 47: 1-10.

Google Ads 2009. Honkawa Data Tribune 社会実情データ図録. http://www2.ttcn.ne.jp/honkawa/index.html

後藤雄佐 1996. サゴヤシ樹幹の維管束の走向. 山本由徳編, 1996 年度日本学術振興会熱帯生物資源研究助成事業, 高知大学・東北大学現地調査報告書, pp. 37-46.

後藤雄佐・山本由徳・吉田徹志・L. Hilary・F.S. Jong 1994. サラワク州におけるサゴヤシの栽培生理的研究. 第 4 報 髄断面における維管束の分布. 熱帯農業, 38(別 1): 37-38.

後藤雄佐・新田洋司・角田憲二・吉田徹志・山本由徳 1998. サゴヤシ (*Metroxylon sagus* Rottb.) Sucker の分化と生長. 日本作物学会紀事, 67(別 1)：212-213.

後藤雄佐・中村聡 2004. サゴヤシの葉の形態. Sago Palm, 12: 24-31.

Groves, M. 1972. Hiri. pp. 523-527. In: Ryan, P. (ed.), Encyclopaedia of Papua and New Guinea, Vol. 1. Melbourne University Press, Carlton.

Hagley, E. A. C. 1965. On the life history and habits of the palm weevil *Rhynchophorus palmarum*. Annals of the Entomological Society of America, 58: 22-28.

Haji, A., K. Inubushi, Y. Furukawa, E. Purnomo, M. Rasmadi and H. Tsuruta 2005. Greenhouse gas emissions from tropical peatlands of Kalimantan, Indonesia. Nutrient Cycling in Agroecosystems, 71: 73-80.

Hallett, R. H., G. Gries, R. Gries, J. H. Borden, E. Czyzewska, A. C. Oehlschlager, H. D. Pierce, N. P. D. Angerilli and A. Rauf 1993. Aggregation pheromones of two Asian palm weevils, *Rhynchophorus ferrugineus* and *R. vulneratus*. Naturwissenschaften, 80: 328-331.

濱西知子 2002. サゴ澱粉の生育段階における理化学的性質と調理科学的特性に関する研究. 共立女子大学博士論文, p. 73, p. 95.

濱西知子・八田珠郎・F. S. Jong・高橋節子・貝沼圭二 1999. サゴヤシの生育段階および部位における澱粉の理化学的性質. Journal of Applied Glycoscience, 46: 39-48.

濱西知子・八田珠郎・F. S. Jong・貝沼圭二・高橋節子 2000. 生育段階の異なるサゴヤシ澱粉の相対結晶化度と構造および糊化特性. Journal of Applied Glycoscience, 47: 335-341.

濱西知子・松永直子・平尾和子・貝沼圭二・高橋節子 2002. サゴ澱粉を用いたくず蒸しようかんの調理・加工特性. 日本調理科学会誌, 35：287-296.

Hamanishi, T., N. Matsunaga, K. Hirao, K. Kainuma and S. Takahashi 2002a. The cooking and processing properties of Japanese traditional confectionery made of sago starch-effect of addition of trehalose and silk fibroin. pp. 261-264. In: Kainuma, K., M. Okazaki, Y. Toyoda and J. E. Cecil (eds.), New Frontier of Sago Palm Studies: Proceedings of the International Symposium on SAGO. Universal Academy Press, Tokyo.

Hamanishi, T., K. Hirao, Y. Nishizawa, H. Sorimachi, K. Kainuma and S. Takahashi, 2002b. Physicochemical properties of sago starch compared with various commercial starches. pp. 289-292. In: Kainuma, K., M. Okazaki, Y. Toyoda and J. E. Cecil (eds.), New Frontiers of Sago Palm Studies: Proceedings of the International Symposium on SAGO. Universal Academy Press, Tokyo.

濱西知子・平尾和子・宮崎彰・Petrus・F. S. Jong・山本由徳・吉田徹志・高橋節子 2006. サゴヤシ変種デンプンの理化学的性質および物性. サゴヤシ学会第15回講演要旨集, pp. 13-16.

濱西知子・平尾和子・宮崎彰・山本由徳・吉田徹志・高橋節子 2007. サゴヤシ変種デンプンの性質と分類. サゴヤシ学会第16回講演要旨集, pp. 29-32.

Harsanto, P. B. 1987. Budidaya dan Pengorahan. Penerbt Kanisius, Yogyakarta, 91 pp.

Haryanto, B. and P. Pangloli 1994. Potensi dan pemanfaatan sagu. Kanisius, Jogyakarta. 140 pp.

Haryanto, B. dan Suharjito 1996. Model Perkebuan Inti Rkyat (PIR) sebagai salah satu altanatif pengembangan sagu. Prosiding Simposium National Sagu III, Dekan Baru, 27-28 Februari 1996.

橋本九一・佐々木由佳・角田憲一・渡辺彰・F. S. Jong・安藤豊 2006. 熱帯泥炭土壌におけるサゴヤシ生育と地下水位の関係. サゴヤシ学会第15回講演要旨集, pp. 25-26.

Haska, N. 2001. Comparison of productivity and properties of the starches from several tropical palms. pp.13-16. In: Ogata, S., K. Furukawa, K. Sonomoto and G. Kobayashi (eds.), Diversity and Optimum Utilization of Biological Resources in the Torrid and Subtropical Zones: Proceedings of the International Sago Symposium (in honor of Prof. Ayaaki Ishizaki retirement), Kyushu University Press, Hukuoka.

Hassan, A. H. 2001. Agronomic practice in cultivating the sago palm, *Metroxylon sagu* Rottb.: the Sarawak experience. pp. 3-7. In: Kainuma, K., M. Okazaki, Y. Toyoda and J. E. Cecil (eds.), New Frontiers of Sago Palm Studies: Proceedings of the International Symposium on SAGO. Universal Academy Press, Tokyo.

Hatta, T., S. Nemoto, T. Hamanishi, K. Yamamoto, S. Takahashi and K. Kainuma 2002. Uppermost surface structure of sago starch granules. pp. 349-354. In: Kainuma, K., M. Okazaki, Y. Toyoda and J. E. Cecil (eds.), New Frontiers of Sago Palm Studies: Proceedings of the International Symposium on SAGO. Universal Academy Press, Tokyo.

Henanto, H. 1992. Sago palm distribution in Irian Jaya Province. Symposium Sagu Nasional (Ambon), 12-13 October.

Hill, R. D. 1977. Rice in Malaya: A study in historical geography. Oxford University Press, Oxford, 139 pp.

平尾和子 2001. サゴデンプンの血清・肝臓資質改善機能とその理化学性に関する研究. 岩手大学大学院博士論文, pp. 3-5.

平尾和子・高橋節子 1996. サゴパールの加熱方法について. Sago Palm, 4: 14-20.

平尾和子・西岡育・高橋節子 1989. タピオカパールの調理の際の加熱方法について. 日本家政学会誌, 40：363-371.

平尾和子・五十嵐喜治・高橋節子 1998. 分離大豆タンパク質，大豆油を用いた澱粉ゲルの材料配合比による影響. Sago Palm, 6: 1-9.

平尾和子・濱西知子・五十嵐善治・高橋節子 2002. サゴ澱粉ブラマンジェのテクスチャー特性および官能評価に及ぼす材料配合比の影響. 日本家政学会誌, 53：659-669.

平尾和子・渡辺篤二・高橋節子 2003. ブラマンジェ様澱粉ゲルの物性および官能評価に及ぼす大豆タンパク質添加の影響：ココア，抹茶添加の影響. 日本家政学会誌, 54：469-476.

平尾和子・貝沼圭二・高橋節子 2004a. 絹フィブロインゲルの添加が澱粉の糊化特性に及ぼす影響. 日本応用糖質科学会平成16年度大会要旨集, p. 21.

平尾和子・金毛利加代子・米山陽子・高橋節子 2004b. サゴ澱粉を用いたビスケットの物性と食味特性. 日本家政学会誌, 55：715-723.

平尾和子・武井婦貴恵・米山陽子・高橋節子 2005. 卵黄粉末添加がサゴ澱粉ゲルの理化学的特性に及ぼす影響. 日本家政学会誌, 56：49-54.

平尾和子・濱西知子・反町秀子・山本由徳・宮崎彰・F. S. Jong・吉田徹志・高橋節子 2006. 収穫適期におけるサゴヤシ8変種澱粉の物性ならびに利用特性. Journal of Applied Glycoscience, 53: 49.

平尾和子・田中秀岳・木尾茂樹・濱西知子・高橋節子 2008. インドネシア，リアウ州におけるサゴ澱

粉利用の現状と加工品について．サゴヤシ学会第17回講演要旨集，pp. 75-78.
堀内三津幸　1998．パプアニューギニア　チーム派遣計画．ハイランド養殖開発計画　国際協力機構概要報告書，pp. 1-7.
市毛弘子・石川松太郎　1984．近世節用集類に収録された食生活関係語彙についての調査：第2報　いも類，でん粉類，種実類，豆類，野菜類，果実類，きのこ類，藻類関係語彙を中心に．日本家政学会誌，35：736-746.
IPCC (Intergovernmental Panel on Climate Change) 2007. Climate Change 2007: The Physical Scientific Basis. (Solomon, S., D. Qin, M. Manning, M. Marquis, K. Averyt, M. M. B. Tignor, H. Leroy Miller, Jr. and Z. Chen eds.) Cambridge University Press, Cambridge, UK, and New York, 996 pp.
Irawan, A. F., H M. Bintro, Y. Yamaoto, K. Saitoh and F. S. Jong 2005. Effects of sucker weight on the vegetative growth of sago palm (*Metroxylon sagu* Rottb.) during the nursery period. Shikoku Journal of Crop Science, 42: 44-45.
Irawan A. F., Y. Yamamoto, A. Miyazaki, T. Yoshida and F. S. Jong 2009a. Characters of sago palm (*Metroxylon sagu* Rottb.) suckers from different mother palms at different growth stages in Tebing Tinggi Island, Riau, Indodnesia. Tropical Agriculture and Development 53: 1-6.
Irawan, A. F., Y. Yamamoto, A. Miyazaki and F. S. Jong 2009b. Characteristics of suckers from sago palm (*Metroxylon sagu* Rottb.) grown in different soil types in Tebing Tinggi Island, Riau, Indonesia. Tropical Agriculture and Development, 53: 103-111.
石崎文彬・園元謙二・小林元太・S. Sirisansaneeyakul・S. Karnchatawee・S. Radtong・C. Siripatana・D. Uttapap・S. Tripetchkul・P. Mekvichitsaeng・K. Bujang　2002．熱帯バイオマスの微生物による化学工業原料への転換および新バイオ燃料生産：国際共同研究助成事業（NEDOグラント）成果報告書（採択番号：99GP1），（独）新エネルギー・産業技術総合開発機構．
Istalaksana, P., Y. Gandhi, P. Hadi, A. Rochani, K. Mbaubedari and S. Bachri 2006. Conversion of natural sago forest into sustainable sago plantation at Masirei district, Waropen, Papua, Indonesia: Feasibility study. pp. 65-77. In: Karafir, Y. P., F. S. Jong and V. E. Fere (eds.), Sago Palm Development and Utilization: Proceeding of the 8th International sago Sympojium. Universitas Negeri Papua Press, Manokwari.
Iuchi, S., T., H. Koyama, A. Iuchi, S. Kitabayashi, Y. Kobayashi, T. Ikka, T. Hirayama, K. Shinozaki and M. Kobayashi 2007. Zinc finger protein STOP1 is critical for proton tolerance in Arabidopsis and coregulates a key gene in aluminum tolerance. Proceedings of the National Academy of Science of the United States of America, 104: 9900-9905.
井内聖・片桐健・小山博之　2007．酸性土壌の耐性に関わる新規の植物遺伝子を同定．http://www.riken.go.jp/r-world/info/release/press/2007/070529/detail.html
Jabatan Pertanian Negri Johor 1994. Statistik Pertanian Negeri Johor 1994. Jabatan Pertanian Negri Johor, Batu Pahat. 84 pp.
Jalil, M., N. Hj and J. Bahari 1991. The performance of sago palms on river alluvial clay soils of Peninsular Malaysia. pp. 114-121. In: Ng, T. T., Y. L. Tie and H. S. Kueh (eds.), Towards Greater Advancement of the Sago Industry in the '90s: Proceedings of the 4th International Sago Symposium. Lee Ming Press, Kuching.
Jaman, O. H. 1985. The study of sago seed germination. Proceedings of the 22nd Research Officers' Conference, Kuching. Department of Agriculture, Sarawak, Malaysia. pp. 69-78.
Jane, J., T. Kasemsuwan, S. Leas, H. Zobel and F. Robyt 1994. Anthology of starch granule morphology by scanning electron microscopy. Starch, 46: 121-129.
Jensen, Ad. E. 1963. Prometheus- und Hainuvere-Mythologem. Anthropos. 58: 145-186.
イエンゼン，Ad. E.　1966．［大林太良他訳　1977］『殺された女神』（人類学ゼミナール　2）弘文堂，東京，216 pp.
Johnson, R. M. and W. D. Raymond 1956. Sources of starch in colonial territories Ⅰ: The sago palm. Colonial Plant and Animal Products, 6: 20-32.
Jones, D. L. 1995. Palms throughout the World. Smithsonian Institution Press, Washington, D. C., 410 pp.

Jong, F. S. 1991. A preliminary study on the phyllotaxy of sago palms in Sarawak. pp. 69-73. In: Ng, T. Y., Y. L. Tie and H. S. Kuch(eds.), Towards Greater Advancement of the Sago Industry in the '90s: Proceedings of the 4th International Sago Symposium. Lee Ming Press, Kuching.

Jong, F. S. 1995. Research for the development of sago palm (*Metroxylon sagu* Rottb.) cultivation in Sarawak, Malaysia. Dr. Thesis of Agricultural University, Wageningen, The Netherlands, 139 pp.

Jong F. S. 2001. Sago production in Tebinggi Sub-district, Riau, Indonesia. Sago Palm, 9: 9-15.

Jong, F. S. 2002a. The rehabilitation of natural sago forest as sustainable sago plantations: a shortcut to sago plantations. pp. 61-67. In: Kainuma, K., M. Okazaki, Y. Toyoda and J. E. Cecil (eds.), New Frontiers of Sago Palm Studies: Proceedings of the International Symposium on SAGO. Universal Academy Press, Tokyo.

Jong, F. S. 2002b. Commercial sago palm cultivation on deep peat in Riau, Indonesia. pp. 251-254. In: Kainuma, K., M. Okazaki, Y. Toyoda and J. E. Cecil (eds.), New Frontiers in Sago Palm Studies: Proceedings of the International Symposium on SAGO. Universal Academy Press, Tokyo.

Jong, F. S. 2006. Technical recommendations for the establishment of a commercial sago palm (*Meteroxylon sagu* Rottb.) plantation. Japanese Journal of Tropical Agriculture, 50: 224-228.

Jong, F. S. and M. Flach 1995. The sustainability of sago palm (*Meteroxylon sagu*) cultivation on deep peat in Sarawak. Sago Palm, 3: 13-20.

Jong, F. S., A. Watanabe, D. Hirabayashi, S. Matsuda, B. H. Puruwanto, K. Kakuda and H. Ando 2006. Growth performance of sago palms (*Metroxylon sagu* Rottb.) in peat of different depth and soil water table. Sago Palm, 14: 59-64.

Jong, F. S., A. Watanabe, Y. Sasaki, K. Kakuda and H. Ando 2007. A study on the growth response of young sago palms to the omission of N, P, and K in culture solution. pp. 103-112. In: Toyoda, Y., M. Okazaki, M. Quevedo and J. Bacusmo (eds.), Sago: Its Potential in Food and Industry: Proceedings of the 9th International Sago Symposium, TUAT Press, Tokyo.

Josue, A. R. and Okazaki, M. 1998. Stands of sago palms in northern Mindanao. Philippines. Sago Palm, 6: 24-27.

Jourdan, C. and H. Rey 1997. Architecture and development of the oil-palm (*Elaeis guineensis* Jacq.) root system. Plant and Soil, 189: 33-48.

Kaberry, P. M. 1941-2. The Abelam tribe, Sepik district, New Guinea: a preliminary report. Oceania, 11: 233-258, 345-367.

香川芳子監修　2001．五訂食品成分表．女子栄養大学出版部，東京，p. 42.

Kainuma, K. 1977. Present status of starch utilization in Japan. pp. 224-239. In: Tan, K. (ed.), SAGO-76: Papers of the 1st International Sago Symposium "The Equatorial Swamp as a Natural Resource", Kuching.

貝沼圭二　1977．第1回国際サゴシンポジウムの概要と今後の展望．食品工業，7月下旬号：37-42.

貝沼圭二　1981．ボルネオ，パプアニューギニアにサゴをもとめて：その1　ボルネオ島における基礎調査．食品総合研究所研究月報，135：5-12.

Kainuma, K. 1982. Utilization of sago palms in Sarawak, South Kalimantan and Papua New Guinea. Japanese Journal of Tropical Agriculture, 26: 177-186.

貝沼圭二　1986．カチオン交換澱粉．『澱粉・関連糖質実験法』（中村道徳・貝沼圭二編）pp. 284-287，学会出版センター，東京．

Kainuma, K. 1986. *Chalara paradoxa* raw starch digesting amylase obtained from sago palm. pp. 217-222. In: Yamada, N. and K. Kainuma (eds.). Sago-'85: Proceedings of the 3rd International Sago Symposium. The Sago Palm Research Fund, Tokyo.

貝沼圭二・小田恒郎・吹野弘武・矢田光平・鈴木繁男　1968．フォトペーストグラフィーによる澱粉粒の糊化現象の追跡：第2報　フォトペーストグラフィーにおける澱粉粒の糊化開始点の解析．日本澱粉工業学会誌，16：54-60.

貝沼圭二・松永暁子・板川正秀・小林昭一　1981．β-アミラーゼープルラナーゼ（BAP）系を用いた澱粉の糊化度，老化度の新測定法．澱粉科学誌，28：235-240.

Kainuma, K., H. Ishigami and S. Kobayashi, 1985. Isolation of a novel raw starch digesting amylase from a strain of black mold -*Chalara paradoxa*. Journal of the Japanese Society of Starch Science, 32: 136–141.

角田憲一・安藤豊・吉田徹志・山本由徳・新田洋司・江原宏・後藤雄佐・ベニト H. プルワント　2000. サゴヤシ生育地の土壌：窒素の挙動に関わる土壌要因. Sago Palm, 8: 9–16.

Kakuda, K., A. Watanabe, H. Ando and F. S. Jong 2005. Effects of fertilizer application on the root and aboveground biomass of sago palm (*Metroxylon sagu* Rottb.) cultivated in peat soil. Japanese Journal of Tropical Agriculture 49: 264–269.

紙村徹　1998．サゴ・デンプン採取にまつわる説話：パプアニューギニア，東セピック州カラワリ川上流域の「サゴ適応」．Sago Palm, 6: 10–23.

Kaneko, T., M. Okazaki, N. Kasai, C. Yamaguchi and A.H. Hassan 1996. Growth and biomass of sago palm (*Metroxylon sagu*) on shallow peat soils of Dalat District, Sarawak. Sago Palm, 4: 21–24.

Kasuya, N. 1996. Sago root studies in peat soil of Sarawak. Sago Palm, 4: 6–13.

加藤潔　2002．水分ストレス．『植物栄養・肥料の事典』（植物栄養・肥料の事典編集委員会編），pp. 290–294，朝倉書店，東京．

Kawahigashi, M., H. Sumida, K. Yamamoto, H. Tanaka and C. Kumada 2003. Chemical properties of tropical peat soils and peat soil solutions in sago palm plantation, Sago Palm, 10: 55–63.

川上いつゑ　1975．『光学・電子顕微鏡図譜　デンプンの形態』，医歯薬出版，東京，274pp.

川崎通夫　1999．イモ類作物の貯蔵性栄養器官における貯蔵物質の合成と蓄積に関する組織・細胞学的研究．東京農工大学大学院連合農学研究科博士論文，247pp.

川崎通夫・松井智明・新田洋司　1999．ジャガイモ塊茎におけるプラスチド─アミロプラスト系の微細構造とデンプンの合成と蓄積に関する電子顕微鏡観察．日本作物学会紀事，68：266–274.

Kelvim, L. E. T., Y. L. Tie and S. C. Y. Patricia 1991. Starch yield determination of sago palm: a comparative study. pp. 137–141. In: Ng, T. Y., Y. L. Tie and H. S. Kueh (eds.), Toward Greater Advancement of the Sago Industry in the '90s: Proceedings of the 4th International Sago Symposium. Lee Ming Press, Kuching.

Kertopermono, A. P. 1996. Inventory and evaluation of sago palm (*Metroxylon* sp). pp. 52–62. In: Jose Chistine, C. and A. Rasyad (eds.), Sago: The Future Source of Food and Feed: Proceedings of the 6th International Sago Symposium, Riau University Training Center, Pekanbaru.

Kiew, R. 1977. Taxonomy, ecology and biology of sago palms in Malaysia and Sarawak. pp. 147–154. In: Tan K. (ed.), Sago 76: Papers of the 1st International Sago Symposium "The equatorial swamp as a natural resourse", Kuching.

Kiguchi, M., 1990. Chemical modification of wood surfaces by etherification I. Manufacture of surface hot-melted wood by etherification. Mokuzai Gakkaishi, 36: 651–658.

木村登　1979．サゴヤシの害虫及び有害動物．，熱帯農業，23：142–148.

木尾茂樹　1998．酸化デンプンを添加されたカマボコの物性．化学修飾デンプンの水産ねり製品への応用に関する研究．日本水産大学大学院博士論文，pp. 43–56.

木尾茂樹・山本常治・倉重吉走・漆原英彦　1997．スケトウすり身にサゴ澱粉を添加したかまぼこの弾力について．水産ねり製品技術研究会誌，22(5)：203–212.

Kjær, A. S., A. S. Barfod, C. B. Asumussen and O. Seberg 2004. Investigation of genetic and morphological variation in the sago palm (*Metroxylon sagu*; Arecaceae) in Papua New Guinea. Annals of Botany, 94: 109–117.

小出裕章　2007．石油の可採年数推定値の変遷，http://rri.kyoto-u.ac.jp/NSRG/kid/energy/s-kasai.htm

小泉達治　2006．米国における燃料用エタノール政策の動向：とうもろこし需要に与える影響．農林水産政策研究，No. 11：53–72.

国際協力事業団　1981a．マレーシア国マラヤ半島ヤシ類開発協力基礎一次調査報告書．国際協力事業団，東京，121pp.

国際協力事業団　1981b．マレーシア（サバ州）インドネシア（南カリマンタン州）さご椰子開発協力基礎一次調査報告書．国際協力事業団，東京，60pp.

国際協力事業団　1981c．パプアニューギニア・サゴヤシ開発協力基礎一次調査報告書．国際協力事業団，

東京, 62pp.
駒田周昌・江原宏・森田脩・後藤正和 1998. サゴヤシの種子発芽特性に係わる外的および内的要因. 日本作物学会東海支部会報, 125：13-14.
小山博之 2002. 耐性機構.『植物栄養・肥料の事典』(植物栄養・肥料の事典編集委員会編) pp. 337-341, 朝倉書店, 東京.
Kraalingen, D. W. G. van 1983. Investigation on sago palm in East Sepik district, PNG. Report of Department of Minerals and Energy, Konedobu, 69 pp.
Kraalingen, D. W. G. van 1984. Some observation on sago palm growth in Sepik River Basin, Papua New Guinea. Report of Department of Minerals and Energy, Konedobu, 69 pp.
Kraalingen, D. W. G. van 1986. Starch content of sago palm trunks in relation to morphological characters and ecological conditions. pp. 105–111. In: The development of the sago palm and its products; report of the FAO/BPPT consultation, Jakarta.
Kueh H. S. 1995. The effects of soil applied NPK fertilizers on the growth of the sago palm (*Metroxylon sagu*, Rottb.) on undrained deep peat. Acta Horticulturae, 389: 67–76.
Kueh, H. S., Y. L. Tie, E. Robert, C. M. Ung and Hj. Osman 1991. The feasibility of plantation production of sago (*Metroxylon sagu*) on an organic soil in Sarawak. pp. 127–136. In: Ng, T. T., Y. L. Tie and H. S. Kueh (eds.), Towards Greater Advancement of the Sago Industry in the '90s: Proceedings of the 4th International Sago Symposium. Lee Ming Press, Kuching.
久馬一剛 1986a. マングローブ下の堆積物に由来する土壌：酸性硫酸塩土壌.『東南アジアの低湿地』(農林水産省熱帯農業研究センター編) pp. 56-79, 農林統計協会, 東京.
久馬一剛 1986b. 湿地林下の有機質土壌：熱帯泥炭土壌.『東南アジアの低湿地』(農林水産省熱帯農業研究センター編) pp. 79-103, 農林統計協会, 東京.
Laiho, R., T. Sallantaus and J. Laine 1999. The effect forestry drainage on vertical distributions of major plant nutrients in peat soils. Plant and Soil, 207: 169–181.
Land Custody and Development Authority (LCDA) 2009. Sago development. http://www.pelita.gov.my/sago_development.html
Luhulima, F., S. A. Karyono, Y. Abdullah and D. Dampa 2006. Feasibility study of narural sago forest for the establishment of commercial sago plantationin South Sorong, Irian Jaya Barat, Indonesia. pp. 57–64. In: Karafir, Y. P., F. S. Jong and V. E. Fere (eds.), Sago Palm Development and Utilization: Proceeding of the 8th International Sago Sympojium. Universitas Negeri Papua Press, Manokwari.
Lynn, W., B. Bob, P. Bob, D. Stacy, S. Bo 2006. Ethanol overview. pp. 20–44. In: Biomass Energy Data Book, Edition 1. U. S. Department of Energy, Washington, D. C.
Ma, J. F., P. R. Ryan and E. Delhaize 2001. Aluminum tolerance in plants and the complexing role of organic acids. Trends in Plant Science, 6: 273–278.
Magat, S.S. and R,Z. Margate 1988. The nutritional deficiencies and fertilization of coconut in the Philippines. Philippine Coconut Authority. R & D Techn. (Report No.2), Philippines.
Maamun, Y. and I.G.P. Sarasutha 1987. Prospects for sago palm in Indonesia: South Sulawesi case study. Indonesian Agricultural Research and Development Journal, 9: 52–56.
Manan, S and S. Supangkat 1984. Management of sago forest in Indonesia. In: The Development of the sago palm and its products; Report of the FAO/BPPT Teknologi consultation (Jakarta), 16–21 January.
前田和美 1998. 熱帯のデンプン資源作物：キャッサバとサゴヤシ. 熱帯農業, 42 (Extra issue 2)：75-80.
前田和美・山本由徳・内田直次 1992. 高知大学・神戸大学サゴヤシ現地調査報告書. 平成3年度日本学術振興会熱帯生物資源研究助成事業研究成果報告書, 36pp.
Martikainen, P. J., H. Nykänen, J. Alm and J. Silvola 1995. Changes in fluxes of carbon dioxide, methane and nitrous oxide due to forest drainage of mire sites of different trophy. Plant and Soil, 168/169: 571–577.
丸山哲平・鈴井伸郎・河地有木・藤巻秀・但野利秋・三輪睿太郎・樋口恭子 2008. ヨシのShoot BaseにおけるNa$^+$地上部以降制御機構の速度論的解析. 日本土壌肥料学会講演要旨集, 54：82.

Matanubun, H. 2004. Diversity of Sago Palm Based on Taxonomy in Central Sentani District, Jayapura Regency, Papua Province, Indonesia. Abstract of the Sixth New Guinea Biology Conference. The State University of Papua, Manokwari, Indonesia (Unpublished).

Matanubun, H. and L. Maturbongs 2006. Sago palm potential, biodiversity socio-cultural considerations for industrial sago development in Papua, Indonesia. pp.41-54. In: Karafir, Y. P., F. S. Jong and V. E. Fere (eds.), Sago Palm Development and Utilization: Proceeding of the 8th International Sago Sympojium. Universitas Negeri Papua Press, Manokwari.

増田美砂　1991．サゴ食の行方．サゴスタディ，2：6-7．

間藤徹　1991．高等植物の耐塩性機構．植物細胞工学，3：268-272

間藤徹　1999．塩生植物とは．遺伝，53：54-57．

間藤徹　2000．1．作物の塩類負荷応答―その発現機構・耐性・馴化：塩生植物の耐塩性機構．農業及園芸，75：783-786．

間藤徹　2002．塩ストレス．『植物栄養・肥料の事典』(植物栄養・肥料の事典編集委員会編) pp. 319-321，朝倉書店，東京．

Matoh, T., J. Watanabe and E. Takahashi 1987. Sodium, potassium, chloride, and betaine concentrations in isolated vacuoles from salt-grown *Atriplex gmelini* leaves. Plant Physiology, 84: 173-177.

Matsumoto, M., M. Osaki, T. Nuyim, A. Jongskul, P. Eam-On, Y. Kitaya, M. Urayama, T. Watanabe, T. Kawamura, T. Nakamura, C. Nilnond, T. Shinano and T. Tadano 1998. Nutritional characteristics of sago palm and oil palm in tropical peat soil. Journal of Plant Nutrition, 21: 1819-1841.

McClatchey, W. C. 1998. A new species of *Metroxylon* (Arecaceae) from Western Samoa. Novon, 8: 252-258.

McClatchey, W. C. 1999. Phylogenetic analysis of morphological characteristics of *Metroxylon* section *Coelococcus* (Palmae) and resulting implications for studies of other Calamoideae Genera. Memoirs of the New York Botanical Garden, 83: 285-306.

McClatchey, W. C., H. I. Manner and C. R. Elevitch 2006. *Metroxylon amicarum, M. paulcoxii, M. sagu, M. salomonense, M. vitiense,* and, *M. warburgii* (sago palm), Arecaceae (palm family). Species Profiles for Pacific Island Agroforestry, www.traditionaltree.org, April 2006 ver. (http://www.agroforestry.net/tti/Metroxylon-sagopalm.pdf).

McElhanon, K. A., ed. 1974. Legends from Papua New Guinea. Summer Institute of Linguistics, Ukarumpa, Papua New Guinea. 237 pp.

Melling, L., R. Hatano and K. J. Goh 2005a. Soil CO_2 flux from three ecosystems in tropical peatland of Sarawak, Malaysia. Tellus, 57B: 1-11.

Melling, L., R. Hatano and K. J. Goh 2005b. Methane fluxes from three ecosystems in tropical peatland of Sarawak, Malaysia. Soil Biology and Biochemistry, 37: 1445-1453.

Meyer-Rochow, V. B. 1973. Edible insects in three different ethnic groups of Papua and New Guinea. The American Journal of Clinical Nutrition, 26: 673-677.

Mihalic, F. 1971. The Jacaranda Dictionary and Grammar of Melanesian Pidgin. The Jacaranda Press, Port Moresby.

Mikuni, K., M. Monma and K. Kainuma 1987. Alcohol fermentation of corn starch digested by *Chalara paradoxa* amylase without cooking. Biotechnology and Bioengineering, 29: 729-732.

三橋淳・佐藤仁彦　1994．パプアニューギニアにおいて食用にされているサゴヤシのオサゾウムシに関する調査研究．Sago Palm, 2: 13-20.

三橋淳，河合省三　1999．プランテーションにおけるサゴヤシ害虫の調査（予報）；サゴヤシ・サゴ文化研究会第 8 回講演会要旨集，pp. 1-4.

三井化学（株）2007．ポリ乳酸「LACIA」技術資料，6pp. http://jp.mitsuichem.com/info/lacea/pdf/ijo2.pdf

Miyamoto, E., S. Matusda, H. Ando, K. Kakuda, F. S. Jong and A. Watanabe 2009. Effect of sago palm (*Metroxylon sagu* Rottb.) cultivation on the chemical properties of soil and water in tropical peat soil ecosystem. Nutrient Cycling in Agroecosystems, 85: 157-167.

宮崎彰・吉田徹志・知念やよい・濱田収三・山本由徳・Y. B. Pasolon・F. S. Jong　2003．樹齢に伴うサ

ゴヤシ根量の変化．サゴヤシ・サゴ文化研究会第12回講演要旨集，pp. 5-10.
宮崎彰・F. S. Jong・Petrus・山本由徳・吉田徹志・Y. B. Pasolon・H. Matanubun・F. S. Rembon・J. Limbongan 2006. インドネシア，パプア州ジャヤプラ近郊におけるサゴヤシ数種変種からのデンプン抽出．サゴヤシ学会第15回講演要旨集，pp. 9-12.
Miyazaki, A., Y. Yamamoto, K. Omori, H. Pranamuda, R. S. Gusti, Y. B. Pasolon and J. Limbongan 2007. Leaf photosynthetic rate in sago palms (*Metroxylon sagu* Rottb.) grown under field conditions in Indonesia. Japanese Journal of Tropical Agriculture, 51: 54-58.
宮崎彰・吉田徹志・柳舘勇・知念やよい・濱田収三・山本由徳・Y. B. パソロン・F. S. レンボン・F. S. ジョン 2008. 樹齢に伴うサゴヤシの根系発達：塹壕法による調査．熱帯農業研究，1(別1)：23-24.
宮崎朋子 1999. サゴ澱粉の調理特性：サゴデンプンの種類による物性とサゴきりの破断特性．共立女子大学家政学部平成11年度卒業論文．127 pp.
Mizuma, S., Y. Nitta, T. Matsuda, Y. Yamamoto, T. Yoshida and A. Miyazaki 2007. Starch accumulation of sago palm grown around lake Sentani, near Jayapura of the Papua province, Indonesia. Japanese Journal of Crop Science, 76 (Extra 1): 360-361.
Monma, M., Y. Yamamoto, N. Kagei and K. Kainuma 1989. Raw starch digestion by alfa-amylase and glucoamylase from *Chalara paradoxa*. Staerke/Starch, 41: 382-385.
森洋介 2007. 日本の気候．(I)台風．http://www8.ocn.ne.jp/~yosuke/index.htm
森本宏 1979. 穀類．『飼料学』(森本宏編) pp. 81-105，養賢堂，東京．
Munns, R. 2001. Avenues for increasing salt tolerance of crops. pp. 370-371. In: Horst, W. J., M. K. Schenk, A. Bürkert, N. Claassen, H. Flessa, W. B. Frommer, H. E. Goldbach, H. -W. Olfs, V. Römheld, B. Sattelmacher, U. Schmidhalter, S. Schubert, N. von Wirén, L. Wittenmayer (eds.), Plant Nutrition-food Security and Sustainability of Agro-ecosystems. Kuluwer Academic Publishers, Dordrecht.
村山重俊 1995. マレイシアにおける熱帯泥炭の分解．農林業協力専門家通信，15，13-33.
Nadhry, N., M. Igura and M. Okazaki 2009. Conversion of glucans in sago starch extraction residue to ethanol: saccharification by acids and enzymes. Abstract of the 18th Conference of the Society of Sago Palm Studies, pp. 6-12.
長戸公・下田博之 1979. サゴヤシの生産の現状とその将来性．熱帯農業，23：160-168.
内藤整・江原宏・溝田智telling 2000. インドネシアにおけるサゴヤシの生産生体と遺伝的背景．平成11年度日本学術振興会熱帯生物資源研究助成事業研究成果報告書，50 pp.
中村聡・後藤雄佐・新田洋司 2000. サゴヤシの葉の形態と葉面積．Sago Palm, 8：21-23.
Nakamura, S., Y. Nitta and Y. Goto 2004. Leaf characteristics and shape of sago palm (*Metroxylon sagu* Rottb.) for developing a method of estimating leaf area. Plant Production Science, 7: 198-203.
中村聡・渡邉学・Juliarni・新田洋司・後藤雄佐 2004. サゴヤシの幹の伸長と肥大．サゴヤシ学会第13回講演要旨集，pp. 9-12.
Nakamura, S., Y. Nitta, M. Watanabe and Y. Goto 2005. Analysis of leaflet shape and area for improvement of leaf area estimation method for sago palm (*Metroxylon sagu* Rottb.). Plant Production Science, 8: 27-31.
中村聡・新田洋司・渡邉学・後藤雄佐 2008. サゴヤシのサッカー苗における茎の形成．サゴヤシ学会第17回講演要旨集，pp. 9-12.
中村聡・新田洋司・渡邉学・中村貞二・後藤雄左 2009. 幹立ち前におけるサッカーコントロールがサゴヤシの出葉に及ぼす影響．日本作物学会記事，78 (別1)：46-47.
Nakamura, S., Y. Nitta, M. Watanabe and Y. Goto 2009. A method for estimating sago palm (*Metroxylon sagu* Rottb.) leaf area after trunk formation. Plant Production Science, 12: 63-69.
中西弘樹 2005. マングローブ林．『図説 日本の植生』(福嶋司・岩瀬徹編著) pp. 22-23，朝倉書店，東京．
中尾佐助 1983. 東南アジアの農耕とムギ．『日本農耕文化の現像を求めて』(佐々木高明編)，pp. 149-151，日本放送出版協会，東京．
中尾佐助 1966. 『栽培植物と農耕の起源』岩波書店，東京．192 pp.
中尾佐助 1985. Prenatal agriculture. 国立民族学博物館「パプアニューギニアにおける社会・文化変容」

共同研究班研究会，大阪．(口頭発表)

Nei, M. and W. H. Li 1979. Mathematical model for studying genetic variation in terms of restriction endnucleases. Proceedings of the National Academy of Science of the United States of America, 76: 5269–5273.

Nei, M., J. C. Stephens and N. Saitou 1985. Methods for computing the standard errors of branching points in an evolutionary tree and their application to molecular date from humans and apes. Molecular Biology and Evolution, 2: 66–85.

日本パプアニューギニア友好協会　1984．パプアニューギニア熱帯植物資源の活用に関する調査研究報告書，78pp.

日本パプアニューギニア友好協会　1985．パプアニューギニア熱帯植物資源の活用に関する調査研究報告書，82pp.

西村美彦　1995．インドネシア，南東スラウェシ州の農村と農業：第2報　作物栽培の現状とサゴヤシの利用．Sago Palm, 3: 62–71.

西村美彦　2008．フィリピン，ミンダナオ島におけるサゴヤシの現状．サゴヤシ学会第17回講演要旨集，pp. 31–36.

Nishimura, Y. and T. M. Laufa 2002. A study of traditional used for sago starch extraction in Asia and the Pacific. pp. 211–218. In: Kainuma, K., M. Okazaki, Y. Toyoda and J. E. Cecil (eds.), New Frontiers of Sago Palm Studies: Proceedings of the International Symposium on SAGO. Universal Academy Press, Tokyo.

新田洋司　1998．単子葉植物における根の始原体の形成．『根の事典』(根の事典編集委員会編) pp. 26–28, 朝倉書店，東京．

新田洋司・松田智明　2005．サゴヤシの根の形態．Sago Palm, 13: 16–19.

新田洋司・吉田徹志・山本由徳・F. S. Jong　2000a．熱帯泥炭地帯におけるサゴヤシの生育と微量要素．サゴヤシ・サゴ文化研究会第9回講演会講演要旨，pp. 54–57.

新田洋司・松田智明・遠藤雅代・後藤雄佐・中村聡・吉田徹志・山本由徳　2000b．サゴヤシの茎中心部基本柔組織におけるデンプン蓄積過程の電子顕微鏡観察．サゴヤシ・サゴ文化研究会第9回講演要旨集，pp. 58–63.

Nitta, Y., Y. Goto, K. Kakuda, H. Ehara, H. Ando, T. Yoshida, Y. Yamamoto, T. Matsuda, F. S. Jong and A. H. Hassan 2002. Morphological and anatomical observations of adventitious and lateral roots of sago palm. Plant Production Science, 5: 139–145.

新田洋司・本多舞・中村聡・後藤雄佐・松田智明　2002．サゴヤシ茎中心部基本柔組織におけるデンプン蓄積に関する走査電子顕微鏡観察：生長点およびその基部側組織におけるプラスチド—アミロプラスト系の様相．サゴヤシ・サゴ文化研究会第11回講演要旨集，pp. 51–54.

新田洋司・吉田徹志・山本由徳・F. S. Jong・中村聡・後藤雄佐・松田智明　2003．幹立ち前のサゴヤシ樹における小葉の褐変と微量要素施用による改善．サゴヤシ・サゴ文化研究会第12回講演要旨集，pp. 16–17.

新田洋司・三浦涼子・松田智明・中村聡・後藤雄佐・渡邉学　2004．サゴヤシの葉の内部形態の特徴．サゴヤシ学会第13回講演要旨集，pp. 5–8.

Nitta, Y., T. Matsuda, R. Miura, S. Nakamura, Y. Goto and M. Watanabe 2005. Anatomical leaf structure related to photosynthetic and conductive activities of sago palm. pp. 105–112. In: Karafir, Y. P., F. S. Jong and V. E. Fere (eds.), Sago Palm Development and Utilization: Proceeding of the 8th International Sago Symposium. Universitas Negeri Papua Press, Manokwari.

新田洋司・藁科伸哉・松田智明・山本由徳・吉田徹志・宮崎彰　2005．インドネシア，イリアンジャヤ州ジャヤプラ近郊センタニ湖畔に生育するサゴヤシ変種間のアミロプラスト蓄積様相の比較：電子顕微鏡観察．サゴヤシ学会第14回講演要旨集，pp. 16–18.

新田洋司・中山智美・松田智明　2006．サゴヤシ茎における細胞間隙の形成の様相：電子顕微鏡観察．サゴヤシ学会第15回講演要旨集，pp. 21–24.

農林水産省農林水産技術会議事務局編　1991．有用微生物・酵素の効率的大量生産技術．『バイオマス変換計画』pp. 493–517, 光琳，東京．

農林水産省　2002．いも類に関する資料．でん粉総合需給表．
農林水産省　2009．バイオマス・ニッポン総合戦略．http://www.maff.go.jp/j/biomass/index.html
　　http://www.maff.go.jp/j/biomass/b_energy/pdf/kakudai01.pdf
OECD/FAO 2007. OECD-FAO Agricultural Outlook 2007-2016. Rome, 88 pp.　http://www.oecd.org/dataoecd/6/10/38893266.pdf
荻田信二郎・久保隆文・竹内学・山口千尋・岡崎正規　1996．サゴヤシ（*Metroxylon sagu*）樹幹内におけるデンプンの蓄積と分布．Sago Palm, 4: 1-5.
小倉徳重　1987a．その他の主要用途　段ボール．『澱粉科学ハンドブック』（二國二郎監修，中村道徳・鈴木繁男編集）pp. 587-589, 朝倉書店，東京．
小倉徳重 1987b．化学澱粉概説．『澱粉科学ハンドブック』（二國二郎監修，中村道徳・鈴木繁男編集）pp. 496-498, 朝倉書店，東京．
小倉徳重 1987c．デキストリン．『澱粉科学ハンドブック』（二國二郎監修，中村道徳・鈴木繁男編集）pp. 498-500, 朝倉書店，東京．
大林太良　1977a．訳者解説（Ad. E. イェンゼン　1966）『殺された女神』弘文堂，東京．
大林太良　1977b．『葬制の起源』角川書店，東京．
近江正陽・斎藤梓　2007．サゴ残渣から調製されたポリウレタンフォームの性質（第2報）．サゴヤシ学会第16回講演要旨集，pp. 53-56.
Ohmi, M., H. Inomata, S. Sasaki, H. Tominaga and K. Fukuda 2003. Lauroylation of sago residue at normal temperature and characteristics of plastic sheets prepared from lauroylated sago residue. Sago Palm, 11: 1-7.
大野明　2003．サゴ澱粉．『澱粉科学の事典』（不破英次・小巻利章・檜作進・貝沼圭二編）pp. 379-387, 朝倉書店，東京．
大野明　2004．サゴ澱粉の生産プロセス．Sago Palm, 12：28-31.
Ohtsuka, R. 1977. The sago eater's adaptation in the Oriomo Plateau, Papua New Guinea. pp. 96-104. In: Tan K. (ed.), SAGO-76: Papers of the 1st International Sago Symposium "The equatorial swamp as a natural resource", Kuching.
Ohtsuka, R. 1983. Oriomo Papuans: Ecology of Sago Eaters in Lowland. Papua. University of Tokyo Press, Tokyo, 235pp: Ecology of Sago Eaters in Lowland Papua.
大家千恵子・高橋節子　1987．サゴ澱粉の膨化調理への応用．日本調理科学誌，20：362-370.
大家千恵子・高橋節子・渡辺篤二　1990．サゴ澱粉を用いた粉皮（fenpi）の機器並びに官能検査による評価．日本調理科学誌，23：67-75.
Okazaki, M. 1998. Sago study. Tokyo University of Agriculture and Technology, Tokyo, 213 pp.
Okazaki, M. 2000. Sago study in Mindanao. Tokyo University of Agriculture and Technology, Tokyo, 68 pp.
岡崎正規　2006．サゴヤシが地球温暖化を防ぐ．『生物に学び新しいシステムを創る』（生物に学び新しいシステムを創る編集委員会編）pp. 49-53, 博友社，東京．
Okazaki, M. and C. Yamaguchi 2002. The non-molecular nitrogen balance in an experimental sago garden at Dalat, Sarawak. pp. 297-302. In: Kainuma, K., M. Okazaki, Y. Toyoda and J. E. Cecil (eds.), New Frontiers of Sago Palm Studies: Proceedings of the International Symposium on SAGO. Universal Academy Press, Tokyo.
Okazaki, M. and K. Toyota 2003a. Sago study in Leyte. Tokyo University of Agriculture and Technology, Tokyo, 129 pp.
Okazaki, M. and K. Toyota 2003b. Sago study in Cebu and Leyte. Tokyo University of Agriculture and Technology, Tokyo, 66 pp.
Okazaki, M., K. Toyota and S. D. Kimura 2005. Sago project in Leyte. Tokyo University of Agriculture and Technology, Tokyo, 96 pp.
岡崎正規・豊田剛己・木村園子ドロテア・松村昭治・吉川正人・濱西知子・Algerico M. Mariscal 2007．フィリピンにおけるサゴヤシの生態分布と特性．サゴヤシ学会第16回講演要旨集，pp. 1-3.
大森一輝　2001．サゴヤシの栽培学的研究．平成12年度高知大学大学院農学研究科暖地農学専攻修士論文．118 pp.

Omori, K., Y. Yamamoto, Y. Nitta, T. Yoshida, K. Kakuda and F. S. Jong 2000. Stomatal density of sago palm (*Metroxylon sagu* Rottb.) with special reference to positional differences in leaflets and leaves, and change by palm age. Sago Palm, 8: 2–8.

大森一輝・山本由徳・F. S. Jong・T. Wenston 2000a. サゴヤシ小葉の葉重，葉長および葉幅と葉面積との関係．熱帯農業，44(別1)：15-16.

大森一輝・山本由徳・吉田徹志・宮崎彰・Y. B. Pasolon 2000b. サゴヤシの最大小葉の変種，樹齢および葉位別差異．サゴヤシ・サゴ文化研究会第9回講演会要旨集，pp. 31-38.

Omori, K., Y. Yamamoto, F. S. Jong, T. Wenston, A. Miyazaki and T. Yoshida 2002. Changes in some characteristics of sago palm sucker growth in water and after transplanting. pp. 265–269. In: Kainuma, K, M. Okazaki, T. Toyoda and J. E. Cecil (eds.), New Frontiers of Sago Palm Studies: Proceedings of the International Symposium on SAGO. Universal Academic Press, Tokyo.

遅沢克也 1982．サラワク州ムカでのサゴヤシ調査をおえて．農耕の技術，5：73-84.

遅沢克也 1988．サゴヤシ林管理の粗放性について：インドネシア南スラウェシ州のサゴヤシ生産集落の事例から．農耕の技術，11：101-117.

遅沢克也 1990．南スラウェシのサゴヤシとサゴ生産：熱帯低地開発試論．275pp.

Othman, A. R. 1991. Sago: a minor crop in peninsular Malaysia. pp. 17–21. In: Ng, T. T., Y. L. Tie and H. S. Kueh (eds.), Towards Greater Advancement of the Sago Industry in the '90s: Proceedings of the 4th International Sago Symposium. Lee Ming Press, Kuching.

Parthasarathy, M. V. 1980. Mature phloem of perennial monocotyledons. Berichte Deutsche Botanische Gesellschaft, 93: 57–70.

Ponzetta, M. T. and M. G. Paoletti 1997. Insects as food of the Irian Jaya populations. Ecology of Food and Nutrition, 36, 321–346.

Power, A. 2001. Commercialization of sago in Papua New Guinea: PNG–World leader in sago in the 21st century. pp. 159–165. In: Kainuma, K., M. Okazaki, Y. Toyoda and J. E. Cecil (eds.), New Frontiers of Sago Palm Studies: Proceedings of the International Symposium on SAGO. Universal Academy Press, Tokyo.

Puchongkavarin, H., S. Shonbsngob, T. Nuyim, P. Luangpituksa and S. Varavinit 2000. Production of alkaline noodles produced from the partial substitution of wheat flour with sago starch. Sago Communication, 11: 7–14.

Puruwanto, B. H., K. Kakuda, H. Ando, F. S. Jong, Y. Yamamoto, A. Watanabe and T. Yoshida 2002. Nutrient availability and response of sago palm (*Metroxylon sagu* Rottb.) to controlled release N fertilizer on coastal lowland peat in the tropics. Soil Science and Plant Nutrition, 48: 529–537.

Rahalkar, G. W., M. R. Harwalkar, H. D. Dananavare, A. J. Tamhankar and K. Shantkram 1985. *Rhynchophorus ferrugineus*. pp. 279–286. In: Singh, P. and R. F. Moore (eds.), Handbook of Insect Rearing Vol. 1. Elsevier Science, Amsterdam.

Rasyad, S. and K. Wasito 1986. The potential of sago palm in Maluku (Indonesia). pp. 1–6. In: Yamada, N. and K. Kainuma (eds.), Sago-'85: Proceedings of the 3rd International Sago Symposium. The Sago Palm Research Fund, Tokyo.

ラウ，W. 1999．『植物形態の事典』(中村真一・戸部博 訳) 朝倉書店，東京，340pp.

Rauwerdink, J. B. 1986. An essay on *Metroxylon*, the sago palm. Principes, 30: 165–180.

Renwarin, H.T., H. Matanubun and A. Barahima 1998. Identification, collection, and evaluation of sago palm cultivars in Irian Jaya for supporting commercial and plantation sago palm in Indonesia. Competitive research Grant Report, 91pp. (In Indonesian Language)

リチャーズ，P.W. 1978．『熱帯多雨林：生態学的研究』(植松眞一・吉良竜夫訳)．共立出版，東京，506pp.

Sadakathulla, S. 1991. Management of red palm weevil, *Rhynchophorus ferrugineus* F. in coconut plantations. Planter, 67: 415–419.

サゴヤシ学会 2009. http://www.bio.mie-u.ac.jp/~ehara/sago/sago-j.html

Sahamat, A. C. 2007. Commercial potential of sago in Malaysia. CD of abstract of the 9th International Sago

Symposium, Leyte, Philippines.
Sahlins, M. 1963. Poor man, rich man, big-man, chief: political types in Melanesia and Polynesia. Comparative Studies in Society and History, 5: 285–300.
Saitoh, K., M. H. Bintro, F. S. Jong, H. Hazairin, J. Louw and N. Sugiyama 2004. Studies on the starch productivity of sago palm in Riau, West Kalimantan and Irian Jaya, Indonesia. Japanese Journal of Tropical Agriculture, 48 (Extra issue 2): 1–2.
坂井健吉　1999．さつまいも．法政大学出版局，東京．p. 254.
坂井堅太郎　1999．食物アレルギーの実態と食生活．『食物アレルギーがわかる本』（上田伸男編著）pp. 3-12, 日本評論社，東京．
Sasaki, S., C. Yamaguchi, H. Tanaka, M. Ohmi and, H. Tominaga 1999. Thermoplasticization of sago residue by estirification with plant oil. Sago Palm, 7: 1–7.
Sasaki, S., M. Ohmi, H. Tominaga and K. Fukuda 2002a. Component analysis of sago waste after starch extraction. pp. 331–335. In: Kainuma, K., M. Okazaki, Y. Toyoda and J. E. Cecil (eds.), New Frontier in Sago Palm Studies: Proceedings of the International Symposium on SAGO. Universal Academy Press, Tokyo.
Sasaki, S., M. Ohmi, H. Tominaga and K. Fukuda 2002b. Degradability of the plastic sheet prepared from esterificated sago residue. Sago Palm, 10: 1–6.
Sasaki, S., M., Ohmi, H. Tominaga and K. Fukuda 2003. Characteristics of sago residue as a lignocellulosic resource, I, anatomical and physicochemical properties. Sago Palm, 10: 73–78.
佐々木靖・近江正陽・福田清春・冨永洋司　2003．脂肪酸無水物によるサゴヤシデンプン抽出残査のエステル化を熱可塑性の発現についてサゴヤシ学会第 12 回講演会講演要旨集．51-55.
佐々木由佳・安藤豊・渡辺彰・角田憲一・F. S. Jong and L. Jamallam, 2007．熱帯泥炭での持続的サゴヤシ栽培における地下水位と施肥の影響．日本学術振興会報告書，100pp.
笹岡正俊　2006．サゴヤシを保有することの意味：セラム島高地のサゴ食民のモノグラフ．東南アジア研究，44：105-144.
笹岡正俊　2007．「サゴ基盤型根栽農耕」と森林景観のかかわりインドネシア東部セラム島 Manusela 村の事例．Sago Palm, 15: 16–28.
Sastrapradja, S. 1986. Seedling variation in *Metroxylon sagu* Rottb. pp. 117–120. In: Yamada, N. and K. Kainuma (eds.), Sago-'85: Proceedings of the 3rd international sago symposium. The Sago Palm Research Fund, Tokyo.
佐藤孝　1967．東南アジアのヤシ．東南アジア研究，5：229-275.
佐藤孝　1986．赤道多雨地帯の澱粉資源植物サゴヤシ．農学進歩年報，33：1-5.
佐藤孝　1993．21 世紀の作物サゴヤシへの期待，特に栽培学の立場から．Sago Palm, 1: 8–19.
佐藤孝・山口禎・高村奉樹　1979．サゴヤシの栽培と収穫・調整．熱帯農業，23：130-136.
Schoch, T. J. 1967. Dextrin. pp. 404–408. In: Whistler, R. L. and E. F. Pashall (eds.), Starch: Chemistry and Technology, Vol. II. Academic Press, New York.
Schuiling, D. L. 2006. Traditional sratch extraction from the trunk of sago palm (*Metroxylon sagu* Rottb.) in West Seram (Maluku, Indonesia). pp. 189–200. In: Karafir, Y. P., F. S. Jong and V. E. Fere (eds.), Sago palm development and utilization: Proceeding of the 8th International sago Sympojium. Universitas Negeri Papua Press, Manokwari.
Schuiling, D. L. and M. Flach 1985. Guidelines for the cultivation of sago palm. Agricultural University, Wageningen, 34 pp.
Scott, I. M. 1985. The soil of Central Sarawak Lowlands, East Malaysia. Soil Survey Division Research Branch, Department of Agriculture, Sarawak, East Malaysia, 302 pp.
Secretariat of Directorate General of Estates 2006. Tree Crop Estate Statistics of Indonesia 2004–2006 SAGO. (Jakarta) 25 pp. [Sekretariat Directorate Jenderal Perkebunan. Statistik Perkebunan Indoesnesia 2004–2006 Sagu. (Jakarta)]
生分解性プラスチック研究会編 2006a．種類と特性．『入門生分解性プラスチック技術』pp. 5-18, オーム社，東京．

生分解性プラスチック研究会編 2006b. 製造・合成方法. 『入門生分解性プラスチック技術』pp. 45-47, オーム社, 東京.
政府資料等普及協会 2003. 生分解性プラスチック. http://www.gioss.or.jp/current2/cr031222.htm
清水健美 2001. VIII 根に関連する用語. 『図説 植物用語事典』pp. 233-249, 八坂書房, 東京.
Shimoda, H. and A. P. Power 1986. Investigation into development and utilization of sago palm forest in the East Sepik region, Papua New Guinea. pp. 94-104. In: Yamada, N. and K. Kainuma (eds.), Sago-'85: Proceedings of the 3rd international sago symposium. The Sago Palm Research Fund, Tokyo.
下田博之・A. P. パワー 1990. パプアニューギニア, 東セピック州のサゴヤシ林の実態とその澱粉生産性に関する研究：第1報 調査地の概要とサゴヤシ林の自然環境. 熱帯農業, 34：293-297.
下田博之・A. P. パワー 1992a. パプアニューギニア, 東セピック州のサゴヤシ林の実態とその澱粉生産性に関する調査研究：第2報 サゴヤシの変種とその分布状況. 熱帯農業, 36：227-233.
下田博之・A. P. パワー 1992b. パプアニューギニア・東セピック州のサゴヤシ林の実態とその澱粉生産性に関する調査研究：第3報 サゴヤシの生育相 (1). 熱帯農業, 36：242-250.
下田博之・斉藤邦行・A. P. パワー 1994. サゴヤシの澱粉生産性に関する調査研究：パプアニューギニアにおける1調査事例. Sago Palm, 2: 1-6.
下田路子 2005. 水生植物. 『図説 日本の植生』(福嶋司・岩瀬徹編著) pp. 52-53, 朝倉書店, 東京.
篠崎一雄 1995. シグナル伝達の分子機構. 『植物の遺伝子発現』(長田敏行・内宮博文編) pp.124-136, 講談社, 東京.
Shiraishi, N., and M. Yoshioka 1986. Plasticization of wood by acetylation with trifuluoroacetic acid pretreatment. Sen'i Gakkaishi, 42: 346-355.
Shiraishi, N., S. Onodera, M. Ohtani, T. Masumoto 1985. Dissolution of etherified or esterified wood into polyhydric alcohols or bisphenol A and their application in preparing wooden polymeric materials. Mokuzai Gakkaishi, 31: 418-420.
代田忠 1973. 繊維工業における水溶性高分子. 『増補水溶性高分子』(中村亦夫監修) pp. 167-169. 化学工業社, 東京.
庄子貞雄 1976. 泥炭土. アーバンクボタ, No. 13, pp. 14-15, 久保田鉄工, 東京.
食品産業センター 1991. インドネシア食品加工需要開発等調査事業 (サゴ澱粉産業) 報告書. 食品産業センター, 東京, 65pp.
Shrestha, A., K. Toyota, Y. Nakano, M. Okazaki, M. Quevedo and E. I. Abayon 2006. Nitrogen fixing activity in different parts of sago palm (*Metroxylon sagu*) and characterization of aerobic nitrogen fixing bacteria colonizing sago palm. Sago Palm, 14: 20-32.
Shrestha, A., K. Toyota, M. Okazaki, Y. Suga, M. A. Quevedo, A. B. Loreto and A. M. Mariscal 2007. Enhancement of nitrogen-fixing activity of *Enterobacteriaceae* strains isolated from sago palm (*Metroxylon sagu*) by microbial interaction with non-nitrogen fixers. Microbes and Environments, 22: 59-70.
Sim, E. S. and M. I. Ahmed 1978. Variation of flour yield in the sago palm. Malaysian Agriculture Journal, 51: 351-358.
Sim, E. S. and M. I. Ahmed 1990. Leaf nutrient variation in sago palms. pp. 94-102. In: Ng, T. T., Y. L. Tie and H. S. Kueh (eds.), Towards Greater Advancement of the Sago Industry in the '90s: Proceedings of the 4th International Sago Symposium. Lee Ming Press, Kuching.
Sim, S. F., A. J. Khan, M. Mohamed and A. M. D. Mohamed 2005. The relationship between peat soil characteristics and the growth of sago palm (*Metroxylon sagu*). Sago Palm, 13: 9-16.
Soedewo, D. and B. Haryanto 1983. Prospek pengembangan daya guna sagu sebagai bahan industri. Seri Monitorin Strategis perkembangan IPTEK No. Monstra/6/1983. Biro Koorinasi dan Kebijaksanaan Ilmiah-LIPI.
Soekarto, S. T. and S. Wiyandi 1983. Prospec Pengembangan sagu sebagai bahan pangan di Indoensia. Seri Monitoring Strategis Perkembangan IPTEK No. Monstra/4/1983. Biro Koordinasi dan kebijaksanaan Ilmiah-LIPI.
Soerjono, R. 1980. Potency of sago as a food-energy source in Indonesia. pp. 35-42. In: Stanton, W. R. and M.

Flach (eds.), SAGO The equatorial swamp as a natural resource: Proceedings of the 2nd International Sago Symposium. Martinus Nijhoff Publishers, The Hague.

ストウクス，D. S.・B. K. ウィルソン編 1987.『パプア・ニューギニアの民話』未来社，東京.

高橋英一 1991. 植物における塩害発生の機構と耐塩性．『塩集積土壌と農業』(日本土壌肥料学会編) pp. 123-154，博友社，東京.

高橋礼治 1987a. 繊維工業と澱粉．『澱粉科学ハンドブック』(二國二郎監修，中村道徳・鈴木繁男編集) pp. 575-578，朝倉書店，東京.

高橋礼治 1987b. 酸化澱粉．『澱粉科学ハンドブック』(二國二郎監修，中村道徳・鈴木繁男編集) pp. 501-503，朝倉書店，東京.

Takahashi, S. 1986. Some useful properties of sago starch in cookery science. pp. 208-216. In: Yamada, N. and K. Kainuma (eds.), Sago-'85: Proceedings of the 3rd International Sago Symposium. The Sago Palm Research Fund, Tokyo.

高橋節子・渡辺篤二 1983. 大豆タンパク質の添加がデンプンの糊化特性に及ぼす影響．共立女子大学家政学部紀要，29：127-140.

高橋節子・貝沼圭二 1989. デンプンを蓄積するヤシ：サゴ澱粉の性質．食生活研究，10：13-21.

高橋節子・平尾和子 1992. サゴ澱粉の調理・加工特性に関する食文化的研究．共立女子大学家政学部紀要，38：17-23.

高橋節子・平尾和子 1993. サゴおよび温水処理馬鈴薯澱粉を用いたハルサメの理化学的性質．共立女子大学家政学部紀要，39：103-108.

高橋節子・平尾和子 1994. サゴ澱粉の理化学的性質と和菓子への利用．共立女子大学家政学部紀要，40：59-64.

高橋節子・貝沼圭二 2006. 澱粉を蓄積するヤシ：サゴ澱粉の性質と調理・加工適性．熱帯農業，50：238-243.

高橋節子・北原久子・貝沼圭二 1981. 緑豆およびサゴ澱粉の特性について．澱粉科学誌，28：151-159.

高橋節子・小林理恵子・渡辺篤二・貝沼圭二 1983. 澱粉の糊化度および老化度に及ぼす大豆タンパク質の影響．日本食品工業学会誌，30：276-282.

高橋節子・平尾和子・渡辺篤二 1985a. 大豆タンパク質の添加がデンプンの糊化特性に及ぼす影響（その2）．共立女子大学家政学部紀要，31：32-42.

高橋節子・平尾和子・川端晶子・中村道徳 1985b. 緑豆・蚕豆澱粉の調理性および麺線調理法がハルサメの理化学的性質に与える影響．澱粉科学誌，30：257-266.

高橋節子・平尾和子・渡辺篤二 1986. 大豆タンパク質の添加がハルサメの理化学的性質に及ぼす影響．澱粉科学誌，33：15-24.

高橋節子・平尾和子・小林理恵子・川端晶子・中村道徳 1987. ハルサメ調製工程中の組織および澱粉の糊化度の変化．澱粉科学誌，34：21-30.

高橋節子・平尾和子・貝沼圭二 1995. サゴ澱粉の物性と調理特性．Sago Palm, 3: 72-82.

高村奉樹 1990. サゴヤシ研究の現状と問題点．熱帯農業，34：51-58.

高村奉樹 1995. サゴヤシ利用の栽培学的課題：他地域への導入の可能性をめぐって．Sago Palm, 3: 26-32.

高村奉樹・湯田英二 1985. サゴヤシ (*Metroxylon* spp.) の分布と利用の状況 1：インドネシア アンボン島・スラウェシ島北部．熱帯農業，29(別1)：66-67.

高谷好一 1983. 南スラウェシのサゴ生産．東南アジア研究，21：235-260.

高谷好一・アリス ポニマン 1986. 熱帯多雨林沿岸部の生活：東スマトラ，リアウ州の実例．東南アジア研究，24：263-288.

武石礼司 2004. 中東産油国の石油埋蔵量評価と生産増大への課題．現代の中東，No. 36：2-35.

Tan, K. 1986. Plantation sago in the Batu Pahat floodplain. pp. 65-70. In: Yamada, N. and K. Kainuma (eds.), Sago-'85: Proceedings of the 3rd International Sago Symposium. The Sago Palm Research Fund, Tokyo.

Tarimo, A. J. P., H. Ehara, H. Naito, M. H. Bintoro and T. Y. Takamura 2006. Sago palm (*Metroxylon sagu*

Rottb.) cultivation trial in Tanzania, Africa. pp. 123-134. In: Karafir, Y. P., F. S. Jong and V. E. Fere (eds.), Sago Palm Development and Utilization: Proceedings of the 8th International Sago Symposium. Universitas Negeri Papua Press, Manokuwari.
寺元芳子・松元文子　1966．澱粉の調理について：第1報　クズざくらについて．日本家政学会誌，17：384-388.
Tie, Y.L. and E.T. Kelvin Lim 1991. The current status and future prospects of harvestable sago palms in Sarawak. pp.11-16. In: Ng, T. T., Y. L. Tie and H. S. Kueh (eds.), Towards Greater Advancement of the Sago Industry in the '90s: Proceedings of the 4th International Sago Symposium. Lee Ming Press, Kuching.
Tie, Y. L., Hj. O. Jaman and H. S. Kueh 1987. Performance of sago (*Metroxylon sagu*) on deep peat. pp. 105-118. In: Proceedings of the 24th Research Officer's Conference, Department of Agriculture, Sarawak.
Tie, Y. L., K. S. Loi and E. T. Kelvin Lim, 1991. The geographical distribution of sago (*Metroxylon* spp.) and the dominant sago-growing soils in Sarawak. pp. 36-45. In: Ng, T. T., Y. L. Tie and H. S. Kueh (eds.), Towards Greater Advancement of the Sago Industry in the '90s: Proceedings of the 4th International Sago Symposium. Lee Ming Press, Kuching.
Tomlinson, P. B. 1971. The flowering in *Metroxylon* (The sago palm). Principes, 15: 49-62.
Tomlinson P. B. 1990 The structural biology of palms. Clarendon Press, New York, 492 pp.
豊田由貴夫　1997．パプアニューギニア，セピック地域における農業開発実施上の文化的・社会的課題．熱帯農業，41：27-36.
Toyoda, Y. 2002. Socio-economic and anthropological studies regarding sago palm growing areas. pp. 15-23. In: Kainuma, K., M. Okazaki, Y. Toyoda and J. E. Cecil (eds.), New Frontier of Sago Palm Studies: Proceedings of the International Symposium on SAGO. Universal Academy Press, Tokyo.
豊田由貴夫　2003．パプアニューギニア，セピック地域における多品種栽培の論理．『イモとヒト：人類の生存を支えた根栽農耕』（吉田集而・掘田満・印東道子編）pp. 95-111，平凡社，東京.
Toyoda, Y. 2006. Multicropping in Sago (*Metroxylon Sagu* Rottb.) growing areas of Papua New Guinea. pp. 209-216. In: Karafir, Y. P., F. S. Jong and V. E. Fere (eds.), Sago Palm Development and Utilization: Proceedings of the 8th International Sago Symposium. Universitas Negeri Papua Press, Manokuwari.
Toyoda, Y., R. Todo and H. Toyohara 2005. Sago as food in the Sepik area, Papua New Guinea. Sago Palm, 12: 1-11.
豊原秀和・天野実・小西達夫　1994．パプアニューギニアにおけるサゴヤシのデンプン抽出と調理・食法．東京農大創立100周年記念海外学術調査報告書，pp. 136-142.
辻安全食品　2009．サクサク粉．http://www.a-soken.com/item/NO-212314.html
Uchida, N., S. Kobayashi, T. Yasuda and T. Yamaguchi 1990. Photosynthetic characteristics of sago palm, *Metroxylon rumphii* Martius. Japanese Journal of Tropical Agriculture, 34: 176-180.
上田伸男　1999．食物アレルギーを起こす要因．『食物アレルギーがわかる本』（上田伸男編著）pp. 35-44，日本評論社，東京.
Ulijaszek, S. J. 1991. Traditional methods of sago palm management in the Purai Delta of Papua New Guinea. pp. 122-126. In: Ng, T. T., Y. L. Tie and H. S. Kueh (eds.), Towards Greater Advancement of the Sago Industry in the '90s: Proceedings of the 4th International Sago Symposium. Lee Ming Press, Kuching.
梅村芳樹　1984．『ジャガイモ―その人とのかかわり』古今書院，東京．p. 169.
United States of America Department of Agriculture 1975. Soil Taxonomy. 436 pp, Washington.
Utami, N. 1986. Penyerbukan pada sagu (*M. sagu*). Berita Biologi., 3: 229-231.
Van Breemen, N. 1980. Acid sulphate soils. pp. 53-57. In: Problem soils: their reclamation and management, Technical Paper 12. International Soil Reference and Information Centre, Wageningen.
和田敬四郎　1999．耐塩性のメカニズム．遺伝，53：58-62.
我妻一美　1994．サゴ澱粉の製造方法の現状とその工業的利用．日本農芸化学会誌，68：844-848.
我妻忠雄　2002．アルミニウムストレス．『植物栄養・肥料の事典』（植物栄養・肥料の事典編集委員会編）pp. 332-337，朝倉書店，東京.

Waisel, Y. 1972. Biology of Halophytes. Academic Press, New York.
Warashina, S., Y. Nitta, T. Matsuda, T. Nakayama and Y. Sasaki 2007. Formation portion of intercellular spaces and feature of starch accumulation in Sago Palm (*Metroxylon Sagu* Rottb.). Japanese Journal of Crop Science, 76 (Extra issue 1): 356-357.
Watanabe, A., K. Kakuda, B. H. Purwanto, F. S. Jong and H. Ando 2008. Effect of sago palm (*Metroxylon sagu* Rottb.) plantation on CH_4 and CO_2 fluxes from a tropical peat soil. Sago Palm, 16: 10-15.
Watanabe, A., B. H. Purwanto, H. Ando, K. Kakuda and F. S. Jong 2009. Methane and CO_2 fluxes from an Indonesian peatland used for sago palm (*Metroxylon sagu* Rottb.) cultivation: Effects of fertilizer and groundwater level management. Agriculture, Ecosystems and Environment, 134: 14-18.
渡辺弘之 1984. 低湿地林の開発とサゴヤシ. 熱帯農業, 28：134-140.
渡邉学・中村聡・Juliarni・新田洋司・後藤雄佐 2004. 幹立ち前サゴヤシの葉の諸形質. サゴヤシ学会第13回講演要旨集. pp. 1-4.
渡邉学・中村聡・新田洋司・山本由徳・後藤雄左 2008. 幹立ち後のサゴヤシの茎における維管束走向の推定. サゴヤシ学会第17回講演要旨集. pp. 79-82.
Watanabe, T. and M. Ohmi 1997. Thermoplasiticization of sago palm by acetylation. Sago Palm, 5: 10-16.
Westphal, E. and P.C.M. Jensen 1989. Plant resources of South-East Asia: A Selection. Pudoc, Wageningen, The Netherland, 324pp.
Whitemore, T. C. 1973. On the Solomon's sago palm. Principes, 17: 46-48.
Widjono, A., Y. Mokay, Amisnaipa, H. Lakuy, A. Rouw, A.Resubun, dan P. Wihyawari. 2000. Jenis-jenis Sagu Beberapa Daerah Papua. Badan Penelitian dan Pengembangan Pertanian. Pusat Penelitian Sosial Ekonomi, Bogor. Proyek Penelitian Sistem Usaha Tani Irian Jaya/Sustainable Agriculture Development Project (P2SUT/SADP).
Wina, E., A. J. Evans and J. B. Lowry 1986. The composition of pith from the sago palms *Metroxylon sagu* and *Arenga pinnata*. Journal of the Science of Food and Agriculture, 37: 352-358.
Wttewaal, B. W. G. 1954. Report on the possibilities for a mechanized sago operation at Tarof.
Yamada, I. and J. Akamine 2001. Sustainable utilization of the upper mountain sago species (*Eugeisona utilis* and *Arenga nudulatifolia*) in the central mountain range of East Kalimantan, Indonesia. pp. 237-244. In: Kainuma, K., M. Okazaki, Y. Toyoda and J. E. Cecil (eds.), New Frontier of Sago Palm Studies: Proceedings of the International Symposium on SAGO. Universal Academy Press, Tokyo.
Yamaguchi, C., M. Okazaki and T. Kaneko 1994. Sago palm growing on tropical peat soil in Sarawak, with special reference to copper and zinc. Sago Palm, 2: 21-30.
Yamaguchi, C., M. Okazaki, T. Kaneko, K. Yonebayashi and A. H. Hassan 1997. Comparative studies on sago palm growth in deep and shallow peat soils in Sarawak. Sago Palm, 5: 1-9.
Yamaguchi, C., M. Okazaki and A. H. Hassan 1998. The behavior of various elements in tropical swamp forest and sago plantation. Japanese Journal of Forest Environment, 40: 33-42.
山本由徳 1997. 高知大学・東北大学サゴヤシ現地調査報告書（1996年度日本学術振興会熱帯生物資源研究助成事業）. 55pp.
山本由徳 1998a. サゴヤシ. 熱帯農業シリーズ, 熱帯作物要覧 No. 25. 国際農林業協力協会, 東京, 109pp.
山本由徳 1998b. VII. サゴヤシの生育とデンプン収量.（山本由徳編, 澱粉資源作物サゴヤシの分布域における種分化, 生育環境と澱粉生産力の評価に関する研究）トヨタ財団研究助成報告書. pp. 135-142.
山本由徳 1999. インドネシア・アンボン, セラムおよび南東スラウェシにおけるサゴヤシ (*Metroxylon spp*) の栽培と利用の現状. 熱帯農業, 43：206-212.
山本由徳 2005. 第8回国際サゴヤシシンポジウムに出席して. 国際農林業協力, 28：21-26.
山本由徳 2006a. サゴヤシ (*Metroxylon sagu* Rottb.) のデンプン生産性. 熱帯農業, 50：234-237.
山本由徳 2006b. 熱帯の澱粉作物サゴヤシを訪ねて. くらしと農業, 20：5-7.
Yamamoto, Y. 2006. Biodiversity and starch productivity of several sago palm varieties in Indonesia. International workshop on domestication, super-domestication and gigantism: Human manipulation of

plant genomes for increasing crop yield (OECD and NIAS Sponsored workshop).
山本由徳　2009．地域から世界に向けたバイオ燃料戦略．熱帯農業　2（Extra issue 2）: 104-109．
山本由徳・大森一輝・吉田徹志・新田洋司・Y. B. Pasolon・宮崎彰　2000．インドネシア，スラウェシ南東部州クンダリにおけるサゴヤシ3変種の生育特性とデンプン生産性．サゴヤシ・サゴ文化研究会第9回講演要旨集，pp. 15-22．
山本由徳・大森一輝・新田洋司・角田憲一・Y. B. Pasolon・R. S. Gusti・宮崎彰・吉田徹志　2002a．サゴヤシの幹立ち後年数に伴う葉形質の変化．サゴヤシ・サゴ文化研究会第11回講演要旨集，pp. 43-46．
山本由徳・大森一輝・新田洋司・角田憲一・Y. B. Pasolon・R. S. Gusti・宮崎彰・吉田徹志　2002b．サゴヤシの幹立ち後年数に伴う地上部の器官（部位）別乾物重と乾物率の変化．サゴヤシ・サゴ文化研究会第11回講演要旨集，pp. 47-50．
Yamamoto, Y., T. Yoshida, Y. Goto, Y. Nitta, K. Kakuda, F. S. Jong, L. B. Hilary and A. H. Hassan 2003. Differences in growth and starch yield of sago palms (*Metroxylon sagu* Rottb.) among soil types in Sarawak, Malaysia. Japanese Journal of Tropical Agriculture, 47: 250-259.
山本由徳・知念やよい・吉田徹志・宮崎彰・濱田収三・T. Wenston・F. S. Jong　2003a．インドネシア，リアウ州，トゥビンティンギ島の海岸に生育するサゴヤシ．サゴヤシ・サゴ文化研究会第12回講演要旨集，pp. 62-66．
山本由徳・吉田徹志・後藤雄佐・J. F. Shoon・L. B. Hilary　2003b．サゴヤシ（*Metoxylon sagu* Rottb.）髄部におけるデンプンの蓄積経過．熱帯農業，47：124-131．
山本由徳・吉田徹志・山下勝久・宮崎彰・T. Wenston・F. S. Jong　2004a．海岸からの距離がサゴヤシの生育と各部位の無機成分含有量に及ぼす影響．サゴヤシ学会第13回講演要旨集，pp. 48-52．
山本由徳・吉田徹志・F. S. Jong・Y. B. Pasolon・H. Matanubun・宮崎彰　2004b．インドネシア，イリアンジャヤ州におけるサゴヤシ（*Metronxylon sagu* Rottb.）の変種について．サゴヤシ学会第13回講演要旨集，pp. 43-47．
Yamamoto, Y., T. Yoshida, A. Miyazaki, F. S. Jong, Y. B. Pasolon and H. Matanubun 2005. Biodiversity and productivity of several sago palm varieties in Indonesia. pp. 35-40. In: Karafir, Y. P., F. S. Jong and V. E. Fere (eds.), Sago Palm Development and Utilization: Proceedings of the 8th International Sago Symposium. Universitas Negeri Papua Press, Manokwari.
山本由徳・吉田徹志・宮崎彰・F. S. Jong・Y. B. Pasolon・H. Matanubun　2005a．インドネシア，イリアンジャヤ州におけるサゴヤシ（*Metroxylon sagu* Rottb.）変種のデンプン生産性とそれに関連する形質．サゴヤシ学会第14回講演要旨集，pp. 8-13．
山本由徳・宮崎彰・吉田徹志・大森一輝・知念やよい・T. Wenston・Gunawan・F. S. Jong　2005b．インドネシア，リアウ州トゥビンティンギ島のサゴヤシプランテーションにおけるサッカー植え付け後の生育経過．日本作物学会四国支部会報，42：46-47．
山本由徳・片山和雄・吉田徹志・宮崎彰・F. S. Jong・Y. B. Pasolon・H. Matanubun・F. S. Rembon・Nicholus・J. Limbongan　2006a．インドネシア，パプア州ジャヤプラ近郊におけるサゴヤシ2変種の葉形質の樹齢による差異．サゴヤシ学会第15回講演要旨集，pp. 1-4．
山本由徳・片山和雄・吉田徹志・宮崎彰・F. S. Jong・Y. B. Pasolon・H. Matanubun・F. S. Rembon・Nicholus・J. Limbongan　2006b．インドネシア，パプア州ジャヤプラ近郊におけるサゴヤシ2変種のデンプン蓄積過程．サゴヤシ学会第15回講演要旨集，pp. 5-8．
山本由徳・吉田徹志・宮崎彰・F. S. Jong・Y. B. Pasolon・H. Matanubun　2006c．インドネシア，イリアンジャヤ州におけるサゴヤシ（*Metoxylon sagu* Rottb.）変種の特性とデンプン生産性．熱帯農業，49（別2）：1-2．
Yamamoto, Y., K. Omori, Y. Nitta, A. Miyazaki, F. S. Jong and T. Wenston 2007. Efficiency of starch extraction from the pith of sago palm: A case study of the traditional method in Tebing Tinggi Island, Riau, Indonesia. Sago Palm, 15: 9-15.
山本由徳・柳舘勇・吉田徹志・宮崎彰・Y. B. Pasolon・S. Darmawanto・J. Limbongan・F. S. Jong・A. F. Irawan・F. S. Rembon　2007．インドネシア，パプア州ジャヤプラ近郊に生育するサゴヤシ変種の葉形質の特性．サゴヤシ学会第16回講演要旨集，pp. 12-16．

Yamamoto, Y., K. Omori, T. Yoshida, A. Miyazaki and F. S. Jong 2008. The annual production of sago (*Metroxylon sagu* Rottb.) starch per hectare. pp. 95-101. In: Toyoda, Y., M. Okazaki, M. Quevedo and J. Bacusmo (eds.), Sago: Its Potential in Food and Industry: Proceedings of the 9th International Sago Symposium. TUAT Press, Leyte.

山本由徳・吉田徹志・柳舘勇・F. S. Jong・Y. B. Pasolon・宮崎彰・濱西知子・平尾和子 2008a．インドネシア，マルク州セラム島におけるサゴヤシ（*Metroxylon sagu* Rottb.）変種の特性とデンプン生産性．熱帯農業研究，1（別1）：19-20．

山本由徳・吉田徹志・柳舘勇・F. S. Jong・Y. B. Pasolon・宮崎彰・濱西知子・平尾和子 2008b．インドネシア，マルク州アンボン，セラム島におけるサゴヤシとその利用．サゴヤシ学会第17回講演要旨集，pp. 17-22．

Yamamoto, Y., K. Omori, Miyazaki and T. Yoshida 2010. Changes in the composition and content of sugars in the pith during the growth of sago palm. Sago Palm, 18: 41-43.

柳舘勇・山本由徳・吉田徹志・宮崎彰・Y. B. Pasolon・S. Darmawanto・J. Limbongan・F. S. Jong・A. F. Irawan・F. S. Rembon 2007．インドネシア，パプア州ジャヤプラ近郊に生育するサゴヤシ野生種，"Manno" の生育およびデンプン生産特性．サゴヤシ学会第16回講演要旨集，pp. 8-11．

Yanagidate, I., Y. Yamamoto, Y. Tetsushi, H. Pranamuda, S. A. Yusuf, U. E. Suryadi, L. Yulianti, A. Miyazaki and N. Haska 2008. Growth characteristics and starch productivity of sago palm (*Metroxylon sagu* Rottb.) and fishtail palm (*Caryota mitis* Lour.) grown at Pontianak and Singkawang, West Kalimantan Province, Indonesia. Abstract of the 17th Conference of the Society of Sago Palm Studies, pp. 13-16.

Yanagidate, I., F. S. Rembon, T. Yoshida, Y. Yamamoto, Y. B. Pasolon, F. S. Jong, A. F. Irawan and A. Miyazaki 2009. Studies on Trunk density and prediction of starch productivity of sago palm (*Metroxylon sagu* Rottb.): A case study of cultivated sago palm garden near Kendari, Southeast Sulawesi Province, Indonesia. Sago Palm, 17: 1-8.

Yanbuaban, M., M. Osaki, T. Nuyim, J. Onthong and T. Watanabe 2007. Sago (*Meteroxylon sagu* Rottb.) growth is affected by weeds in a tropical peat swamp in Thailand. Soil Science and Plant Nutrition, 53: 267-277.

Yao, Y, M. Yoshioka and N. Shiraishi 1993. Combined liquefaction of wood and starch in a polyethylene glycol/glycerin blended solvent. Mokuzai Gakkaishi, 39: 930-938.

矢次正 1987．タピオカ澱粉．『澱粉科学ハンドブック』（二國二郎監修，中村道徳・鈴木繁男編集）pp. 396-403，朝倉書店，東京．

矢次正 1987．サゴ澱粉．『澱粉科学ハンドブック』（二國二郎監修，中村道徳・鈴木繁男編集）pp. 404-410，朝倉書店，東京．

Yoneta, R., M. Okazaki, K. Toyota, Y. Yano and A. P. Power 2003. Glycine betaine concentrations in sago palm (*Metroxylon sagu*) under different salt stress. Abstract of the 12th conference of Japanese Society of Sago Palm Studies, pp. 18-22.

米田理津子・岡崎正規・矢野義治・A.P. Power 2004．サゴヤシ（*Metroxylon sagu*）のカリウムイオンによる浸透圧調節の可能性．サゴヤシ学会第13回講演要旨集，pp.17-22．

Yoneta, R., M. Okazaki and Y. Yano 2006. Response of sago palm (*Metroxylon sagu* Rottb.) to NaCl stress. Sago Palm, 14: 10-19.

Yoshida, S. 1980. Folk classification of the sago palm (*Metroxylon* spp.) among the Galeda. Senri Ethnological Studies, 7:109-117.

吉田集而 1977．サゴヤシの民俗分類について．植物と文化，20:50-57．

Yoshida, S. 1994. Low temperature-induced cytoplasmic acidosis in cultured mung bean (*Vigna radiata* [L.] Wilczek) cells. Plant Physiology, 104: 1131-1138.

吉田静夫 2002．物理的ストレス．『植物栄養・肥料の事典』（植物栄養・肥料の事典編集委員会編）pp. 278-281，朝倉書店，東京．

湯田英二・山下祐之・渡辺和洋・江原宏・高村奉樹 1985．南スラウェシにおけるサゴヤシの生態とその栽培・利用状況．熱帯農業，29(別2)：4-5．

Zimmermann, M. H. and P. B. Tomlinson 1972. The vascular system of monocotyledoouns stems. Botanical

Gazette, 133: 141–155.
Zwollo, M. 1950. Report on investigations into sago production at Inanwatan.

索　引

[1-, A-Z]

1 次花軸　118
1 次根　64
1 次組織　63
1 次側根　65
16S rDNA　151
2 次花軸　118
2 次側根　65
3 次花軸　118
Arenga microcarpa Becc.　3
C_3 植物　46, 129
C_4 植物　129
Chalara paradoxa　296
Chalara paradoxa PNG80　296
CO_2 補償点　129
cor (cold-response)　45
DNA 多型　18
EP ペレット　290
H^+ – ATPase　45
Metroxylon paulocoxii McClatchey (*M. upoluense* Becc.)　10, 11
Metroxylon warburgii (Heim) Becc.　10, 11, 309
P-700　43
PS1-A/B　43
SPAD 値　129, 130, 132
Stein Hall 法　279
STOP1 遺伝子　146
stop1 変異株　146
wild Borneo sago palm　1
X 線ミクロ分析　149

[あ行]

浅い泥炭質土壌　222
アセチル化　281, 282, 317
アセチル化デンプン　281, 282, 290
アセチレン還元活性　154, 155
アセチレン還元法　151
アゾスピリラム　151
アポプラスト　140, 144
アミラーゼ　255, 296
アミロース含量　258, 264, 265
アミロプラスト　212
　── の大きさおよび数　216
　── の増殖様式　214
アミロペクチン　255, 258, 279
アラフンディ族　337, 339

アルミニウム　54, 144
　── ストレス　144
　── 耐性　54, 55, 144
　── 耐性遺伝子　146
　── 誘導性遺伝子　146
アレルギー　350
アレルゲン　350
イェンゼン, Ad. E.　338
硫黄酸化菌　41, 51
イオン過剰ストレス　141
維管束　66, 302, 304
　── 鞘細胞　74
一次能動輸送　143
一稔性（一回結実性）植物　11, 93
遺伝的距離　7
イリアンジャヤ　29
インドネシア　24, 159
ウェバー線　241
ウォーレス線　241
羽状複葉　68
ウレタンフォーム　318
運搬工程　242
栄養繁殖　165, 166, 326
腋芽　309
液胞　139, 141, 146
エピブラスト　101
塩基配列　10, 151, 153
塩ストレス　147, 148, 149
塩生植物　59, 141, 147
塩腺　141
エンテロバクター　151
塩嚢　141
塩毛　141
黄色デキストリン　279, 280
黄鉄鉱（パイライト）　41, 51, 54
雄蕊　89
雄花　89, 119
おろし器　238
温室効果ガス　193, 286

[か行]

カーボンニュートラル　286, 356
開花　120, 260
開花・結実期　98
外果皮　92, 100
海岸からの距離　223

開墾　157, 180
外小苞　118
開度　71
下位葉位　309
外皮　66
海綿状組織　74, 75
化学分析法　201
花芽分化　117
拡散　140
角質内乳　92
萼片　89
花梗　88
加工デンプン　277, 279, 283
花糸　120, 121
果実　125, 261, 309
花序　89
果皮　91
株内遮光　222
花粉　90, 123
花弁　89
カリウム　59, 143, 148, 289
カリマンタン　26
仮雌蕊　90
カルボキシメチルデンプン　282
カロース　144
甘藷　256, 259, 288, 290
幹長　97
官能評価　266, 271, 272, 274
乾物重　134, 135, 138
乾物生産　133, 138
乾物率　134, 136, 205
気孔　128, 131, 147
　── 蒸散　129
　── 伝導度　132
　── 密度　131
擬人化　328, 335
汽水域　41, 59, 292
気根　65
基本柔組織　85
キャッサバ　347
キャットクレイ　54
キャリアー　143, 279
救荒作物　16
吸枝　78, 294
吸水阻害　141
共生窒素固定菌　151
京都議定書　286, 351
共培養　154
クエ・パンクィット　269
クエ・ピサン　270
クエン酸　144

クォマ族　338, 340, 343
くずきり　255, 272
くず桜　255, 272
クチクラ蒸散　129
クチクラ層　129
グルコアミラーゼ　296
グルコース　208, 211, 277, 281, 285, 315
クルブック・サグ　267, 270
クワンガ民族　327, 334
茎頂分裂組織　87
ゲータイト　53, 56, 140
削斧　238, 241
欠乏症　180, 181, 182
剣状葉　68, 69, 76
高位泥炭　48
工業的デンプン精製プロセス　242
光合成　127, 356
　── 系 I　43, 45, 46
　── 系 II　45, 46
　── 生産　46
　── 特性　129, 130
硬実種子　101
鉱質土壌　127, 220
厚壁組織　66
コエロコッカス節　10, 11
糊化　261, 266, 271
　── 度　255, 258, 266
国際デンプンマーケット　297
ココヤシの繊維状樹皮　239
古層栽培民文化　343, 346
個体密度　179
胡麻豆腐　273
コリンモノオキシゲナーゼ　143
根茎　258
混在型　241
根栽農耕　325, 336, 338
　── 文化　325, 327, 337
婚資　331
根鞘様器官　101
コンベアシステム　243

[さ行]
栽植密度　224
栽培種　218
栽培林　225
細胞間隙　85
細胞膜タンパク質　143
サウアー，C.　325
朔蓋　91, 101
索餌誘引物質　291
柵状組織　74

サゴ固定型　240
サゴデンプン　255, 262, 288, 292, 328, 335, 348, 353, 357
　　── 製造工場　298
サゴパール　263, 267, 275
サゴビスケット　273, 274
サゴムシ　319
サゴヤシ節　3
サゴヤシの潜在収量　235
サゴログ　159, 187, 189, 243
サッカー　78, 93, 95, 309
　　── 活着　165, 176
　　── コントロール　95
　　── 定植　165, 176
サトウヤシ　1, 3, 259, 261
　　── デンプン　260
サバンナ農耕文化　326
サモア　309
サラワク　31, 267, 297, 301, 349, 354
酸化デンプン　263, 278, 281, 282
酸ストレス　54
酸性硫酸塩土壌　41, 50, 51, 54
酸素障害　139
ジェンダー　334
篩管　66
枝梗　89
枝梗の分枝システム　11
自然林　225
地盤沈下　48
篩部　66
　　── 繊維　83
ジャロサイト　53, 54
収穫可能本数　229
収穫適期　204
シュウ酸　144, 146
柔組織　83, 87, 298
雌雄同株　120
重量法　128
樹幹　135, 136, 137, 256, 260, 296, 355
　　── 長　97
　　── 頂部　307
樹幹（髄部）重　207
樹幹（髄部）容積　207
宿主植物　153
受光量　133
主根　101
種子　99, 348, 352, 358
　　── 繁殖　165, 166, 167
　　── 包被組織　91, 100
首長制　330
出葉速度　46, 56, 103

種皮　91
樹皮　136, 262, 306, 335, 354
　　── 部乾物重　136, 137
受粉　124
商業プランテーション　250, 251
蒸散　59, 129, 138
　　── 速度　59, 128, 147
小軸　118
子葉鞘　101
掌状複葉　68
沼沢植物　139, 140
小苞　118
小葉　68, 73, 301, 304
　　── 数　134
食料　266, 287, 355
飼料　287, 347
新大陸農耕文化　325
伸長　109
浸透圧　141, 142, 143
　　── ストレス　141
浸透調整物質　148
シンプラスト　140, 144
神話　336
水生植物　139
髄部　136, 151, 256
　　── 乾物重　136, 137, 138
髄粉砕作業　238
スクリューミル　243
スクロース　208, 211
スコール　46
スベリン化　100
スマトラ　25, 266, 267, 298, 309
スラウェシ　26
生殖生長　117
精製工程　244
生長期　101
生分解性プラスチック　283, 284, 285, 319, 355
性別役割　335
ゼータ電位　146
節間　109
　　── 径　111
　　── 長　110
セピック　327, 332, 336
セルロース　277, 280, 282, 309, 315, 317
繊維組織　83
全糖含有率　208
ソウム　332, 336
総状花序　11, 98
相対湿度　46
ソーフン　267, 268
側根　64, 65

側生の花序　11
ソロモンサゴヤシ　10, 11
ソロモン諸島　330

[た行]
耐塩性　59, 127, 142, 149
耐湿性　139
　── 機構　139
大豆　352, 353
　── タンパク質　265, 266, 275
胎生種子　99, 309
台風　46
タイヘイヨウゾウゲヤシ　11, 309
ダイヤグラム　294, 295
多回結実性　11
多型　19
経糸糊　277, 278
タラパヤシ　3
タロ　247
地下茎　309
地下水位　56, 162, 177, 183, 191, 195
地中海農耕文化　325
窒素供給量　50
窒素固定活性　151, 152
地方名　10
チャネル　143
中果皮　92, 100
中間型　241
中間泥炭　48
抽出装置　238
抽出・分離工程　244
中心柱　66
中生植物　147
頂生花序　11
調理科学　261, 294
チラコイド　46
低位泥炭　48
低温障害　43
低温ストレス　43
低温誘導遺伝子 *lti*　45
定植と活着　165, 176
泥炭質土壌　220
泥炭土壌の分布面積　50
適合溶質　141, 142
デキストリン　263, 278, 279, 280
鉄酸化菌　41, 51
添加物　265, 275
伝統的抽出方法　237
デンプン　133, 151, 154
　── 含有率　204
　── 含量　201, 294

　── ゲル　259, 264, 265
　── 濾し　238
　── 作物　232
　── 集積植物　43
　── 収量　138, 201, 207, 218, 221, 260
　　年間 ── 収量　227
　　面積当たり ── 収量　225
　── 生産性　201, 218, 234
　── 生産量　201, 228, 232, 250, 251, 293
　　1年当たりの ── 生産量　207
　── 生産力　229, 233
　── 抽出残渣　298, 311, 355
　── の蓄積過程　201
　── 密度　203
　── 誘導体　278
　── 粒　212, 256, 257, 296, 311
トウ亜科　1
導管　66, 256
透光度　257
動的粘弾性　259, 260
糖の種類と消長　208
トゥブン・クエ　267
東方見聞録　348
トウモロコシ　257, 259, 260, 347, 351
トゲサゴ　258, 260, 263
トゲナシサゴ　258, 260, 263
土壌の種類　220
トランスポーター　143

[な行]
内種皮　92
内小苞　118
ナイロンネット　239
中尾佐助　325, 338
捺染糊　277
ナトリウム蓄積能力　149
ナトリウム排除機能　149
肉質種皮　92, 99
二酸化炭素　285, 286, 356
日射量　45
ニッパヤシ　41, 147
ニューギニア型　239
熱帯性バイオマス　298
熱帯泥炭　48, 56, 183
粘弾性　255, 259, 271, 272, 280
粘度　258, 264, 289
粘土質堆積物　54
能動輸送　139, 143

[は行]
バーク　80

ハーバスピリラム　151
胚　91
バイオエタノール　263, 286, 287, 297, 319, 353, 355
バイオ燃料　351, 352, 355
バイオマス・ニッポン総合戦略　351
胚乳　91
パイフィリング　255, 261, 273
パイライト　41, 51, 54
白色デキストリン　279, 280
剥皮工程　243, 311
発芽口　90
発芽準備期　101
発芽抑制物質　100, 309
発芽率　11
バナナ　247, 270
破生通気組織　66, 115, 140
バヌアツ　309, 330
葉の乾物重　135
葉の寿命　130
パプアニューギニア　32, 326, 327, 330, 333, 334, 336
ハルサメ　274, 275
馬鈴薯　257, 259, 288, 347
パン・マフィン　273
半栽培林　225
半島マレーシア　31
パンノキ　247
ハンマーミル　244
光飽和点　46, 129
ひげ根型根系　114
微生物間相互作用　154
皮層　66
肥大　109
ビチレブ島　307
ビッグマン　330
ヒドロキシエチルデンプン　283
標高　224
表皮　66
表面サイズ剤　278, 280, 281, 282
ヒリ　333
フィジー　307, 330
フィジーゾウゲヤシ　10, 11, 307
フェリハイドライト　56
フェロジック鉄　56
粉皮（フェンピー）　272, 273
深い泥炭質土壌　222
不整中心柱　63, 75
不定根　64, 101, 114
　　——原基　64, 65
太い根　63, 64

舟型容器　238
プラスチック　283, 284, 285, 319, 355
プラスチド　213
　　——アミロプラスト系　213
ブラマンジェ　255, 266, 273
フランキア　150
プランテーション　50, 56, 264, 297, 299, 349, 350
フルクトース　208, 211
プロトンATPase　143
粉砕機　238
分枝根　64, 101
平均粒形　256
β-アミラーゼプルナーゼ（BAP）法　255, 258, 266
ベタインアルデヒドデヒドロゲナーゼ　143
ベタイン類　141
ヘミセルロース　154, 298, 317
変種　131, 136, 138, 216
変性デンプン　263, 265
ベンジル化　317
穂　118
ボイケン族　337
膨潤力　257, 258, 266
包被組織　100
細い根　63, 64
ポリ乳酸　285, 286
ポリフェノール　246
　　——オキシダーゼ　246
本サゴ　258, 263
ポンプ　143

[ま行]
磨砕工程　244
マスフロー　140
マルコ・ポーロ　262, 266, 348
マルク諸島　28
マレー型　240
マレーシア　24
マングローブ　41, 147
ミー・サグ　269
ミキサー法　201
幹立ち　109, 133, 137
　　——期　93, 95, 129
ミクロネシア　309, 310, 319, 330
水管理　183, 193
水ストレス　139, 140
水ストレス排除機構　139
民俗分類　7, 327
民俗変種　29, 30
無機質土壌　41, 50, 59, 127

蒸しようかん　273
雌蕊　90
メタン　192, 193, 194, 195, 196
メラナウ族　301
メラネシア　247, 330, 331
木質泥炭　48, 349
木部　66
木本植物　48, 317
モトゥ　333
問題土壌　50

[や行]
葯　90, 121, 123
ヤシオサゾウムシ　319
野生種　218
屋根葺き　304
槍状葉　68
有機酸　144
雄ずい先熟花　121
誘導体　278, 279, 280
有胚乳種子　91
溶解度　257, 275, 280, 350
容器詰め　239
葉厚　132
葉軸　68, 133, 301, 307
葉序　71
葉鞘　68, 136, 151, 302, 307
葉数　133

溶脱　163, 193, 198
葉肉伝導度　132
葉柄　68, 301, 307
葉面積　127, 129, 133, 138
葉緑素　129, 131
予措　169

[ら行]
ラウロイル化　317
ラカトイ　333
ラスパー　244, 313
ラピッドビスコアナライザー　255, 258
理化学的性質　256, 260, 264
離生通気組織　66
硫酸還元菌　41, 51, 55
利用　266, 275, 287
両性花　89, 119
リンゴ酸　144
鱗片　90
累積炭素同化量　130
レピドクロサイト　140
老化　263, 265, 271
ロータリーカッター　243
ロゼット期　93, 95, 225

[わ行]
わらび餅　255, 271

編集委員

編集委員長	山本由徳	高知大学農学部
編集幹事	江原宏	三重大学大学院生物資源学研究科

編集委員 (五十音順)			
	安藤豊	山形大学農学部	第6章
	江原宏	三重大学大学院生物資源学研究科	第1章, 第8章
	近江正陽	東京農工大学大学院農学府	第9章
	岡崎正規	東京農工大学大学院生物システム応用科学府	第2章, 第5章, 第12章
	後藤雄佐	東北大学大学院農学研究科	第4章
	豊田剛己	東京農工大学大学院生物システム応用科学府	第2章, 第5章
	豊田由貴夫	立教大学観光学部	第10章, 第11章
	新田洋司	茨城大学農学部	第3章
	平尾和子	愛国学園短期大学	第9章
	山本由徳	高知大学農学部	第7章

執筆者 (執筆順)

山本由徳	高知大学	角田憲一	山形大学
江原宏	三重大学	佐々木由佳	山形大学
高村奉樹	元京都大学	渡辺彰	名古屋大学
下田博之	元東京農工大学	吉田徹志	高知大学
岡崎正規	東京農工大学	西村美彦	琉球大学
木村園子ドロテア	東京農工大学	三島隆	三重大学
新田洋司	茨城大学	高橋節子	元共立女子大学
後藤雄佐	東北大学	近堂(濱西)知子	共立女子大学
中村聡	宮城大学	平尾和子	愛国学園短期大学
渡邉学	岩手大学	近江正陽	東京農工大学
Jong Foh Shoon	前 PT. NTFP[1]	木尾茂樹	日澱化學株式会社
宮崎彰	高知大学	貝沼圭二	九州大学
内藤整	倉敷芸術科学大学	豊田由貴夫	立教大学
豊田剛己	東京農工大学	三橋淳	元東京農工大学
安藤豊	山形大学	紙村徹	神戸市看護大学

[1] PT. National Timber and Forest Product, Indonesia

サゴヤシ ── 21 世紀の資源植物
2010 年 7 月 31 日　初版第一刷発行

編　者　サゴヤシ学会
発行者　檜　山　爲次郎
発行所　京都大学学術出版会
　　　　京都市左京区吉田近衛町 69 番地
　　　　京都大学吉田南構内 (606-8315)
　　　　電　話　075-761-6182
　　　　ＦＡＸ　075-761-6190
　　　　振　替　01000-8-64677
　　　　http://www.kyoto-up.or.jp/
印刷・製本　㈱クイックス

ISBN978-4-87698-955-3　　Ⓒ The Society of Sago Palm Studies 2010
Printed in Japan　　　　　　定価はカバーに表示してあります